既/有/建/筑/绿/色/改/造/系/列/丛/书

办公建筑绿色改造技术指南

王清勤　李朝旭　赵　海　主编

中国建筑工业出版社

图书在版编目（CIP）数据

办公建筑绿色改造技术指南/王清勤等主编. —北京：
中国建筑工业出版社，2016.7
（既有建筑绿色改造系列丛书）
ISBN 978-7-112-19412-4

Ⅰ. ①办…　Ⅱ. ①王…　Ⅲ. ①办公建筑-改造-无
污染技术-指南　Ⅳ. ①TU243-62

中国版本图书馆 CIP 数据核字（2016）第 094784 号

责任编辑：张幼平
责任校对：陈晶晶　李欣慰

既有建筑绿色改造系列丛书
办公建筑绿色改造技术指南
王清勤　李朝旭　赵　海　主编
＊
中国建筑工业出版社出版、发行（北京西郊百万庄）
各地新华书店、建筑书店经销
霸州市顺浩图文科技发展有限公司制版
北京市安泰印刷厂印刷
＊
开本：787×1092 毫米　1/16　印张：29　字数：703 千字
2016 年 8 月第一版　2016 年 8 月第一次印刷
定价：**88.00** 元
ISBN 978-7-112-19412-4
（28642）

既有建筑绿色改造系列丛书
Series of Green Retrofitting Solutions for Existing Buildings
指导委员会
Steering Committee

名誉主任：刘加平　中国工程院　院士　西安建筑科技大学教授
Honorary Chair：Liu Jiaping, Academician of Chinese Academy of Engineering, Professor of Xi'an University of Architecture and Technology
主　　任：王　俊　中国建筑科学研究院　院长
Chair：Wang Jun, President of China Academy of Building Research
副主任：（按汉语拼音排序）
Vice Chair：（In order of the Chinese pinyin）

郭理桥　住房城乡建设部建筑节能与科技司　副司长
Guo Liqiao, Deputy Director General of Department of Building Energy Efficiency and Science & Technology, Ministry of Housing and Urban-rural Development
韩爱兴　住房城乡建设部建筑节能与科技司　副司长
Han Aixing, Deputy Director General of Department of Building Energy Efficiency and Science & Technology Ministry of Housing and Urban-rural Development
李朝旭　中国建筑科学研究院　副院长
Li Chaoxu, Vice President of China Academy of Building Research
孙成永　科技部社会发展科技司　副司长
Sun Chengyong, Deputy Director General of Department of S&T for Social Development, Ministry of Science and Technology
王清勤　中国建筑科学研究院　副院长
Wang Qingqin, Vice President of China Academy of Building Research
王有为　中国城市科学研究会绿色建筑委员会　主任
Wang Youwei, Chairman of China Green Building Council
委　　员：（按汉语拼音排序）
Committee Members：（In order of the Chinese pinyin）

陈光杰　科技部社会发展科技司　调研员
Chen Guangjie, Consultant of Department of S&T for Social Development, Ministry of Science and Technology
陈其针　科技部高新技术发展及产业化司　处长
Chen Qizhen, Division Director of Department of High and New Technology Development and Industrialization, Ministry of Science and Technology

陈　新　住房城乡建设部建筑节能与科技司　处长

Chen Xin, Division Director of Department of Building Energy Efficiency and Science & Technology, Ministry of Housing and Urban-rural Development

李百战　重庆大学城市建筑与环境工程学院　院长/教授

Li Baizhan, Professor and Dean of Urban Construction and Environmental Engineering, Chongqing University

何革华　中国生产力促进中心协会　副秘书长

He Gehua, Deputy Secretary General of China Association of Productivity Promotion Centers

汪　维　上海市建筑科学研究院　资深总工　教授级高工

Wang Wei, Senior Chief Engineer and Professor of Shanghai Research Institute of Building Sciences

徐禄平　科技部社会发展科技司　处长

Xu Luping, Division Director of Department of S&T for Social Development, Ministry of Science and Technology

张巧显　中国 21 世纪议程管理中心　处长

Zhang Qiaoxian, Division Director of The Administrative of Center for China's Agenda 21

朱　能　天津大学　教授

Zhu Neng, Professor of Tianjin University

《办公建筑绿色改造技术指南》
Technical Guide for Green Retrofitting of Office Buildings
编写委员会
Editorial Committee

主 编：

王清勤 中国建筑科学研究院 教授级高工

Editor-in-Chief：Wang Qingqin, Professor of China Academy of Building Research

副主编：

李朝旭 中国建筑科学研究院 教授级高工

Associate Editor：Li Chaoxu, Professor of China Academy of Building Research

赵 海 中国建筑科学研究院 副研究员

Zhao Hai, Associate Researcher of China Academy of Building Research

委 员：（按汉语拼音排序）

Committee Members：（In order of the Chinese Pinyin）

安德柱 中铁十六局集团第五工程有限公司 常务副经理 高级工程师

An Dezhu, Executive Deputy Manager and Senior Engineer of China Railway 16th Bureau Group the 5th Engineering Co., Ltd.

曹力强 中国建筑科学研究院建筑材料研究所 副研究员

Cao Liqiang, Associate Researcher of Institute of Building Materials of China Academy of Building Research

傅建华 天津市保护风貌建筑办公室 教授级高工

Fu Jianhua, Professor of Tianjin Historic Building Protection Office

何 涛 中国建筑科学研究院建筑环境与节能研究院 教授级高工

He Tao, Professor of Institute of Built Environment and Energy of China Academy of Building Research

侯兆新 中冶建筑研究总院有限公司 教授级高工

Hou Zhaoxin, Professor of Central Research Institute of Building and Construction Co., Ltd.

黄 凯 江苏省建筑科学研究院有限公司 高级工程师

Huang Kai, Senior Engineer of Jiangsu Research Institute of Building Science Co., Ltd.

金 虹 哈尔滨工业大学 教授

Jin Hong, Professor of Harbin Institute of Technology

刘丛红 天津大学 教授 博士生导师

Liu Conghong, Professor and Doctoral Supervisor of Tianjin University

刘瑞军　中铁十六局集团第五工程有限公司　总经理　高级工程师

Liu Ruijun, General Manager and Senior Engineer of China Railway 16th Bureau Group the 5th Engineering Co. , Ltd.

刘永刚　江苏省建筑科学研究院有限公司　教授级高工

Liu Yonggang, Professor of Jiangsu Research Institute of Building Science Co. , Ltd.

路　红　天津市国土资源和房屋管理局　巡视员　博士生导师

Lu Hong, Inspector and Doctoral Supervisor of Tianjin Municipal Bureau of Land Resources and Housing Administration

罗　涛　中国建筑科学研究院建筑环境与节能研究院　室主任　高级工程师

Luo Tao, Office Chief and Senior Engineer of Institute of Built Environment and Energy of China Academy of Building Research

马素贞　中国建筑科学研究院上海分院　高级工程师

Ma Suzhen, Senior Engineer of Shanghai Branch Institute of China Academy of Building Research

孟　冲　中国城市科学研究会绿色建筑研究中心　主任　高级工程师

Meng Chong, Director and Senior Engineer of Green Building Research Center of Chinese Society for Urban Studies

唐曹明　中国建筑科学研究院工程抗震研究所　研究员

Tang Caoming, Professor of Institute of Seismic Engineering of China Academy of Building Research

王　虹　国家建筑工程质量监督检验中心　室主任　高级工程师

Wang Hong, Office Chief and Senior Engineer of National Center for Quality Supervision and Test of Building Engineering

王永红　中国建筑科学研究院建筑环境与节能研究院　高级工程师

Wang Yonghong, Senior Engineer of Institute of Built Environment and Energy

吴志敏　江苏省建筑科学研究院有限公司　研究员级高工

Wu Zhimin, Professor of Jiangsu Research Institute of Building Science Co. , Ltd.

闫国军　中国建筑科学研究院建筑环境与节能研究院　室主任　高级工程师

Yan Guojun, Senior Engineer of Institute of Built Environment and Energy of China Academy of Building Research

尹　波　中国建筑科学研究院　处长　研究员

Yin Bo, Director and Professor of China Academy of Building Research

曾　捷　中国建筑科学研究院建筑设计院　副院长　教授级高工

Zeng Jie, Vice President and Professor of Architectural Design Institute of China Academy of Building Research

张　辉　中国建筑科学研究院深圳分院　常务副院长　高级工程师

Zhang Hui, Executive Vice-President and Senior Engineer of China Academy of Building Research

张昕宇　中国建筑科学研究院建筑环境与节能研究院　高级工程师

Zhang Xinyu, Senior Engineer of Institute of Built Environment and Energy of China Academy of Building Research

张旭东　中铁十六局集团第五工程有限公司　经理　高级工程师

Zhang Xudong, Manager and Senior Engineer of China Railway 16th Bureau Group the 5th Engineering Co., Ltd.

赵　海　中国建筑科学研究院　副研究员

Zhao Hai, Associate Researcher of China Academy of Building Research

赵建平　中国建筑科学研究院建筑环境与节能研究院　副院长　研究员

Zhao Jianping, Vice President and Professor f Institute of Built Environment and Energy of China Academy of Building Research

赵　力　中国建筑科学研究院建筑环境与节能研究院　高级工程师

Zhao Li, Senior Engineer of Institute of Built Environment and Energy of China Academy of Building Research

赵　永　中铁十六局集团第五工程有限公司　高级工程师

Zhao Yong, Senior Engineer of China Railway 16th Bureau Group the 5th Engineering Co., Ltd.

赵霄龙　中国建筑科学研究院建筑材料研究所　所长　研究员

Zhao Xiaolong, Director and Professor of Institute of Building Materials of China Academy of Building Research

既有建筑绿色改造系列丛书
总　　序

截止到 2014 年 12 月 31 日，全国共评出 2538 项绿色建筑评价标识项目，总建筑面积达到 2.9 亿 m^2。其中，绿色建筑设计标识项目 2379 项，占总数的 93.7%，建筑面积为 27111.8 万 m^2；绿色建筑运行标识项目 159 项，占总数的 6.3%，建筑面积为 1954.7 万 m^2。我国目前既有建筑面积已经超过 500 亿 m^2，其中绿色建筑运行标识项目的总面积不到 2000 万 m^2，所占比例不到既有建筑总面积的 0.04%。绝大部分的非绿色"存量"建筑，大都存在资源消耗水平偏高、环境负面影响偏大、工作生活环境亟需改善、使用功能有待提升等方面的不足，对其绿色化改造是解决问题的最好途径之一。随着既有建筑绿色改造工作的推进，我国在既有建筑改造、绿色建筑与建筑节能方面相继出台一系列相关规定及措施，为既有建筑绿色改造相关技术研发和工程实践的开展提供了较好的基础条件。

为了推动我国既有建筑绿色改造技术的研究和相关产品的研发，科学技术部、住房和城乡建设部批准立项了"十二五"国家科技支撑计划项目"既有建筑绿色化改造关键技术研究与示范"。该项目包括以下七个课题：既有建筑绿色化改造综合检测评定技术与推广机制研究，典型气候地区既有居住建筑绿色化改造技术研究与工程示范，城市社区绿色化综合改造技术研究与工程示范，大型商业建筑绿色化改造技术研究与工程示范，办公建筑绿色化改造技术研究与工程示范，医院建筑绿色化改造技术研究与工程示范，工业建筑绿色化改造技术研究与工程示范。该项目由中国建筑科学研究院、上海市建筑科学研究院（集团）有限公司、深圳市建筑科学研究院股份有限公司、中国建筑技术集团有限公司、上海现代建筑设计（集团）有限公司、上海维固工程实业有限公司等单位共同承担。

通过项目的实施，将提出既有建筑绿色改造相关的推广机制建议，为促进我国开展既有建筑绿色改造工作的进程提供必要的政策支持；制定既有建筑绿色改造相关的标准、导则及指南，为我国既有建筑绿色化改造的检测评估、改造方案设计、相关产品选用、施工工艺、后期评价推广等提供技术支撑，促使我国既有建筑绿色化改造工作做到技术先进、安全适用、经济合理；形成既有建筑绿色改造关键技术体系，为加速转变建筑行业发展方式、推动相关传统产业升级、改善民生、推进节能减排进程等方面提供重要的技术保障；形成既有建筑绿色改造相关产品和装置，提高我国建筑产品的技术含量和国际竞争力；建设多项各具典型特点的既有建筑绿色改造示范工程，为既有建筑绿色改造的推广应用提供示范案例，促使我国建设一个全国性、权威性、综合性的既有建筑绿色改造技术服务平台，培养一支熟悉绿色建筑的既有建筑改造建设人才的队伍。为有效推动本项目的科研工作，"既有建筑绿色化改造关键技术研究与示范"项目实施组对项目的研究方向、技术路线、成果水平、技术交流等总体负责。为了宣传课题成果、促进成果交流、加强技术扩散，项目实施组决定组织出版《既有建筑绿色改造技术系列丛书》，及时总结项目的阶段性成果。本系列丛书将涵盖居住建筑、城市社区、商业建筑、办公建筑、医院建筑、工业建筑等多类型建筑的绿色化改造技术，并根据课题的研究进展情况陆续出版。

既有建筑绿色改造涉及结构安全、功能提升、建筑材料、可再生能源、土地资源、自然环境等，内容繁多，技术复杂。将科研成果及时编辑成书，无疑是一种介绍、推广既有建筑绿色改造技术的直观方法。相信本系列丛书的出版将会进一步推动我国既有建筑绿色改造事业的健康发展，为我国既有建筑绿色改造事业作出应有的贡献。

中国建筑科学研究院院长

"既有建筑绿色化改造关键技术研究与示范"项目实施组组长　　王俊

Series of Green Retrofitting Solutions for Existing Buildings
Foreword

By Dec. 31, 2014, altogether 2538 projects had obtained green building evaluation labels in China with a total floor area of 0. 29 billion square meters, among which 2379 projects had obtained green building design labels, accounting for 93. 7% with a floor area of 0. 271118 billion square meters, and 159 projects had obtained green building operation labels, accounting for 6. 3% with a floor area of 19. 547 million square meters. At present, the floor area of existing buildings in China has exceeded 50 billion square meters, among which the total floor area of projects with green building operation labels is less than 20 million square meters, accounting for less than 0. 04% of the total floor area of existing buildings. Most non-green "stock" buildings have such problems as high energy consumption, negative environment impacts, poor working and living conditions and inadequate functions. Green retrofitting is one of the best solutions. Along with the promotion of green retrofitting for existing buildings, China has released a series of regulations and measures relevant to existing building retrofitting, green building and building energy efficiency to support R&D and project demonstration of green retrofitting technologies for existing buildings.

To promote research on green retrofitting solutions for existing buildings and development of relevant products, the Ministry of Science and Technology and the Ministry of Housing and Urban-Rural Development approved the project of "Research and Demonstration of Key Technologies of Green Retrofitting for Existing Buildings" (part of the Key Technologies R&D Program during the 12th Five-Year Plan Period). This project includes the following seven subjects: research on comprehensive testing and assessment technologies and promotion mechanism of green retrofitting for existing buildings, research and project demonstration of green retrofitting technologies for existing residential buildings in typical climate areas, research and project demonstration of green integrated retrofitting technologies for urban communities, research and project demonstration of green retrofitting technologies for large commercial buildings, research and project demonstration of green retrofitting technologies for office buildings, research and project demonstration of green retrofitting technologies for hospital buildings, and research and project demonstration of green retrofitting technologies for industrial buildings. This project is carried out by the following institutes: China Academy of Building Research, Shanghai Research Institute of Building Sciences (Group) Co. , Ltd. , Shenzhen Institute of Building Research Co. , Ltd. , China Building Technique Group Co. , Ltd. , Shanghai Xian Dai Architectural

Design (Group) Co., Ltd., Shanghai Weigu Engineering Industrial Co., Ltd., and so on.

The targets of this project are to provide policy support for accelerating green retrofitting for existing buildings by putting forward promotion mechanisms; to provide technical support for testing and assessment, retrofitting plan design, product selection, construction techniques and post-evaluation and promotion of green retrofitting by formulating relevant standards, rules and guidelines, so that green retrofitting for existing buildings in China can be advanced in technology, safe, suitable, economic and rational; to provide technical guarantee for accelerating development mode transfer of the building industry, promoting upgrade of relevant traditional industries, improving people's livelihood and promoting energy efficiency and emission reduction by establishing key technology systems of green retrofitting for existing buildings; to produce products and devices of green retrofitting for existing buildings and to increase technical contents and international competitiveness of China's building products; to build a national, authoritative and comprehensive technical service platform and a talent team of green retrofitting for existing buildings by establishing demonstration projects of typical characteristics. To push forward scientific research of the project, a promotion team of "Research and Demonstration of Key Technologies of Green Retrofitting for Existing Buildings" are in charge of research fields, technical roadmap, achievements and technical exchanges and so on. In order to spread project accomplishments, promote achievement exchanges and to strengthen technical expansion, the promotion team decides to publish series of green retrofitting solutions for existing buildings, which will summarize project fruits in progress. Published in accordance with research progress, this series will cover green retrofitting technologies for various types of buildings such as residential buildings, urban communities, commercial buildings, office buildings, hospital buildings and industrial buildings.

Green retrofitting for existing buildings involves diversified subjects and technologies such as structure safety, function upgrading, building materials, renewable energy, land resources, and natural environment. Publication of research results of the project is no doubt a visual method of introducing and promoting green retrofitting technologies. This series is believed to further push forward and make contributions to the healthy development of green retrofitting for existing buildings in China.

Wang Jun
President of China Academy of Building Research
Head of the Promotion Team of "Research and Demonstration of
Key Technologies of Green Retrofitting for Existing Buildings"

前　言

在城市中，办公建筑属于数量最大的一种公共建筑类型。大型和重要的办公建筑是城市重要的标志性符号，体现了现代建筑技术、美学、文化等魅力，对城市形态有着重要的影响。随着第三产业和知识经济的快速发展，在西方发达国家，已经有超过50％的从业人员在各种各样形式的办公建筑中工作。办公建筑的数量和质量已经成为衡量一个城市、一个地区的社会、政治、经济、技术、文化发展水平和城市化程度的重要标尺。

受以前经济条件和建筑技术所限，很多既有办公建筑设计和建造标准偏低，很多既有办公建筑存在资源消耗偏高、环境负面影响偏大、工作生活环境亟需改善、使用功能有待提升等方面的问题。近年来，一些大体量并应用大规模集中系统的办公建筑不断涌现，其能耗强度大大高出同类建筑。对于既有办公建筑存在的问题，绿色改造无疑是解决这些问题的最好途径。推进既有办公建筑绿色改造，可以集约节约利用资源，提高建筑的安全性、舒适性和环境性，具有十分重要的意义。

目前我国在既有建筑改造、绿色建筑与建筑节能方面已出台一系列相关政策及措施，为相关技术研发和工程实践的开展提供了有力支撑。2012年5月24日，科学技术部发布《"十二五"绿色建筑科技发展专项规划》，重点任务之一即为"既有建筑绿色化改造"。2013年1月1日，国务院办公厅以国办发〔2013〕1号转发国家发展改革委、住房城乡建设部制订的《绿色建筑行动方案》，目标之一就是完成公共建筑和公共机构办公建筑节能改造1.2亿 m²。

办公建筑绿色改造中的"绿色"，代表一种概念或象征，即指在利用天然条件和人工手段创造良好、舒适、健康的办公环境的同时，尽可能地控制和减少对自然环境的影响和破坏，体现向大自然的索取和回报之间的平衡。绿色改造技术则主要在规划与建筑、结构与材料、暖通空调、给水排水、电气与控制、改造施工和运行管理等方面中体现"绿色"。为了宣传科研成果，加强技术交流，"十二五"国家科技支撑计划项目"既有建筑绿色化改造关键技术研究与示范"实施专家组决定组织出版既有建筑绿色改造系列丛书，本书即是系列丛书中的一册。

本书由王清勤、李朝旭、赵海负责组织编撰和统稿。全书为配合《既有建筑绿色改造评价标准》的评价体系分为规划与建筑、结构与材料、暖通空调、给水排水、电气与智能化、施工管理和运营管理七篇，其中各章从经济性、适用性出发，在借鉴和总结国内外绿色改造经验基础上，从技术概述、应用要点两方面介绍了各单项改造技术，并提供了实际改造案例以供参考。本书不仅较为系统、全面地介绍了办公建筑维护、更新、加固等绿色改造的常用技术，而且还展示了"十二五"国家科技支撑计划课题"办公建筑绿色化改造技术研究与工程示范"的研发技术与科研成果。本书可供既有建筑绿色改造工程技术人员、大专院校师生和有关管理人员参考。

由于本书涉及内容广、专业领域多，为了保证书稿质量，编委会聘请了中国城市建设研究院许文发教授、中国城市规划设计研究院鹿勤教授级高级规划师、中国建筑设计研究院关文吉教授级高级工程师、中国建筑总公司于震平教授级高级工程师、中国建筑设计院有限公司赵锂教授级高级工程师、中国建筑材料科学研究总院郅晓教授级高级工程师、中国中建设计集团有限公司（直营总部）薛峰教授级高级建筑师、中国建筑股份有限公司郭海山教授级高级工程师、中国建筑科学研究院路宾教授级高级工程师、同济大学程大章教授、北京工业大学曹万林教授、北京建筑大学王随林教授、天津市建筑设计研究院张津奕教授级高级建筑师、天津市建筑设计院李旭东教授级高级工程师、北京市建筑设计研究院吴晓海高级工程师等专家对相关技术内容进行了审查，在此向他们表示由衷的感谢。

本书是我国建筑工程界长期以来在办公建筑绿色改造领域探索和实践的结果，是集体智慧的结晶。由于办公建筑地域分布广、所处气候条件复杂多样以及建筑自身的特点等因素，本书仅选用的是较为成熟的绿色改造技术，未能面面俱到，敬请广大读者予以理解。此外，鉴于本书编写时间仓促以及编者水平所限，疏漏与不足之处在所难免，恳请广大读者朋友不吝赐教，斧正批评。

本书编委会

2016 年 7 月 19 日

Foreword

In cities, office buildings occupy the largest proportion among public buildings. As iconic symbols of cities, large and important office buildings embody the cities' modern building technologies, aesthetics and cultures and have significant impacts on urban forms. With the rapid development of the tertiary industry and knowledge economy, over 50% employees of western developed countries work in all types of office buildings. The quantity and quality of office buildings have become important criteria to evaluate a city or an area's social, political, economic, technological and cultural development and urbanization level.

Restricted by economic conditions and building technologies of the past and low standards for design and construction, many existing office buildings have such problems as high energy consumption, negative environment impacts, poor working and living conditions and inadequate functions. Green retrofitting is no doubt the best solution to these problems of existing office buildings. It is of great significance to promote green retrofitting of existing office buildings, which can save energy and improve building safety, comfort and environmental performance.

Up to now, China has issued a series of policies and measures relevant to existing building retrofitting, green building and building energy efficiency to strongly support technological R&D and engineering practices. On May 24, 2012, the Ministry of Science and Technology issued *Special Planning for Scientific and Technological Development of Green Building during the 12th Five-year Plan Period*, and one of its priorities was green retrofitting for existing buildings. On Jan. 1, 2013, the General Office of the State Council forwarded *Green Building Action Plan* (GuoBanFa [2013] No. 1), which was formulated by the National Development and Reform Commission and the Ministry of Housing and Urban-Rural Development. One of the *Action Plan's* goals was to accomplish 120 million square meters' energy efficiency retrofitting for public buildings and office buildings of public institutions.

"Green" in green retrofitting for office buildings represents a concept or symbol, meaning when we create favorable, comfortable and healthy office environment with natural conditions and man-made means, we should make every effort to control and reduce impacts on and damages to natural environment. It embodies the balance between "taking from" and "giving to" nature. Green retrofitting technology reflects the "green" concept in such aspects as planning and construction, structure and materials, HVAC, water supply and drainage system, electric and control system, retrofitting construction, and operation management. In order to disseminate R&D achievements and strengthen technical exchanges, the promotion team of the project " Research and Demonstration of Key Technologies of Green Retrofitting for Existing Buildings" (part of the National Key Technologies R&D Program during the 12th Five-year Plan Period) decide to publish a series of books on green retrofitting for existing buildings. This book is one of the series.

This book is compiled and edited by Wang Qingqin, Li Chaoxu and Zhao Hai. In accordance with the assessment system of *Assessment Standard for Green Retrofitting of Existing Building*, this book is composed of seven chapters covering planning and architecture, structure and material, HVAC, water supply and drainage, electrics and intelligence, construction management and maintenance management. Focusing on economical efficiency and adaptability and based on experiences of green retrofitting cases at home and abroad, each chapter introduces every single retrofitting technology from technical overviews and key application points with practical retrofitting cases for reference. This book introduces such common green retrofitting technologies as maintenance, renovation and strengthening for office buildings in a systematic and comprehensive way, and at the same time demonstrates the research technologies and achievements of thesubject "research and project demonstration of green retrofitting technologies for office buildings" of theKey Technologies R&D Programduring the 12th Five-Year Plan Period. This book should be of interest to engineering technicians of green retrofitting for existing buildings, college teachers and students, and relevant management personnel.

This book covers a large range of contents and professions, and to guarantee the quality of this book, the editorial committee invited experts to review relevant technologies in the book including Professor Xu Wenfa from China Urban Construction Design & Research Institute, Professor Lu Qin from China Academy of Urban Planning & Design, Professor Guan Wenji from China Architecture Design & Research Group, Professor Yu Zhenping from China State Construction Engineering Corporation, Professor Zhao Li from China Architecture Design Group, Professor Zhi Xiao from China Building Materials Academy, Professor Xue Feng from China Construction Engineering Design Group Co. , Ltd. , Professor GuoHaishan from China State Construction Engineering Corporation, Professor Lu Bin from China Academy of Building Research, Professor Cheng Dazhang from Tongji University, Professor Cao Wanlin from Beijing University of Technology, Professor Wang Suilin from Beijing University of Civil Engineering and Architecture, Professor Zhang Jinyi and Professor Li Xudong from Tianjin Architecture Design Institute, Senior Engineer Wu Xiaohai from Beijing Institute of Architectural Design. The editorial committee would like extend their sincere thanks to these experts.

This book is the joint achievements of long-term explorations and practices by China's building engineering industry in the green retrofitting for office buildings. Office buildings are located in a large range of areas with diversified and complicated climate conditions and have their unique features, therefore, this book only selects come comparative more mature green retrofitting technologies instead of covering all, which the editorial committee hope readers may understand. Any constructive suggestions and comments from readers are greatly appreciated.

The Editorial Committee
July 21, 2016

目　　录

第一篇　规划与建筑

第1章 场　地

　　场地，其组成要素包括用地红线范围内的地形地貌、建筑物、构筑物、道路、广场、活动设施以及绿化景观等。各要素之间的关系合理，并满足规范和使用的要求，是场地改造的基本要求。此外，场地改造还要充分考虑与周边环境的关系，包括周边的自然地貌、建筑物、市政公共设施等因素，使建筑与环境和谐统一，相得益彰，从而营造舒适宜人的办公环境。

　　场地改造主要涉及的内容有规划调改、竖向修整、设施完善、绿化改造以及雨水收集等。

1.1　规划调改

　　既有办公建筑大多处于城市中的核心位置，周边环境既已成形，受到外部条件的约束较强。因此，改造须在新的规划许可条件下，根据周边环境对场地的安全性、空间、交通、日照、风环境和历史传承等方面进行改造与提升。

1.1.1　场地安全

1.1.1.1　技术概述

　　场地安全包括对场地及其周边存在的各类危险源的有效防护以及场地向外排放的污染源合理控制两部分。

　　由于既有办公建筑所在的场地及其周边环境，随着使用年限的增加，与建设初期会存在一定变化。因此，在改造时，需要对场地的环境重新进行评估，包括场地内及其周边区域各类污染源的距离及相应的安全防护措施。对场地中的不利地段或潜在危险源应采取必要的防护、控制或治理等措施。对场地中存在的有毒有害物质应采取有效的防护与治理措施，进行无害化处理，确保达到相应的安全标准。

　　进行改造的既有建筑场地内不应有未达标排放或超标排放的气态、液态或固态的污染源，例如：易产生噪声污染的建筑场所或设备设施、油烟或污水未达标排放的厨房、废气超标排放的燃煤锅炉房、污染物超标的垃圾堆等。若有污染源，应采取相应治理措施使排放物达标。

1.1.1.2　应用要点

　　既有办公建筑改造时对场地安全控制方面，重点关注以下几点：

　　1. 查看规划文件，了解项目的规划要求；查看环评报告中对场地自然环境状况的评价，场地的防洪设计应符合现行国家标准《防洪标准》GB 50201 及《城市防洪工程设计规范》GB/T50805 的有关规定；场地的排水防涝设计应符合现行国家标准《城市排水工程规划规范》GB 50318 及《室外排水设计规范》GB 50014 等标准的有关规定；抗震防灾设计应符合现行国家标准《城市抗震防灾规划标准》GB 50413 的有关规定；电磁辐射防护应符合现行国家标准《电磁环境控制限值》GB 8702 的有关规定；土壤氡浓度应符合《民用建筑工程室内环境污染控制规范》GB 50325 的规定。

2. 如果场地内存在不安全因素，并采取了控制措施，需查看措施实施后的检测报告和环评报告。

3. 针对既有办公建筑的使用特点，改造项目内可能存在的污染源，如易产生烟、气、尘、声的餐饮店、锅炉房、设备机房、垃圾运转站、地下车库机动车尾气等，需采取相应的治理措施使排放物达标。

1.1.2　空间设计

1.1.2.1　技术概述

空间组织包含场地内各构成要素的空间关系以及场地内外环境的空间关系的再设计，其目的在于在新的功能要求和审美需求下，通过场所设计满足人们日常工作中的物质和精神需求。

既有办公建筑在改造区域和城市中，一定程度上与其他要素已经形成了初步的空间关系，尤其是建筑组群，对其进行加建或拆除，这种既有的空间关系都会改变。建筑组群的空间组织主要是针对建筑物空间上的设计，处理好不同高度建筑物之间的空间关系，避免形成空间的压迫感、局促感，要利用高低错落的建筑群体布局方式来丰富空间上的视觉层次感，创造舒适宜人的室外活动空间。建筑屋顶形式，建筑外部构件，以及场地内的其他构成要素，如道路、广场、附属设施等，均会对场地的整体空间组成构成影响。

因此，在对既有办公建筑外部空间进行改造时，要充分考虑各方面的因素，考虑改造的实用性，营造舒适、宜人、富于变化并具有较强识别性的外部空间，趣味性强的区域空间认知体系。

1.1.2.2　应用要点

既有办公建筑改造，主要是通过增容扩建或者增层加建等手法，改变场地内各要素之间的空间关系，需要注意以下几点：

1. 改造后的既有建筑，其功能布局合理，通过对不同业态的合理区分，保证建筑内部、建筑内与场地外要素之间交通流线顺畅、互不干扰，使用效果明显改善，以满足使用者新的需求；改造前提是尊重场地内既有历史建筑文物或具有纪念意义的重要建筑物、构筑物等，在前期规划及场地空间改造时应予以保留和避让。

2. 增容扩建后与场地既有建筑、景观设施等空间布局的合理性。场地内空间要处理好各建筑物之间的关系，即不同建筑的布局与排列以及建筑之间的空间关系，既要做到"围合"，增强建筑组群的向心性，又要做到"通透"，增加空间的延伸感。此外，建筑空间组织还要考虑日照、采光、景观环境和消防等技术要求。

3. 增层加建的建（构）筑物（如坡屋顶、阁楼等）与场地整体空间关系的融合性。增设的景观、配套设施必须满足使用者的需求，呼应场地内既有建筑整体风格及景观特色，避免选用只有装饰性功能的构件，注重对加建或增建部位的功能定位。

4. 增容加建后的建筑组群与场地外部城市空间的呼应。场地周边建筑物、自然人文景观和历史文物景观等，如周边建筑类别、尺度，以及市政公园、公共绿地、城市广场、文物景观等，均会对场地的建筑形成一定的制约，在改造时要适当保留场地内重要的建筑物和构筑物，使改造后的建筑及景观设施与周围环境交相呼应。

1.1.3　交通组织

1.1.3.1　技术概述

场地交通设计是建立场地内各要素之间有效的交通联系，协调场地内部的车流人流、道路、停车场等之间的关系。交通组织主要包含合理设置场地出入口、合理组织交通流线、合理组织场地内道路系统、组织场地停车系统等。

既有办公建筑有别于新建建筑，其场地、周边交通环境已经确定，因此，交通系统改造要在原有路网流线的基础上，考虑场地内部新的交通通行需求，通过增加交通连廊、内部支路、竖向通行设施、增设出入口、增设新的机动车停车场库（如地面、地下、半地下停车库或首层架空的停车场）和自行车停车场等方式，对场地内的交通流线进行完善和更新，以满足场地内不断增加的各种交通需求。此外，针对改造项目，还需要增设无障碍设施和通道，与场地外人行通道无障碍连通，并保留场地内的原有无障碍设施。

1.1.3.2　应用要点

交通设计主要涉及建筑及景观园林改造的相关内容，着重关联以下内容：

1. 场地主要出入口与周边道路相对关系是否合理，出入口对外交通要便捷，减少对城市主、次干路的干扰，符合现行标准规范的相关规定。

2. 场地内交通流线是否清晰，是否造成人车混杂。场地内各组成部分的交通流线安排应符合行走规律和活动特点，有合理的结构和明确的通行方式，使场地内的各个部分的交通流线关系清晰、易于识别，并且便捷顺畅。

3. 停车场的设置要符合国家现行标准规范和项目规划设计要点的要求，无障碍设计以及绿色交通设计等符合城市规划设计的相关规定，且保障场地内外无障碍人行设施的无障碍连通。

1.1.4　日照分析

1.1.4.1　技术概述

日照是重要的自然资源，日照分析可以为改造设计的方案提供参考。不同性质的建筑对日照的要求不同。办公建筑对日照并无具体的要求，但是办公建筑需要考虑对其周边有日照要求的建筑的日照影响。

日照分析主要采用计算机模拟软件，通过建立场地及周边建筑物模型，解决物体的阴影和影响关系，以更加合理地安排建筑物的位置和高度。

虽然既有办公建筑间距、高度等基本已经确定，但是在改造时，很多情况需要对其进行增容加建，即通过拆除部分建筑、新建部分建筑，或者对建筑局部进行加建以及建筑屋顶改造等，均会影响场地内及其周边建筑的日照环境。因此，需要采用计算机模拟方法，对改造后场地内建筑对周边建筑的日照影响进行评估分析。

1.1.4.2　应用要点

既有建筑的改造设计应最大限度地为建筑提供良好的日照条件，不应降低场地周边建

筑的日照标准要求,主要查看日照模拟分析报告,关注以下几点:

1. 场地改造要充分考虑不同气候区增容加建后的建筑(组群)对场地周边其他建筑的日照影响,重点关注是否对周边住宅、幼儿园、学校建筑、老年人建筑等对日照有高要求的建筑造成不利遮挡,即改造前周边建筑满足日照标准的,应保证建筑改造后周边建筑仍符合相关日照标准的要求;改造前,周边建筑未满足日照标准的,改造后不可降低其原有的日照水平。

2. 日照间距的合理确定还需要考虑通风、消防、地下管线的综合布置和视觉卫生安全等因素,沿街建筑还要考虑街景的需要,同时满足国家现行标准规范的要求。

1.1.5 风环境分析

1.1.5.1 技术概述

自然通风是既有办公建筑改造中最简单、最经济,且效果良好的节能措施,建筑组群自然通风技术主要有:

1. 规划调改应采用有利于自然通风的布置形式,尽量做到主立面迎向夏季主导风向。

2. 在组群空间布局上,尽量采取具有一定自由度的排列方式,避免封闭式布局。

3. 依据地势使建筑在空间上错位,采用南低北高的设计原则,留有足够的通风口,建筑室外空间气流顺畅,避免建筑物处于风影区。

4. 建筑改造设计应有利于自然通风,避免活动区出现风滞流。当既有建筑为围合式布局时,宜采用首层架空或建筑之间留出气流通道的设计形式。

通过对建筑组群的自然通风计算机模拟,分析建筑周边风环境问题,可发现通风状况比较差的位置,对规划进行调改,优化建筑组群布局,例如缩短或取消部分建筑,消除对夏季主导风向的阻挡。通过对建筑单体的自然通风计算机模拟,优化单体设计,合理分布窗口和大门,增大室外风口宽度,将室外风引入区域内部。

1.1.5.2 应用要点

在既有办公建筑改造过程中,风环境分析一般采用计算流体动力学(CFD)手段,对不同季节典型风向、风速的建筑外风环境分布情况进行模拟评价,主要关注以下几点:

1. 冬季典型风速和风向条件下,建筑物周围人行区 1.5m 高处风速宜不高于 5m/s,人行区域的风速放大系数不大于 2。

2. 过渡季、夏季典型风速和风向条件下,场地内人活动区避免出现无风区和涡旋区,这将有利于室外散热和污染物的消散。

1.1.6 历史传承

1.1.6.1 技术概述

建筑是城市的载体,是城市发展的物化表象。城市的更新与发展,需遵循一定的行为准则和自然规律。既有建筑改造也如此。

既有建筑在历史上的某个时期,是城市的精神印记,甚至是城市的标志。其改造应尊重城市的固有元素,在空间和交通等物化元素下,要充分考虑历史文脉和文化语境的记忆传承,在此基础上再进行创新和发展,打造个性化城市,避免"千城一面"。此外,既有办公建筑改造由于不需要过多的调解工作，改造技术也相对单一和集中，但改造中也应避免大拆大建，这样有利于降低改造成本，同时可以缓解由于拆迁对人们工作带来的不便和影响。既有建筑改造中，应特别注意对有历史价值及保留意义的建筑和构筑物进行合理的保留及改造，通过赋予其新功能以创造新的使用价值，如图 1.1 所示。

图 1.1　改造项目保留原始建筑风貌（左：江苏省人大；右：南海意库）

1.1.6.2　应用要点

在改造项目的建设过程中应尽可能维持原有场地的地形地貌，减少对建筑周边环境的改变。场地内有价值的建筑物、构筑物、树木、水系等，是场地所在区域文脉和肌理的重要载体，是该地区的重要景观标志，应根据国家相关规定予以保护。对可以进行改造设计的有价值的建筑物，应调研分析其安全性能、功能布局、使用前景等，结合场地设计和待改造的建筑物的具体情况，在提升其使用性能的同时，不破坏有价值物的原有状况，通过优化改造赋予其新的功能。

1.1.7　工程案例

张江集电港创新之家绿色生态改扩建工程是由张江集团开发的项目，总建筑面积约为 $23710m^2$，包括办公楼、会议楼、生态中庭等 6 栋建筑组群，均为 3 层建筑。改造前后对比如图 1.2 所示。

图 1.2　改造前后实景照片

项目建成于 2005 年，设计之初没有考虑场地内各组成要素之间的整体性和连接性，6 栋单体建筑间没有相互连通的交通设施，使用起来存在一定的不便。针对此问题，对其进行改造，通过新建连廊、扩建中庭及增设其他配套服务区域，形成了完整的办公中心。

图 1.3　连廊遮阳实景图

本改造项目充分利用尚可使用的旧建筑，节约土地资源，减少拆建带来的不利影响。建筑本体改造中，原建筑为 3 层结构，立面大量采用玻璃幕墙，且建筑间距大于 1：1。为了兼顾夏季遮阳和冬季得热，改造中在原有建筑上增建连接体，降低了室外负荷同时考虑遮阳与日照。增设外廊不仅解决了单体建筑之间的连通性问题，还是很好的外遮阳构件，如图 1.3 所示。

1.2　竖向修整

1.2.1　场地及道路标高调整

1.2.1.1　技术概述

既有办公建筑的场地及道路标高已经确定，改造时要根据项目最新的空间组织和布局需求，充分结合场地地形、地质、水文条件，对建筑地平标高、广场和道路等的标高及其连接关系进行合理调整。由于项目周边市政排水设施可能改变，要综合考虑场地排水系统的要求以及最新的周边市政排水设施情况，使地面有组织排水，组成完整的地上地下排水系统，保证场地内的排水顺畅，不出现积水和内涝。

标高调整的原则是：

1. 用地不被水淹，雨水能顺利排出或合理收集回用。
2. 建筑设计标高应高于设计洪水位 0.5m。
3. 场地内外道路连接方便。
4. 避免增加土石方工程量。

1.2.1.2　应用要点

根据既有办公建筑的场地标高和项目的改造要求，指导场地的标高调整，同时标高调整要满足城市的相关规定。

1.2.2　台地与坡地分析

1.2.2.1　技术概述

既有办公建筑大多位于城市的中心区，土地资源紧缺，其场地内的建筑密度较大，与新建项目相比较，受到的限制更多。因此在改造时，可以适当对场地的自然地形进行改造，依据不同的地形坡度，可分别设计成平坡式、台地式及混合式，并结合室外景观设计,可设计成台地或坡地式的景观布局,或者利用场地高差设置半室外的休闲区域或停车库,如图1.4所示。

图1.4 台地与坡地景观

1.2.2.2 应用要点

既有办公建筑台地与坡地设计改造时,应注意以下几点:

1. 根据场地的高差及坡度,合理确定采用台地、坡地或混合式,并综合考虑场地排水、土石方平衡、景观布置、道路设计等因素。

2. 对场地内的自然地形改造时,当坡度小于8%时可以采用平坡式布置,当坡度大于8%时采用台地式布置,台地之间应设置挡土墙或护坡。机动车道和非机动车道的坡度、坡长应该满足相关规范的要求,特别注意在有路面结冰情况的区域坡度设计要求。

1.2.3 土石方平衡

1.2.3.1 技术概述

由于既有办公建筑多位于老城区,土石方运输不便,同时也基于工程造价考虑,在既有办公建筑改造项目开工前,施工方应进行土石方平衡计算,土石方平衡计算的主要参数有挖方、填方、利用方、借方、弃方、调入方、调出方,一般按照自然方进行计算。在计算时,可以根据场地布置和施工顺序,将场地划分为 N 个区域或 N 个单项工程分别进行土石方平衡。

土石方平衡应综合考虑场地平整、地下室、建筑物及构筑物的基础、地下管线工程等因素的总体土石方量。

1.2.3.2 应用要点

重点关注改造项目施工过程中的挖方量和填方量平衡,并安排好地表覆土顺序,避免填土给建筑基础和结构带来不利影响。如确实需要土方转运,应合理选定弃土或取土的场地,以减少改造施工过程中带来的浪费和环境污染问题。

1.2.4 管线综合

1.2.4.1 技术概述

建筑工程管线主要包括电力管线、弱电通信管线、给排水及雨水管线、供热管线、煤气天然气管线等。改造项目使用年限较长，各类管线老化严重。调研发现很多项目的水箱依然采用水泥屋顶水箱，给水管道采用金属管材，存在一定的水质污染问题。此外，电气管线老化、外保护层脱落，燃气管道老化堵塞、阀门腐蚀严重等问题，严重影响既有建筑的安全性及能源高效利用。

传统的建筑工程管线一般采用地下直接敷设的方式，虽然其施工简单、投资小、占用空间少，但是不易检修，且管线泄漏不易发觉，极易造成安全事故。地下综合管沟是未来城市发展的方向，如图 1.5 所示，其优点主要有：维护及管理方便，避免管线施工及维修引起的城市道路重复开挖；管线不直接接触土壤和地下水，对管材的腐蚀性小，延长管线使用寿命；有效利用地下空间，节约城市地面空间。

既有办公建筑管线改造要统筹布局，合理规划，可以通过在地下建设综合管沟，将电力、水力、通信、燃气等多种管线电缆集中设置于地下管廊里，实施共同维护、集中管理，不会破坏和影响其他设施，不妨碍地面交通，避免道路多次开挖的麻烦和费用，为城市的发展和规划提供更大的自由度和灵活性。

图 1.5　传统地下管网和地下综合管沟

1.2.4.2　应用要点

在进行既有办公建筑管线综合改造时需遵循以下原则：

1. 采用统一坐标系统及标高系统来规划各种管线的位置，充分利用现有管线，并考虑未来发展需要提供一定的预留空间。

2. 各专业管线的敷设区域必须在用地红线以内，平行于城市的道路中心线。

3. 符合《城市工程管线综合规划规范》中关于工程管线敷设的相关具体指标要求。

1.2.5　室内无障碍设计

1.2.5.1　技术概述

无障碍设施主要是为保障残疾人、老年人等群体的安全通行和使用便利，在建设项目中配套建设的服务设施。办公建筑的无障碍设施，包含无障碍入口、水平通道、垂直通道和洗手间等。

既有办公建筑项目大多没有进行无障碍设计，改造时要从残疾人和老年人方便使用出发，为其提供方便通行和使用设施的便利。入口与室内走道的地面有高低差和台阶时，须设置符合轮椅通行的坡道，在坡道两侧应设扶手。入口至接待区应设盲道，入口及楼梯、电梯、洗手间、公用电话等位置，应设位置提示标志，如图 1.6 所示，距办公建筑入口最近的停车车位应提供给残疾人使用。

图 1.6 无障碍设施

1.2.5.2 应用要点

既有办公建筑改造时，无障碍设计应该在规划方案及建筑相关说明中体现，对场地中的无障碍设施设计，重点考虑以下内容：

1. 建筑总平面图中的无障碍设施，包含无障碍通道、无障碍指示牌、无障碍停车位、无障碍疏散通道等，应满足《无障碍设计规范》《老年人建筑设计规范》等标准中的要求。

2. 坡道可以解决由于地面高差为残疾人带来的行动不便造成的困扰，其坡度不大于 1/12，且长度不超过 10m，如超过 10m 中间必须增加休息平台，坡道需设置扶手和护栏。

3. 停车场应设有照明条件良好的残疾人通道，并设置残疾人专用道，停车场应尽可能靠近建筑出入口处，停车和残疾人专用道标识清晰。

4. 在室外增加供残疾人紧急疏散的室外通道以及室外休息和无障碍标识。

5. 场地内的无障碍通道应该与市政人行通道无障碍连通。

1.2.6 工程案例

南海意库由原三洋厂区改造而成，建于 20 世纪 80 年代，由 6 栋 4 层工业厂房构成。2006 年初，招商地产向社会征集三洋厂区改造方案，明确将以工业历史建筑的文化积淀、建筑体量、地理位置等作为主要依据，在不改变现有框架结构体系的前提下进行改造提升。2008 年完成三洋厂区的 1 号、3 号和 5 号楼绿色化改造，改造面积 48000 m²，作办公用途，改造后的建筑定名为南海意库[1]。

南海意库项目 3 号厂房的台地改造，其前庭采用阶梯形立体绿化，外立面呈坡状绿化台地，与附近的荔枝公园交相辉映。3 号厂房水景设置在建筑北面，与阶梯状退台绿地相映成趣，如图 1.7 所示。另外，在水景中设置了自然采光的玻璃井，为地下车库提供自然采光，利用水体的折射作用减少了直射光的眩光感。

图 1.7　3 号厂房前坡状绿化台地和水景照片

1.3　设施完善

办公建筑是为人们提供安全、实用、高效工作的场所，配套设施需要关注工作中的需求。根据《办公建筑设计规范》中的规定，办公建筑需要配套设置服务类设施，如商业、餐饮、文印等，此外还应该设置汽车库和非机动车库。在调研中发现，既有办公建筑的室外照明设施年代久远，普遍存在功耗大、发热量大、发光效率低等问题，而且建设初期也没有考虑场地夜间照明的光污染控制，因此也需要对室外照明设施进行改造。

1.3.1　机动车与自行车停车场（库）扩建

1.3.1.1　技术概述

既有办公建筑由于建造年代久远，停车设施配备落后，因此在改造时，应根据需求合理增加机动车及非机动车停车容量，与场地功能布局相结合，合理组织交通流线，不对行人及活动空间产生干扰。

改造项目受到场地制约，可以考虑采用地下停车库、首层架空停车场库、机械式停车场库或者新建停车楼等方式，来解决办公人员停车难的问题；如无条件增设停车位，应合理规划场地布局，并考虑借用场地外城市机动车停车空间。此外，还应对停车场库实现智能的科学管理与收费，可有效提升场地使用效率，方便使用者，如图 1.8 所示。

自行车是一种绿色环保的交通工具，改造项目应设置一定的自行车停车场库，布局合理，方便办公人员的使用，并处理好与机动车道和人行道的关系，避免各种车流交叉，如图 1.9 所示。此外，还可与场地周边的市政绿色交通服务设施共用，实现资源共享，提高设备利用率。

1.3.1.2　应用要点

改造项目实施中，重点考虑项目的总平面图、道路交通图、地下层平面图、周边交通

图 1.8　地下停车库及停车场管理系统

图 1.9　自行车停车位

配套设施等，遵循"规模适度、布局合理、满足出行习惯"的原则，确认机动车和自行车停车场的位置、出入口、流线设置合理，并注意与周边市政交通服务设置共享。

1.3.2　商业服务设施

1.3.2.1　技术概述

办公区域一般要配套建设商业、餐饮以及其他各类办公商务服务设施，以方便办公区内人员的使用要求。既有办公建筑普遍存在配套服务设施老旧、落后的情况，因此要合理增加服务设施。

商业服务设施宜设置在与地面街道联系最为密切的底部，且能将办公区域和周边公共服务部位独立，如图 1.10 所示。此外，由于改造项目用地紧张，也可以将商业服务设置于地下，形成地下商业服务网络，并和周边地下通道和市政交通相连形成整体，缓解地上土地资源紧张的问题。

1.3.2.2　应用要点

改造项目的服务设施是否合理，可考虑建筑总平面图及相关规划文件，确认办公建筑场地内配套设施满足规范要求，并与周边相关设施协调互补：

1. 以办公建筑使用群体自身需求为主，并与周边区域已有的公共设施协调互补。
2. 商业服务设施的便捷性、多样性，满足使用者的多样需求。

图 1.10　某办公楼利用首层架空空间设置商业服务设施

1.3.3　照明设施

1.3.3.1　技术概述

既有办公建筑场地内的照明设施改造主要为两方面：照明灯具的更换和照明控制方式改造。

照明灯具包含室外景观和道路照明，改造应满足现行行业标准《城市夜景照明设计规范》中关于光污染控制的相关要求。室外景观照明灯具更换为新型节能灯具及镇流器，照明控制采用节能控制方式，减少景观照明能耗。

照明控制方式宜根据不同季节进行时序自动控制或根据环境亮度进行光电自动控制，采用智能照明系统，除能满足定时开关外，还能方便调光。夜景照明需设置平时、一般节日、重大节日三级照明控制模式。此外，结合场地内的绿化景观改造，通过增设采光天窗、设置下沉庭院等建筑设计手法来改善室内光环境。当受到建筑本身或周围环境限制时，也可采用导光、引光技术和设备，将天然光最大限度地引入室内，以提高室内照度，降低人工照明能耗。

1.3.3.2　应用要点

关注节能灯具的选用、照明控制的设置，场地夜间照明的光污染问题、照明节能等，可参照《城市道路照明设计标准》《城市夜景照明设计规范》《室外作业场地照明设计标准》《城市照明管理规定》《"十二五"城市绿色照明规划纲要》中的相关规定进行改造设计。

1.3.4　工程案例

1.3.4.1　南海意库项目设施完善改造

原厂房改造前无地下车库，为了开发地下空间，在改造时增加了一层的面积，改造后增加停车位 56 个，地下空间利用面积达到 1500m²。另外，在建筑南侧二、三层中间（原建筑的三、四层中间）增设夹层作为资料室、图书室和员工休息室，为员工增添了一个休闲娱乐的交流场所，如图 1.11 所示。

图 1.11 增设车库及夹层空间照片

1.3.4.2 武汉建设大厦改造工程的立体停车库

武汉建设大厦原为闲置的商业建筑，改建为武汉市城乡建设委员会办公楼，其占地面积为 6360m^2，总建筑面积 25318m^2，地上 5 层，地下 1 层。

在建设大厦的底层设置局部架空，并根据架空层的层高，将部分停车位设计成三层升降横移立体停车库，有效增加了停车位的数量，提高土地的利用效率，如图 1.12 所示。

图 1.12 立体停车库

1.4 绿化改造

1.4.1 原有绿化的保护与再利用

1.4.1.1 技术概述

既有建筑改造不同于新建建筑，对场地内原有的绿化景观进行保留可有效利用资源，减少对场地及周边生态的改变，保护生态环境，保留场地原有风貌，营造良好的景观效果。

1.4.1.2 应用要点

既有办公建筑改造实施过程中，必须有效保护和充分利用场地内的现状树和其他植被，特别是古树木及大中规格的苗木，并结合场地空间组织、交通及服务设施、园林设计，为场地创造良好的绿化环境。如确实需要改造场地内的植被时，应在工程结束后及时采取生态复原措施，减少对场地及周边生态的改变及破坏。

1.4.2 增设绿化

1.4.2.1 技术概述

既有办公建筑改造时，由于受到场地制约较多，可以考虑采用复层绿化和立体绿化技术，来改善场地内的景观环境。

1. 复层绿化技术

植物的配置应能体现当地植物资源的丰富程度和特色植物景观等方面的特点，以保证绿化植物的地方特色。根据当地气候条件和植物自然分布特点，栽植多种类型植物，乔、灌、草结合构成多层次的植物群落，以形成富有层次的绿化体系，不但可为使用者提供遮阳游憩的良好条件，还可以吸引各种动物和鸟类筑巢，改善建筑周边的生态环境。而大面积的单纯草坪绿化，不但维护费用高，生态效果也不及复层绿化，应尽量减少采用。种植区域覆土深度和排水能力满足植物生长需求及当地园林景观部门的有关覆土深度的控制要求。

2. 立体绿化技术

既有办公建筑场地内的可绿化面积较小，可以有效利用屋面、露台、阳台、墙面、架空层等空间，设置立体绿化，增加场地内的绿化景观，节约土地资源。此外，阳台绿化、屋顶花园、墙体垂直绿化还可以起到遮阳隔热作用，有利于节能，如图 1.13、图 1.14 所示。

图 1.13 屋顶绿化

1.4.2.2 应用要点

改造项目的绿化设计主要关注以下几点：

1. 确认绿地内栽种多种类型植物及乡土植物，且采用乔、灌木的复层绿化，采用屋

图 1.14 垂直绿化

顶绿化、垂直绿化等立体绿化方式。同时，还要关注种植区内的覆土深度和排水能力满足植物生长需求及当地园林景观部门的有关覆土深度的控制要求。

2. 充分利用现有条件，如绿化植被及自然地形，综合布置各种活动空间、绿化植物等，改善景观环境，增加场地内的透水面积，减少场地外排雨水量。增设绿化还可以结合地面停车场，采用植草砖等铺设方式，节约绿化用地。

1.4.3 工程案例

1.4.3.1 南海意库的立体绿化技术

南海意库 3 号厂房的西立面设置垂直绿化墙，如图 1.15 所示，植被选用冬季落叶类，在夏季高温时利用繁茂的枝叶提供遮阳，冬季植物枯萎后则可获得日照，植物的生长周期与气候变化和建筑采光需求相一致。

图 1.15 垂直绿化

1.4.3.2 武汉建设大厦改造项目的屋顶复层绿化设计

武汉建设大厦改造项目采用了复层绿化设计，屋顶绿化面积约 2703m²，占屋顶可绿化面积的 63.6%，并考虑武汉市气候特点，采用适宜的物种及栽培技术，如图 1.16 所示。

图 1.16　屋顶复层绿化

1.5　雨水利用

既有办公建筑雨水收集，主要是通过合理的规划调改、竖向修整，并结合场地绿化景观和交通设计，高效、低成本、最大化地收集场地内雨水，并利用场地高差和道路输送雨水，为末端用水区提供丰富、优质的水资源，减少后期处理工序及成本。

1.5.1　雨水收集

1.5.1.1　技术概述

既有办公建筑改造中可以收集的雨水，主要包含三类：屋面、路面、绿地雨水。

1. 屋面雨水

屋面雨水收集可采用单体建筑分散式和建筑群集中收集式两种系统，并可将系统的贮存池溢流管与雨水渗透设施相连，以便系统溢流雨水可通过渗透设施渗透。

2. 路面雨水

路面雨水收集可采用雨水管、雨水暗渠、雨水明渠等方式。水体附近汇集面的雨水也可以利用地形通过地表面向水体汇集。利用道路两侧的下凹式绿地或有植被的自然排水浅沟，也是一种很有效的路面雨水收集截污系统。因此，要根据区域的各种条件综合分析，因地制宜，选择经济适用的路面雨水收集方式。

3. 绿地雨水

绿地雨水利用是将绿地的雨水进行收集并加以利用。绿地对于雨水径流中的污染物有一定的截流和净化作用，收集的雨水径流水质相对较好。同时，由于绿地的渗透和截流作用会导致绿地雨水径流量明显减小，不一定能保证收集到足够的雨水量。在绿地雨水规划设计中应充分考虑绿地的渗透和截流作用，科学合理地确定雨水利用规模。

1.5.1.2　应用要点

既有办公区大部分位于老城区，占地拥挤，绿化率低，间距小且密集，因此，这些区域内应优先采用小规模分散式雨水收集利用系统。

屋面雨水收集中主要考虑雨水的污染程度，与屋面材料有直接关系，沥青油毡是一种主要污染源。

　　路面雨水水质受交通量、路面卫生、路面材料、降雨量等因素的影响水质较差，如机动车流量较大的路面雨水可能携带大量的碳氢化合物和重金属。因此在路面雨水规划设计中应优先考虑收集自行车道、人行道、小区道路的雨水。

　　对场地雨水的收集，还可以结合场地空间设置绿色雨水基础设施，如雨水花园、下凹式绿地、屋顶绿化、植被浅沟等，合理引导场地雨水进入绿色雨水基础设施中，以自然的方式控制雨水径流、减少内涝灾害、控制径流污染、保护水环境。

1.5.2　雨水渗透

1.5.2.1　技术概述

　　雨水渗透技术可分为分散渗透技术和集中回灌技术两大类。分散渗透技术包括屋顶花园、透水地面、植被浅沟、渗透管沟、渗透池（塘）、渗透井等。集中回灌技术包括干式深井回灌、湿式深井回灌等。

　　分散式渗透技术可应用于场地中的广场、道路和停车场等场所，规模大小因地制宜，设施简单，布置灵活，但一般渗透速率较慢，而且在地下水位高、土壤渗透能力差或雨水水质污染严重等条件下应用受到限制。集中式深井回灌容量大，可直接向地下深层回灌雨水，但对地下水位、雨水水质有更高的要求，尤其对用地下水做饮用水源的城市应慎重。

　　由于既有办公建筑场地有限，这里重点分析常用的分散式的渗透技术。

　　1. 屋顶花园

　　种植层和植被的选择是屋顶花园的关键，种植层土壤必须有一定渗透性并能满足植被生长的需要，植被必须适应当地的气候条件并与种植层土壤性质相匹配。通过植被截留和种植层吸纳雨水，屋顶花园雨水径流量较绿化前大幅降低，仅在遇到暴雨时形成雨水径流，如图 1.17 所示。由于植被和土壤的截污能力较强，其雨水较为清洁，处理相对简单。

　　2. 透水地面与透水铺装

　　透水地面包含自然裸露地面、公共绿地、绿化地面和镂空面积大于或等于 40％ 的镂空铺地（如植草砖）。

　　既有办公建筑改造时，可以通过增加绿化地面，并结合场地景观铺装设计以及地面停车场设计，采取植草砖等铺装方式，增加透水面积，如图 1.18 所示。

图 1.17　屋顶花园　　　　　　　　　图 1.18　屋顶花园透水地面照片

绿地是一种天然的渗透设施，其透水性好，对雨水中的污染物有截留和净化作用。下凹绿地一般低于周围地面适当深度，通过将普通绿地设计或改造成下凹绿地，适当降低绿地高程，合理处理路面高程、绿地高程和雨水口的关系，不仅可以减少绿化用水，而且增加了雨水渗透量，强化了地下水补给。

人工透水路面采用透水混凝土、透水砖、植草砖等透水性建材替代传统硬化铺装材料，可将雨水渗透至路基下，不产生路面积水。但其只能用于人行道、花园、广场、停车场等轻型路面上。

当透水铺装下为地下室顶板时，若地下室顶板设有疏水板及导水管等可将渗透雨水导入与地下室顶板接壤的实土，或地下室顶板上覆土深度能满足当地园林绿化部门要求时，仍可认定其为透水铺装地面。

3. 植被浅沟

植被浅沟是一种种植植物的明渠，由上至下可分为两层，上层为种植草类植物的浅水洼，下层为渗透渠。通过土壤与植物的处理作用净化雨水，同时种植的植被绿色可以很好地融入建筑周围的生态景观当中。

植被浅沟除了通过存储削减降雨洪峰流量外，渠道的底部和两侧的透水能力可以促进入渗。植物产生的渠道粗糙度可降低径流速度，还有降低径流污染物浓度的作用。

1.5.2.2 应用要点

在既有办公建筑改造初期，要结合场地的地形地貌特点，规划设计好雨水（包含地面雨水、屋顶雨水）径流，减少雨水污染几率，避免雨水污染地表水体，同时采用多种措施增加雨水渗透量，减少不透水地面。雨水收集利用可以结合既有建筑原有的水景池、雨水池等存水设施进行收集。此外，通过增设绿色雨水基础设施，以自然的方式控制雨水径流和径流污染，利用绿地、卵石沟等自然生态过滤措施，减少人工化学处理工艺，保障非传统水源的用水安全。此外，场地内的雨水外排量不应大于改造前，不增加市政雨水管网和水体负荷。

1.5.3 工程案例

1.5.3.1 张江集电港办公中心改造工程的雨水收集设计

上海的年降雨量较大，雨水资源丰富。项目在改造时通过采用透水地面、雨水回收系统来实现雨水回收及积蓄利用。

场地内的非机动车道路采用透水地面替换原来的非透水性铺装，增加了场地整体的雨水自然渗透量，减少大雨时的路面积水。此外对屋顶雨水和其他非渗透地表径流雨水进行集中收集，通过收集管进入园区中水系统的调节池，用于冲厕、绿化和景观水体补水。

1.5.3.2 贵州中建科研院办公楼改造工程的屋顶雨水直接利用系统设计

贵州中建科研院办公楼位于贵阳市南明区甘平路 4 号，建于 20 世纪 70 年代中期，为办公用途，主体是 3 层砖混结构，建筑面积 3041m²，2008 年对其进行改造。

贵州地区雨水资源丰富，可充分利用雨水资源。由于办公楼屋面卫生间层高较高，空间浪费严重，因此，通过在屋面楼板底标高 500mm 处重打一块现浇板，留足卫生间层高，利用两块板之间 600mm 的净空间用来摆放雨水蓄水池，水池内设沉淀池与过滤网，蓄水供给卫生间冲厕用水，实现屋面雨水收集的模块化收集和利用。

参 考 文 献

[1]　李朝旭，王清勤. 既有建筑综合改造工程实例集 1 [M]. 北京：中国建筑工业出版社，2009.
[2]　李朝旭，王清勤. 既有建筑综合改造工程实例集 4 [M]. 北京：中国城市出版社，2012.
[3]　王清勤，唐曹明. 既有建筑改造技术指南 [M]. 北京：中国建筑工业出版社，2012.
[4]　黄雷. 我国既有办公建筑可持续性改造研究 [D]. 天津：天津大学硕士论文，2008.
[5]　王峰. 当今建筑空间改造中"新旧"共生设计理念研究 [D]. 合肥：合肥工业大学硕士论文，2013.
[6]　孙莉. 办公空间情感化设计表达运用研究 [D]. 成都：西南交通大学硕士论文，2010.
[7]　瞿燕. 上海地区既有办公建筑绿色化改造实践及性能对比分析 [J]. 建筑节能，2013（7）：63-69.
[8]　刘永刚，吴志敏，黄凯等. 既有办公建筑绿色改造技术研究与应用实践 [J]. 既有建筑综合改造关键技术研究与示范项目交流会，2009.11.
[9]　罗媛媛. 现代办公空间的个性化设计 [J]. 郑州轻工业学院学报，2009（6）：74-76.
[10]　向科. 当代市政办公建筑设计理论及方法研究 [D]. 重庆：重庆大学博士论文，2005.
[11]　白洋. 城市工程管线综合规划设计关键技术研究 [D]. 西安：西安建筑科技大学硕士论文，2012.
[12]　陈宏. 绿色建筑评价设计标识三星级项目——武汉建设大厦既有商业建筑改造为绿色办公建筑创新实践 [J]. 建设科技，2013（13）：41-43.
[13]　杨姗. 基于生态技术的旧厂房办公类改造策略研究 [D]. 北京：北京工业大学硕士论文，2009.

第2章 建筑设计

建筑设计是既有建筑绿色改造应考虑的重要环节之一。随着经济发展和技术进步以及办公模式的变化，使用者对办公建筑功能空间的要求也发生了变化，针对既有建筑现状及现代使用者的功能需求对既有建筑从功能、形象和环境舒适性等方面进行合理的改造和性能提升，使其满足当代人的使用要求并达到健康舒适标准，是既有建筑改造的基本原则。

2.1 功能空间优化

任何建筑物都是人们为了一定目的、满足某种具体的使用需求而建造的，因此它具有不同的功能要求，又称之为建筑的使用功能，建筑功能是决定建筑设计的主要因素。随着时代的发展，现代办公空间与早期相比有了很大的变化，更加强调使用功能的多元化、空间的灵活多变性，以满足现代人对办公环境的私密性、开放性、个体性等多元化需求，增强员工之间、员工和周围环境的交流以及空间的融合性。因此，在改造设计时应充分考虑不同时期人们对使用空间的需求，提出适宜的建筑改造设计方案。

既有办公建筑内部空间的改造，可分为两种情况：一种是不改动建筑结构，只对非承重结构（隔墙、隔断等）的位置进行变换和调整，或通过改扩建的方式，获得新的内部空间环境，满足新的使用要求；另一种是根据新的使用功能要求，重新组织内部空间关系，并对影响功能的原有建筑结构进行局部改动，这种改造方法技术难度较大，需要对结构及消防安全进行可行性分析与评估才能实施。

2.1.1 水平空间组织

2.1.1.1 技术概述

1. 功能优化

合理的功能分区是将建筑空间各部分按不同的使用要求进行分类，并根据它们之间的关系加以划分，使之分区明确，互不干扰且联系方便。办公建筑的主要功能组成及分区如表2.1所示。

办公建筑功能组成及分区　　　　　　　　　　　　　　　　　表 2.1

分　区		功　能
专用部分	办公空间	办公室、高级管理人员的房间
	信息交换	会议室、接待室
	信息处理	资料室、书库、计算机房
	生活服务设施	职工食堂、医务室、更衣室、小卖店、理发店
	其他空间	停车场、店铺、仓库

续表

	分　区	功　能
共用部分	共用流程	门厅、前室、传达室、走廊、楼梯、电梯
	共用房间	洗手间、开水间、休息室
	物业管理	管理办公室、中央监控室、消防控制室、垃圾处理室、清洁工具柜、清洁人员休息室、仓库等
	各类机房	空调机房、泵房、生活及消防水池、配电室、消防设备室

功能优化时应处理好以下关系：

（1）"主"与"辅"的关系

办公建筑由使用空间和辅助使用空间所组成。在进行空间改造时，必须考虑各类空间使用性质的差别，将使用空间与辅助使用空间合理地进行分区。一般的规律是：主要使用空间布置在环境较好的区域，保证良好的朝向、采光、通风及景观等条件，辅助或附属空间则可布置在次要的区域，兼顾朝向、采光、通风等条件。

（2）"内"与"外"的关系

办公建筑中的各种使用空间，有的对外性较强，直接为公众使用，有的对内性较强，主要供内部工作人员使用。在进行空间组合时，必须考虑这种"内"与"外"的功能分区。

一般来讲，对外性较强的空间人流量大，通常环绕交通枢纽布置，使其位置明显，易于直接对外；而对内性较强的房间，如内部办公、仓库及附属服务用房等，应尽量布置在比较隐蔽的位置，以避免由于公共人流穿越影响内部的工作。

（3）"动"与"静"的关系

办公建筑中，一般供工作、休息的使用空间希望有较安静的环境，但有的用房在使用过程中嘈杂喧闹，甚至产生设备噪声，这两类空间应该有适当的隔离。这种"闹"与"静"的分区要求在办公建筑中也应考虑。

（4）"污"与"洁"的关系

办公建筑中某些辅助或附属用房（如厨房、锅炉房、卫生间等）在使用过程中易产生气味、烟灰、污物及垃圾等，必然会影响主要功能空间的使用。在保证必要联系的条件下，应使二者相互隔离，且不应布置在公共人流的主要交通流线上。此外，这些房间一般比较零乱，也不宜布置在建筑物的主要一面，避免影响建筑物的整洁和美观。

2. 水平空间重组

受既有建筑建造时建筑材料性能、施工技术或资金条件等限制影响，房间开间进深尺寸通常较小，且平面形式单一，空间相对封闭，缺乏流通，原有建筑空间功能无法满足现代使用要求。因此，对既有办公建筑室内空间的改造，主要是对办公空间、公共空间和交通空间的改造。可通过拆除建筑内部的非承重隔墙，并对原有空间进行重新优化组合划分，同时明确办公区域、会议区域、中心控制区域、交通区域、后勤服务区域等空间的划分，并根据各部分的实际需要配备办公设施。

3. 水平空间扩展

当原有建筑规模较小、无法满足新的功能需求时，且原建筑周边尚有发展空间的时候，可以采用水平空间扩建方法。

平面水平空间扩建模式可分为直接延伸式、外部包围式、桥架连接式、部分填充式等。

（1）直接延伸式：原建筑功能空间有限，需进行功能空间拓展，且原建筑周边尚有可开发的区域时，沿原建筑某一方向进行扩建，使其成为统一的整体，即贴临加建（图2.1）。这种扩建模式可以在建筑平面使用空间增大的情况下，保持既有建筑与扩建部分之间紧密的空间联系。同时，很容易通过对建筑立面的处理，使新旧建筑风格协调统一融为一体。

直接延伸式示意图

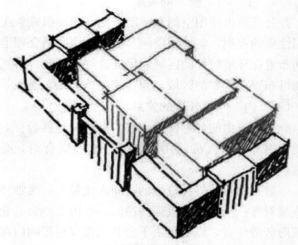

中国国家博物馆改扩建示意图

图2.1 直接延伸模式

（2）外部包围式：在原建筑周边增设新的功能空间，新建部分将原建筑围合，并连接成一体。技术上可利用预应力的外层钢结构或框架结构支撑来实现空间拓展，这种扩建模式在增大使用空间的同时，也可以对既有建筑形成一种保护。如沙特阿拉伯的法赫德国王国家图书馆改造项目，利用预应力的外层钢结构物支撑起立体的菱形遮阳篷织物，所填充的区域作为新图书馆新的使用功能，并对原有建筑起到一定保护作用（图2.2）。

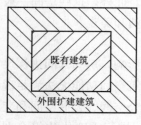

外部包围式示意图

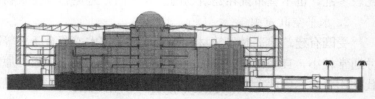

沙特阿拉伯法赫德国王国家图书馆

图2.2 外部围合模式

（3）桥架连接式：通过外廊、过厅或建筑，将有一定间隔的相邻建筑连接成为统一的整体，实现不同功能空间之间的连通与共享，或者通过连廊等联系空间将既有建筑与新建建筑进行连接（图 2.3）。这种模式改造灵活性较大，在地面空间充足的时候可以采用新建连接体连接既有建筑，在地面空间不足的时候可以采用空中连廊进行连接。

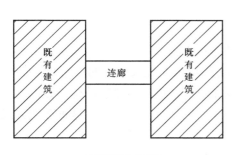

桥架连接式示意图

既有建筑与新建建筑通过桥廊连接

图 2.3　桥架连接模式

（4）部分填充式：对于原建筑为含有内部庭院或中庭的建筑，可以通过对其庭或中庭部分进行填充，扩大建筑的室内功能空间。这种扩建模式相当于增大了建筑进深，需要注意改造后大空间的采光与通风，如天津大学建筑系馆改扩建（图 2.4），将原来的中庭改建成 6 层使用空间，设置了办公室、教室、报告厅等功能空间，改造后增加了 960m² 的使用面积。

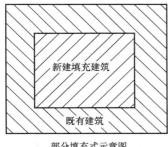

部分填充式示意图

天津大学建筑系馆改扩建

图 2.4　部分填充模式

2.1.1.2　应用要点

1. 功能优化

（1）平面布局和朝向

在进行建筑平面改造设计之前，首先要对办公空间和交通空间的位置关系进行研究，尽量将面临道路或南向一侧作为办公空间的采光面，且宜将办公空间设计得规则整齐。同时，要注意各种流线的通畅，尽量避免相互交叉干扰。

（2）办公空间的进深

现代办公楼尤其是高层办公楼很少依靠天然采光，大空间办公室或景观式办公室更是如此，但天然采光无疑对办公环境是一个重要条件。一般就办公室而言，单面采光的办公室进深不宜大于 12m，面对面双面采光的办公室两面的窗间距不宜大于 24m，但为了易于和标准的对向式办公室布局取得一致，办公室的进深通常在 12～18m。

（3）灵活可变性

办公建筑的空间灵活可变性对于使用者来说是很实际的一个方面，无论是要将整个楼层统一，还是划分成多个小区域使用，在规模上都应有灵活的对应措施，保证在每一个区域设置出入口，以及配置完整的设备系统。

2. 平面空间重组

平面空间的拓展方式主要为拆除建筑内部空间的非承重隔墙，保留承重结构，或利用框架结构部分替换原有墙体，扩大使用面积，并对原有空间进行水平方向的重新划分组合，获得新的建筑空间。如果原有空间经过改造，变化较大，拆除后原有结构不足以支撑更大的空间，或者保留的部分缺乏稳定性，则需要将保留的部分进行加固。这种改造方式多适用于建筑空间较小、原有功能空间无法适应于现代办公需求的情况。

常见的改造形式为：

（1）对于房间开间较小的功能空间或独立的办公室，为满足工作人员的沟通与交流，需要开敞的大空间与之相适应。此时，可拆除建筑内部空间的非承重隔墙，对原有空间进行水平方向的重新划分组合，以获得新的开敞空间（图 2.5）。

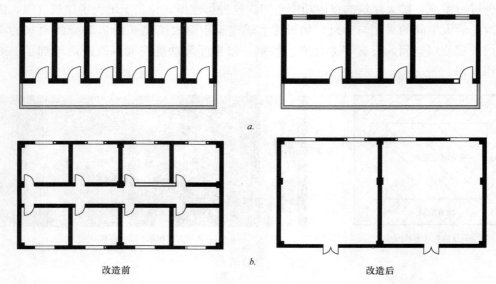

改造前　　　　　　　　　　　　　　　改造后

图 2.5　拆除非承重墙

（2）将整个楼层的独立办公室与水平交通空间的隔墙拆除，形成开敞式的办公空间，并重新进行功能划分，优化内部交通空间。改造中拆除建筑室内隔墙，采用框架结构部分替换原有墙体，该方法的关键点是将原有建筑的上部负荷转移到新的框架体系上，如图 2.6 所示。

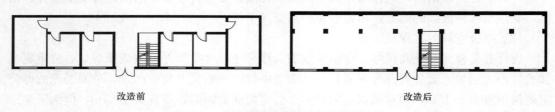

改造前　　　　　　　　　　　　　　改造后

图 2.6　采用框架结构部分替换原有墙体

3. 水平空间扩展

采用水平空间扩建时，应处理好新建部分与既有建筑内外空间形态的联系与过渡，以及建造新建筑时对现有建筑结构的影响，使之成为一个整体，保证新旧建筑之间联系方便、紧密。这种规模扩展方式对既有建筑的依赖性最小，技术可行性也最高。常见的新旧建筑连接方式如表 2.2 所示。

新旧建筑体块衔接方式　　　　　　　　　　　　　　表 2.2

连接方式		特　　点
通过连接体连接	通过内庭或大厅连接	以大的公共空间作为过渡
	通过垂直交通空间连接	用交通空间的特殊处理过渡
平接式连接	通过水平过厅连接	联系直接，常用轻质材料
	端面平接式	多用于沿街面的扩建
	正面平接式	多用于与原建筑关系密切的扩建

2.1.2　竖向空间组织

竖向空间拓展包括室内空间的垂直重组或分隔以及在既有建筑的基础之上进行增层加建或地下扩建等方式，来提高建筑的使用面积，获得新的功能空间，以满足现代办公的使用要求。

2.1.2.1　技术概述

1. 垂直重组

垂直重组主要针对层高较低、空间模式单一的既有办公建筑，其改造手法比较简单，即通过拆除建筑内部空间的楼板，保留梁和其他的承重构件，打破原有空间模式，重新组成共享空间。但在这种转变当中，建筑结构往往会发生较大的变化，因此设计师要依据新的功能要求合理设计，以满足使用需要。

2. 垂直分隔

垂直分隔也叫作室内分层，适用于既有建筑内部空间相对尺度较大的情况，改造目标为适宜的小尺度空间，通过添加楼板等方式对原空间进行竖向上的适当划分，以创造出新的空间，丰富空间层次，提高空间的利用率。LOFT 作为改造高大、开敞空间的一种主要方式，具有以下特点：1）上下双层的复式结构，类似戏剧舞台效果的楼梯和横梁；2）流动性，户型内无障碍；3）透明性，减少私密程度；4）开放性，户型间全方位组合；5）艺术性，通常是业主自行决定所有风格和格局。LOFT 空间设计思想是：1）办公空间模糊化，倡导交流沟通，将工作融入休闲中；2）提倡开放式办公环境，在内部的办公空间中广泛引入绿色景观，形成健康环保的办公空间；3）设计也会较具针对性，兼顾办公、会议、休闲、培训等功能。

采用垂直分隔时应遵循以下原则：1）充分体现新增空间的室内化；2）加建后满足使用功能的合理性；3）加建后保证消防、疏散等安全问题；4）为加建后需增加的建筑设备预留充分的空间。

3. 垂直增层

建筑增层扩建是近年来办公建筑改造的一种重要形式，当既有建筑物受周边条件的限制无法向水平方向扩展，而建筑面积总量又必须增加时，可采用垂直增层的方式，即在既有建筑的基础上进行空间的垂直拓展，具有投资少、不增加占地、不需搬迁、节省城市配套设施等优点。既有建筑进行加层改造时，应调整建筑体型和尺度，并通过各种设施提高原有建筑的使用标准。同时还应兼顾周边建筑的日照需求，减少对相邻建筑产生的遮挡。改造前周边建筑满足日照标准的，应保证建筑改造后周边建筑仍符合相关日照标准的要求；改造前，周边建筑未满足日照标准的，改造后不可降低其原有的日照水平。

垂直增层扩建的优点：

（1）既有建筑一般多位于地理位置较好、交通方便、生活供应配套较完善的地区，对其改造不需征地，建筑面积又能够成倍增加，节约征地费用和配套费。

（2）对于套型变化不大的加层，施工时使用者无须搬迁，节省搬迁费用。

（3）建设周期短、投资小、收效快。

4. 地下扩建

在地上空间不能满足使用要求时，可以考虑发展地下空间。地下空间可用于办公建筑的配套附属空间（如设备用房、餐厅等功能空间），使建筑的使用空间得到扩充，完善建筑物的配套服务功能。同时，开发地下空间对既有建筑的功能布局、立面造型等影响较小。

具体改造形式如下：

（1）新增局部地下室。在单层或大空间建筑中部，距离基础一定距离的位置增设地下室，不影响建筑物的基础。

（2）既有建筑地下室向周围扩建。一般只在原地下室的一侧或两侧向外扩大。

（3）后建防空洞式地下室。该方法的优点是施工期间基本不影响既有建筑的使用，缺点是房间跨度较小，使用不方便。

（4）在既有建筑地下室内增设夹层或设备楼层。适用于地下室净高较大的空间。

（5）将原基础回填土部分改造成地下室。

2.1.2.2　应用要点

1. 垂直重组

当原有空间不能完全满足空间高度、体量等要求时，可通过拆除建筑内部空间的楼板，保留梁和其他的承重构件，实现由相对较小的空间转变为大空间，满足新的功能需求（图2.7）。这种改造方式适用于层高较低、空间模式单一的既有办公建筑，较多应用于一些特殊空间的处理，如竖向交通、门厅、中庭或其他公共空间的改造。

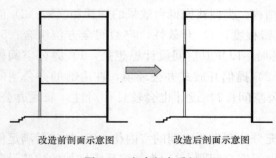

改造前剖面示意图　　　改造后剖面示意图

图2.7　室内竖向重组

门厅作为办公建筑的引导空间，是重要的交通枢纽，需要具有引导明确、交通便捷的特性。早期的办公建筑建立在经济、适用的指导方针下，一般面积较小、功能简单，与现代办公建筑的需求有一定的差距。因此，可将原有建筑入口处的楼板、梁柱等构件局部拆除，形成高大开敞的门厅空间，以适应新的功能需求。

中庭能够提供适当进深的周边空间，改善自然采光，同时满足交通、景观等多方面的需求，创造良好的公共空间环境。如图 2.8 所示，上海申都大厦改造项目，原建筑中部电梯厅的公共空间没有采光，无共享空间，上下层被楼板完全分隔；改造时切除了局部的混凝土楼板，紧临电梯厅设置首层到屋顶通高的玻璃采光中庭，虽然尺度不大，只有 2m 宽，但其最上部设有联动式侧向电动可开启扇，起到了良好的节能效果。尤其在过渡季节，中庭的拔风作用起到了理想的自然通风效果。

图 2.8　室内中庭

2. 垂直分隔

当既有建筑空间高大，但新的使用功能要求层高较小时，可采用内部分层、添加楼板的处理手法，将高大的空间划分为尺度适合使用要求的空间，提高空间的利用率。在改造设计中，垂直分隔首先要解决的问题就是楼板自身及将来使用中的负荷问题。一般情况下，按承重方式可以分为整体式、分离式、悬挂式、悬挑式四种，但无论哪一种方式，均需遵循新增结构与原有结构各成系统的原则，各种分层形式的承重方式比较如表 2.3 所示。

垂直分隔中承重方式比较　　　　　　　　　　　　　　表 2.3

改造方式	适 用 范 围	技 术 要 点
整体式	原建筑内部空间高大，并具有良好的结构基础，进行较大面积的分层	利用既有建筑的墙体、柱和基础的潜力，承载新增楼板的荷载
分离式	原建筑内部空间高大，结构强度无法承载新增荷载	内套新建墙体或柱等受力结构体系承载新增楼板
悬挂式	原建筑内部空间高大，但不允许在室内设置立柱、墙体增加受力，且屋顶结构具有足够的强度	竖向荷载由屋顶或上层构件承担，在水平方向上控制位移
悬挑式	原建筑内部空间高大，并具有良好的结构基础，进行小范围的分层	在既有建筑结构的一侧或相邻两侧利用悬挑分层，利用墙体和屋顶承担荷载

（1）整体式

整体式竖向分层是指室内分层时，将新增承重结构与既有建筑结构连在一起，共同承担建筑室内分层后的竖向荷载和水平荷载，可充分利用原有建筑的墙体、柱和基础的潜力，整体性能较好，利于抗震，必要时需对建筑进行加固处理（图 2.9）。

（2）分离式

分离式竖向分层是指室内分层部分的结构框架体系完全与原有结构脱离。当原建筑结构强度无法承载新增荷载或者与新增部分构件难于连接时，需采用此种方式处理，新增部分可以是砖混体系，也可以是框架体系（图 2.10）。

（3）悬挂式

悬挂式竖向分层是指从屋顶或上层构件上利用钢缆、型钢、钢筋等材料悬挂的增层方式，其竖向荷载由屋顶或上层构件承担，在水平方向上仅需控制位移，当室内不允许设置立柱或承重墙，且屋顶结构具有足够的强度时采用（图 2.11）。

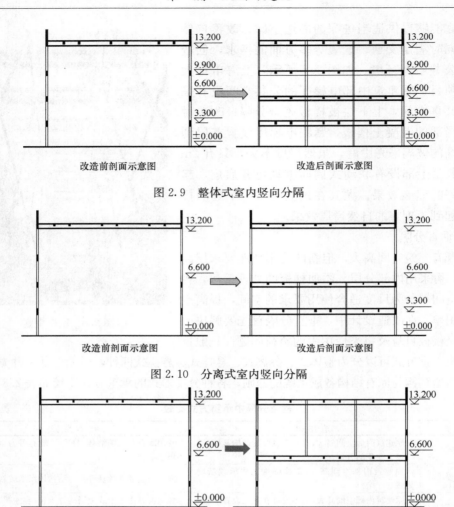

图 2.9 整体式室内竖向分隔

图 2.10 分离式室内竖向分隔

图 2.11 悬挂式室内竖向分隔

（4）悬挑式

悬挑式竖向分层是指从既有建筑结构的一侧或相邻两侧利用悬挑的方式将分层部分的荷载传递至整体结构的结构形式（图 2.12）。

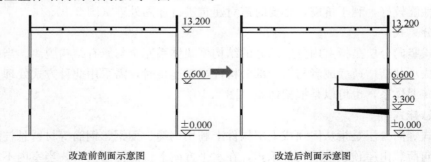

图 2.12 悬挑式室内竖向分隔

3. 垂直增层

既有办公建筑的垂直增层可采用三种方式：直接增层、改变荷载传力途径增层、外套结构增层。各种增层方式的优缺点如表 2.4 所示。

垂直增层中承重结构形式的比较 表 2.4

增层方式分类	适 用 范 围	优 点
直接增层	原有结构良好,加建面积不大,层数不多	投资少,工期短、施工方便
改变荷载传力途径增层	原有结构较好,加建面积不大	对原有结构影响小,成本较低
外套结构增层	原有建筑结构不理想,或加建部分荷载过大	新旧建筑结构相对独立,对原结构和空间影响小

4. 地下扩建

既有建筑地下空间开发是目前城市地下空间利用工程的主要内容,但既有建筑与新建建筑的地下空间开发具有明显的区别,主要是由于建筑改扩建的地下空间开发利用需要考虑施工过程中地上建筑及周边环境的稳定性等问题,这是形成既有建筑地下空间的基础。因此,在既有建筑地下空间的施工过程中要保证原有建筑的结构稳定性,并进行相应的加固处理,以保证安全施工。此外,在改扩建过程中要保证地下空间与原有建筑的关系,应采用一系列的空间连接方式将两者连接成整体,使得建筑地上和地下空间和谐统一。

2.1.3 工程案例

2.1.3.1 中国国家博物馆改扩建工程项目

中国国家博物馆位于天安门广场东侧,是在原中国历史博物馆与中国革命博物馆的基础上合并组建而成。为了适应形势发展和时代变化对博物馆建筑的新要求,从建筑规模、格局、结构、设施等方面进行了改造,使其在文物藏品的数量及保护手段、展览陈设的规模和方式、建筑设施和技术装备水平、人员配置和学术研究等方面符合现代使用需求。改造后的国家博物馆保留了老馆的部分建筑,并向东侧新增建设用地,扩建新馆结合而成,改造前后如图 2.13 所示,具体改造措施如下:

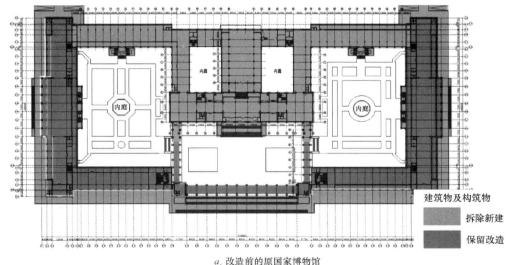

a. 改造前的原国家博物馆

图 2.13 中国国家博物馆改扩建

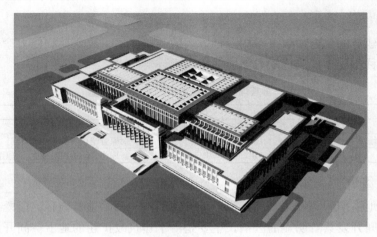

b. 改扩建后的中国国家博物馆

图 2.13　中国国家博物馆改扩建（续）

1. 结构加固

博物馆的结构为钢筋混凝土柔性框架结构，为了提高其使用年限，对原有建筑进行了结构加固，在适当位置增设了钢筋混凝土抗震墙，使柔性框架结构变为框架—剪力墙结构，以改善其抗震性能。当框架柱强度不满足要求时，采取增大截面法和外粘型钢法进行加固。

2. 空间衔接与利用

老馆南北两个 L 形侧翼的层高分别为 6.0m 和 15.5m，两层层高和跨度都比较大，因此建筑的西侧和北侧全部利用为展厅，充分发挥其空间优势。为了"复兴之路"展览，通过拆除、加固的技术手段，增加了联系楼梯，使得老馆北侧两层展厅可以形成竖向上连续的展线，实现了"复兴之路"面积较大且按时间顺序线性展览的要求。考虑到行政办公及学术研究区需要相对独立和安静的环境，因此对老馆南侧进行加固加层，共布置了 5 层内部功能空间，合理划分为使用灵活、尺度适宜的办公室和研究用房。

3. 形态更新

中国国家博物馆在过去近 50 年的时间里已在人们心目中形成了特定的印象和地位，改扩建方案为在原原国家博物馆的规模之上，东向扩展用地，加大建筑沿长安街的长度，并提高建筑高度。博物馆的外观形象仍以原有建筑风格为主体，延续人们对老馆的历史记忆及城市环境的总体风格，并对建筑总体比例进行了优化，在充分尊重历史、尊重城市环境的同时，真正实现天安门广场主要建筑群的均衡布局。

2.1.3.2　中新天津生态城城市管理服务中心项目水平扩建

中新天津生态城城市管理服务中心是一项改扩建工程，原建筑为天津市汉沽区营城中学，建于 20 世纪 80 年代末，为了满足城管中心人员的办公需求，需将原教学楼改造为城管中心对外接待办公用房，用于处理城管中心日常项目审批工作。因此，对原有建筑进行改扩建，并在北侧新建建筑作为办公楼后勤服务用房，新建部分与原有建筑相拥环抱，形成建筑内庭院，在旧建筑外侧增设幕墙走廊，作为连接新旧建筑的交通组织，改造后的实景如图 2.15 所示。改扩建后的建筑需包括办公室、大会议室、小会议室、休息室、员工餐厅等多样化的功能空间，布局设计时将办公室等形状和尺寸统一的功能空间设置在原有建筑部分，而将大会议室、小会议室、休息室、员工餐厅等面积不统一、功能多样的空间设计在新建部分，如图 2.14 所示。由于年代久远，为了保证结构的安全性，对原有建筑结构（4 层砖混结构）进行了加固处理，新建部分采用钢筋混凝土框架—剪力墙结构。

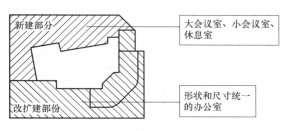

图 2.14　建筑功能划分示意图　　　　图 2.15　生态城城市管理服务中心

2.1.3.3　河北省建筑设计研究院旧办公楼套建增层改造

河北省建筑设计研究院旧办公楼始建于 20 世纪 70 年代初，建筑面积 3000m²，4 层砖混结构。随着信息化技术的大量涌入，原有办公楼不仅在规模上，而且在现代化设计的要求下，远远不能适应生产、经营的新形势。通过对异地新建、原址重建、原址改扩建等多方案的经济技术比较分析，最终选择了原址改扩建的方案策略，即在保证原办公楼正常使用的条件下，采用外套框架向上增加 6 层、局部 7 层，待第一期工程完成后再将原办公楼拆除，加内柱再建下部 4 层，最后形成 10 层、局部 11 层框架结构建筑。该方案保证了生产经营活动的正常进行；大大降低了新征用地或租用其他工作场地产生的一系列费用，减少了项目建设造价；避免了由于新建建筑退红线而带来的场地局促及其他问题，有利于场地及环境的优化。

本项目一期工程套建主体 6 层、局部 7 层的大空间开敞式办公室，建筑面积 12029m²；二期工程在不影响上部新建建筑正常使用的条件下，拆除原有 4 层砖混建筑，再建 4 层框架综合楼，与现有高腿框架建筑连成一个有机的整体，最终置换成一幢全新的办公建筑（图 2.16）。该工程主体套建加层部分形成第一层高为 15.9m 的上刚下柔 8 层高腿框架结构，对抗震十分不利。为了解决这一问题，结合电梯井和两端新建部分增设一定数量的剪力墙，剪力墙最大间距 26m，整体上形成成框架—剪力墙结构。同时，为了保证结构的整体性，各层均采用了现浇肋梁楼板。

a. 改造前外观　　　　　　　　　　*b.* 改造后外观

图 2.16　河北省建筑设计研究院办公楼改造

2.2　建筑立面设计

2.2.1　立面改造设计

建筑外立面改造是指既有建筑在规划调改时（包括建筑增容和结构加建等综合改造的前提下），为了满足新的使用需求，进行建筑外立面的更新和升级。不同地域、不同类别的既有建筑要针对其使用特点和历史文脉进行一定程度的个性化改造。对于办公建筑而言，建筑外立面无论是对建筑形象还是对建筑室内环境的营造以及建筑能耗，起着重要作用。立面改造设计应通过调整建筑形体比例与尺度、运用表面材料的色彩和质感、优化建筑表皮的构造，将既有办公建筑塑造成符合时代要求的新形象。既有建筑外立面改造，最常用的改造方式有更换墙体饰面材料、外包表皮和建筑立面完全更换三种。

2.2.1.1　更换墙体饰面材料

1. 技术概述

更换墙体饰面材料属于建筑立面改造中对建筑形象，包括建筑立面的形象改变较小的方式。这种方式不改变建筑立面的墙体和洞口的位置，也不会改变建筑立面的基本构成形式，但通过饰面材料组合方式的差别以及调整建筑的比例、尺度等因素，达到调整建筑立面的视觉形象效果。这种改造方式具有施工速度快、改造成本低的优点，并且不会改变建筑立面与建筑内部空间之间的原有关系，能在一定程度上改善既有建筑的形象。根据地域的不同，既有建筑的墙体饰面材料还应考虑围护结构的节能需求，在饰面材料的材质、色彩和肌理上加以区别对待。

2. 应用要点

更换墙体饰面材料，在改造过程中具体可以分为改变饰面材料的材质或色彩、改变外部造型两种方式。

（1）改变饰面材料的材质或色彩

通过改变饰面材料的材质或色彩，从一定程度上能够调整建筑立面的视觉形象，改变原有建筑立面的视觉效果。常用的外墙面装饰材料有花岗石、玻璃、铝板、不锈钢、釉面砖、涂料等。另外，对于存在太阳能光伏发电系统的建筑，还可将光伏板铺设在建筑立面上，使太阳能光电板与既有建筑立面有机整合，体现技术与艺术的统一。

（2）改变建筑外部造型

通过调整建筑形体的比例、尺度等形态因素，利用水平或垂直线条，纹理、腰线、窗套、花饰等装饰元素，改变建筑外部造型，重新组织建筑立面构成方式的视觉语言，进而改变原有建筑的立面视觉效果。

2.2.1.2　外包表皮

1. 技术概述

同建筑改造后的新空间及使用功能相关。外包表皮强调的是附加性，即在原来的表皮系统之上再附加新的表皮系统，且其位于原来表皮的外部，有一定的间隔。这种做法在大多数情况下是出于建筑视觉形象的要求。通常采用附加外遮阳、外阳台、双层玻璃幕墙等立面系统，也可以用花岗石、玻璃、铝合金、不锈钢、釉面砖等材料来外包改造。对于外包表皮实施的出发点，除立面及外观的改变外，更应注重地区经济特征与地方的资源状况，注重结构、工艺、材料等资源的现实性，有效利用当地的资源（木材、石料等）和产品。

2. 应用要点

外包表皮受原有表皮的限制，要注意新旧表皮之间的对位关系，以及新加表皮与其他构件连接的逻辑关系。对于一般的外置表皮来说，以轻表皮为主，外部加包表皮多数是以幕墙立面为代表的轻质表皮系统。外包表皮同更换饰面材料以及更换表皮相比，也会受到某些因素的制约，其中重要的一点是新的表皮不能掩盖原来表皮的窗洞，否则会影响既有建筑的采光效果。

由于外包的新表皮与原表皮之间有一定的间隔或者没有直接连接，所以其在表皮的选择和设计上比更换饰面材料留有更多的余地，受约束较少。而且，可以通过外包玻璃幕墙的方法在一定程度上使其视觉效果突破原建筑表皮的限制，外包式附加表皮形成双层可呼吸式幕墙体系，可在两个表皮间空腔中形成一定空气流动。常见的双层幕墙体系有整体式、廊道式以及箱体式（图 2.17）。如赫尔佐格和德梅隆在 SUVA 办公建筑的改造中运用了双层表皮的形式，保留部分原有砖墙，在原有的洞口处加设一层玻璃幕墙，形成双层表皮，在街角地区，将玻璃围合的既有建筑的部分连接了新建筑和旧建筑两部分，向城市展现了一个相融的联合体（图 2.18）。

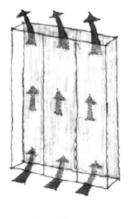 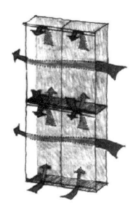 

整体式　　　　　　　　　　廊道式　　　　　　　　　　箱体式

图 2.17　双层幕墙形式

2.2.1.3　更换立面

1. 技术概述

更换立面是指不再保留原有的建筑立面，而完全换成新的立面系统。此种立面更换根据建筑立面与结构支撑部分的关系不同分为表皮与结构分离和建筑立面与结构结合两种情况来处理。建筑立面与结构分离的情况，通常建筑立面更换的动作可以非常大，建筑形象通常发生根本的变化，建筑立面所包覆的功能空间也会随之发生转变。建筑立面与结构结合的情况，建筑立面更换通常可以是改变窗口的形式和大小，建筑立面的形式发生一定变化，但是对内部空间的影响没有前者大。因此建筑立面完全更换的情况更多是出现在建筑

图 2.18 SUVA 办公建筑改造

立面不但与建筑支撑结构分离，而且并不依靠其自身的重量维持自身的稳定性的情况下。这种情况最常见的也是幕墙系统。

2. 应用要点

对于建筑的立面更换来说，前提条件是建筑的结构体系与围护体系相互独立，比如在框架结构当中，填充墙起到的是围护体系的作用，因此能够对此体系下的立面进行更换。一方面，建筑的立面和外观与更换前相比，不再是细微的变动，而是有了本质的改变；另一方面，在新的建筑立面覆盖下的建筑内部空间同样发生了转变，这主要是由于与立面相对应的技术以及建筑内部的使用功能相应进行了调整。

更换立面要求建筑的结构体系以及形体或体量保持原来的状态，而决定建筑立面更换是否能够顺利实施的关键便是建筑的几大要素之间的相互协调，即妥善处理建筑本来的形体与体量同其结构体系之间以及新的使用功能与建筑的结构体系的关系。如深圳南海意库改造项目，尊重建筑已有条件，通过加减法、使用新材料来营造新的建筑环境，建筑表皮的改造手法如表 2.5 所示。建筑外部构架以及垂直绿化起到一定的遮阳效果，同时其与外墙形成的空气间层改善了建筑表面的导风效果。

2.2.2 扩建项目的立面设计

1. 技术概述

扩建项目的立面设计要保证建筑改扩建后建筑风格协调统一，且避免采用大量无实质功能的装饰性构件，以达到经济、美观的效果。由于扩建的部分具有一定的独立性，改造后建筑体型发生变化，建筑立面改造设计中，遵循改扩建后建筑风格应协调统一的原则，重点考虑协调新建部分与老建筑的关系，并突出建筑的时代感。常用的处理方式有新建筑与原有部分相协调、新旧建筑的对比和新旧建筑整体更新。

南海意库 1 号、2 号西立面改造对比　　　　　　　　　表 2.5

建筑名称	南海意库 1 号楼	南海意库 2 号楼
立面形式	普通玻璃＋挑出金属框架＋定制种植墙体	普通玻璃＋挑出混凝土框架＋局部种植植物
美观程度	构架形式感突出,整体效果好	构架形式感突出,整体效果好
生态性能	金属构架以及种植墙体起到一定的遮阳效果,但是金属材质容易吸热,使得夏季窗口热辐射增大	混凝土框架起到一定的遮阳效果,同时其与外墙形成的空气间层改善了表面导风

2. 应用要点

建筑风格是指建筑空间与体型及其外观等方面所反映的特征，建筑风格受社会、经济、建筑材料和建筑技术等的制约以及建筑师的设计思想、观点和艺术素养等的影响而有所不同。改扩建后形成的新建筑，除要考虑改扩建部分的结构形式、使用功能等要求之外，还要注重建筑整体风格的协调统一性。改造应从总体形式上与原有建筑相呼应，对于改动、添加部分采用的新材料，应尽量保持与既有建筑风格相呼应的形式元素，从而达到风格上的统一。材料和质感是更新设计时协调新旧建筑的纽带，它可以使人们在视觉上取得一致性。

2.2.3　工程案例

天津市建筑设计院 A 座办公楼，由于使用面积紧张，对其进行了扩建。扩建的主要功能包括办公、会议展览、培训报告等，扩建部分采用钢筋混凝土框架结构，地上 6 层，增加建筑面积 3600m²。

考虑到加扩建部分的独立性，新建部分与既有建筑的协调关系以及建筑的时代感，该项目立面改造采用的处理方式为新建筑与原有部分相协调、新旧对比和新旧建筑整体更新。扩建部分层高与老建筑基本一致，通过 4 层高的共享空间与老建筑相连，较好地解决了新旧建筑的连接问题。新建部分采用了柔性弧面式双层呼吸式玻璃幕墙、Low-E 玻璃、金属面板等建筑材料，在层高和立面比例方面与原办公楼相呼应，构成虚实对比优美和谐的视觉效果。建筑西立面采用了大面积的呼吸式玻璃幕墙，底层使用了节能效果较好的 Low-E 玻璃。在建筑顶层设置了巨大的金属遮阳构架，体块穿插组合，给人以震撼的视觉感受和强烈的时代感（图 2.19）。

　　保证新旧建筑形式的相互协调性，实墙面部分选用了与原饰面同一厂家生产的面砖，与原建筑颜色一致，尺寸相同的面砖，在立面上部分延续了原有立面的风格和特点（图 2.20）。

图 2.19　西立面呼吸式玻璃幕墙图　　　　　　图 2.20　墙体面砖

2.3　建筑光环境

　　充足的室内天然采光不仅可有效地节约照明能耗，而且对使用者的身心健康有着积极的作用。各种光源的视觉试验结果表明：在相同照度条件下，天然光的辨认能力优于人工光，有利于人们的身心健康，并能够提高劳动生产率。当受到建筑本身或周围环境限制时，可采用导光、引光技术和设备，将天然光最大限度地引入室内，以提高室内照度，降低人工照明能耗；建筑主要功能房间 70％以上的面积，其采光系数应满足现行国家标准《建筑采光设计标准》GB 50033 的要求。

2.3.1　导光管技术

2.3.1.1　技术概述

　　用于采光的导光管主要由三部分组成：集光器、管体、出光部分。集光器的作用是收集尽可能多的日光，并将其聚焦，对准管体。集光器有主动式和被动式两种，主动式集光器通过传感器的控制来跟踪太阳，以便最大限度地采集日光；被动式集光器则是固定不变的。管体部分主要起传输作用，其传输方式有镜面反射、全反射等。出光部分则控制光线进入房间的方式，有的采用漫透射，有的则反射到顶棚通过间接方式进入室内。有时会将管体和出光部分合二为一，一边传输，一边向外分配光线。垂直方向的导光管可穿过结构复杂的屋面及楼板，把天然光引入每一层直至地下层，见图 2.21。用于

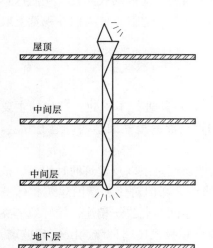

屋顶

中间层

中间层

地下层

图 2.21　导光管的工作原理示意图

采光的导光管直径一般大于100mm，因而可以输送大的光通量。由于天然光的不稳定性，往往给导光管装有人工光源作为后备光源，以便在日光不足的时候作为补充，导光管适合于天然光丰富、阴天少的地区使用。导光管用于多层建筑的采光。

2.3.1.2 应用要点

建筑平面设计时，可根据房间的使用性质，按建筑采光设计的国家标准确定采光等级和照度值。常用导光管直径与照度值的关系和参考采光面积，设计人可以参考表列参数值选择导光管采光系统的数量和直径。例如设计的是地下变电所，顶部采光照度为75lx，导光管长度为1m，作业面距漫射器距离为4～6m，选用的导光管直径为450mm，查表可得知照度值为120～60lx，一个导光管系统可满足20～50m²的采光需要；如果变电所的平面尺寸为8m×8m，选择两个导光管采光即可。

导光管采光系统的施工安装与传统的屋面采光罩类似，主要是要求做好基座的泛水。如导光管采光系统安装在钢筋混凝土屋面上，在屋面结构设计时屋面上应做预留洞。洞的周边做高出屋面面层300mm以上的基座（图2.22）。施工时为节省模板和方便施工，推

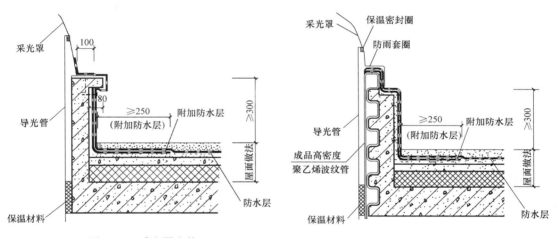

图 2.22　采光罩安装　　　　　　图 2.23　聚乙烯波纹管的应用

荐采用高密度聚乙烯波纹管做现浇钢筋混凝土基座的内模板。高密度聚乙烯波纹管是双壁结构，外壁是环形波纹状，内壁是平滑表面，用双机共挤工艺生产成型，主要用于下水道工程的衬管。这种波纹管具有抗压强度高、工程造价低、施工快捷、耐低温等特点，长度可根据工程需要现场切割，具体安装构造，见图2.23。

用于停车屋面及道路广场上的屋面采光罩，为方形的玻璃罩。通过金属连接件，将方形的玻璃罩架在内圆

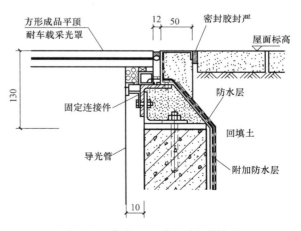

图 2.24　停车屋面采光罩安装构造

外方的钢筋混凝土翻边上，其安装详图见图 2.24。钢筋混凝土的翻边高度，要求低于屋面面层设计标高 130mm。在屋面或道路广场设计找坡时，应注意尽量不要将屋面采光罩放在集水区域内，以防渗漏。

2.3.2　光导纤维技术

光导纤维是 20 世纪 70 年代开始应用的高新技术，最初应用于光纤通信，80 年代开始应用于照明领域，目前光纤用于照明的技术已基本成熟。光导纤维采光系统一般也是由聚光、传光和出光三部分组成，聚光部分把太阳光聚在焦点上，对准光纤束。用于传光的光纤束一般用塑料制成，直径一般在 10mm 左右。光纤束的传光原理主要是光的全反射原理，光束进入光纤后经过不断的全反射传输到另一端。在用于一般照明时，输出端装有散光器，使光在一定范围内均匀分布。对于一幢建筑物来说，光纤可采取集中布线的方式进行采光，把聚光部分放在楼顶，同一聚光器下引出数根光纤，通过总管垂直引下，在每层楼的顶棚处将光纤分别弯入每一层楼，以满足各层采光的需要，见图 2.25。因为光纤截面尺寸小，相比导光管所能输送的光通量也小得多，但它最大的优点在于，在一定的范围内可以灵活地弯折，传光效率比较高，因此同样具有良好的应用前景。

2.3.3　棱镜窗技术

2.3.3.1　技术概述

棱镜窗实际上是把玻璃窗做成棱镜，玻璃的一面是平的，一面带有平行的棱镜，利用棱镜的折射作用改变入射光的方向，使太阳光射到房间深处。同时由于棱镜窗的折射作用，可以在建筑间距较小时，获得更多的阳光，见图 2.26。由于太阳高度角的变化，棱镜的角度也应有所变化，因此不同的季节应更换不同角度的棱镜玻璃。棱镜窗的缺点是人们透过窗户向外看时，影像是模糊或变形的，会给人的心理造成不良的影响。因此棱镜窗在使用时，通常是安装在窗户的顶部，人的正常视线所不能达到的地方。

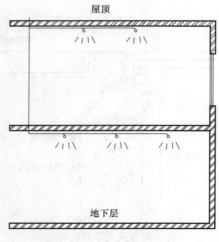

图 2.25　光导纤维示意图

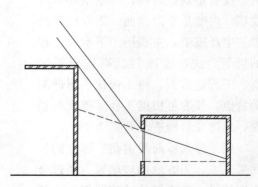

图 2.26　棱镜窗可缩短日照间距

2.3.3.2 应用要点

在办公建筑中，选用棱镜窗改善采光应当考虑建筑室内的使用区域尺寸以及棱镜的折射角度，注意近窗区域的采光效果，在安装棱镜窗前，应当进行专业的光线分析。

2.3.4 反射高窗技术

与以上三种方式相比，反射高窗结构更为简单，因为它没有结构复杂的集光装置和导光装置，而是在窗的顶部安装一组镜面反射装置。阳光射到反射面上经过一次反射，到达房间内部的顶棚，利用顶棚的漫反射作用，反射到房间内部，见图 2.27。反射高窗可减少直射阳光的进入，充分利用顶棚的漫反射作用，使整个房间的照度和照度均匀度均有所提高。

太阳高度角随着季节和时间的不断变化，而反射面在某个角度只适用

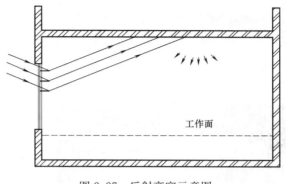

图 2.27 反射高窗示意图

于一种光线入射角，当入射角度不恰当时，光线很难被反射到房间内部的顶棚上，甚至有可能引起眩光，因此反射面的角度一般是变的。

2.3.5 眩光防治技术

眩光是指视野中由于不适宜亮度分布，或在空间或时间上存在极端的亮度对比，以致引起视觉不舒适和降低物体可见度的视觉条件。在办公建筑中，窗口区域受到太阳光直射情况严重，随着进深的增加，室内越来越暗，容易产生亮度分布不均衡的情况，产生眩光。所以，防治眩光主要从减少阳光直射、降低窗口区域亮度及提升室内亮度两个方面来考虑。

2.3.5.1 技术概述

1. 降低窗口区域亮度

采用遮阳板或遮阳百叶等遮阳构件，减少窗口区域的阳光直射现象，有效地降低窗口区域的亮度，防止窗口区域与室内环境产生极端的亮度比，避免眩光的产生。

除了利用遮阳构件外，还可以使用金属镀膜着色玻璃，降低窗口区域亮度。这些玻璃的颜色较暗，具有滤光性，能减轻直射阳光，减小室内环境与窗口区域亮度比，避免出现眩光（图 2.28、图 2.29）。

2. 提高室内光环境亮度

通过提升室内区域的亮度，从而降低窗口区域与室内的亮度比，也达到防治眩光的目的。

主要通过以下四种技术实现：

（1）在窗户上部设置玻璃砖，将入射阳光折射到顶棚上，通过顶棚的再次反射，增加房间深处的亮度（图 2.30）。

图 2.28 遮阳构件

图 2.29 镀膜玻璃应用

图 2.30 玻璃砖

（2）采用反射高窗，同样可以将入射阳光折射到顶棚上，通过顶棚的反射，增加房间深处的亮度。

（3）采用棱镜窗，可以通过折射作用，改变光线的传播方向，使更多的光线达到房间深处，提高室内整体亮度。

（4）墙面使用浅色饰面，减少对光线的吸收，从而提升室内空间的亮度。

2.3.5.2 应用要点

在设置遮阳构件时，应具体考虑窗户的朝向、季节及不同时间的遮阳需求，有针对性地设置遮阳构件。

2.3.6 玻璃幕墙光污染改善技术

玻璃幕墙由于使用涂膜的镜面玻璃与镀膜玻璃，其强烈的反射光造成人居环境的光污染，严重干扰人的正常视觉，对行人、司机及周边建筑物室内环境产生了不利的影响。所以，应采取一定的技术措施，防治玻璃幕墙所产生的光污染。

2.3.6.1 技术概述

玻璃幕墙光污染的防治，主要从以下三个方面实现。

1. 建筑设计方法

通过对建筑设计方案的调整来避免玻璃幕墙光污染。调整玻璃幕墙的位置、面积及建筑局部造型，尽量避免幕墙所产生的反射光线到达人员所在区域，影响人们的日常生活及工作。

2. 采用新型玻璃材料

采用新型的玻璃材料，从而达到防治玻璃幕墙光污染的目的。比较理想的材料有两种。一种是回反射玻璃，它可以将阳光顺着原来的方向反射回去，从而消除射向四周的反射光。另一种是贴漫反射膜玻璃，它是对现有无色透明玻璃加白色的膜处理后采用的幕墙玻璃，不影响室内采光，最多可以反射 80% 以上的太阳光，其中定向反射部分不到 10%（图 2.31）。

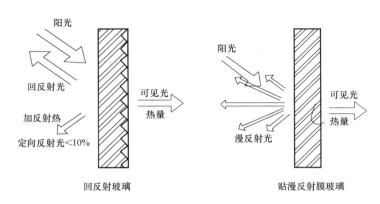

图 2.31　新型玻璃种类

3. 采用透光率高的玻璃结合特殊幕墙构造做法

采用全透明或半透明的玻璃来减弱反射光的强度，但这样的做法势必增加室内的热负荷，所以需要同时结合先进的玻璃幕墙构造技术，在保证不增加能耗的基础上，避免玻璃幕墙光污染。

2.3.6.2　应用要点

在应用不同种类玻璃进行玻璃幕墙光污染防治时，需要考虑是否会增加室内热负荷，如果可能增加能耗，需要采用特殊的构造做法，解决热负荷问题。通常玻璃幕墙所采用的此类构造做法有两种。一种是双层玻璃通风构造，夏季半透明卷帘、排风管道和通风口打开，通过卷帘反射作用，消除大量辐射热；冬季关闭通风口及排风机，双层幕墙起保温作用，减少热量散失。另一种是红外吸热构造，在透明玻璃幕墙后，窗口上下设置吸热管，并使用半透介质膜覆盖，阳光穿过玻璃，照射在半透介质膜上，利用该介质膜镀层透红外特性，使阳光中的红外线透过介质膜，其热能被吸热管吸收，在减少进入室内热量的同时，将吸收的热量用作大楼热水源的一部分，从而达到减少热负荷及节约能耗的目的（图 2.32）。

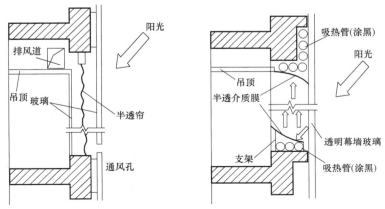

图 2.32　双层玻璃通风构造及红外吸热构造

2.3.7　工程案例

2.3.7.1　深圳建科院采光及照明技术案例

1. 地下室设置光导照明系统

光导照明系统包括采光器、导光管以及漫射器三部分。在深圳建科院办公大楼的设计中，通过地下车库上方的采光器捕获阳光，然后通过导光管的反射管道向下反射自然光，透过不同的反射面，将自然光分布到建筑内部的区域。此系统可以使室内光环境满足使用要求，基本不需要开灯，大大节约了照明能耗。在导光管的设计上，管道是可调节的，通过最小的建筑结构改变，便可满足安装需要。漫射器的反光镜面及扩散面可安装于顶棚上，用作调整光线及控制室内光的传播。引入的光将均匀地投射到室内各处，并将有害的紫外线、多余的热量及灰尘阻挡在室外（图2.33、图2.34）。

图2.33　地面采光器　　　　　　　　　图2.34　地下车库漫反射器

2. 采光搁板

深圳建院大楼采用"吕"字形的平面布局，通过把建筑物的整体尺度控制在一定的范围内，使自然光可以最大限度地进入室内进深方向。在外窗的窗台处，设置采光搁板，可以适度降低过高的照度，而且可以通过反光板和浅色顶棚将多余的阳光反射向纵深的照域。从资料可知，相对传统方案来说，室内约20%的面积采光均匀度和采光数量得到改善，在理想情况下，可节约用电约6万kWh（图2.35、图2.36）。

图2.35　其他采光搁板案例　　　　　　图2.36　深圳建科院采光搁板

3. 绿色节能照明

深圳建科院大楼的楼梯间照明方式采用受红外感应开关控制的节能灯光源（自熄式吸顶灯），走廊、大厅等辅助空间主要为节能筒灯；会议区域照明和地下车库照明选用 LED 光源；办公区域全部采用格栅型荧光灯盘，光源则用 T5 灯管替代传统的 T8 灯管。办公区域照明采用智能照明控制方式，这种利用新型节能光源以及照明控制的方案，节约了照明能耗（图 2.37、图 2.38）。

图 2.37　会议区域图

图 2.38　办公区域

2.3.7.2　美国加利福尼亚州萨科拉曼多市政公用事业区的客户服务中心

1. 侧窗结合反光板

办公大楼东北侧第三层是一个开敞办公空间，该办公区的自然采光是通过侧窗结合反光板、百叶帘的手段实现的。南北两个立面都大面积开窗，这样可以使自然光最大限度地通过办公区域。所有的窗户都使用双层玻璃以绝热，南向和东向的窗户处设置反光板，将窗户分成上下两部分。反光板上面的窗户是透明的；下面的窗户采用有色 Low-E 玻璃，其可见光透过率为 30%。表面采用白色的材料，这样可以最大程度把太阳光反射到到浅色的顶棚，经过顶棚再次反射，从而改善室内光环境。反光板从室外一直延伸到窗户内侧（图 2.39、图 2.40）。

图 2.39　服务中心北向窗户

图 2.40　服务中心南向窗户

2. 百叶帘

建筑的所有窗户都设有活动的垂直百叶帘。浅色穿孔的垂直百叶帘阻挡了大部分的直射阳光，可以避免眩光对人的不利影响。

此外，每个反光板底部都设有带百叶板的荧光灯槽，当灯具开启时，可以照亮下部垂直百叶帘，百叶板的表面采用不光滑的灰色材料，灯槽内设有 6 英尺（约 1.8m）长的荧光灯管。这样可以使百叶帘和明亮的窗户不会产生极端的亮度对比，可以有效地防止眩光。在晚上，百叶帘可以反射灯光，给办公室提供足够的照度（图 2.41、图 2.42）。

图 2.41　反光板底部内设灯具照明百叶帘　　　　图 2.42　南向垂直百叶帘关闭后室内光环境

2.4　建筑声环境

环境噪声对人的工作与生活有很大影响，既有建筑绿色改造应加强对建筑规划用地范围内环境噪声的控制，以优化场地环境，进而改善建筑室内声环境。场地环境噪声应符合现行国家标准《声环境质量标准》GB 3096 中对同类声环境功能区的环境噪声等效声级限值要求。当噪声敏感建筑不能避免临近交通干线，或不能远离固定的设备噪声源时，在改造时应采取降低噪声干扰的措施。

2.4.1　多孔吸声材料技术与共振吸声结构技术

2.4.1.1　技术概述

多孔吸声材料品种规格最多，应用也最广泛。当声波由微孔进入材料内部后，激发孔中的空气振动，振动的空气与多孔材料的固体筋络之间产生相对运动，由于空气的黏滞性，在微孔内产生相应的黏滞阻力，迫使这种相对运动产生摩擦损耗，空气的动能转化为热能，从而声能被衰减；同时，空气绝热压缩时，压缩空气与固体筋络之间不断发生热交换，也使声能转化为热能，从而使声能衰减。多孔吸声材料主要包括纤维材料、泡沫材料和复合吸声材料，按选材的物理特性和外观主要分为有机纤维材料、无机纤维材料、泡沫吸声材料、金属吸声材料等。吸声系数是评价材料吸声性能的主要参数之一。

在音质设计中，多孔吸声材料的低频吸声能力较差，共振吸声结构往往具有较好的低频吸声能力，获得较低的低频混响时间。常用的吸声结构有薄板共振吸声结构、穿孔板共振吸声结构和微穿孔板吸声结构。

具体构造做法参见《建筑隔声与吸声构造》08J931。

各类吸声材料及吸声构造的吸声特性如表 2.6 所示。

常用吸声材料吸声系数　　　　　　　　　　　　表 2.6

种类	材　料	125Hz	250Hz	500Hz	1kHz	2kHz	4kHz
多孔吸声材料	50 厚超细玻璃棉,表观密度 20kg/m³,实贴	0.2	0.65	0.8	0.92	0.8	0.85
	50 厚超细玻璃棉,表观密度 20kg/m³,离墙 50	0.28	0.8	0.85	0.95	0.82	0.84
薄板共振材料	三夹板,龙骨间距 500×500,空腔 50	0.21	0.74	0.21	0.1	0.08	0.12
	9.5 厚穿孔石膏板,穿孔率 8%, 空腔 50,板后贴桑皮纸	0.17	0.48	0.92	0.75	0.31	0.13
微穿孔材料	0.8 厚微穿孔板,孔径 0.8, 穿孔率 1%,空腔 50	0.05	0.29	0.87	0.78	0.12	——
其他	帷幕 0.25~0.3kg/m², 打双褶,后空 50~100	0.1	0.25	0.55	0.65	0.7	0.7

2.4.1.2　应用要点

选用以上材料及构造时,应注意以下几点:

1. 首先吸声材料性能应符合使用要求,如果要降低中高频噪声或降低中高频混响时间,则应选用中高频吸声材料系数较高的材料。如果要降低低频噪声或降低低频混响时间,则应选用低频吸声系数较高的材料。因此改造前应先对待改造房间内的噪声频谱分布进行检测,然后根据相关吸声材料和吸声构造的吸声特性选用。

2. 一般来说,当室内混响时间比较突出时,吸声降噪效果比较明显,反之室内已有大量吸声材料,混响声不明显,吸声降噪效果不大。

3. 室内分布有多个声源,室内直达声都很强,吸声效果就比较差;只有一个声源,但接收点与其距离过近,小于混响半径,直达声很强,吸声降噪效果不明显。

4. 实际改造中,吸声材料一般安装在室内顶棚、墙壁上,它是室内设计的重要组成部分,因此应该具有装饰功能。另外,吸声材料还要有一定的力学强度;具有良好的可加工性能;便于加工安装以及维修调换。吸声材料及其制品在施工安装和使用过程中,不会散落粉尘、挥发有害气味、辐射有害物质、损害人体健康。

5. 参考有关文献,吸声降噪最多可获得 10~15dB 的降噪量。故要想获得更好降噪效果,往往需综合采用多种噪声控制的措施。

2.4.2　轻型墙体技术

2.4.2.1　技术概述

办公建筑中往往使用轻型墙体分割室内空间,施工便捷且节约室内空间,但传统轻型墙体的面密度低、隔声差。应对轻型墙体采取设计措施,提高升其隔声性能。轻型墙体按材料大致可分三类:微孔块状材料轻墙、大孔块状材料轻墙、薄板板状材料轻墙。

2.4.2.2　应用要点

根据不同的轻型墙体的特点,应用中应有相应的注意要点。

1. 微孔块状材料

微孔块状材料主要指加气混凝土（泡沫混凝土）、陶粒混凝土等，其容重约 600～800kg/m³，外围护墙常设计为 20～25cm 厚的单墙，内围护墙常设计为 10cm、15cm、20cm 厚的单墙；要提高这类轻墙的隔声量，最有效的办法是采用双层墙，中间带空气层，但空气层厚度要大于 7cm，这样可以尽力发挥作为两侧单独墙本身所具有的隔声能力，提高隔声量。

2. 大孔块状材料是指多年来框架结构中填充的大孔黏土空心砖砌块、大孔炉渣空心砖砌块、大孔陶粒空心砖砌块等轻集料混凝土空心砌块等。常用砌块厚度是 19cm、24cm，严寒地区可达 39cm。

3. 薄板状板状材料

薄板装板状材料构筑的轻墙，指的是用轻薄的板构成的建筑围护结构。在改造中应尽量选用面密度大的板材做复面板，以提高隔声量；龙骨与薄板间垫以柔性材料，且厚度最好在 5mm 以上，可减弱声桥的影响，则隔声量有所提高。室内常用是轻钢龙骨石膏板轻墙。

另外，隔墙上的缝隙和孔洞会大大降低墙的隔声量，因此在改造中应尽量保持墙体的完整性，减少缝隙和孔洞的数量。

2.4.3　隔声门技术

2.4.3.1　技术概述

办公建筑中的门在设计时就规定必须有缝隙，所以隔声会受影响，同时由于经常使用，为了开启方便，质量又宜轻便，所以靠质量定律的增加隔声量很难；对隔声量有较高要求的房间应采用专门隔声门，常做成重型的、多层材料的复合门，甚至采用声闸室。

2.4.3.2　应用要点

隔声门主要分为木质门和钢质门，木质门隔声量一般在 10～15dB，钢质门面密度大，门缝处加装密封条，隔声量在 20～25dB 左右，一些隔声门能达到 50dB。

对于门的隔声，门缝的处理十分重要，其原则是要使双扇门的扇与扇及单扇门与框和地面之间有紧密的接触，不形成缝隙，在关闭状态时不透声。因此既有办公建筑在改造时应综合考虑门和门缝的处理。门扇缝、门框缝、门槛缝的隔声构造参见《建筑隔声与吸声构造》GJBT1041。

为了达到更好的隔声效果，还可以采用设置声闸的方法来提高门的隔声量，及设置双道门，声闸室的两道门前后位置应尽量错位布置，双道门的距离要大于 100mm，声闸室不宜过大。

2.4.4　隔声窗技术

2.4.4.1　技术概述

在外围护结构隔声设计中，窗的隔声显得十分重要，因为它与室外相通，是隔声的薄弱环节。窗的隔声与门一样，主要取决于玻璃的厚度和窗扇的厚度以及窗扇之间与框之间的密封程度。当前我国窗材料使用较多的是塑钢窗和断桥铝窗。

2.4.4.2 应用要点

窗是建筑隔声最薄弱之处。一般单层 8mm 左右玻璃隔声量只有 25dB。现有办公建筑中的窗户多为单层玻璃,铝合金窗框的推拉窗,隔声效果较差。改造中可以使用两层窗户玻璃完全分离的方法,充分利用现有窗扇,形成双层窗提高隔声性能。采用双层玻璃时,最好采用两层不等厚度玻璃,可以减弱吻合效应。或者采用具有良好隔声性能的中空玻璃,同时应注意窗体缝隙漏声的问题,采用密闭性好的平开窗形式。

隔声窗须根据噪声源的特点、频谱、声压级、室内声环境水平等条件进行选用甚至设计。窗的隔声性能除与玻璃的厚度、层数、玻璃的间距有关外,还与其构造、窗扇的密封程度有关。玻璃窗的隔声性能如表 2.7。

一些玻璃窗的隔声性能　　　　　　　　　　　　　　　表 2.7

材料及构造	面密度(kg/m²)	倍频带中心频率(Hz)					
		125	250	500	1000	2000	4000
单层玻璃							
4mm 厚玻璃	10	20	22	28	34	34	29
6mm 厚玻璃	15	18	25	31	36	30	38
12mm 厚玻璃	30	26	30	35	34	39	47
19mm 厚玻璃	49	25	30	30	32	45	47
双层玻璃							
玻璃/空气层/玻璃(mm)							
密封的玻璃窗单元							
3/12/3		21	20	22	29	35	25
4/12/4		22	17	24	37	41	38
6/12/6		20	19	29	38	36	46
4/12/12		25	22	33	41	44	44
6/12/10		26	26	34	40	39	48
6/20/12		26	34	40	42	40	50
分隔开的两层玻璃板							
6/150/4		29	5	45	56	52	51
6/200/6		37	41	48	54	47	47
4/200/4		27	33	39	42	46	44

2.4.5 楼板隔振技术

2.4.5.1 技术概述

固体传声是围护结构受到直接的撞击或振动作用而发声。这种传声途径也称为固体声或撞击声。声波能量可以经由围护结构传播得很远而且衰减得很少,并且由建筑围护结构再辐射到空气中。在办公建筑中,着重要解决楼板撞击隔声和工程设备的隔振问题。可以采用在承重楼板上铺放弹性面层、铺设辅浮筑构造、在承重楼板下加设吊顶等措施。

2.4.5.2　应用要点

1. 在承重楼板上铺放弹性面层

塑料橡胶布、地毯等软质弹性材料，有助于减弱楼板所受的撞击，对于改善楼板隔绝中、高频撞击声的性能有显著效用，且在办公建筑中易于实现。

在楼板承重层与面层之间设置弹性垫层，以减弱结构层的振动。弹性垫层可以是片状、条状或块状的。还应注意在楼板面层和墙体交接处需有相应的隔离构造，以免引起墙体振动，从而保证隔声性能的改善。

2. 在承重楼板下加设吊顶

该措施对于改善楼板隔绝空噪声和撞击噪声的性能都有明显效用。需要注意的是吊顶层不可以用带有穿透的孔或缝的材料，以免噪声通过吊顶直接透射；吊顶与周围墙壁之间不可留有缝隙，以免漏声；在满足建筑结构要求的前提下，承重楼板与吊顶的连接点应尽量减少，悬吊点宜用弹性连接而不是刚性连接。

2.4.6　消声技术

2.4.6.1　技术概述

空气调节系统风机运转的噪声进入送风管道并沿着管道系统传播，其中一部分声能转化为管道壁的振动，管道把振动的能量辐射到其周围空间成为噪声。

2.4.6.2　应用要点

在通风系统中，常使用消声器来降低和消除通风机噪声沿通风管道传入室内或传向周围环境。选择消声器时，应根据所需要的消声频谱特性来选择相应的结构形式。改造中应先测定噪声源的频谱分布、确定噪声控制标准、计算消声器所需达到的消声量，再据此选择相应的结构形式，最后进行安装。具体参见《空调与制冷技术手册》《声学手册》《建筑声学材料与结构设计和应用》。

2.4.7　厅堂音质设计

2.4.7.1　技术概述

厅堂音质设计涉及音乐、声学和建筑诸多方面，是比较特殊的建筑设计类型。办公建筑对厅堂音质要求相对较低，主要在办公室、会议室、办公建筑中多功能厅、报告厅有要求。改造中应考虑主要功能房间的室内音质，避免声缺陷。

2.4.7.2　应用要点

1. 办公室

理想的长宽高比例应该是无理数比，这样可以避免简正波发生简并。当房间内原有的尺寸及实际中可调的尺寸不能满足理想的比例要求时，可以通过调整室内墙面和顶棚的形状使简正波均匀分布，或者通过增加房间的共振阻尼来减弱房间的共振效应。

房间比例建议值　　　　　　　　　　　　　　表 2.8

高	1	1	1	1	1	1
宽	1.14	1.28	1.60	1.40	1.30	1.50
长	1.39	1.54	2.33	1.90	1.90	2.10

2. 会议室

同办公室一样，首先控制房间比例。

吸声材料布置：

（1）应结合灯具及室内装修统一考虑，进行分块组合，尽可能使吸声材料均匀分布，有利声场的均匀。

（2）墙面通常使用布艺吸声软包和木夹板交错布置。布艺吸声软包吸声特性以中高频为主，通过增加软包后空腔大小，增加低频部分吸声特性。保证混响时间在适宜范围内。

（3）外窗内侧安装厚重的吸声窗帘，一是增加室内吸声量，降低混响时间，二是能起到良好的遮光作用，保证室内观赏影片时不受外界干扰。

会议室顶面一般不做吸声处理，当作反射面。

3. 多功能厅/报告厅

平面设计要满足以下几点：

（1）缩短直达声传播的距离：控制平面纵向长度，最好不要超过 35m。当一层平面的听众延伸得太远时，可将部分听众设置在二层或三层楼座，以保持较小的直达声传播距离。

（2）避免直达声被遮挡和被听众掠射吸收：前后排座位升起应不小于 100mm。一般能满足视线要求也就能满足声学要求。

（3）适应声源的指向性：使听众席不超出声源的前方 140°夹角的范围。长的平面比扁宽的平面有利。

（4）争取与控制好近次反射声，以保证前次反射声的分布：通过几何作图，使声线尽可能均匀分布。

吸声材料布置应注意：

（1）尽可能使用有一定强度、耐脏的材料作为墙面。

（2）观众厅的后墙、挑台栏杆处，反射回来的声音可能产生回声干扰，常需在后墙的墙裙以上部位的墙面和挑台栏杆处，布置吸声系数高的材料。

（3）吸声材料分散布置，有利于声场扩散和改善音质条件。

（4）一般房间两相对墙面的总吸声量应尽量接近，有利于声场扩散。

（5）反射板在全频带上应当都是反射性的。特别要注意，不要产生过度的低频吸收。材料一般选用厚木板或木夹板（厚度在 1cm 以上）并衬以阻尼材料。其形状应使反射声有一定的扩散。舞台反射板的背后结构一般是型钢骨架。它的装、拆宜采用机械化的方法。

2.4.8 工程案例

北京市东城区东四街道办事处综合改造技术集成示范工程

项目的周边噪声背景值监测结果如见表 2.9。

项目位于东城区东四六条 17 号，项目周围主要噪声源是东四六条胡同、建筑自身的室内噪声源主要是设备间、机房等。项目将所有设备机房设置在远离办公区的地下并且设置了隔声减振措施，以保证办公区声环境符合标准要求。

51

周边噪声背景值检测结果 表 2.9

监测点位置/m	昼间/dB(A)	夜间/dB(A)	执行标准
项目东侧厂界外 1	54.1	44.3	昼间≤55dB(A)
项目南侧厂界外 1	53.8	43.9	
项目西侧厂界外 1	52.5	42.9	夜间≤45dB(A)
项目北侧厂界外 1	54.4	44.2	

优化改造：

东四六条胡同是主要噪声源，因此可以判断，南侧区域与室外相接的房间为最不利位置房间。综合计算北楼会议室室内背景噪声在关窗状态下为 42.81dB（A），符合现行国家标准《民用建筑隔声设计规范》GBJ 118 中会议室内允许噪声标准中的低限要求〔45dB（A）〕。

项目建筑自身的室内噪声源主要是设备间、机房等。采用下列措施和空间布局降低室内噪声：

1. 将有噪声的机房布置在地下一层，远离办公区。
2. 在这些有噪声的机房内墙面、顶棚均做吸声处理，机房门均为隔声门。
3. 在有震动的设备下设置隔震器，必要的设备下设置减震垫。

2.5 太阳能与通风技术

2.5.1 被动式太阳能技术

在既有建筑改造过程中鼓励合理利用被动式太阳能技术，如呼吸式幕墙、集热（蓄热）墙、太阳能烟囱、附加阳光间等，以改善室内热环境、降低供暖或空调能耗。被动式太阳能采暖和降温技术应结合建筑形式，综合考虑地域特征、气候特点、施工技术和经济性等因素，因地制宜，以便实现性价比高、易于推广的目标。

2.5.1.1 呼吸式幕墙

1. 技术概述

呼吸式幕墙不同于单层结构的传统玻璃幕墙，它是双层结构的新型幕墙（图 2.43）。呼吸式幕墙又称双层幕墙、热通道幕墙等，于 20 世纪 90 年代在欧洲出现，它由内、外两道幕墙组成，内、外层结构之间形成一个相对封闭的空气夹层，配合外幕墙通风口随外界温度变化的开闭，空气可以从玻璃幕墙的下部进风口进入通道，又从上部出风口排出，这一空间经常处于空气流动状态，导致热量在通道的流动和传递，利用通道的热空气流动、传导能量，调节改善室内外的温差平衡，创造一个舒适、环保、安全、节能的室内空间，改善人们的生活、工作环境。这个中间层称为热通道，因而在国际上一般也称为热通道幕墙。

呼吸式幕墙的节能性体现在夏季利用"烟囱效应"，通过自然通风换气，降低室内温度；在冬季能够根据"温室原理"，提高围护结构的保温效果，降低取暖能耗。与传统玻

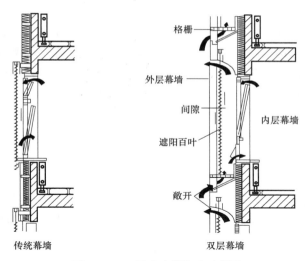

图 2.43　双层玻璃幕构造示意图

璃幕墙比较，采暖时能够节约能源 42%～52%；制冷时能够节约能源 38%～60%。夏季打开幕墙的进出通风口，双层幕墙在阳光照射下，双层幕墙中间的空气层温度升高，由于烟囱效应产生自下而上的气流，气流从下进气口进入，进行热量交换后从上出气口排出，带走了通道内的热量，从而降低房间能耗，减少空调制冷的负荷，降低能耗。在冬季，关闭幕墙的进出通风口，这样双层幕墙中间的空气层在阳光的照射下温度升高，形成温室效应，减少了室内热量向外界的散失，起到了保温的功能，从而降低建筑物取暖能耗。在过渡季节，通过对双层换气幕墙上下端进出通风装置的调节，在通道内形成负压，利用内侧幕墙两边的压差和开启的门或窗，在通道内形成气流，通过管道向通道内输送新鲜空气，保持室内的自然通风状态。

2. 应用要点

呼吸式双层幕墙结构，根据建筑立面需要可以有不同的组合形式，但通风、节能、环保、安全是幕墙设计首选原则。呼吸式幕墙设计安装要根据建筑立面形式进行量体裁衣式的幕墙设计，由于建筑立面造型复杂、安装组件较多，各种自动控制装置安装精度高，双层幕墙功能的实现需要与建筑结构、采暖通风、强弱电系统各专业协调配合完成。根据呼吸幕墙通道内空气流动方式的不同，可将其分为封闭式内循环呼吸幕墙和敞开式外循环呼吸幕墙。

封闭式内循环体系呼吸式幕墙，一般在冬季较为寒冷的地区使用，其外层原则上是完全封闭的，一般采用中空玻璃或者 Low-E 玻璃与断热铝型材组成外层玻璃幕墙。其内层一般为单层玻璃组成的玻璃幕墙或可开启窗，以便对外层幕墙进行清洗。两层幕墙之间的空气夹层一般为 100～200mm。空气夹层与吊顶部位设置的暖通系统相连，形成自下而上的强制性空气循环，室内空气通过内层玻璃下部的通风口进入换气层，然后上升到上部排风口，最后从吊顶内的排风管排出。在空气夹层内设置可调控的百叶窗或垂帘，可有效地调节日照遮阳，为室内创造更加舒适的环境。封闭式内循环呼吸幕墙空气的流动需要借助专门的设备来完成，维护和运行成本较高。

敞开式外循环呼吸幕墙外层是单层玻璃与非断热型材组成的玻璃幕墙，内层是由中空玻璃与断热型材组成的幕墙。两层幕墙之间的通道宽度较大，多在 0.5～1.5m 之间，每层设有可供行走的金属格栅。通道内设有电动或手动的可升降、可调节角度的百叶帘，来调节日照遮阳。空气从外层幕墙的下通道进入夹层空间，然后从外层幕墙的上部排风口排出。另外，通过对进排风口的控制以及对内层幕墙结构的设计，达到由通风层向室内输送新鲜空气的目的，从而优化建筑通风质量。敞开式外循环呼吸幕墙可以完全靠自然通风，不需要借助于专门的设备，维护和运行费用较低，应用比较广泛。

2.5.1.2 集热（蓄热）墙

1. 技术概述

集热蓄热墙有多种形式，包括实体式集热蓄热墙、花格式集热蓄热墙、水墙式集热蓄热墙、相变材料集热蓄热墙等。集热蓄热墙（又称 Trombe 墙）是一种充分利用太阳能以降低建筑能耗的建筑围护结构形式，恰当的设计可以将围护结构由散热部件转变为得热部件。通常在重质墙体外贴附一层高吸收率、低反射率的集热板或在表面涂上吸热材料以增强集热效果。它包括有内通风口和无内通风口两种形式。无内通风口式集热蓄热墙冬季空气间层是密闭的，发挥了重质墙体的蓄热作用和空气间层的热阻作用，依靠导热向室内传递热量；有内通风口式集热蓄热墙依靠空气间层与室内的对流换热和墙体的导热两种方式向室内传递热量（图 2.44）。在夏季，这两种方式都可以通过遮阳、开启玻璃盖板上的外风口，利用"烟囱效应"来实现室内自然通风，降低室内温度和冷却墙体。这种墙体一般用在严寒和寒冷地区，夏热冬冷以及夏热冬暖地区不适用。

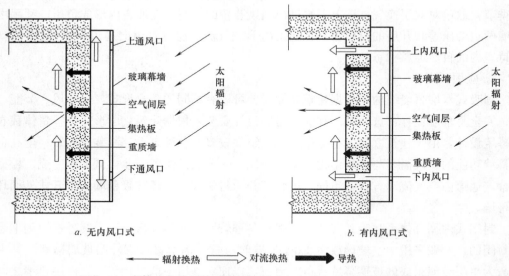

图 2.44 实体式集热蓄热墙的结构形式与冬季白天的主要传热过程

2. 应用要点

合理地使用被动式太阳能集热蓄热墙可以达到节能和提高室内舒适性的目的。集热蓄热墙式被动太阳房位置的选择，要注意建筑的南向、东南和西南保证基本无遮挡，保证集热蓄热墙有良好的采光效果，并将主要使用的房间合理布置，紧邻在南向集热墙位置。为避免夏季过热,在建筑物的南向栽种遮阳效果好的植物,并关闭集热蓄热墙上通风口。随着集热蓄热墙在应用中的不断改进,如采用在混凝土墙体中加入相变材料以增加其蓄热能力,在重质墙体外侧加保温层防止夏季过热,或在 Trombe 墙体外表面覆盖透明绝热材料等措施。在严寒和寒冷地区,还应考虑不采暖的楼梯通道采用此墙体后楼梯合理的疏散宽度。

2.5.1.3　太阳能烟囱

1. 技术概述

太阳能烟囱的原理是利用热压差和风压差加强室内通风换气,属于被动式太阳能利用技术。该技术具有构造简单、施工方便、造价便宜、维护费用低、节省运行能耗等优点,可以有效地改善室内空气质量,提高室内环境健康、舒适度。

2. 应用要点

既有建筑改造时可在外墙的适当位置扶墙设置太阳能烟囱,如图 2.45 所示,每层外墙开洞口与走廊内敷设的风管连接,风管另一端通到同一楼层的各个房间,利用烟囱形成的热压差和风压差进行通风。该技术完全适用于建筑扩建、装修改造、内部空间改造等多种改造工程,可在既有建筑改造中作为首选技术全面推广。

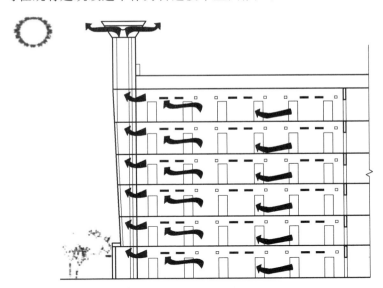

图 2.45　太阳烟囱通风示意图

2.5.1.4　附加阳光间

1. 技术概述

该技术由透光玻璃构成的阳光间附加在房间南侧,中间设一道砖石墙或用落地窗将阳光间和室内空间隔开,附加阳光间与房间之间的关系比较灵活,如图 2.46 所示。蓄热物质一般分布在隔墙内或阳光间地板内。阳光透过南侧透光玻璃进入阳光间,阳光间得到太阳辐射热被加热,其温度始终高于室外环境温度,所以白天可以通过对流换热作用经门、窗给房间供热,夜间作为缓冲区,减少房间热损失。在既有办公建筑改造过程中,随着对建筑造型要求的提高,这种外形轻巧的玻璃立面可以结合南廊、入口门厅、休息厅、封闭阳台等设置，也可以用来养花或栽培其他植物。附加阳光间具有集热面积大、升温快、与相邻内侧房间组织方式多样的特点。

图 2.46　附加阳光间

2. 应用要点

阳光间的设计要点如下：

（1）附加阳光间的南墙应避免周围建筑和实物对透光面的遮挡，以便收集更多的太阳辐射热。

（2）南向附加阳光间的开窗面积在不受结构限制的条件下，应取最大值。屋檐突出长度 A 通常根据结构要求确定，取最小值；θ 为当地冬至日正午太阳高度角。使最冷一月份屋檐突出长度 A 不对玻璃造成遮阳的尺寸应符合式 $A \leqslant B/(\theta+5)$。

（3）附加阳光间的进深对阳光间向房间供热效果的影响十分显著。单纯作为集热部件的附加阳光间进深一般可取 0.6m 左右；兼做使用空间的附加阳光间进深一般不宜超过 1.2m。附加阳光间的供热效率会随着进深增大而减小，并且会影响房间的自然采光。

（4）附加阳光间种植绿色植物，会增加阳光间的空气湿度，在寒冷地区的冬季早晚，容易出现结露现象，降低阳光间的集热效率。应注意解决好冬季通风除湿问题，减少玻璃结露结霜。

（5）合理确定透光外罩玻璃的层数，并采取有效的夜间保温措施，这与当地冬季采暖度日数和辐射量的大小有关。通常，在度日数小、辐射量大的地区，宜用单层玻璃加夜间保温装置；在度日数大、辐射量小的地区，宜用双层玻璃加夜间保温装置；在度日数大、辐射量大的地区，宜用一层或二层玻璃加夜间保温装置。

（6）附加阳光间与相邻房间之间的公共墙的门窗开孔率不宜小于公共墙总面积的 12%，一般附加阳光间公共墙门窗面积之和宜为公共墙总面积的 25%～50%，在此范围内，阳光间的供热效果能满足室内的基本要求，又具有适当的蓄热效果。

（7）附加阳光间的公共墙和地面宜采用重质材料，可以减轻房间昼夜温度波动过大的问题。重质墙体及地面的面积与透光面积之比不宜小于 3∶1。砖砌体厚度可在 120～370mm 之间。若附加阳光间采用轻质材料建造，宜采用保温隔热墙作公共墙，避免室内温差过大。

（8）附加阳光间公共墙体和地面表面颜色宜采用阳光吸收系数大和长波发射率小的颜

色，轻质材料表面颜色对阳光间热环境影响较小。

（9）采取有效的遮阳、隔热措施，防止夏季过热。如采用外遮阳，在外罩玻璃层开设通风窗，通过对流使阳光间温度降低；当房间设有北窗，可利用公共墙门窗及阳光间外罩玻璃开窗的穿堂风进行排热。

2.5.2　自然通风与冬季防风技术

2.5.2.1　自然通风技术

除非高温高湿气候条件下要求中央空调型建筑，一般建筑物应尽可能利用自然通风技术，它是改善室内热舒适环境、改善室内空气质量的最简单而有效的设计方法。尤其是在温湿度较高的情况下，自然通风是非常有效的获得热舒适的设计手段。因为提高空气流动速度能够直接增加人体皮肤表面的汗液蒸发率，减少因为皮肤潮湿带来的不舒适感。

1. 技术概述

根据自然通风形成的机理，自然通风分为风压通风和热压通风两种方式。所谓风压通风指当风吹向建筑物正面时，因受到建筑物表面的遮挡而在迎风面上产生正压区，气流偏转后绕过建筑物周围各侧面和屋面，在这些面上及背面产生负压区。当建筑的迎风面和背风面设有开口时，建筑就通过开口流经室内，这也就是我们通常所说的"穿堂风"。热压通风是当室内气温高于室外气温时，室外密度大的较重空气通过建筑的下部开口流入室内，并将较轻的室内空气从上部开口排出，在室内形成了不间断的气流流动。

2. 应用要点

（1）风压通风

风压通风的效果与进出风口的开口大小、开口位置、室外风的大小以及风向和开口的夹角有关系。当处于正压区的开口与主导风向垂直，开口面积越大，通风量就越大。创造风压通风的建筑开口与风向的有效夹角在 40°范围内。当建筑开口和风向夹角不在 40°范围内，可以设计导板创造正负压区引导通风。一定风向下，导板和风压的关系见图 2.47。可以利用图 2.48 作为导板设计的依据，导风板的深度应在 0.5～1 倍窗宽范围内，导风板之间的宽度大于窗宽的 2 倍。

（2）热压通风

当室外气温低于室内气温时，风压通风是最有效的降温方式。但是，由于室外自然风的不稳定性，或由于周围高大建筑以及植被的遮挡，不能形成足够的风速，这时便需要考虑热压通风。热压通风的优势在于对开口的方向没有限制。热压通风效果与进出风口处的高度差、风口大小以及室内外温度差有关系。

为了增加进出风口的高度，在建筑的屋顶上布置通风"烟囱"是有效的方法。图 2.49 所示为英国建筑研究中心 BRE 办公室利用热压通风的设计实例，五个高高的通风"烟囱"置于南向的屋顶之上，外面覆盖玻璃层，以增加出口处的温度。

（3）热压与风压相结合

在实际建筑设计中还可以将热压和风压通风结合起来。位于上风向和建筑物上部空间的房间采用风压通风，而位于建筑物的下风区和底层空间的房间适合组织热压通风。

最好	良好	不好	糟糕

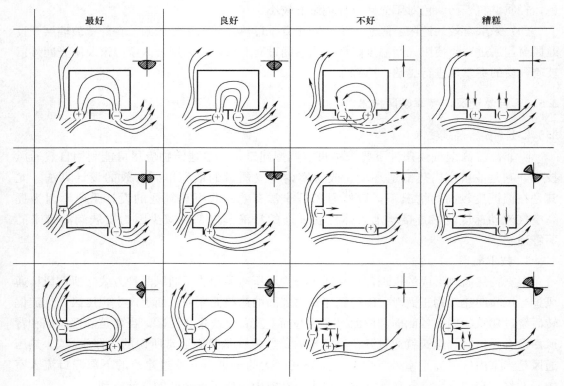

图 2.47　利用导板创造自然通风

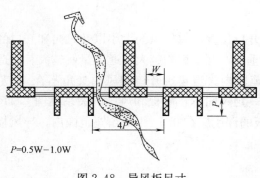

$P=0.5W-1.0W$

图 2.48　导风板尺寸

2.5.2.2　冬季防风技术

1. 技术概述

根据《城市住区规划设计规范》，Ⅰ、Ⅱ、Ⅴ、Ⅵ气候区冬季室外气候寒冷，建筑冬季防风是基本要求之一，因为较强的外部风环境会大大加速围护结构的散热和冷风渗透量。

2. 应用要点

（1）建筑规划防风

建筑规划防风最常用的手段是利用防风林或挡风构筑物创造避风环境。一个单排、高密度的防风林（穿透率36%），距4倍建筑高度处，风速会降低90%。同时可以减少被遮挡的建筑物60%的冷风渗透量，节约常规能源15%。利用防护林做防风墙时，其背风区风速取决于树木的高度、密度和宽度。防风林背后最低风速出现在距离林木高度4~5倍处。

（2）建筑单体防风

在办公建筑绿色改造过程中，建筑单体的防风设计主要是门窗洞口的防风设计。在冬季，当室内外温差大且室外风速过大时，室外冷空气会通过门窗洞口的缝隙渗入室内，影响到室内热环境，增加建筑热能耗。

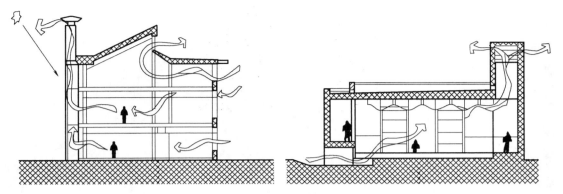

图 2.49 利用热压通风的 BRE 办公建筑

1）选择合理的窗户开启方式。从密闭性而言，固定窗优于平开窗、平开窗优于推拉窗。因此在保证开启扇的通风要求面积情况下，应优先使用固定式窗户，尤其是北向的窗户。

2）选择合适的建筑入口朝向。对严寒地区建筑应注意冬季主导风向对建筑入口的影响。在建筑周围防风措施不足的情况下，应尽量避免将建筑入口面向冬季主导风向，防止冷风从建筑入口渗透，加大建筑热损耗。

3）选择可靠的建筑入口防风措施。当有些建筑的主入口面向主导风向时，应选择可靠的建筑入口防风措施，如设置门斗、挡风门廊或者双层门。当入口使用频繁时，还可设置门帘或安装自控门。

2.5.3 工程案例

申都大厦改造项目位于上海市西藏南路，用地面积 $2038m^2$，建筑占地面积 $1106m^2$。经过多年使用，建筑损坏严重，建筑内部空间拥挤，采光不足，层高压抑，办公条件已不能满足现代办公的需求，故对其进行了绿色化改造。

该改造项目的建筑立面改造特点最为鲜明，项目从立面效果、采光、通风与遮阳等因素多方位考虑，最终确定的表皮属于一个综合性的设计，北面和西面只作了外保温的简单处理，而东立面以及南立面则综合考虑太阳辐射以及与周边环境的关系，南立面主要考虑通风采光，绿化模块竖向间隔布置；东立面由于太阳高度角小，立面绿化模块向外一定的倾斜，既满足遮阳通风又不影响采光。在设计过程中，注重建筑各个界面与城市以及周围建筑的关系，北面、西面由于对城市街道形象的影响不大，故未作过多处理。而在建筑东立面与南立面作了重点设计，实现了在改善建筑自身室内环境的同时，又不干扰其他建筑并尽量分享其改良后的优质环境。建筑立面改造前后对比如图 2.50 所示。

建筑南、东立面都是垂直绿化遮阳（图 2.51），南侧采用外挂垂直金属网板，东侧则采用倾斜 30° 的金属网板，金属板内侧均布置种植箱，攀爬植物与金属板形成综合遮阳的效果。同时外挂遮阳板的体系中的水平搁板形成了一定的水平遮阳，改善建筑室内的热环境。通过不同角度的遮阳与采光的综合模拟确定东侧遮阳板的倾角，弥补了垂直遮阳挡板对于直射阳光的遮挡作用，实现既满足夏热遮阳又不影响冬季太阳照射的要求。考虑绿化

a. 改造前

b. 改造后

图 2.50　上海申都大厦建筑立面改造

对遮阳与采光的矛盾效果，其植物的设置为常绿植物 50％、落叶植物 30％、开花植物 20％的配比，其综合的生长特性可以增强其夏季综合遮阳效果，有效降低冬季室内冷负荷。

a. 南侧遮阳

b. 东侧遮阳

图 2.51　建筑立面遮阳设计

2.6　室内无障碍设计

大多既有办公建筑项目没有考虑无障碍设计，改造时应通过增设室内外无障碍设施，来保障残障人士、老人等群体的安全通行和使用便利。办公建筑空间的无障碍改造设计应该包括从入口、通道、走道、地面到每一处与残障人士等弱势群体的生活紧密联系的许多细节设计，如增加无障碍入口、轮椅坡道、无障碍电梯、无障碍厕所，设置抓杆等无障碍设施。

2.6.1 无障碍入口

2.6.1.1 技术概述

办公建筑的入口是联系室内外空间的主要部位，是进入建筑内部的必经之路，其无障碍设计尤为重要。所谓无障碍入口，就是为方便轮椅通过而不设台阶和大坡度坡道的入口。考虑到防止雨水倒灌以及建筑防潮防水等方面的要求，大部分既有办公建筑的出入口都存在高差，因此在建筑出入口的台阶处增设坡道以方便残疾人通行，且与建筑室外场地人行通道无障碍连通，满足现行国家标准《无障碍设计规范》GB 50763 的要求。如果受用地条件限制，设坡道有困难时，可采用机械升降装置来解决室内外高差的问题。轮椅坡道是指在坡度和宽度上以及地面、扶手高度等方面符合乘坐轮椅者通行的坡道，一般分为直线型、L 型或 U 型等（图 2.52）。

a. U型坡道　　　　　　　　　　　　　b. 直线型坡道

图 2.52　无障碍入口坡道

2.6.1.2 应用要点

办公建筑出入口坡道的无障碍改造设计应遵照以下几点：无障碍出入口的设计需满足《无障碍设计规范》GB 50763—2012 的要求；无障碍坡道的位置应设在方便和非常醒目的地段，并要悬挂国际无障碍通行标志（图 2.53）；为避免轮椅在坡面上发生重心侧倾，禁止将坡道设计成圆形或弧形，可根据周围地形将坡道入口设计成直线形、L 形和 U 形等形状；对于上半身活动能力有限的轮椅使用者的，他们自己不能控制轮椅在坡道上上下移动，因此建筑出入口应设置坡度要小于 1∶20 的平坡出入口，根据不同坡度，当坡道水平长度过长时应设 1.50m 的休息平台，在坡道的起始或终端应设置可供轮椅回转的水平空间，并在坡道的两侧还应设置高度为 0.90m 的扶手。

2.6.2 无障碍电梯

2.6.2.1 技术概述

现代大部分办公建筑都会设置电梯，因此电梯作为重要的交通通道必须进行无障碍设计。《无障碍设计规范》GB 50763—2012 要求建筑内设有电梯时，至少应设置 1 部无障碍电梯。无障碍电梯是指适合乘轮椅者、视残者或担架床等可进入使用的电梯（图 2.54）。

图 2.53　无障碍坡道标志

其规格和设施的配备都要严格按照无障碍设计的要求进行，例如电梯门的宽度、关门速度、梯厢的大小应保证轮椅能够进入，并且有足够的轮转空间，电梯还要设置扶手、方便各种类型残疾人使用的操作按钮，以及电梯运行过程中要有清晰的声响提示，以便于残疾人上楼、下楼。

图 2.54　无障碍电梯

2.6.2.2　应用要点

　　候梯厅无障碍设施的要求如下：候梯厅深度不宜小于 1.50m；按钮高度 0.90～1.10m；电梯门洞净宽度不宜小于 0.90m；显示与音响能清晰显示轿厢上、下运行方向和层数位置及电梯抵达音响；电梯的位置应设置在从主要通路容易看到的地方，而且在显眼的位置还要安装无障碍通行标志（图 2.55）。

　　电梯轿厢无障碍设施的要求如下：电梯门开启净宽不应小于 0.80m；轿厢深度大于或等于 1.40m，宽度大于或等于 1.10m；在轿厢的三面壁应设高 0.85～0.90m 的扶手；轿厢侧面的按钮应设置在残疾人能够感知的范围内（0.90～1.10m），而且按钮上还应根据规范设置盲文等方便残疾人辨别的文字；轿厢正面高 0.90m 处至顶部应安装镜子或采用有镜面效果的材料，此外，进出电梯时电梯内外高差应在同一水平面上。

图 2.55 无障碍电梯标志

2.6.3 无障碍楼梯

2.6.3.1 技术概述

楼梯是建筑物交通系统中最基本的组成部分，也是危险发生时重要的疏散通道，因此楼梯是无障碍设计的关键之一。既有办公建筑内的楼梯很少是按照无障碍来设计的，这给残疾人的使用造成了很大不便，甚至发生危险，因此，应考虑将其进行无障碍改造，主要技术手段有楼梯两侧均做扶手或增加机械升降设备（图 2.56），也可考虑对楼梯的水平宽度和垂直高度进行重新设计，保证残疾者的使用安全。

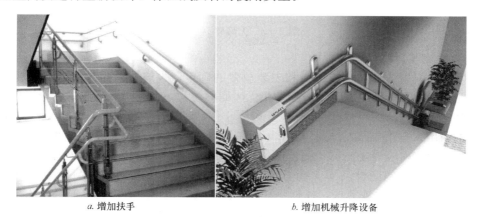

a. 增加扶手   b. 增加机械升降设备

图 2.56 无障碍楼梯

2.6.3.2 应用要点

无障碍楼梯的改造设计应从保障残疾者的安全性和实用性考虑实施，具体措施：1. 在楼梯的靠墙一侧增设高 0.85～0.90m 扶手，要保持扶手连贯性，如图 2.56a；2. 楼梯梯段及踏步的水平宽度和垂直高度必须方便残疾人安全使用；一般来说楼梯平台的有效宽度应不小于 1.20m，每级踏步高度不应大于 160mm，踏步宽度不应小于 280mm，此外踏步应作防滑处理；3. 楼梯间内要有良好的照明，并结合色彩或声响的反差，以方便视力或听觉残疾人辨别楼梯的位置和踏步的尺寸。

2.6.4　无障碍卫生间

2.6.4.1　技术概述

在办公建筑中卫生间是日常生活中的重要场所，其内部包括各种洗刷等卫生设施，是无障碍设计的重点之一（图 2.57）。卫生间无障碍设计的好坏，直接反映了建筑无障碍设计的好坏。因此，办公建筑应分别设置男女轮椅使用者可使用的厕位、洗面器等卫生器具各一处以上，其位置应尽量安排在容易发现的地方。对于未设置无障碍卫生间的办公建筑，在改造中应依据《无障碍设计规范》GB 50763，分别对男女卫生间的厕位和洗面器进行改造，以满足残疾者的使用要求。小便器应设置扶手等支撑物，轮椅使用者可使用的洗面器的下面，应设计成有能将膝盖伸进去的空间。大便器或小便器的冲洗装置以及洗面器的水嘴等应设置成上肢残疾者也便于操作的形状。

图 2.57　无障碍卫生间

2.6.4.2　应用要点

卫生间内卫生洁具样式的选择和安装位置的确定，也应该满足残疾人身体尺度的要求。如女厕所的无障碍设施至少包括 1 个无障碍厕位和 1 个无障碍洗手盆；男厕所的无障碍设施至少包括 1 个无障碍厕位、1 个无障碍小便器和 1 个无障碍洗手盆。针对轮椅使用者，卫生间出入口的宽度应大于 800mm，并且厕所内应留有回转直径不小于 1.5m 轮椅回转面积。厕位内应设坐便器，厕位两侧距地面 700mm 处应设长度不小于 700mm 的水平安全抓杆，另一侧应设高 1.40m 的垂直安全抓杆。在洁具的周围应安装一些直径为 30～40mm 的安全扶手或抓杆，抓杆要安装在使用者方便抓攥的位置，而且还不能影响其他功能的使用，抓杆距离墙面的距离要大于 40mm，并应在残疾人使用的厕位设置意外事故发生时使用的呼救警铃。

2.6.5　工程案例

中国国家博物馆改扩建工程在改造过程中充分考虑了残疾人、老年人、婴幼儿等群体的安全参观和通行，遵循以人为本的原则精心设计，无障碍改造设计重点放在建筑入口、通道、电梯、卫生间等使用频率大的重要部位上，增设了无障碍入口、无障碍通道、无障碍电梯、无障碍卫生间等。

1.　无障碍坡道

在建筑入口、大厅等有高差的部位，均设置无障碍坡道，方便残疾轮椅进出。并在无障碍坡道上设置安全扶手（图 2.58）。

图 2.58　中国国家博物馆改扩建工程无障碍坡道

2. 无障碍电梯

项目在入口大厅及建筑内设有多部残疾人专用电梯（图 2.59），无障碍电梯内按钮设置盲文等方便残疾人辨别的文字，并在轿厢侧面设置扶手，残疾者可通过这些电梯到达除文物库房以外的各个功能区，方便残疾人、老年人等群体的参观。

3. 无障碍卫生间

项目在入口大厅、各展览厅、办公区等处，设有残疾人专用的卫生间（图 2.60），无障碍卫生间内设有 1 个无障碍坐便器和 1 个无障碍洗手盆，厕位两侧设水平安全抓杆和竖向安全抓杆，并在无障碍坐便器附近设置意外事故发生时使用的呼救警铃；无障碍洗手盆也设置了安全抓杆，方便残疾者使用。

图 2.59　中国国家博物馆改
扩建工程无障碍电梯

图 2.60　中国国家博物馆改扩建工程无障碍卫生间

4. 轮椅、婴儿车租借服务

在新馆西侧入口大厅设有服务台，可供租借轮椅、婴儿车等服务（图 2.61），方便残疾人、老年人、婴幼儿等群体使用。

图 2.61　中国国家博物馆改扩建工程轮椅、婴儿车租借服务

参 考 文 献

[1] 彭巍. 建筑表皮更新的技术策略研究 [D]. 湖南大学硕士学位论文，2012.

[2] 向姝胤. 既有建筑表皮绿色改造策略初探 [D]. 华南理工大学硕士学位论文，2013.

[3] 李宝峰. "双层皮"幕墙类型分析及应用展望 [J]. 建筑学报，2001 (11)：28-31.

[4] SUVA 办公楼/瑞士·巴塞尔 [J]. 城市环境设计，2005 (1)：92-93.

[5] 陈晏薇. 节能幕墙的应用——河南安阳永兴宾馆设计及其分析研究 [D]. 上海：同济大学，2004.

[6] 孟世荣. 集热蓄热墙式太阳能建筑冬季热性能的模拟研究 [D]. 大连理工大学，2005.

[7] 王雪松. 生态技术策略——双层皮外墙类型分析研究 [J]. 重庆建筑大学学报，2003，25 (6)：5-9.

[8] 高原，杨超英. 天津市建筑设计院 A 座科研办公楼改扩建 [J]. 建筑创作，2006 (11)：24～33.

[9] 华东建筑设计研究总院. 上海申都大厦既有建筑绿色改造 [J] 建筑学报，2013 (7)：70-74.

[10] 王清勤，唐曹明编. 既有建筑改造技术指南 [M]. 北京：中国建筑工业出版社，2012.

[11] 杨毅. 旧建筑再利用的设计逻辑与设计方法探讨 [D]. 重庆：重庆大学硕士论文，2009.

[12] 刘子华，韩雪，佟道林. 旧有建筑物加层改造技术探讨 [J]. 工程抗震与加固改造. 2007，29 (3)：98-101.

[13] 杨昌鸣，李艳芬，徐庭发. 老旧办公建筑的空间适应性改造 [J]. 青岛理工大学学报，2011，32 (5)：1-5.

[14] 王哲，王伯荣. 中新生态城城市管理服务中心改造 [J]. 感动 (生态城市与绿色建筑)，2010 (3)：98-107.

[15] 李苗. 办公建筑改造更新研究 [D]. 天津：天津大学硕士论文，2008.

[16] 陈小华，王光祥. 高档写字楼建筑节能改造 [J]. 建筑技术，2007 (10)：56-57.

[17] 刘小玢，陆可人. 浅谈既有现代办公建筑的改造 [J]. 建筑节能，2008 (12)：9-12.

[18] 王小惠. 办公建筑内部空间形态 [D]. 大连理工大学，2005.

[19] 王秀彬，任丽波. 浅析既有建筑节能改造太阳能利用技术 [J]. 建筑节能，2011 (2)：8-14.

[20] 梁路. 现代办公建筑空间的人性化设计研究 [D]. 重庆大学，2006.

[21] 王爱英，沈天行. 天然光照明新技术探讨 [J]. 灯与照明，2002，26 (5)：53～54.

[22] 李正刚. 屋面导光管采光系统及其应用 [J]. 中国建筑防水，2013 (15).

[23]　东南大学. 建筑物理［M］. 北京：中国建筑工业出版社，2010.

[24]　王少健，王敏，胡姗姗，邝志斌，赵海天. 高层办公楼的绿色建筑技术应用评析——以深圳建科大楼为例. 四川建筑科学研究，2012（3）.

[25]　袁小宜，叶青，刘宗源，沈粤湘，张炜. 实践平民化的绿色建筑——深圳建科大楼设计，建筑学报，2010（1）.

[26]　戴立飞. 中小型建筑自然采光设计研究. 天津大学：建筑技术科学，2006，硕士.

[27]　谢浩，张伦琳. 室内天然光环境的控制与调节［J］. 福建建材，2005（1）：44-46.

[28]　罗涛. 玻璃幕墙建筑的室内外天然光环境研究［D］. 清华大学，2005.

[29]　环境保护部，国家质量监督检验检疫总局. 声环境质量标准 GB 3096—2008［S］. 北京：中国环境科学出版社，2008.

[30]　住房和城乡建设部，国家质量监督检验检疫总局. 建筑隔声评价标准 GB/T 50121—2005［S］. 北京：中国建筑工业出版社，2005.

[31]　住房和城乡建设部，国家质量监督检验检疫总局. 民用建筑隔声设计规范 GBJ 50118—2010［S］. 北京：中国建筑工业出版社，2005.

[32]　国家质量监督检验检疫总局，中国国家标准化管理委员会. 声学建筑和建筑构件隔声测量第 4 部分：房间之间空气声隔声的现场测量 GB/T 19889.4—2005［S］. 北京：中国标准出版社，2005.

[33]　国家质量监督检验检疫总局，中国国家标准化管理委员会. 声学建筑和建筑构件隔声测量第 5 部分：外墙构件和外墙空气声隔声的现场测量 GB/T 19889.5—2006［S］. 北京：中国标准出版社，2006.

[34]　国家质量监督检验检疫总局，中国国家标准化管理委员会. 声学建筑和建筑构件隔声测量第 7 部分：楼板撞击声隔声的现场测量 GB/T 19889.7—2005［S］. 北京：中国标准出版社，2005.

[35]　住房和城乡建设部，国家质量监督检验检疫总局. 室内混响时间的测量 GB/T 50076—2013［S］. 北京：中国建筑工业出版社，2013.

[36]　秦佑国，王炳麟. 建筑声环境［M］. 北京：清华大学出版社，1999.33-61，117-146.

[37]　华南理工大学. 建筑物理［M］. 广州：华南理工大学出版社，2002.

[38]　吴硕贤. 建筑声学设计原理［M］. 北京：中国建筑工业出版社，2000.

[39]　王铮，项瑞祁，陈金京等编著. 建筑声学材料与结构设计和应用［M］. 北京：机械工业出版社，2006.

[40]　中国建筑科学研究院建筑物理研究所. 建筑声学设计手册［M］. 北京：中国建筑工业出版社，1987.

[41]　康玉成编著. 建筑隔声设计——空气声隔声技术［M］. 北京：中国建筑工业出版社，2004.

[42]　郝俊文. 浮筑构造在建筑隔声设计中的运用［J］. 山西建筑，2006，32（9）：31-32.

[43]　王兆康. 空腔共振吸声结构的吸声机理及特征［J］. 常州工业技术学院学报（自然科学版），1994，7（1）：72-74.

[44]　何冬林，郭占成，廖洪强等. 多孔吸声材料的研究进展及发展趋势［J］. 材料导报，2012，26（19）：303-306.

[45]　李艳芳. 建国初期办公建筑的适应性改造研究［D］. 天津：天津大学硕士论文，2009.

[46]　华雪. 公共建筑的无障碍设计研究［D］. 中南大学，2010.

[47]　中华人民共和国住房和城乡建设部. 无障碍设计规范 GB 50763—2012［S］. 北京：中国建筑工业出版社，2012.

[48]　林宪德. 建筑风土与建筑节能设计，亚热带气候的建筑外壳节能设计. 詹氏书局，1997.10.

[49]　Baruch Crivoni. Effectiveness of mass and night ventilation in lowering the indoor daytime temperatures. Part I. 1993 experimental periods. Energy and Buildings. 1998. 28：25-32.

[50]　Halperin H R, Guerci A D, Chandra N, et al. Vest inflation without simultaneous ventilation during cardiac arrest in dogs：improved survival from prolonged cardiopulmonary resuscitation［J］. Circulation，1986，74（6）：1407-1415.

[51]　Melaragno M. Wind in architectural and environmental design［J］. 1982.

[52]　Stathopoulos T, Chiovitti D, Dodaro L. Wind shielding effects of trees on low buildings［J］. Building and Environment，1994，29（2）：141-150.

第3章 围护结构

围护结构（building envelope）是指围合建筑空间四周的墙体、门、窗等，形成建筑空间，抵御环境不利影响。围护结构一般应单独或共同具有保温、隔热、采光、通风、隔声、防水、防潮等功能。根据在建筑物中的位置，围护结构分为外围护结构和内围护结构。外围护结构包括外墙、屋顶、墙面门窗（含玻璃幕墙）、天窗等，用以抵御风雨、温度变化、太阳辐射等，内围护结构含隔墙、楼（地）面和内门窗等，起分隔室内空间的作用。

既有办公建筑面广量大，建设时间自民国以来各个年代都有。随着建筑使用时间的增加，围护结构和构件老化、热工性能差、外观陈旧，导致建筑存在着室内热环境较差、采暖空调能耗较高的现象，部分还存在着渗漏、通风和隔声差等问题，难以满足现代办公的功能要求，并影响正常使用。特别是随着建筑节能标准要求的提高，目前尚在使用的大部分既有办公建筑已属不节能建筑，都应逐步列为改造对象。而围护结构改造也正是既有办公建筑绿色改造的重要内容之一。

围护结构改造的目的主要是改善保温、隔热、隔声、防水等性能，获得更好的室内声、光、热环境或（和）装饰效果，内围护结构如隔墙、楼面的改造还涉及室内空间的调整。一般情况下，围护结构节能改造除了改善保温、隔热等性能外，也兼顾了隔声、防水等方面的功能提升。

围护结构改造主要包括墙体改造、屋面改造、楼（地）面改造、门窗（幕墙）改造、遮阳系统改造等。

与新建建筑相比，实施既有建筑围护结构改造的难度和复杂程度都远远超过新建建筑围护结构保温工程。改造前必须针对不同工程特点和要求，具体问题具体分析，在诊断调查的基础上，提出适宜的改造方案和技术，这一点对于保障改造工程的实施和改造效果至关重要。节能改造工程应进行合理的设计和正确选择节能体系，充分考虑建筑外立面的建筑装饰效果，并尽量满足墙体保温、隔热、防水和装饰等各方面的功能。

根据《公共建筑节能改造技术规范》JGJ 176—2009 等标准的要求，办公建筑围护结构节能改造应遵循以下的一般规定：

1. 外围护结构进行节能改造后，所改造部位的热工性能应有较大的提升，尽可能满足现行国家标准《公共建筑节能设计标准》GB 50189 的规定性指标限值的要求。

2. 对围护结构进行节能改造时，应对原结构的安全性进行复核、验算；改造中不宜破坏原有的结构体系，不宜增加墙体和屋面的荷载；当结构安全不能满足节能改造要求时，应采取结构加固措施。

3. 外围护结构进行节能改造所采用的保温材料和建筑构造的防火性能应符合现行国家标准《建筑设计防火规范》GB 50016 等标准的规定。

4. 在对围护结构进行改造前应进行勘查，勘查资料应包括房屋地形图、设计图纸、房屋装修改造资料、历年修缮资料及其他必要的资料。查勘内容包括荷载及使用条件的变化、重要结构构件的安全性评价，地面受到冻害、析盐、侵蚀损坏及结露情况，屋顶及墙面裂缝、渗漏状况，门窗翘曲变形等状况。

5. 围护结构节能改造应根据建筑自身特点，确定采用的构造形式以及相应的改造技术。保温、隔热、防水、装饰改造应同时进行。对原有外立面的建筑造型、凸窗等应有相应的保温隔热改造技术措施。

6. 外围护结构节能改造过程中，应通过传热计算分析，对热桥部位采取合理措施。

7. 外围护结构改造施工应符合相关的技术标准、规范的要求，改造施工验收应符合现行国家标准《建筑节能工程施工质量验收规范》GB 50411 的规定。

本章包括外墙节能改造、屋面改造、楼（地）面改造、外门窗及幕墙改造、遮阳改造等，介绍既有办公建筑围护结构绿色化改造的适用性技术、应用要点和工程案例。

3.1　外墙节能改造

外墙是建筑外围护结构重要的组成部分。外墙具有阻止雨水、雪水、风侵入室内的基本功能，并具有防寒御暑等作用。外墙保温隔热能够减小由于室内外温差引起的热传递损耗，从而减少为维护室内正常的热环境所需要的暖通空调等能耗。办公建筑外围护结构中外墙所占能耗份额一般是最大的，所以，墙体节能改造是绿色化改造中的一个重要环节。

外墙节能改造技术主要包括保温和隔热技术。尽管外墙保温在夏季也起隔热的效果；但对于夏季气候炎热地区除了采取保温技术外，往往还单独采取隔热措施。

外墙保温技术包括外墙内保温、外墙外保温、外墙自保温（含夹芯保温）几种。对于既有办公建筑的外墙，改造时一般基层墙体仍然保留，不作拆除，故改造时一般采用外墙内保温和外墙外保温技术。2 种保温墙体的技术特点比较见表 3.1。

外墙内保温、外墙外保温技术特点比较　　　　　表 3.1

类型	典型构造（由外至内）	主要优点	主要缺点
外墙内保温	结构层＋保温层＋面层＋内饰面层	1. 对饰面和保温材料的防水和耐候性等要求不高； 2. 施工简便； 3. 施工不受气候影响； 4. 造价相对较低	1. 难以避免热桥，保温性能削弱；保温层效率较低，一般 30%～40%； 2. 热桥部位内表面易产生结露、潮湿甚至霉变现象； 3. 减少了室内使用面积； 4. 不便于用户二次装修和墙上吊挂饰物； 5. 寒冷地区基墙和保温层交界面易出现水蒸气冷凝
外墙外保温	1. 现场施工：饰面层（涂料饰面、面砖饰面、干挂饰面等）＋抹面层（抹面砂浆压入玻纤网格布或热镀锌电焊钢丝网）＋保温层＋结构层 2. 保温装饰板（含面板、保温板、连接件），采用粘贴、锚固结合或锚挂结合的方法固定在结构层上	1. 基本可消除热桥，保温性能好；保温层效率较高，一般 85%～95%； 2. 墙体内表面不产生结露； 3. 有利于提高墙体的防水性和气密性； 4. 便于既有建筑物节能改造，不影响室内生活； 5. 避免室内二次装饰对保温层的破坏； 6. 不占室内使用面积	1. 冬季、雨季施工受限制； 2. 饰面层（干挂饰面除外）、抹面层易发生开裂等质量通病； 3. 造价相对较高

如表 3.1 所述，外保温和内保温的技术优缺点明确，实施改造工程时，必须针对不同工程特点和要求，提出适宜的改造方案和技术。节能改造工程应优先选用对居民干扰小、工期短、对环境污染小、安装工艺便捷的围护结构改造技术，尽量减少或避免湿作业施工。

当基墙墙面不满足性能指标要求时，应对基墙墙面进行处理。保证保温系统与基层有可靠的结合，即保温材料与墙身的连接、黏结剂的强度、所采用的黏结砂浆应符合相应标准要求；如采用锚栓锚固时，应根据锚固要求和基层的情况选定合适的锚栓型号和规格，锚栓的固定深度和锚固距应符合产品说明和设计的规定。基层结合因素复杂的工程，应在与既有建筑墙体结合力试验验收合格的基层上制作从结合层、保温层到防护层、装饰层的样板。

根据国外经验，节能部品的工厂预制化和专业化施工是保障建筑节能效果实施的一项重要手段，这些同样在既有办公建筑改造设计建造中也非常重要。尽管很多细节的效果在节能计算中没有具体体现，但在实际工程中，这些细节的处理很大程度上提高了建筑节能措施整体效果。对连接缝（结构缝、几何缝、固定缝、保温缝和密封缝）根据前面的节能设计方法和原则，进行专业设计和施工，既避免了建筑构件受损，又能保温系统节能性和耐久性。

3.1.1 外墙外保温技术

3.1.1.1 技术概述

1. 外墙外保温系统类型

外墙外保温系统是指在外墙的外侧涂抹、喷涂、粘贴或（和）锚固保温材料的墙体保温形式。外保温基本可消除热桥，整体保温性能好，墙体内表面不产生结露，施工时不影响室内正常使用，因此，节能改造时常常优先采用，特别是对于外立面需要翻新的既有建筑。

既有办公建筑属公共建筑，除某些特殊建筑（如历史文物保护建筑）外，外墙改造时一般将节能改造和外立面翻新结合在一起。随着建筑师对建筑外观形式要求的提高以及经济的发展，办公建筑的外装饰装修也越来越高档化、多样化，由通常的面砖、普通涂料饰面为主发展了石材、铝塑板幕墙、氟碳漆、真石漆饰面等不同形式。外保温系统的选择要根据建筑物的特点及装饰情况来定，按照系统外饰面的不同分为薄抹灰外保温系统、保温装饰一体化板保温系统及不透明幕墙外保温系统。

（1）薄抹灰外保温系统

对外饰面要求不高的既有建筑，通常采用薄抹灰外保温系统。即保温板或保温浆料外做抗裂薄抹面层，抹面层中铺玻纤网格布等增强网，辅以锚固件锚固，外做涂料、装饰砂浆、轻质面砖等饰面。为了加强外墙的防水性能，找平层外侧宜采用聚合物水泥防水砂浆或普通防水砂浆做防水层。保温浆料类材料包括胶粉聚苯颗粒保温浆料、无机轻集料保温砂浆等。保温板包括有机材料和无机材料保温板。几种薄抹灰外墙外保温类型的典型做法和特点见表 3.2。

几种薄抹灰外墙外保温类型的典型做法和特点　　　　表 3.2

类型	典型做法	常用保温材料	特点
保温砂浆外保温系统	保温砂浆经现场拌和后喷涂或涂抹在基层上形成保温层,再做抗裂薄抹面层,抹面层中铺玻纤网格布等,外做饰面层	胶粉聚苯颗粒保温浆料、无机轻集料保温砂浆	造价低、施工便捷,保温效果一般,质量不易控制
粘贴保温板(薄抹灰)外保温系统	将保温板用胶粘剂和铆钉粘贴锚固在基层上,再在保温板外做抗裂薄抹面层,抹面层中铺玻纤网格布等,辅以锚栓锚固,外做饰面层	有机材料:模塑聚苯板(EPS)、挤塑聚苯板(XPS)、聚氨酯(PU)、酚醛树脂(PF)等 无机材料:岩棉板(带)、发泡水泥板、发泡陶瓷保温板等	造价适中、施工相对复杂,保温效果较好
喷涂聚氨酯保温系统	将聚氨酯喷涂在基层墙体上,外侧做抗裂薄抹面层,抹面层中铺玻纤网格布等,辅以锚栓锚固,外做饰面层	硬泡聚氨酯	造价适中、施工有一定难度,保温效果较好

　　常用的有机材料的外墙外保温系统在国内应用已有十多年的历史,技术比较成熟,具体做法可参照《外墙外保温工程技术规程》JGJ 144 等相关标准。

　　以 EPS 板薄抹灰外墙外保温系统为例,常见构造如图 3.1、图 3.2 所示。

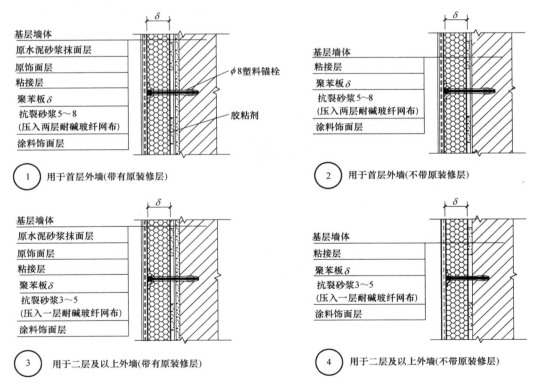

图 3.1　EPS 板薄抹灰外墙外保温系统构造

　　(2) 保温装饰(一体化)板保温系统

　　为满足更高的装饰要求,外墙改造可采用保温装饰(一体化)板。保温装饰板是将保温板、增强板、表面装饰材料、锚固结构件等以一定的方式在工厂按一定模数生产出成品

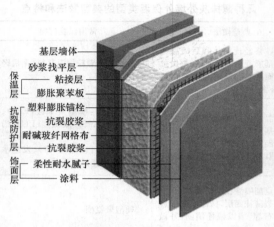

图 3.2　EPS 板外墙外保温系统构造三维图

的集保温、装饰一体的复合板，构造如图 3.3 所示。目前保温板一般采用岩棉带、发泡陶瓷保温板等 A 级不燃材料或 B1 级聚氨酯板、酚醛树脂板等。面层一般采用无机板材（硅钙板、水泥增强板等）或金属板材。表面装饰材料可采用氟碳色漆、氟碳金属漆、仿石漆等，或直接采用铝塑板、铝板做装饰面板。保温装饰板将常规外墙改造的工地现场作业大部分变为工厂化流水线作业，从而使系统质量更加稳定和可靠，现场工作量大大减少，施工方便快捷。为了加强外墙的防水性能，找平层外侧宜采用聚合物水泥防水砂浆或普通防水砂浆做防水层。保温装饰一体化板外饰面可达到类似幕墙的外观效果，如图 3.4 所示。

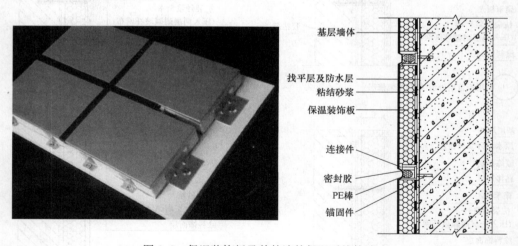

图 3.3　保温装饰板及其外墙外保温系统构造

（3）不透明幕墙外保温系统

对于更高装饰要求的办公建筑，外墙改造常常采用不透明幕墙的做法，不透明幕墙与基层墙体间设置保温材料，构造如图 3.5 所示。为了加强外墙的防水性能，找平层外侧宜采用聚合物水泥防水砂浆、普通防水砂浆或聚合物水泥防水涂料、聚合物乳液防水涂料、聚氨酯防水涂料做防水层。当保温材料为岩棉类材料时，保温层外侧宜采用防水透气膜做防水层。幕墙板与保温材料间常常有空气层空隙，可设置为通风层，可利用空气流动带走

图 3.4　保温装饰板外墙立面效果

空气层中的热量，减弱太阳辐射对墙体的影响，降低墙体的内表面温度。但空气层对保温材料的防火极为不利，当保温材料起火时，空气层导致的烟囱效应将加速火焰的蔓延，故保温材料应选择不燃的材料，如岩棉、玻璃棉、发泡陶瓷保温板等。

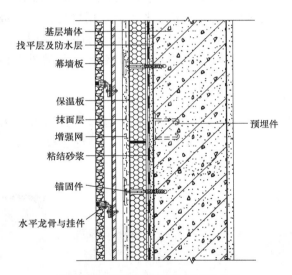

图 3.5　不透明幕墙外保温系统构造

2. 常见保温材料及配套材料

（1）有机保温材料

有机保温材料主要包括模塑聚苯乙烯泡沫板（EPS）、挤塑聚苯乙烯泡沫板（XPS）、聚氨酯硬泡保温板（PU）、酚醛树脂板（PF）等。有机材料质量轻，保温性能好，价格较低廉，在外墙外保温工程中广为应用。其中 EPS 板外保温系统最先从欧洲兴起，再传入我国，发展时间长，技术最为成熟，应用最广；XPS 板与 EPS 板相似，但成型工艺不同，性能也有所不同；PU 板保温性能优异，属于热固性材料，遇火碳化，离火自熄，近年来相关技术已趋于成熟；PF 板较前几种相比防火性能更好，但尺寸稳定性稍差，易粉化，使用应慎重。常见的有机保温材料的主要性能如表3.3所示。

几种常用的保温材料主要性能　　　　　　表3.3

指标项目 \ 材料名称	模塑聚苯板（EPS板）	硬质聚氨酯（PU）	挤塑聚苯板（XPS板）	酚醛树脂板（PF板）
表观密度，kg/m³	18～22	25～45	25～35	50～60
压缩强度，MPa	≥0.10	≥0.15	≥0.15	≥0.10
抗拉强度，MPa	≥0.10	≥0.20	≥0.25	≥0.10
水蒸气透湿系数，Ng/Pa·m·s	≤4.5	≤5.0	≤3.5	2.0～8.0
尺寸稳定性，%	≤0.5	≤5(70℃ 48h)	≤0.3	≤1.0
线性收缩率，%				≤0.3
吸水率，%(v/v)	≤4.0	≤3.0	≤3.0	≤6.0
软化系数	—	—	—	≥0.80
燃烧性能	B2～B1	B2～B1	B2～B1	B1
导热系数，W/(m·K)	≤0.041	≤0.024	≤0.030	≤0.035

需要指出的是：常规的 EPS 板、XPS 板、PU 等材料燃烧性能一般为 B2 级。近年来有机保温材料的外墙外保温系统火灾屡屡发生，给人民群众生命财产安全造成损失。为满足《建筑设计防火规范》等防火要求，近年来要求采用燃烧性能等级更高的（B1 级）经过改性的 EPS 板、XPS 板、PU 板等材料，并严格设置防火隔离带等构造，限制使用高度等。人流密集、人员活动频繁的重要办公等公共建筑，外墙外保温系统还应采用 A 级不燃的保温材料。

（2）无机保温材料

A 级不燃材料一般为无机保温材料，包括发泡陶瓷保温板（图 3.6）、发泡水泥板（图 3.7）、岩棉板（图 3.8）、玻璃棉、泡沫玻璃、真空绝热板、无机轻集料保温砂浆等保温材料。

图 3.6　发泡陶瓷保温板　　　　　图 3.7　发泡水泥板　　　　　图 3.8　岩棉板

1）发泡陶瓷保温板

是采用陶瓷陶土尾矿、陶瓷碎片、淤泥等作为主要原料经 1100℃ 左右高温焙烧、自然熔融发泡而成的高气孔率均匀闭孔材料。常温下基本无收缩变形，系统具有防火、抗裂、防渗、与建筑同寿命、施工便捷等优点，基本能消除开裂、渗漏等质量通病，但导热系数在 0.055~0.08W/(m·K) 之间，在保温要求不高的地区值得推广。

2）发泡水泥板

耐高温、耐候、不燃，价格低，导热系数在 0.06~0.08W/(m·K) 之间，可用于保温要求不高的夏热地区办公建筑节能改造中。该材料强度较低，易开裂、折断，吸水率较大，使用应慎重，应保证软化系数不至于过低，系统最外层的防水构造要加强。

3）岩棉板

保温性能较好，导热系数一般小于 0.04W/(m·K)，在国外也应用普遍，但材料结构较松软，吸湿吸水，垂直于板面的抗拉强度较低，用于薄抹灰外保温系统应慎重，应进行合理的设计，加强外抹面层的抗裂和防水，并严格控制施工质量。作为保温材料用于不透明幕墙中是较好的选择，利用幕墙系统良好的防水、防潮和密闭等功能对岩棉进行防护。因此，办公建筑改造中，要优先选择和幕墙系统配套使用。

4）玻璃棉

与岩棉板相似，保温性能较好，但其结构更加松软，不适合用于薄抹灰外保温系统，可用于不透明幕墙中。

5）泡沫玻璃

是采用石英石等作为主要原料高温焙烧、自然熔融发泡而成的高气孔率均匀闭孔材料，性能与发泡陶瓷保温板相似，但其为玻璃体，呈酸性，易与碱性材料（混凝土、砂浆等）发生化学反应，故不适合用于薄抹灰外保温系统。

6）真空绝热板

是由填充芯材与真空保护表层复合，经抽真空而成的高效绝热材料，它有效地避免空气对流引起的热传递，导热系数极低，最低可达 0.003~0.004W/(m·K)。由于其优越的保温性能和不燃性近几年来在我国得到发展，但该板材属于真空绝热，易损、易破、易发生漏气致性能失效，故不适合用于薄抹灰外保温系统，可用于不透明幕墙中。

7）无机轻集料保温砂浆

是指采用具有绝热保温性能的低密度多孔无机颗粒（如玻化微珠等）为轻质骨料、短纤维、胶凝材料及其他多元复合外加剂，按一定比例经相关工艺制成的保温材料，可以直接涂抹于墙体表面。导热系数在 0.07W/(m·K) 左右，吸水率较大，应用时，要注意地域性（不适合北方）和防水性，即适合于夏热冬冷和夏热冬暖地区。

（3）有机—无机复合保温材料

为提高有机保温材料的燃烧性能，常常将有机保温材料和无机材料复合，利用有机材料的低导热性和无机材料良好的防火性，制成有机—无机复合保温材料。比较典型的就是胶粉聚苯颗粒保温浆料及保温板，材料导热系数在在 0.06~0.08W/(m·K) 之间，可用于保温性能要求不太高的地区的办公建筑。

此外，随着防火要求的提高，其他一些有机和无机复合的材料也开始发展，主要有聚氨酯硬泡与玻化微珠的复合、聚氨酯硬泡与泡沫混凝土的复合、无机不燃材料和聚苯乙烯的复合等，这些材料充分利用有机保温材料的保温性能和防水性能，以及无机保温材料防火特性和成本低廉的特点，但目前这些复合材料尚处于试用阶段，还未大面积推广。

（4）配套材料

外保温材料一般采用专用胶粘剂与基层墙体黏结，并用锚固件辅助机械固定。根据 JGJ 144《外墙外保温工程技术规程》的规定，外墙外保温系统应具有抵抗正常变形、风荷载、室外气候的长期反复作用、抗裂防渗、耐久性、物理、化学稳定性、一定的防腐性等功能，除了保温材料本身，其他的组成材料如胶粘剂、抹面抗裂砂浆等也很重要，各种材料之间应彼此相容。一般对胶粘剂、界面剂及抹面抗裂砂浆的性能作了规定，见表 3.4。

胶粘剂、界面剂及抹面抗裂砂浆的性能　　　　　　表 3.4

指标　　项目		胶粘剂	界面剂	抹面抗裂砂浆
拉伸黏结强度，MPa（与保温板）	常温常态	≥0.10	≥0.10	≥0.10
	耐水	≥0.10	≥0.10	≥0.10
	耐冻融	—	—	≥0.10
拉伸黏结强度，MPa（与水泥砂浆）	常温常态	≥0.60	≥0.70	—
	耐水	≥0.40	≥0.50	—
柔韧性	抗压强度/抗折强度（水泥基）	—	—	≤3.0
可操作时间，h		1.5～4.0		1.5～4.0

3.1.1.2　应用要点

1. 改造一般要求

根据《公共建筑节能改造技术规范》JGJ 176—2009 等标准的要求，办公建筑围护结构采用外墙外保温技术进行节能改造应遵循以下一般规定：

（1）外墙采用可黏结工艺的外保温改造方案时，应检查基墙墙面的性能，并应满足表 3.5 的要求。

基墙墙面性能指标要求　　　　　　表 3.5

基墙墙面性能指标	要求
外表面的风化程度	无风化、酥松、开裂、脱落等
外表面的平整度偏差	±4mm 以内
外表面的污染度	无积灰、泥土、油污、霉斑等附着物，钢筋无锈蚀
外表面的裂缝	无结构性和非结构性裂缝
饰面砖的空鼓率	≤10%
饰面砖的破损率	≤30%
饰面砖的黏结强度	≥0.1MPa

（2）当基墙墙面性能指标不满足表 3.5 的要求时，应对基墙墙面进行处理，并可采用下列处理措施：

1）对裂缝、渗漏、冻害、析盐、侵蚀所产生的损坏进行修复；

2）对墙面缺损、孔洞应填补密实，损坏的砖或砌块应进行更换；

3）对表面油迹、疏松的砂浆进行清理；

4）外墙饰面砖应根据实际情况全部或部分剔除，也可采用界面剂处理。

（3）外墙外保温系统与基层应有可靠的结合，保温系统与墙身的连接、黏结强度应符合现行行业标准《外墙外保温工程技术规程》JGJ 144 的要求。

（4）对于室内散湿量大的场所，还应进行围护结构内部冷凝受潮验算，并应按照现行国家标准《民用建筑热工设计规范》GB 50176 的规定采取防潮措施。

（5）非透明幕墙改造时，保温系统安装应牢固、不松脱。幕墙支承结构的抗震和抗风压性能等应符合现行行业标准《金属与石材幕墙工程技术规范》JGJ 133 的规定。

（6）非透明幕墙构造缝、沉降缝以及幕墙周边与墙体接缝处等热桥部位应进行保温处理。

（7）非透明围护结构节能改造采用石材、人造板材幕墙和金属板幕墙时，除应满足现行国家标准《建筑幕墙》GB/T 21086 和现行行业标准《金属与石材幕墙工程技术规范》JGJ 133 的规定外，尚应满足下列规定：

1）面板材料应满足国家有关产品标准的规定，石材面板宜选用花岗石，可选用大理石、洞石和砂岩等，当石材弯曲强度标准值小于 8.0MPa 时，应采取附加构造措施保证面板的可靠性；

2）在严寒和寒冷地区，石材面板的抗冻系数不应小于 0.8；

3）当幕墙为开放式结构形式时，保温层与主体结构间不宜留有空气层，且宜在保温层和石材面板间进行防水隔汽处理；

4）后置埋件应满足承载力设计要求，并应符合现行行业标准《混凝土结构后锚固技术规程》JGJ 145 的规定。

（8）采用薄抹灰外墙外保温系统进行办公建筑外墙节能改造时，高度不宜超过 100m，当超过 100m 时，应进行抗风等专项工程设计。

（9）设计尚应按以下要求进行：

1）应根据原有墙体材料、构造、厚度、饰面做法及剥蚀程度等情况，按照现行建筑节能标准的要求，确定外墙保温构造做法和保温层厚度。

2）外保温系统保温层与原基层墙体应采用黏锚结合（黏结为主、锚固为辅）的连接方式，并根据墙体基面黏结力的实测结果计算确定黏结面积和锚栓数量，以确保安全可靠。

3）为减少热桥影响，应优先采用断桥锚栓。

4）首层外保温抹面层应采用双层增强网加强做法，防止外力撞击引起破坏。

5）墙面保温层勒脚部位应采取可靠的防水及防潮措施。

6）外墙外露（出挑）构件及附墙部件应有防止和减少热桥的保温措施，其内表面温度不应低于室内空气露点温度。

2. 设计要点

（1）薄抹灰外保温系统

这里主要介绍外墙外保温的防火设计与防水设计要点。

1）外墙外保温的防火设计要点

对有机材料的外墙外保温系统，应严格设置防火隔离带。防火隔离带按水平方向分布，采用 A 级不燃保温材料以阻止火灾沿外墙面或在外墙外保温系统内蔓延。防火隔离带基本构造如图 3.9 所示。

防火隔离带宽度不应小于 300mm，厚度应与外墙外保温系统厚度相同，与基层墙体全面积粘贴。防火隔离带保温板应使用锚栓辅助联结，锚栓应压住底层网格布，防火隔离带部位应加铺玻纤网格布。当防火隔离带在窗口上沿时，如果窗框外表面缩进基墙外表面，窗洞口顶部外露部分也应设置防火隔离带，防火隔离带保温板宽度不小于 300mm，见图 3.10。防火隔离带应设置在门窗洞口上部，应按《民用建筑热工设计规范》GB 50176 进行防潮、防结露验算。

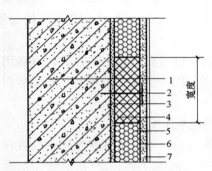

图 3.9　防火隔离带基本构造
1—墙体基层；2—锚栓；3—胶粘剂；
4—防火隔离带保温板；5—外保温系
统的保温材料；6—抹面胶浆＋玻纤网
格布；7—饰面层

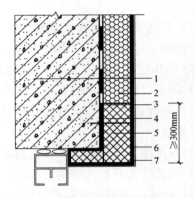

图 3.10　窗口上部防火隔离带做法
1—墙体基层；2—外保温系统的保温材料；
3—胶粘剂；4—防火隔离带保温板；5—锚栓；
6—抹面胶浆＋玻纤网格布；7—饰面层

2）外墙外保温的防水设计

做好外墙外保温工程的密封和防水构造设计，确保水不会渗入保温层及基层，重要部位应有详图。对于吸水率较大的无机保温材料外保温特别是岩棉等材料而言，勒脚部位、外挑空调板、雨棚等易积水的部位易受雨水、空调冷凝水、屋顶排水的浸泡，对岩棉板的性能影响较大，严重时会导致保温板失效、脱落，故底部第一排岩棉板的下侧板端与散水不小于 300mm 的间距，采用其他防水性能好、吸水率较低的保温材料进行保温处理。

勒脚部位还要防止建筑物的沉降对系统造成破坏，当地下室外墙无保温要求或不会产生热桥时，保温系统与散水的间距应不小于 150mm。勒角底部应安装角钢托架，且托架应经防腐处理，如图 3.11。

门窗的外侧洞口周边的墙面是外墙外保温主要的热桥部位，为减少附加热损失，对该部位实施保温十分必要。但基于门窗框的局限，洞口周边墙面部位的保温层不可能太厚，且因面积较小，采用岩棉板施工不便，且不利于防水，可采用其他防水性能好的保温材料满粘的做法。另外，为防止外保温系统与门窗边缘接口部位因密封不严密导致渗水，接口部位应采用防水砂浆和密封胶做好密封与防水，如图 3.12。

另外，外墙外保温对女儿墙部位的构造做法与要求。女儿墙顶面和内侧面是防水的薄弱环节，应采用防水性能好的保温材料进行保温处理；另外，金属盖板是简单有效防水措施。

另外，国外有很多配套产品，例如滴水线条、护角线条、门窗连接线条、专用窗台板

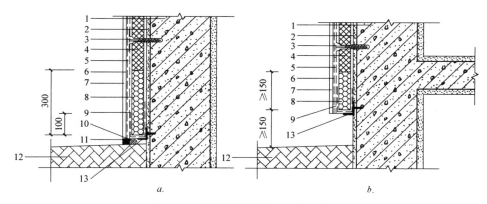

图 3.11 勒脚部位保温系统构造做法

1—基层墙体（含找平层）；2—粘贴层；3—锚固件；4—岩棉保温板；5—第一层抹面砂浆

（压入增强网）；6—第二层抹面砂浆（压入增强网）；7—外饰面层；8—其他保温材料；

9—增强网；10—聚乙烯泡沫塑料棒；11—密封膏；12—散水；13—底座托架

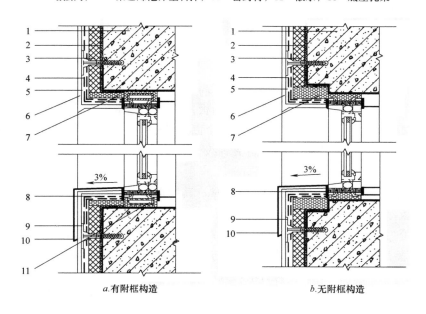

a.有附框构造 b.无附框构造

图 3.12 建筑门窗细部构造

1—基层墙体（含找平层）；2—粘贴层；3—岩棉保温板；4—增强网；

5—抹面砂浆层；6—外饰面层；7—防水保温材料；8—密封膏；

9—锚固件；10—铝合金窗台盖板或其他金属盖板；11—窗户的附框

等，所用的配件尺寸和数量不大，但对整个墙体保温体系的性能、施工效率提高都非常有帮助，这种专业化配套、专业化施工的方式在既有办公建筑围护结构改造设计中也很值得学习借鉴。

（2）保温装饰板系统

典型的装饰保温板设计要点：

1）保温板应采用以粘为主、粘锚结合方式固定在基层墙体上，并应采用嵌缝材料封填板缝。

2）使用高度应以实测抗风压值进行设计计算，并应进行专项设计，其安全性与耐久性应符合设计要求；对于有机板，锚固件应固定在复合板的装饰面板或者装饰面板的副框上。

3）单板面积不宜大于 $1m^2$，有机保温板的装饰面板厚度不宜小于 5mm，石材面板厚度不宜大于 10mm；板缝隙不宜超过 15mm，且板缝应使用弹性背衬材料进行填充，并采用硅酮密封胶或柔性勾缝腻子嵌缝。

4）锚固件数量应根据不同基层墙体的锚固件抗拉承载力标准值、所在地建筑围护结构的风荷载标设计值确定。锚固件锚入空心砌块、多孔砖等砌体应采用回拧打结型锚固件。

5）门窗外侧洞口四周墙体，复合板的保温层厚度一般不小于 20mm；板间接缝距洞口四角距离不得小于 200mm；板与门窗框之间宜留 6～10mm 的缝，并应使用弹性背衬材料进行填充和采用硅酮密封胶或柔性勾缝腻子嵌缝。

6）变形缝处应填充泡沫塑料，填塞深度应大于缝宽的 3 倍；应采用金属盖缝板，宜采用铝板或不锈钢板，对变形缝进行封盖。安装缝应使用弹性背衬材料进行填充，并采用硅酮密封胶或柔性勾缝腻子嵌缝。

7）当需设置防火隔离带时，防火隔离带高度方向尺寸不应小于 300mm；防火隔离带应采用保温材料燃烧性能为 A 级的保温装饰板，防火隔离带厚度应与保温系统的厚度相同；防火隔离带处保温装饰板应与基层墙体全面积粘贴，并辅以锚固件连接；防火隔离带采用的保温装饰板的竖向板缝宜采用防火等级为 A 级的材料填缝。

（3）非透明幕墙系统

1）当保温板用于非透明幕墙的保温层时，其构造由基层墙体、界面层、找平层、黏结层、保温板保温层、防水透气层和幕墙板饰面层构成，抹面胶浆中宜内置玻璃纤维网布，饰面层可为各类幕墙装饰板。其中的粘贴工艺与薄抹灰系统相似。

2）具有空腔构造的非透明幕墙，幕墙与基层墙体、窗间墙、窗槛墙及裙墙之间的空间，应在每层楼板处采用不燃材料封堵，且应绕建筑物一周封闭成环。

3）非透明幕墙的构造设计，应符合国家现行标准《玻璃幕墙工程技术规范》JGJ 102 或《金属与石材幕墙工程技术规范》JGJ 133 的有关规定。

3. 改造后评价

外墙节能改造主要是采取措施增强其保温、隔热性能。节能改造效果主要表现在改造后外墙热工性能的提升和室内舒适度的提高，需要衡量的指标包括保温性能、隔热性能和热工缺陷等。一般需要进行现场检测。检测的指标主要包括外墙的传热系数、热桥部位内表面温度和隔热性能、热工缺陷和室内外温度，检测方法参照《公共建筑节能检测标准》JGJ/T 177 进行。

改造后外墙的传热系数的检测通常采用热流计法进行，当采用的外保温材料层热阻不小于 $1.2m^2 \cdot K/W$ 时，宜采用同条件试样法，即在现场制作与外墙保温系统同样构造的试样，同条件养护好后，送实验室检测，测量方法主要为《绝热稳态传热性质的测定标定和防护热箱法》GB/T 13475。

改造后外墙热桥部位内表面温度和隔热性能、热工缺陷，可参照《居住建筑节能检测标准》JGJ/T 132 进行检测。

当检测得到的外墙热工性能指标满足设计要求时，可认为外墙改造效果达到了预定的目标。

3.1.2 外墙内保温技术

3.1.2.1 技术概述

外墙内保温是将保温材料置于外墙的内侧的墙体保温形式。保温材料可以是玻璃棉、聚氨酯或无机轻集料保温砂浆等。外墙内保温系统具有对饰面和保温材料耐候性要求较低、施工简便、造价相对较低等优点，在我国推广建筑节能初期曾经大量应用。采用玻璃棉、聚氨酯时面层应采用石膏板、GRC 轻板等做防护。采用内保温砂浆（石膏基保温砂浆、水泥基无机保温砂浆等）做法相对简单，做法见图 3.13，一度被大量采用。为防止

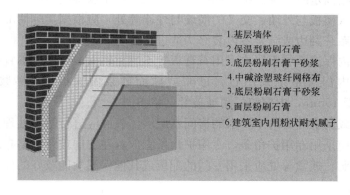

图 3.13　采用石膏保温砂浆内保温系统做法

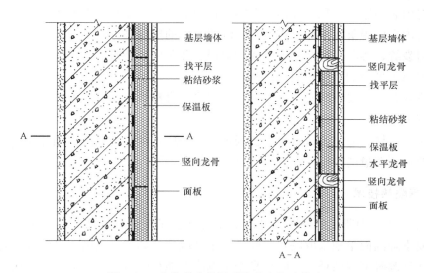

图 3.14　有龙骨内保温系统基本构造做法

81

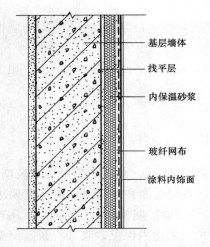

图 3.15 无龙骨内保温系统基本构造做法

二次装修的破坏，外墙内保温宜用于精装修房；另外，外墙内保温施工会影响办公，因此应尽量用于有室内装修改造要求的办公楼。

内保温系统可采用两种做法，有龙骨内保温系统基本构造见图 3.14，无龙骨内保温系统基本构造见图 3.15。

3.1.2.2 应用要点

1. 外墙内保温设计要点

既有办公建筑采用外墙内保温节能改造时，对原墙面的处理同样是必要步骤之一，不仅要修复墙面，而且墙面上松动的物质也应清除。既有建筑原抹灰砂浆如与基层结合牢固，可以考虑不予剔除，减少剔除带来的环境危害。

（1）采用黏结固定时，保温板与基层粘贴面积不小于保温板面积的 40%。

（2）热桥处（楼板与外墙、交叉的横墙与外墙等处）应根据实际情况进行热桥保温处理，可采用保温系统翻边或结合室内装修构造进行处理。

（3）有龙骨内保温系统面层应采用石膏板等不燃材料面板，厚度不宜小于 10mm。

（4）无龙骨内保温系统采用石膏砂浆或抹面砂浆做保护层，砂浆厚度不宜小于 10mm，不宜大于 15mm，内配双层耐碱玻纤网格布。

（5）卫生间或厨房等有防水要求的房间基层墙体表面应进行防水处理。

（6）阳角处应采用专用护角条，专用护角条宜放置在二层玻纤网格布之间。

（7）预留孔洞、线盒等处应采用专门的配板或其他保温性能较好的保温板。

2. 基层要求

采用内保温改造施工前，应对墙体内表面进行处理：

（1）对内表面涂层、积灰油污及杂物、粉刷空鼓应刮掉并清理干净；

（2）对内表面脱落、虫蛀、霉烂、受潮所产生的损坏进行修复；

（3）对裂缝、渗漏进行修复，墙面的缺损、孔洞应填补密实；

（4）对原不平整的墙体表面加以修复；

（5）室内各类主要管线安装完成并经试验检测合格后方可进行施工。

3. 改造后评价

与外保温一样，节能改造效果主要表现在改造后外墙热工性能的提升和室内舒适度的提高，需要检测衡量的指标、检测方法也与外保温一致。

3.1.3 外墙隔热技术

3.1.1、3.1.2 中所述的外墙保温技术在夏季也起隔热的效果。夏季气候炎热的地区往往还为夏季降温而单独采取隔热措施，对于外墙也是如此。我国很多地区有夏季空调的需求，为达到改善室内热环境、降低夏季空调降温能耗的目的，围护结构隔热技术的应用极为重要。建筑外墙隔热还可采取热反射涂料、背通风外墙及墙面绿化等技术。

3.1.3.1　技术概述

1. **热反射隔热涂料应用技术**

反射隔热涂料是以合成树脂为基料，填充具有反射性能的填充料（如红外颜料、空心微珠、金属微粒等）及助剂等配置而成，具有较高太阳光反射比和较高半球发射率的功能性涂料。这种涂料在澳大利亚、日本等应用广泛，我国在石油管罐、船舶、车辆等的外防护中有所应用，在建筑节能中的应用是近十年的事。

反射隔热涂料主要性能表现为对辐射换热的影响，即对环境热负荷的辐射分量具有较好的反射作用。由于反射作用的存在，可以反射掉相当部分的太阳辐射热，在夏季起到节约空调能耗的作用。建筑反射隔热涂料一般要求太阳光反射比（白色）不小于 0.80，半球发射率（白色）不小于 0.80。

在太阳辐射下反射隔热涂料能有效降低外表面的温度，从而减少进入室内的热流。如图 3.16 为某建筑外墙隔热涂料与普通涂料的表面温度对比情况，隔热涂层表面温度较普通涂层温度低。

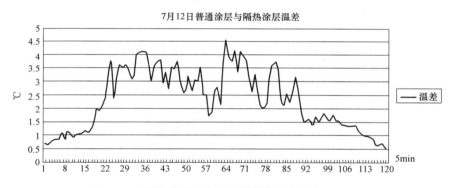

图 3.16　隔热涂料与普通涂料的住宅建筑表面温差

建筑外墙反射隔热涂料既是隔热材料，又是外装饰材料，用于节能改造满足节能的同时还达到外立面翻新的目的。对夏热冬暖地区的大部分砖混结构的既有办公建筑，仅增加反射隔热涂料基本就能满足节能要求，造价低，经济性好，施工便捷。

2. **背通风外墙应用技术**

外墙隔热还常常采用含通风层的外墙，即背通风外墙。通风层中的热空气由于质量更轻，往上通过排风口排出墙体，利用空气流动带走外界热量，可减弱太阳辐射对墙体的影响，大大降低墙体的内外表面温度。背通风外墙一般采用建筑不透明幕墙的做法，基层墙体采用保温性能较好的新型墙体材料（如加气混凝土等），或者在混凝土等保温性能不大好的墙体外侧增加保温材料，如图 3.17 所示。背通风外墙构造相对复杂，造价较高，适用于公共建筑及高度住宅建筑，如南京朗诗国际街区建筑采用了背通风外墙（图 3.18）。

3. **采用外墙绿化的改造**

墙面绿化是指用藤本植物或其他适宜植物来装饰各类建筑物和构筑物立面的一种绿化形式。将适宜的绿色植物种植或攀爬附着在墙面上，形成丰富多彩的绿化墙面，使原本冰冷生硬的建筑立面富有立体感和季相变化，增加绿化面积，美化环境。外墙绿化可减弱太阳辐射对墙体的影响，降低墙体的内表面温度，起到隔热效果，另外还可增加空气湿度、

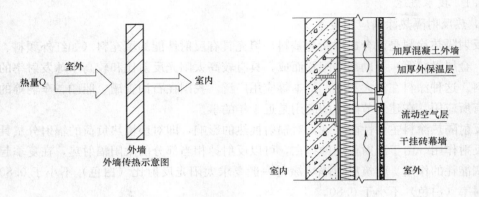

图 3.17 一种背通风外墙的做法

图 3.18 南京朗诗国际街区建筑背通风外墙

滞尘、降低室内温度、改善小气候等。

外墙绿化做法主要有自然攀爬型、容器栽培型、模块化墙体绿化等几种。

（1）自然攀爬型

是攀缘植物自身的勾刺、卷须、吸盘、气生根等将植物依附或悬挂于墙面，枝叶覆盖墙面的绿化形式。一般选用爬山虎、常青藤等喜阳也耐阴的植物，特别是在朝西的一面墙，从楼顶往下挂几十条不易腐蚀的金属丝，让常青藤、爬山虎之类攀缘植物爬上去，既不会影响墙体安全，酷暑又能为居民遮阳降温，吸尘降噪，还可给城市增添风景。攀缘植物绿化墙面在各地均有很多成功的应用案例，是低碳、生态、持久的墙面绿化方式，应大力推广（图 3.19）。缺点：不是所有材质墙面都适合，部分植物对墙面材质寿命有一定影响，植物生长速度慢，种植到成型时间长，植物枝叶生长长度有限。

（2）容器栽培型

是在墙体或者窗台等立面上设置固定槽，放置配套规格的容器，种植植物，也可以和传统辅助型相结合（图 3.20），在容器上加固定网（栅）制作出可移动绿色"屏风"。特点：基质容量大，植物可以旺盛生长，事先预培养，建设速度快，便于更换，日常管理相对成本较低。该绿化方法有诸多优点，是一种值得大力推广墙面绿化方法。

（3）模块装配型

84

图 3.19　南京某医院爬墙虎墙面绿化

图 3.20　容器栽培型与固定网（栅）结合的墙面绿化

　　是由预制好的单元模块，按一定要求拼装组合，并设置灌溉系统。每一个预制种植块可以是独立的、自给自足的植物生长单元，也可以互相联系，形成有机整体。优点是外观优美，单元植物模块可以预培养，节约施工时间，施工便捷，缺点是初装成本较高，但性能可靠的运行系统能节约大量日后维护成本。模块装配型墙面绿化是目前国内外研究最多的技术形式，如图 3.21 所示。

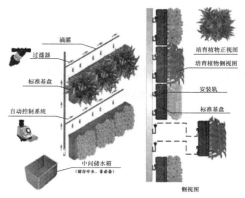

图 3.21　模块装配型墙面绿化

3.1.3.2　应用要点

1. **热反射隔热涂料应用技术要点**

（1）反射隔热涂料对夏热冬暖地区建筑节能效果显著，对夏热冬冷地区建筑节能效果视冬夏季日照量变化，如夏季日照强烈，则效果显著。

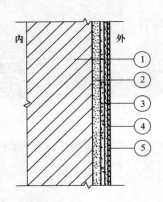

图 3.22　建筑反射隔热涂料系统基本构造
①基层（混凝土墙及各种砌体墙）；②水泥砂浆找平层；
③墙面腻子；④底涂层；⑤建筑反射隔热涂料面漆

（2）建筑反射隔热涂料构造主要由墙面腻子、底涂层、反射隔热涂料面漆层及有关辅助材料组成，见图 3.22。热工计算时，外墙反射隔热涂料的节能效果可采用等效热阻计算值来体现。

（3）反射隔热涂料构造应包覆门窗外侧洞口、女儿墙、凸窗以及封闭阳台等热桥部位。

（4）反射隔热涂料用于隔热保温工程应做好密封和防水构造设计，水平或倾斜的出挑部位以及延伸至地面以下的部位应作防水处理。

（5）反射隔热涂料的抹面层中应设计分格缝。分格缝宜按建筑物立面分层设置，并应作防水处理。

（6）在太阳辐射下反射隔热涂料能的效果表现在内外表面的温度降低上，可通过反射隔热涂料与普通涂料的表面温度对比测试来反映。

2. **背通风墙应用技术要点**

背通风墙中的空气层必须设置能自由开关的通风口，冬天关上，夏天开启，起到隔热措施。空气层的做法有很多，欧洲大量采用预制板外挂法，这种做法可将水蒸气通过空气层排到室外，防止内部结露。实际应用中可采用 GRC 等轻质高强材料，借鉴幕墙板构造做法组成幕墙体系。

3. **外墙绿化技术要点**

（1）自然攀爬型技术要点：

1）种植地、种植槽要有良好的排水性能，栽植地点有效土层下方应无不透气基层，上下应贯通。

2）种植土应为疏松、透气、渗水性好的壤土，应定期添加损耗土壤和有机肥。

3）藤蔓植物除采用乡土植物和引种成功的植物外，要根据墙面的环境来选择耐荫或喜阳植物。

（2）容器栽培型技术要点：

1）宜采用自动水肥管理系统。

2）固定容器的设置应安全、牢固、耐久。

3）容器设置和栽培土壤要符合植物生长要求，通风良好，应有排水措施。

（3）模块装配型技术要点：

　　1）模块材质应坚固、耐用，安装安全、可靠、耐久，符合设计要求，尤其是安装在有一定高度的建筑物外墙模块。

　　2）栽培基质应根据拟用植物种类、地理环境条件、灌溉系统特点等综合分析后加以选择。

　　3）自动化水肥管理控制系统应注意绿墙高度对供水压力的影响和出水量的均衡以及本地区气候对管道影响，设置冬季防冻、雨季防雷等措施。

　　4）影响栽培植物选择的因素有立面光照和风力状况、基质种类和灌溉方式、日后管理条件和景观需要等多种因素。

　　外墙绿化的隔热性能也可通过热桥部位内表面温度、隔热性能、室内外温度的检测来评判。

3.1.4　工程案例

3.1.4.1　扬州市人民大厦外墙节能改造

　　扬州市人民大厦建于 1992 年，框架结构 8 层，局部 9 层，原建筑外墙为黏土空心砖，外墙面积共 5000m²，平均传热系数为 2.10W/(m²·K)。根据实地勘查情况，此建筑物外墙原饰面砖粘接牢固，饰面层基本完整牢固，无明显风化现象，在改造前无须拆除。根据建筑的特点，经论证，外墙节能改造采取喷涂聚氨酯外墙外保温系统，外饰面 2 层以上正立面外饰面为真石漆涂料饰面，背立面为普通涂料饰面，2 层以下为干挂石材幕墙饰面。

　　真石漆及普通涂料饰面的外保温系统由内至外构造为：1. 原外墙瓷砖修补表面；2. 喷涂 30mm 厚聚氨酯硬泡体；3. 专用界面剂；4. 聚合物抗裂砂浆层（内压耐碱玻纤网格布，160g/m²）；5. 抗裂柔性腻子；6. 真石漆及普通涂料饰面。

　　干挂石材幕墙饰面外保温系统由内至外构造为：1. 原外墙瓷砖修补表面；2. 幕墙龙骨；3. 喷涂 30mm 厚聚氨酯硬泡体；4. 聚合物抗裂砂浆层；5. 干挂石材幕墙饰面。

　　该工程节能改造后外墙平均传热系数为 0.61W/(m²·K)，满足《公共建筑节能设计标准》GB 50189 对外墙传热系数的要求。外观效果如图 3.23 所示。

3.1.4.2　江苏建科院科研楼外墙节能改造

　　江苏省建科院科研楼建于 20 世纪 80 年代，为框架结构型式，原围护结构外墙大部分为粉煤灰砖墙或混凝土墙，总面积约 2500m²。考虑到该科研楼原外饰面已年久失修，决定将外墙节能改造结合外立面改造进行。经过比较分析，确定采用 HR 外墙保温装饰板，表面装饰材料为氟碳金属漆，保温层为厚度 25mm 的 XPS 板。

　　HR 外墙保温装饰板是将保温板、增强面板、表面装饰材料、锚固结构件以一定的方式在工厂按一定模数生产出成品的集保温、装饰一体的复合板。保温层采用聚苯乙烯挤塑板（XPS 板），面层采用无机板材，外漆氟碳色漆，可达到装饰幕墙的外观效果。该产品耐久、防火、不易变形，质量稳定可靠。

　　保温装饰板通过粘贴辅以侧边机械锚固现场安装。保温装饰板的板间缝隙，采用发泡聚乙烯棒填充，硅酮耐候密封胶勾缝。保温装饰板安装牢固、可靠，施工方便、快捷，系统安全、耐久、防渗、抗裂。

人民大厦改造前外观　　　　　　　　人民大厦改造后外观

图 3.23　扬州市人民大厦节能改造

改造后的外墙平均传热系数由 2.16 W/(m² · K) 降至 0.83W/(m² · K)，满足《公共建筑节能设计标准》GB 50189 对外墙传热系数的要求。改造后效果如图 3.24 所示。

图 3.24　江苏省建科院科研楼外墙节能改造后外观

3.1.4.3　江苏人大综合楼外墙节能改造

江苏省人大综合楼建于 20 世纪 80 年代，为四层框架结构办公建筑，面积约 7000m²，外墙面积约 2500 m²。原外墙为 240 厚黏土多孔砖外墙，外墙平均传热系数 K 为 1.5W/(m² · K)。该建筑外立面设计与该单位大院中的民国老建筑风格一致，古朴典雅。如图

图 3.25　江苏省人大综合楼外观

3.25 所示。为了保持原有风格，对该综合楼建筑节能改造采用了外墙内保温系统，保温材料采用 50mm 厚的玻璃棉，玻璃棉填嵌在外墙内侧表面的木龙骨间，玻璃棉外侧采用石膏板，外侧为涂料饰面。

外墙经计算隔热性能满足现行国家标准《民用建筑热工设计规范》GB 50176 的内表面温度要求。改造后外墙平均传热系数 K=0.50 W/(m² · K)，满足江苏省《公共建筑节能设计标准》DGJ32/J 96—

88

2010 节能 65％标准的要求。

3.1.4.4 无锡锦江大酒店外墙节能改造

无锡锦江大酒店节能改造采用 A 级不燃材料发泡陶瓷保温板，系统为幕墙外墙外保温系统，该工程外墙为干挂花岗岩石材幕墙系统，防火要求较高。

干挂石材幕墙饰面外保温系统由内至外构造为：1. 原混凝土和砖砌体外墙；2. 幕墙龙骨；3. 粘贴 50mm 厚发泡陶瓷保温板；4. 空气层；5. 干挂石材幕墙饰面。

该工程节能改造后外墙平均传热系数为 0.80W/(m² · K)，满足《公共建筑节能设计标准》GB 50189 对外墙传热系数的要求（图 3.26）。

图 3.26 无锡锦江大酒店改造工程不透明幕墙外保温系统

3.2 屋面改造

既有办公建筑的屋面一般为平屋面，年代较久的建筑屋面一般没有采取足够的保温措施，改造的主要内容为增加保温和防水措施。节能改造主要方式有增加保温层、平屋面改坡屋面和屋顶绿化等方法。平屋面改坡屋面和屋顶绿化等技术可结合屋面防水、排水、装饰、绿化进行。

根据《公共建筑节能改造技术规范》JGJ 176—2009 等标准的要求，公共建筑屋面节能改造时，应根据工程的实际情况选择适当的改造措施，并应符合现行国家标准《屋面工程技术规范》GB 50345 和《屋面工程质量验收规范》GB 50207 的规定。

3.2.1 增加保温层

3.2.1.1 技术概述

屋面按照坡度分为平屋面和坡屋面，其中平屋面一般指坡度小于 10°建筑屋面，坡屋面一般指坡度大于等于 10°且小于 75°的建筑屋面。

平屋面改造从构造上分倒置式保温屋面、正置式保温屋面。

1. 倒置式保温屋面

倒置式保温屋面由下至上一般采用"找坡层—找平层—防水层—结合层—保温层—隔离层（可选）—保护层"的做法，见图 3.27。倒置式保温屋面所用的保温材料要求是吸水率较低（一般不大于 3％）的保温材料，常用的有挤塑聚苯板（XPS）、聚氨酯泡沫塑料板、发泡陶瓷保温板等。

　　倒置式保温屋面的保温层铺置在防水层上面，防水层可得到充分保护，不与外界环境直接接触，受气温变化及外界影响小，可长期避免防水层的变形、开裂等，延长防水层的使用年限。面层受温度变化产生膨胀收缩时，不会受到结构基层的制约，从受力原理上讲可以减少面层开裂。面层一般采用细石混凝土刚性防水层，可以上人，甚至在上面再做屋面绿化。倒置式屋面可以较好地简化屋面构造。此外倒置式屋面基本采用憎水型保温材料，可以大大减少采用非憎水保温材料施工时屋面干燥通风等步骤。在建筑物使用过程中，倒置式屋面在一般检修中也可以起到较少破坏防水层的作用。倒置式屋面近年来在各地的工程中得到了较为广泛的应用，从实际工程情况反馈来看具有较好的效果，应当在可能的情况下优先采用。

　　保温系统主要材料包括保温板、玻纤网格布、黏结剂和聚合物砂浆、专用界面剂等。

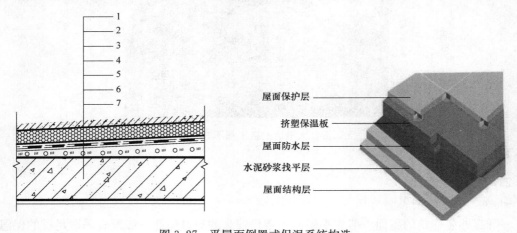

图 3.27　平屋面倒置式保温系统构造

1—细石混凝土（双向配筋）；2—保温材料；3—水泥砂浆找平层；4—防水层；
5—水泥砂浆找平层；6—轻质材料找坡层；7—现浇钢筋混凝土屋面板

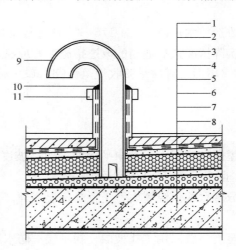

图 3.28　平屋面正置式保温系统构造

1—细石混凝土（双向配筋）；2—防水层；3—水泥砂浆找平层；4—保温材料；5—水泥砂浆找平层；
6—隔气层；7—找坡层；8—现浇钢筋混凝土屋面板；9—排汽管；10—密封材料；11—金属箍

2. 正置式保温屋面

正置式保温屋面由下至上一般采用"找坡层—找平层—结合层—保温层—找平层—防水层—保护层（可选）"的做法，见图3.28。正置式保温屋面所用的保温材料一般是吸水率较高的保温材料，如膨胀聚苯板（EPS）、水泥膨胀珍珠岩保温板、发泡水泥板、泡沫混凝土、加气混凝土板等。

正置式保温屋面保温材料被封闭在防水层里，其中的水分不易被蒸发掉，在外界温度变化冷热循环作用下，水和水蒸气交替出现，可使防水层鼓包；另外，由于防水层直接与环境接触，在昼夜温差及室外温度变化下防水层（传统做法主要为三毡四油一砂）表面易产生较大的温度应力，经过几个交替循环后油毡表面延性降低，变脆、变硬，产生裂缝，致使防水层在短期内遭到破坏。保温材料吸湿后在高温下产生湿气，易聚集在防水层内侧外鼓形成气泡，故尽量在全年和全天温度变化小的地区选用此类屋面。

屋面节能改造也可采取现场喷涂的聚氨酯硬泡体保温材料的方式。即在现场使用专用喷涂设备，使异氰酸酯、多元醇（组合聚醚或聚酯）、发泡剂等添加剂按一定比例从喷枪口喷出后瞬间均匀混合，反应之后迅速发泡，在外墙基层上或屋面上发泡形成连续无接缝的聚氨酯硬质泡沫体。喷涂聚氨酯具有隔热保温和防水双重功效，材料重量轻，保温性能良好。为保险起见，可在聚氨酯上再做找平及防水层，构造见图3.29。

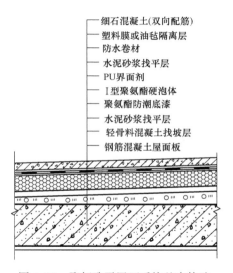

细石混凝土(双向配筋)
塑料膜或油毡隔离层
防水卷材
水泥砂浆找平层
PU界面剂
I型聚氨酯硬泡体
聚氨酯防潮底漆
水泥砂浆找平层
轻骨料混凝土找坡层
钢筋混凝土屋面板

图3.29　聚氨酯平屋面系统基本构造

3.2.1.2　应用要点

1. 屋面改造前可视情况决定是否保留原屋面防水层。如为柔性防水层且工作年限长可拆除，如为刚性防水层可尽量保留。应对基层进行处理，应进行修补，旧基层松动、风化部分应剔凿清除干净，突起物应铲平，清理干净无浮尘、油污、空鼓。

2. 需增加柔性防水层的，应采用水泥砂浆找平后，再在其上做柔性防水层。倒置式保温屋面柔性防水层上宜再采用砂浆找平，再将挤塑板等保温材料铺贴在找平层上，保温层上再做保护层或刚性防水层。

3. 正置式保温屋面应在防水层上加做一层保护层（如细石混凝土或防辐射涂层等），宜设置隔汽层和排汽管。

4. 屋面节能改造主要是采取措施增强其保温、隔热性能，改造同时还应满足防水要求。节能改造效果主要表现在改造后屋面热工性能的提升和室内舒适度的提高，需要衡量的指标包括保温性能指标、隔热性能和热工缺陷等。需要进行现场检测的指标主要包括屋面的传热系数、隔热性能、室内外温度，检测方法参照《公共建筑节能检测标准》JGJ/T 177进行。

3.2.2 平改坡

3.2.2.1 技术概述

"平改坡"是在建筑结构许可条件下,将低层或多层住宅办公楼平顶屋面改建成坡形屋面,并结合外立面整修粉饰,达到改善住宅性能和建筑物外观视觉效果的房屋修缮行为。坡顶一般采用双坡、四坡等不同形式,在视线上考虑平视、俯视、仰视不同的视觉效果;一般高度在2~3m之间,当坡形屋面角度低于32°时不影响周围的日照时间和面积。目前,许多建于20世纪七八十年代的低层或多层平顶建筑,顶层房间普遍存在漏雨、冬冷、夏热的问题。实践证明,坡屋顶与平屋顶相比具有通风好、冬季保温、夏季凉爽的优点。再有,"平改坡"具有投资少、施工周期短、见效快等明显优点。"平改坡"还能够改善城市面貌,改善建筑的排水,有效防止渗漏,有效提高屋顶的保温、隔热功能,提高旧房的热工标准,达到节约能源,改善办公条件的目的。

如增加钢筋混凝土屋顶,屋面保温系统基本构造见图3.30。

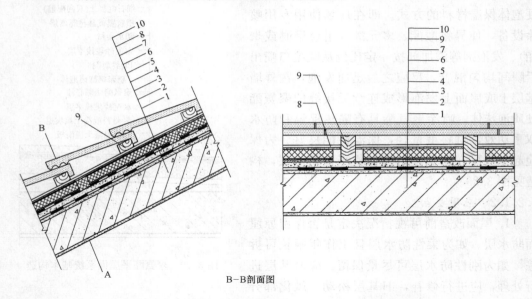

B-B剖面图

图 3.30 混凝土屋顶坡屋面保温系统基本构造

1—基层屋面板;2—找平砂浆层;3—防水层;4—细石混凝土防护层

(不小于40mm厚);5—粘贴层;6—保温板(含专用界面剂);

7—抹面层;8—顺水条;9—挂瓦条;10—瓦

房屋的"平改坡"工程还大量采用了木屋架,见图3.31。木屋架的龙骨全部由木结构组成,木结构上再铺设屋面板,然后在屋面板上铺设陶瓦,该方法改变了过去用钢材和混凝土修建屋顶的传统工艺,将铁屋架变成了木屋架。与传统的铁屋架相比,木屋架具有更好的优势,具体表现在:安装较方便,木屋架的龙骨可在工厂加工好,而铁屋架的钢材龙骨需要现场焊接;保温隔热性能较好;重量较轻,降低了老住宅楼的屋面荷载。

3.2.2.2 应用要点

1. "平改坡"工程中,坡屋面结构与原结构的连接主要在原屋面圈梁或砖承重墙内植

图 3.31　增加木屋顶的平改坡工程

筋的方法，植筋前需将原屋面防水层及保温层局部铲除，露出原屋面结构，植筋后浇筑作为新增钢屋架的钢筋混凝土支墩或联系梁，并埋设支座埋件，不能将钢屋架直接落于原屋面板上。

2. 平改坡后的坡屋顶宜设通风换气口（面积不小于顶棚面积的 1/300），并将通风换气口做成可启闭的，夏天开，便于通风；冬天关闭，利于保温。

3. 屋面设计尚应符合《屋面工程技术规范》GB 50345 的要求。

4. 改造后屋面内表面温度和隔热性能，可参照《居住建筑节能检测标准》JGJ/T 132 进行检测。当检测得到的屋面热工性能指标满足设计要求时，可认为改造效果达到了预定的目标。

3.2.3　屋面绿化技术

3.2.3.1　技术概述

绿化屋面是指不与地面自然土壤相连接的各类建筑物屋顶绿化，即采用堆土屋面，进行种植绿化。绿化屋面利用植物培植基质材料的热阻与热惰性，不仅可以避免太阳光直接照射屋面，起到隔热效果，而且由于植物本身对太阳光的吸收利用、转化和蒸腾作用，大大降低了屋顶的温度，降低内表面温度与温度振幅，从而减轻对顶楼的热传导，起到隔热保温作用。资料显示，种植屋面的内表面温度比其他屋面低 2.8～7.7℃，温度振幅仅为无隔热层刚性防水屋顶的 1/4。

绿化屋面还可增加城市绿地面积，改善城市热环境，降低热岛效应。绿化屋面有利于吸收有害物质，减轻大气污染，增加城市大气中的氧气含量，有利于改善居住生态环境，美化城市景观，达到与环境协调、共存、发展的目的。

绿化屋面不仅要满足绿色植物生长的要求，而且最重要的是还应具有排水和防水的功能，所以绿化屋面应进行合理设计。绿化屋面的主要构造层包括基质层、排水层和蓄水

图 3.32　轻型绿化屋面

层、防根穿损的保护层与防水密封层。

按照种植植物的方式和结构层的厚度，绿化屋顶可分为粗放绿化和强化绿化。粗放绿化的植物生长层比较薄，仅有 20～50mm 厚，种一些生长条件不高的植物、低矮和抗旱的植物种类；强化绿化选种的植物品种一般有草类、乔木和灌木等，其基质层的厚度需要根据植物的生长性能要求确定。近年来发展起来的轻型屋面绿化是在现有屋顶面层上，铺设专用结构层，再铺设厚度不超过 50mm 的专用基质，种植佛甲草、黄花万年草、卧茎佛甲草、白边佛甲草等特定植物。该技术与传统的绿化屋面相比具有总体重量轻、屋面负荷低、施工速度快、建设成本低、适用范围广、使用寿命长、养护管理简单，管理费用低等优点，只要简单的日常维护，便能长久维持生态和景观效果，特别适用于既有建筑的节能和绿色改造。

3.2.3.2　应用要点

1. 屋面绿化的设计应参照《种植屋面工程技术规程》JGJ 155 等标准的要求进行。实施前应进行屋面结构承载力的验算。

2. 粗放绿化宜采用由耕作土壤、腐殖质、有机肥料及其他复合成分组成的轻质基质层（植物生长层）。厚度 20～50mm。

3. 应合理设置排水层和蓄水层。宜采用砂砾，并铺有膨胀黏土、浮石粒或泡沫塑料排水板等。其主要功能是调节屋顶绿化层中的含水量。排水层和蓄水层的厚度需根据当地年降水量及种植绿化植物生长性能的要求进行设置。

4. 应设置防根穿损的保护层与防水密封层。即在排水层与密封层之间设一层抗穿透层，或将密封层表面设一层抗穿透薄膜与密封层共同作为屋顶的复合式密封层。

3.2.4　工程案例

3.2.4.1　江苏建科院科研楼屋面节能改造

江苏省建科院科研楼建于 20 世纪 80 年代，为框架结构形式，原屋面为正置式屋面，结构层上采用膨胀珍珠岩混凝土做找坡层及保温层，上做柔性防水层，采用水泥砂浆做找平层及保护层，面积约 750m²。因使用时间较长，年久失修，局部出现渗漏。

改造前屋面 K 传热系数为 0.81 W/(m² · K)，不满足公共建筑节能标准。为兼顾节能改造和防水修复，改造采用喷涂聚氨酯硬泡体做保温层，各构造层分别为：1）原屋面面层找平层清理、破损处修补；2）喷涂（平均 35mm 厚）聚氨酯硬泡体；3）聚氨酯专用界面剂一道；4）聚合物抗裂砂浆（约 3mm）防护层；5）刚性防水保护层（内置钢筋网）。

喷涂聚氨酯硬泡体屋面改造集防水与保温一体，工艺较成熟，施工方便快捷。改造后效果屋面 K 传热系数降到 0.48W/(m² · K)，满足《公共建筑节能设计标准》GB 50189 对屋面传热系数的要求。喷涂后的屋面如图 3.33 所示。

图 3.33　喷涂后的聚氨酯硬泡体屋面节能改造

3.2.4.2　南京艺术学院屋面绿化改造

南京艺术学院面顶绿化是南京市鼓楼区政府于 2008 年屋顶连片整治的配套项目，屋顶绿化面积 4600 多平方米，分属多个不同年代的建筑屋顶。屋面现状差异很大，有水泥隔热层屋面、缸砖贴面屋面、混凝土保护面层屋面、SBS 防水卷材屋面。针对不同屋面种类选择采用了种植盒拼装（图 3.34）、景天类草毯等多种形式的绿化方式。植被全部采用抗旱植物直立型景天，成型后形成免维护的生态景观（图 3.35）。

主要改造内容：

1. 施工前，对老化的 SBS 卷材屋面全部采用抗紫外线、耐腐蚀的防水材料进行防水重做或修补，保证屋面闭水试验后不漏水。

2. 对有水泥块隔热层的屋面，清除隔热层，重新做防水，再做屋顶绿化。

图 3.34　不同形式的屋顶绿化种植盒

3. 选择颗粒较大的轻质基质防止水土流失，选择抗性好的景天类植物。

4. 采用圃地提前种植好的预制绿化盒，不仅大大提高了施工速度，而且对原屋顶没有进行改动，也便于客户接受屋顶种草。

图 3.35　屋面绿化改造的前后效果对比

3.3　楼（地）面改造

既有办公建筑楼地面绿色化改造主要涉及节能改造和隔声改造。

既有建筑中需节能改造的楼板主要包括外挑楼板、架空楼板、地下室顶板等，这些楼板直接与外空气接触，与外墙等一样传递热量，采取保温隔热措施能够减小由于室内外温差引起的热传递损耗。目前大部分既有建筑的外挑楼板、架空楼板、地下室顶板一般都无保温措施。

而楼板噪声干扰则一直是既有办公建筑影响正常办公的一个因素，特别是针对有噪声源的部位（如设备间下部房间等）。

3.3.1　楼（地）面节能改造技术

3.3.1.1　技术概述

根据实际情况，楼板节能改造可采用板底粉刷保温砂浆或板底粘贴保温板的做法，或在板面铺贴保温材料的做法。

保温砂浆楼板板底保温施工便捷，造价较低，但其导热系数较高，一般在 $0.06\sim$ $0.08W/(m \cdot K)$，对于保温性能要求较高的楼板而言，较难达到要求。板底粘贴保温板的做法同外墙外保温工程的做法，技术成熟、适用性好，应用范围广。外挑或架空楼板是底面与室外空气直接接触的楼板，位于室外，做法同外墙外保温工程的做法。

楼板（板底）保温系统基本构造宜采用图 3.36 的做法。

楼（地）面节能改造一般在地面、楼板板面铺贴泡沫塑料（如 EPS、XPS、PU 等）保温板等。如图 3.37、图 3.38 所示。铺贴泡沫塑料还可起到减小地面冲击，提高地面撞击声隔声性能的作用。

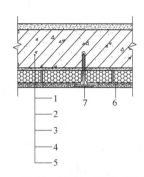

图 3.36 楼板（板底）保温系统基本构造

1—混凝土楼板；2—黏结层；3—保温板
（或保温砂浆）；4—抹面砂浆层（含增强网）；
5—柔性腻子、涂料；6—增强网；7—锚固件

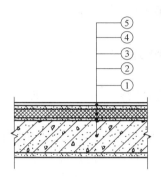

图 3.37 楼板（板面）保温系统基本构造

1—混凝土楼板；2—黏结层；3—保温板；
4—抹面砂浆；5—地面材料

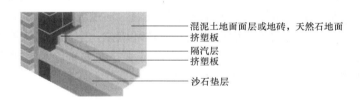

混泥土地面面层或地砖，天然石地面
挤塑板
隔汽层
挤塑板
沙石垫层

图 3.38 地面保温系统基本构造

3.3.1.2 应用要点

1. 外挑或架空楼板板底保温系统做法同外墙外保温工程的做法，应充分采取防火隔离等措施；对地下室顶板，应充分考虑室内防火要求，选择不燃材料作为保温材料。

2. 板底保温系统应采用轻质的保温材料，并应严格按要求设置锚固件。

3. 板面保温系统宜选择压缩性能较高的材料如挤塑聚苯乙烯板等，不宜采用压缩性能低的材料如玻璃棉板等。应在保温材料上做可靠的保护层，保护层应设置抗裂措施，与墙体交接处宜采用密封胶等进行密封处理。

4. 楼地面改造主要是采取措施增强其保温、隔声性能。改造效果主要表现在改造后热工性能和隔声性能的提升。需要进行现场检测的指标主要包括楼板的传热系数、楼板撞击声隔声量。

改造后楼板宜采用同条件试样法，即在现场制作与楼板保温系统同样构造的试样，同

条件养护好后，送实验室检测，测量方法主要为《绝热稳态传热性质的测定标定和防护热箱法》GB/T 13475。

3.3.2　工程案例

江苏省人大综合楼地下室为非采暖空调地下空间，地上部分为采暖空调空间。按照公共建筑节能设计标准要求，应对非采暖空调地下室顶板进行节能改造。该地下室面积约500m²，考虑到地下空间防火要求较高，保温材料要求采用燃烧性能等级 A 级材料。根据热工计算及设计，保温材料选用了50mm厚、导热系数为 0.08W/(m·K) 的发泡陶瓷保温板，采用粘贴加锚固的方式按照在顶板底，每平方米采用 6 个膨胀锚栓辅助固定。

3.4　外门窗及幕墙改造

建筑外门窗是极其重要的围护构件，承担了采光、通风、防噪、保温、夏季隔热、冬季得热、美化建筑等多项任务，是建筑物热交换最活跃、最敏感的部位，其热损失是墙体的 5~6 倍。窗户能耗约占建筑能耗的 40%。外门窗设置不合理或功能单一、老化会导致能耗大、室内热舒适性差、空气质量差、声环境差、光环境差等各种问题，影响正常使用。既有建筑外门窗大部分为单层玻璃窗，有木窗、钢窗、铝合金窗、PVC 塑料窗等，普遍存在保温性能差、气密性差、外观陈旧等缺点，难以满足建筑节能的要求。因此，既有建筑门窗改造是既有建筑节能改造的重点之一。

玻璃幕墙一直以其轻盈剔透的感觉受到广大建筑师的青睐，而且玻璃幕墙自重较轻，造型多变，能够创造出特有的形体空间。可是在诸多优点的背后，玻璃幕墙也有其明显的不足之处。既有建筑的玻璃幕墙大部分采用单层玻璃，通过玻璃幕墙的传导传热较大，夏天大面积的玻璃引入大量的太阳辐射热造成室内热环境差，空调能耗大幅上升。另外玻璃幕墙还给周边带来光污染问题。年代久的幕墙还可能存在安全隐患，带来安全问题。因此，既有建筑玻璃幕墙也常常是改造的重点之一。

3.4.1　门窗改造技术

3.4.1.1　技术概述

既有建筑外窗大都是不节能的单层玻璃窗（幕墙），目前节能改造中对外窗的改造大多是采用全部更换的方法，特别是对于使用年代长久、维护较差的外窗（幕墙），其利用价值已经很小，变形严重、气密性差、外观陈旧，一般采用彻底更换。可替代的节能窗有中空玻璃塑料窗、中空玻璃断热铝合金窗（图 3.39）、Low-E 中空玻璃塑料窗、Low-E 中空玻璃断热铝合金窗等，技术成熟，目前已大量应用。

对使用时间短、维护保养较好的单层玻璃窗，虽然热工性能满足不了节能的要求，但仍有很好的利用价值，一般采用局部改造的方法，充分发挥其原有的功能，达到节约资源、保护环境的目的。具体方法有：1）加装成双层窗；2）单层玻璃改造为中空玻璃窗；3）型材改造等方法：

1. 加装成双层窗

图 3.39　中空玻璃断热铝合金窗

一般在原窗的内侧增加一道单玻窗或中空玻璃窗，传热系数可减小一半以上，气密性也大大提高。这种方法施工方便、快捷，工期短，但后加窗能否加装取决于墙的厚度及原窗的位置，墙的厚度过小、原窗位置居中，后加窗就没有安装空间。

2. 单层玻璃改造为中空玻璃

在原有单层玻璃塑料窗上将单层玻璃改为中空玻璃、放置密封条等，将单玻窗改造为中空玻璃节能窗，使外窗传热系数大大降低，气密性改善。如一般单玻塑料窗可以改造成为 5＋9A＋5 的中空玻璃塑料窗，传热系数由 $4.7W/(m^2 \cdot K)$ 降低到 $2.7 \sim 3.2W/(m^2 \cdot K)$。玻璃改造适合单层玻璃钢窗、铝窗和塑料窗，要求既有外窗窗框有足够的厚度（如塑料推拉窗型材一般在 80mm 宽以上）以放置中空玻璃。这种改造保留了原来外窗的利用价值，延长窗的使用寿命，节约改造资金，实现环保节能。改造不动原来的结构，不用敲墙打洞，没有建筑垃圾，施工方便、快捷，工期短，基本上不影响建筑物正常使用。中空玻璃在工厂制作好，运至现场直接安装，采用流水施工。中空玻璃中一道可以采用低辐射（Low-E）玻璃，一方面可提高遮阳性能，另一方面可降低传热系数 $0.5W/(m^2 \cdot K)$ 左右。

3. 型材改造

单玻钢窗或单玻铝窗也可以改造成为中空玻璃窗，但由于钢型材或铝型材均是热的良导体，仅仅玻璃改造，保温性能往往不一定满足节能要求，如 5＋9A＋5 的中空玻璃钢窗或铝窗窗传热系数在 $3.9W/(m^2 \cdot K)$ 左右。对钢型材或铝型材也应进行改造。改造措施为对钢型材或铝型材进行包塑（给窗框包上塑料型材）。通过型材改造、单层玻璃改为中空玻璃、放置双道密封条等措施，窗的传热系数大大降低、气密性提高。传热系数由 $6.4W/(m^2 \cdot K)$ 降低到 $3.2W/(m^2 \cdot K)$ 以下。

对外门、非采暖楼梯间门节能改造，可采用更换的方法，对严寒、寒冷地区建筑的外门口尚应设门斗或热空气幕。

3.4.1.2　应用要点

1. 外窗更换技术要点

（1）选择适宜的窗型。窗户的气密性对节能极其重要。推拉窗的密封性明显要比平开窗和固定窗差。宜采用平开窗和固定窗组合的方式，但应保证外窗可开启面积不小于外窗总面积的 30%。外平开窗的安装高度不大于 20m。对高层建筑，考虑到安全因素，宜选择下悬窗（内倒窗）。

（2）窗的型材宜选具有合理断面结构的未增塑聚氯乙烯 PVC-U 塑料型材、隔热断桥铝合金型材、玻璃钢型材、铝木复合型材等节能环保、传热系数低、可回收再利用的型材。

（3）应选择相应传热系数和遮阳系数的玻璃，如镀膜玻璃、着色玻璃、中空玻璃及内置百叶中空玻璃等，降低导热性、提高遮阳性。

（4）选用耐候耐久、性能优良的密封材料及五金材料。

（5）窗框与墙体之间应采取合理的保温密封构造，不应采用普通水泥砂浆补缝。

（6）外窗改造时所选外窗的气密性等级应不低于现行国家标准《建筑外门窗气密、水密、抗风压性能分级及检测方法》GB/T 7106 中规定的 6 级。

（7）宜采用附框法安装门窗，以保证门窗安装工程质量。

（8）门窗节能改造效果主要取决于改造后门窗的热工性能，主要包括保温性能和气密性能等，可以抽取进场前的窗进行实验室检测。测量方法主要为《绝热稳态传热性质的测定标定和防护热箱法》GB/T 13475，根据《建筑外门窗保温性能分级及检测方法》GB/T 8484 对门窗（幕墙）进行保温性能分级和判定。现场可参照《公共建筑节能检测标准》JGJ/T 177 检测外窗和透明幕墙的气密性。外窗的气密性不应低于《建筑外门窗气密、水密、抗风压性能分级及检测方法》GB/T 7106 中规定的 6 级。

2. 外窗局部改造技术要点

（1）后加窗的选择应根据工程实际情况选择性能良好、适宜的窗，要点同外窗更换技术要点；加窗时，应避免层间结露。

（2）单层玻璃改造为中空玻璃应选用隔热良好的隔条、耐候耐久、性能优良的密封材料及五金材料。

（3）应选用高透光低辐射玻璃。

（4）外窗改造更换外框时，应优先选择隔热效果好的型材。

（5）对于原窗改造，可以采用现场测试和实验室检测相结合的方法评判。当检测得到的门窗（幕墙）热工性能指标满足设计要求时，可认为改造效果达到了预定的目标。

3. 外门改造技术要点

（1）严寒、寒冷地区建筑的外门口应设门斗或热空气幕。

（2）非采暖楼梯间门宜为保温、隔热、防火、防盗一体的门。

（3）外门、楼梯间门应在缝隙部位设置耐久性和弹性好的密封条。

（4）外门应设置闭门装置，或设置旋转门、电子感应式自动门等。

3.4.2 幕墙改造技术

3.4.2.1 技术概述

1. 玻璃幕墙更换

既有建筑玻璃幕墙大部分为单层玻璃幕墙，一方面保温性能差（传热系数高），另一方面，大面积幕墙遮阳系数大，夏天进入室内的太阳辐射强烈，导致能耗高。最常见的改造是拆除旧的玻璃幕墙，换成中空玻璃的幕墙。目前常见的幕墙结构形式有框支承、全玻及点支承式幕墙，技术已很成熟。

2. 改造成双层呼吸式幕墙

双层呼吸式玻璃幕墙在夏季可利用"烟囱效应"形式自然通风换气，降低室内温度；双层玻璃间设置遮阳帘，夏天可利用遮阳帘反射去大部分太阳辐射，降低房间温度，减少降温负荷，达到节约能源的目的。在冬季，双层玻璃幕墙的外层幕墙通风口可以关闭，这样幕墙内部的空气在阳光照射下温度升高，减小室内和室外的温差，也减少了室内温度向外界传递，起到保温功效，降低房间取暖费用。双层玻璃幕墙还有一个优越性就是它的隔声效果，双层玻璃之间的空气夹层在很大程度上改善了玻璃幕墙的隔声性能，相当于设置在窗前的一个隔声屏。对于那些因为噪声干扰严重而无法开窗进行自然通风的建筑，双层玻璃幕墙更不失为一种理想的选择。

3. 玻璃贴膜

图 3.40　双层呼吸式玻璃幕墙

玻璃幕墙另一种简单的改造是贴膜，贴膜玻璃的原理与 Low-E 玻璃相似，普通中空玻璃贴膜后可使得保温性能进一步提高，遮阳系数大大降低。对于既有的普通中空玻璃窗，贴膜是简单而行之有效的遮阳改造措施。

3.4.2.2　应用要点

1. 拆除旧的玻璃幕墙，换成节能型幕墙，其技术做法可参照行业标准《玻璃幕墙工程技术规范》JGJ102。与新建建筑相比，区别主要表现在与主体结构的连接上。新的幕墙与原有幕墙形式和规格不同，原结构预埋件不一定能有效利用，需要设置新的连接件。一般可采用化学锚栓以植筋的方式将连接件与主体结构固定。

2. 密封材料在玻璃幕墙的连接与密封中十分重要，应选用耐候耐久、物理力学性能优良的密封材料及五金材料。

3. 更换幕墙外框时，直接参与传热过程的型材应选择隔热效果好的型材。

4. 在保证安全的前提下，宜增加透明幕墙的可开启扇。除超高层及特别设计的透明幕墙外，透明幕墙的可开启面积不宜低于外墙总面积的 12%。

5. 幕墙节能改造效果主要取决于改造后的热工性能，包括保温性能和气密性能等，可以采用同条件法进行实验室检测，测试其传热系数和气密性。测量方法主要为《绝热稳态传热性质的测定标定和防护热箱法》GB/T 13475。现场可参照《公共建筑节能检测标准》JGJ/T 177 检测外窗和透明幕墙的气密性。透明幕墙的气密性不应低于《建筑幕墙物理性能分级》GB/T 15225 规定的 3 级。

3.4.3　工程案例

3.4.3.1　江苏人大综合楼外窗节能改造

江苏省人大综合楼建于 20 世纪 80 年代，外窗面积约 1500m²。原外窗为单层玻璃钢

图 3.41 更换的中空玻璃断热铝合金窗

窗，用时已久，窗框等变形严重，保温性能和气密性均较差，传热系数 K 为 $6.4\text{W}/(\text{m}^2 \cdot \text{K})$，不满足公共建筑节能标准要求。该建筑改造在保持外立面风格不变的前提下，采用全部更换的方法对外窗进行节能改造。新窗采用 $6+12\text{A}+6$ Low-E 中空玻璃断热铝合金窗，传热系数 K 为 $2.7\text{W}/(\text{m}^2 \cdot \text{K})$（图 3.41）。

3.4.3.2 江苏建科院科研楼外窗节能改造

原外窗为单层玻璃塑料窗，型材为"海螺" PVC 型材，使用时间虽然已达 8 年，除密封条等老化严重、部分五金件损坏外，窗框、玻璃保存较完好，可以继续使用。因此，确定保留原有窗的价值，采取外窗局部节能改造、增加外遮阳等具体技术措施，实现外窗功能提升。

采用单层玻璃塑料窗节能改造技术。将单层玻璃改为中空玻璃，更换密封条、修理损坏的五

图 3.42 改造后的中空玻璃塑料窗

金件等，将单玻窗改造为中空玻璃节能窗，使传热系数大大降低、气密性提高。改造过程中不用敲墙打洞，施工方便、快捷，工期短，基本上不影响建筑物正常使用。改造后的塑料窗传热系数降至 3.0 左右。原单玻塑窗全部改为 $5+9\text{A}+5$ 中空玻璃塑料窗，外窗总面积约 1020m^2。改造后中空玻璃塑料窗见图 3.42。

3.5 遮阳改造

根据《公共建筑节能改造技术规范》JGJ 176—2009 等标准的要求，对办公建筑外窗或透明幕墙的遮阳设施进行改造时，宜采用外遮阳措施。外遮阳的遮阳系数应按现行国家标准《公共建筑节能设计标准》GB 50189 的规定进行确定。加装外遮阳时，应对原结构的

安全性进行复核、验算。当结构安全不能满足要求时，应对其进行结构加固或采取其他遮阳措施。

外遮阳在夏热地区是很有效的建筑节能措施。夏热地区夏季通过窗户进入室内的太阳辐射热构成了空调的主要负荷，设置外遮阳尤其是活动外遮阳是减少太阳辐射热进入室内、实现节能的有效的手段。合理设置活动外遮阳能遮挡和反射 70%～85% 的太阳辐射热，大大降低空调负荷。

外遮阳按照系统可调性能分固定遮阳、活动外遮阳两种。

3.5.1　固定外遮阳技术

3.5.1.1　技术概述

固定遮阳系统一般是作为结构构件（如阳台、挑檐、雨棚、空调挑板等）或与结构构件固定连接形成，包括水平遮阳、垂直遮阳和综合遮阳，该类遮阳系统应与建筑一体化，既达到遮阳效果又美观，故运用在新建建筑较方便。

固定遮阳系统的构件是固定的，通常作为外遮阳，具有很好的外观可视性，在阻挡直射阳光上很有效，但在阻挡散射和反射光上效果不好。固定遮阳在高度角比较低的早上和下午不能有效地阻挡太阳辐射热，尤其是在东向和西向立面上。使用垂直或挡板式遮阳板可以改变一些辐射，但同时又降低了室内照度（图 3.43）。

图 3.43　固定遮阳设施

3.5.1.2　应用要点

1. 由于固定遮阳系统基本为不可调的，其遮阳效果的好坏取决于遮阳设施外挑的尺寸、角度、位置等，应进行夏季和冬季的阳光阴影分析，且根据工程设置遮阳的部位、朝向、高度、当地气候条件、工程的经济条件，结合各种遮阳装置的特点及适用条件，确定遮阳装置的形式，并使其在与外立面协调的情况下遮阳效果满足节能改造要求。

2. 固定遮阳系统与主体结构连接应安全、可靠，连接件、预埋件应进行防腐处理。

3. 对于安装外遮阳装置的建筑，应对遮阳装置做抗风、抗风振、抗地震承载力验算；对于非结构构件的外遮阳装置，应根据所属建筑的抗震设防类别和非结构地震破坏的后果及其对整个建筑结构影响的范围，确定抗震措施设计方案。

4. 对于中高层、高层、超高层建筑以及大跨度等特殊建筑的外遮阳装置及其安装连接应进行专项结构设计。

5. 对于尺寸在 4m 以上的特大型外遮阳装置，当系统复杂难以通过计算判断其安全性能时，应通过风压试验或结构试验，用实体试验检验其系统的安全性能。

3.5.2　活动外遮阳技术

3.5.2.1　技术概述

活动遮阳系统包括可调节遮阳系统（如活动式百叶外遮阳、生态幕墙百叶帘和翼形遮阳板）和可收缩遮阳系统（如可折叠布篷、外遮阳卷帘、户外天棚卷帘）两大类，但有的可调节遮阳系统也具有可以收缩的功能。活动外遮阳可根据室内外环境控制要求进行自由调节，安装方便、装拆简单。夏天可根据需要启用外遮阳装置，遮挡太阳辐射热，降低空调负荷，改善室内热环境、光环境；冬季可收起外遮阳，让阳光与热辐射透过窗户进入室内，减少室内的采暖负荷并保证采光。

既有建筑节能改造宜采用活动外遮阳。常见的形式有户外卷帘、户外百叶帘、机翼百叶板等。其他遮阳方式还有内置百叶中空玻璃遮阳等。

1. 户外卷帘

户外卷帘可分为户外天棚卷帘和户外立面卷帘。户外卷帘的应用可有效阻隔热量，减少夏季制冷能耗，还可以调节光线，确保适度光线进入，不遮挡户外景色。多样化的材质和色彩的选择也可创造整齐统一的视觉效果。

户外卷帘主要由固定装置、遮阳装置和驱动系统组成。户外立面卷帘在上端设置驱动马达，户外天棚卷帘一般在两端均需设置驱动马达。户外天棚卷帘采用户外专用的遮阳布，能有效阻止阳光的穿透，降低室内的热量，且帘布有足够的抗拉和抗撕裂强度，在阳光照射下不会伸长，不易褪色，耐高温、耐潮。立面卷帘根据卷帘材质的不同可以分为金属卷帘和织物卷帘。金属卷帘采用户外专用的合金金属片作为遮阳装置，织物卷帘的遮阳装置同户外天棚卷帘。控制方式有电动式和手动式。

铝合金卷帘窗是建筑外遮阳的一种常见形式。其主要零件卷帘片采用铝合金辊压工艺，空腔内注入规定密度的聚氨酯复合材料，具有良好的机械强度和隔热隔音性能，遮阳系数可达 0.2，产品还具有安全防盗、隔声降噪、防尘防风沙、防窥视等功能，可选用手动（皮带、绳带、曲柄）和电动（按钮、遥控、风光感应）等多种控制方式。图 3.44 为电动式户外可调节金属立面卷帘，图 3.45 为电动式户外可调节金属天棚卷帘。

2. 外遮阳百叶帘

活动式外遮阳百叶帘可通过百叶窗角度调整控制入射光线，还能根据需求调节入室光线，同时减少阳光照射产生的热量进入室内，有助于保持室内通风良好，光照均匀，提高建筑物的室内舒适度，可丰富现代建筑的立面造型。

以铝合金外遮阳百叶帘为例，遮阳系数可达 0.2 以下，节能效果极佳。安装在玻璃窗外侧，通过电动、手动装置或风、光、雨、温传感器控制铝合金叶片的升降、翻转，实现对太阳辐射热量和入射光线自由调节和控制，使室内通风良好、光线均匀。铝合金外遮阳百叶帘具有高耐候性，能长期抵抗室外恶劣气候，经久耐用、外形美观。外遮阳百叶帘在工厂制作好，在节能改造现场直接安装，采用流水施工，不影响建筑正常使用，不影响正常的办公工作，如图 3.46 所示。

图 3.44　户外可调节金属立面卷帘

图 3.45　户外可调节金属天棚卷帘

　　外遮阳百叶帘系统由铝合金罩盒、铝合金顶轨、铝合金帘片、铝合金轨道、驱动系统（电动和手动）等组成，宽度约为 120mm，一般在节能改造中不宜嵌装，宜采用明装方式安装。为加强百叶帘的抗风能力，叶片两端采用钢丝绳导向装置支承。安装时在窗外墙面上用膨胀螺栓安装百叶帘悬吊架，再将百叶帘安装在悬吊架内侧。将导向钢丝绳的上端固定在传动槽上，悬吊架及传动槽外侧安装彩色铝合金上罩壳。窗下沿墙面上设置下支架作为钢丝绳下端的锚固点，下支架外侧安装彩色铝合金下罩壳。上、下罩壳既可隐蔽传动槽，又可作为建筑物外立面的装饰线条。百叶帘采用电动机驱动，控制开关布置在便于操作内墙上。外遮阳百叶帘安装节点大样见图 3.47。

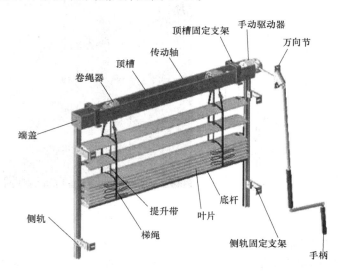

图 3.46　铝合金百叶遮阳系统组成图

　　铝合金活动外遮阳百叶帘外形美观，结合外墙立面改造能达到很好的装饰效果，是集隔热、装饰于一体的极佳的节能技术措施。

　　3. 机翼百叶板

　　机翼百叶板遮阳系统是建筑艺术与建筑技术、建筑功能与建筑形式的的有机结合，通

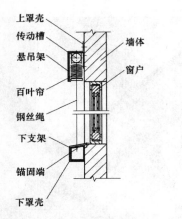

图 3.47　外遮阳百叶帘安装节点大样图

上罩壳
传动槽
悬吊架
百叶帘
钢丝绳
下支架
锚固端
下罩壳
墙体
窗户

过翼帘的角度控制，调节进入透明围护结构光线的强弱，改善室内热环境。机翼形遮阳板采用长条的、截面为梭形的遮阳叶片，具有相当高的强度，以抵抗高空中的风压；可以通过不同的组合方式可增强建筑艺术中的双层立面动感效果，因此价格比较昂贵。

　　主要组成与构造：机翼形遮阳系统主要由固定装置、翼帘、调节装置三大主要部分组成。翼帘采用挤压铝合金叶片，叶片宽度可从 100mm 到 500mm 选择，叶片的跨度依据使用环境和叶片的形式确定。叶片表面作阳极氧化处理，采用聚酯粉末喷涂为各种颜色。固定装置中的支撑边框由铝合金或不锈钢制成，可以安装成水平、垂直或其他任何角度。调节操作装置一般为电动（图 3.48）。

　　控制与遮阳原理：机翼形遮阳板有固定式及可调式、水平式及垂直式可供选择，可满足各种不同功能的要求。与户外百叶帘的帘片遮阳原理相同，可以调节角度以使适当的光线进入室内；减少聚集在窗上的猛烈光线，并使光线射入屋顶反射到室内深处；提供最佳的光线环境，消除屏幕眩光，缓解视觉疲劳。

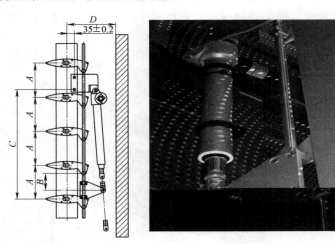

图 3.48　机翼百叶板遮阳系统构造

4. 内置百叶中空玻璃遮阳

　　内置百叶中空玻璃窗是将内置百叶中空玻璃代替中窗玻璃装于各种窗框上，通过磁力控制百叶翻转和升降动作，以达到遮阳、保温、采光的效果。当百叶处在垂直位置时能有效降低中空玻璃内的热传导，遮挡阳光直射，并有效降低中空玻璃的遮阳系数；当百叶处在水平位置时，既可采光，又可起到遮阳作用；当百叶处在收起位置时就和普通中空玻璃一样。同时百叶在中空玻璃内也解决了清洁维护问题。当需要通风时就和普通窗户一样开启窗扇。这种内置百叶中空玻璃窗集隔热、保温、隔声、采光、通风、隐私性、装饰性于一体，适合于各种低、中、高层建筑应用。图 3.49 为内置百叶中空玻璃遮阳。

图 3.49　内置百叶中空玻璃遮阳

3.5.2.2　应用要点

1. 既有建筑改造遮阳工程应满足《建筑遮阳工程技术规范》JGJ 237—2011 的要求，各种遮阳产品尚需满足各自的产品标准的要求，相关的标准主要有《建筑用遮阳金属百叶帘》JG/T 251、《建筑用遮阳天篷帘》JG/T 252、《建筑用遮阳软卷帘》JG/T 254、《内置遮阳中空玻璃制品》JG/T 255 等。

2. 遮阳装置的选择应综合考虑遮阳效果、安全性、可靠性、美观、易操作等多方面因素，尽量选择不影响采光通风的遮阳设施。

3. 应对外遮阳装置进行结构安全计算或试验。遮阳产品与主体结构的连接固定应牢固，遮阳产品结构应安全、耐久美观，安装时不破坏建筑其他构件。

4. 连接件、预埋件应进行防腐处理。

5. 遮阳产品应便于维修、清洁与更换。

6. 活动遮阳装置如采用电动，应进行电气设计，室外的金属遮阳装置需要进行防雷设计。活动遮阳装置的电气设计包括驱动系统设计、控制系统设计、机械系统设计和安全设计等内容。符合现行《民用建筑电气设计规范》JGJ 16、《建筑防雷设计规范》GB 50057 的有关规定。

3.5.3　玻璃遮阳技术

3.5.3.1　技术概述

1. 采用 Low-E 中空玻璃

Low-E 玻璃镀膜层具有对可见光高透过及对中远红外线高反射的特性。普通中空玻璃的遮阳能力有限，如 5+9A+5 的普通中空玻璃遮阳系数约 0.84。Low-E 玻璃对太阳光中可见光透射比可达 80% 以上，而反射比则很低。Low-E 中空玻璃遮阳系数最低可达 0.30。单玻外窗改造时可将单层玻璃更换成 Low-E 中空玻璃，使得保温性能提高，遮阳系数大大降低。

2. 玻璃贴膜

贴膜玻璃的原理与 Low-E 玻璃相似，普通中空玻璃贴膜后可使得保温性能进一步提高，遮阳系数大大降低。对于既有的普通中空玻璃窗，贴膜是简单而行之有效的遮阳改造措施。

3.5.3.2 应用要点

冬季 Low-E 玻璃同样阻挡太阳辐射进入室内，室内无法充分获得太阳辐射热，室内采暖负荷因此将增加。故采用 Low-E 玻璃遮阳，须经性能综合比较分析认为确实有效后再确定。

3.5.4 工程案例

3.5.4.1 江苏建科院科研楼外墙节能改造

江苏省建科院科研楼建于 20 世纪 80 年代，建筑南向窗户面积较大，窗墙比为 0.47；东向无外窗，西向窗很少；北向窗墙比为 0.18。根据工程实际情况和计算结果，决定在南向采用铝百叶活动外遮阳系统。

铝百叶活动外遮阳遮阳系数可达 0.2 以下，节能效果极佳。安装在玻璃窗外侧，通过电动、手动装置或风、光、雨、温传感器控制铝合金叶片的升降、翻转，实现对太阳辐射热量和入射光线自由调节和控制，使室内通风良好、光线均匀。外百叶帘采用高等级铝合金帘片，帘片外涂层采用珐琅烤漆，具有高耐候性，能长期抵抗室外恶劣气候，经久耐用、外形美观，见图 3.50。外遮阳在工厂制作好，运至现场直接安装，采用流水施工，不影响建筑正常使用，不影响正常的办公工作。该科研楼活动外遮阳面积约 510m²。

图 3.50 铝百叶活动外遮阳帘

因该建筑南窗均为联排窗，窗外至墙面距离为 80mm，而外遮阳百叶帘宽度为 120mm，不宜嵌装，故采用明装方式安装。为加强百叶帘的抗风能力，叶片两端采用钢丝绳导向装置支承。联排窗开间 4m，为避免叶片太长造成刚度不足及组装、运输的不便，每开间采用 2 个 2m 宽的百叶帘，但用一台电动机驱动，实现"一拖二"，节约造价。

安装时，在窗外墙面上用膨胀螺栓安装百叶帘悬吊架，再将百叶帘安装在悬吊架内侧。将导向钢丝绳的上端固定在传动槽上，悬吊架及传动槽外侧安装彩色铝合金上罩壳。窗下沿墙面上设置下支架作为钢丝绳下端的锚固点，下支架外侧安装彩色铝合金下罩壳。

上、下罩壳既可隐蔽传动槽，又可作为建筑物外立面的装饰线条。百叶帘采用电动机驱动，控制开关布置在便于操作内墙上。

改造后遮阳系数由 0.8 降到 0.2 以下，夏季空调负荷下降近 50％。连续三天晴好日测试表明，遮阳房间进入的太阳辐射与未遮阳房间进入的太阳辐射比值平均为 0.18，白天自然通风条件下遮阳房间与未遮阳房间室内空气温度相比，平均降低 2.2℃，最高降低 4℃（图 3.51）。

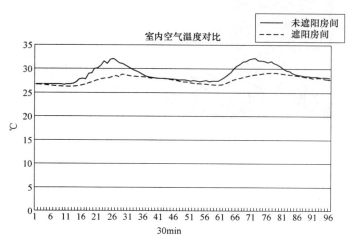

图 3.51　自然通风条件下遮阳房间与未遮阳房间室内空气温度

3.5.4.2　上海某办公楼 6 楼建筑物遮阳改造

上海某办公楼 6 楼建筑物为大面积的玻璃幕墙，原幕墙采用普通铝合金＋镀膜中空玻璃幕墙，根据所提供资料，镀膜中空玻璃的传热系数为 2.8，遮阳系数为 0.69。为了弥补原幕墙的先天不足，采用电动百叶卷帘的活动外遮阳形式，减少了太阳辐射热进入室内以降低空调负荷，见图 3.52。

图 3.52　玻璃幕墙电动百叶外遮阳（左）、透明屋顶电动遮阳百叶（右）

3.5.4.3　盐城市某政府办公大楼遮阳改造

盐城市某政府办公大楼建筑面积 9 万 m²，对该工程进行局部节能改造。外窗采用加贴低辐射玻璃膜的方式进行遮阳改造，采用的膜层具有极低的表面辐射率，表面辐射率在 0.33 以下（普通玻璃的表面辐射率在 0.84 左右），见图 3.53。

图 3.53 玻璃贴膜遮阳改造

参 考 文 献

[1] 徐占发.建筑节能技术实用手册 [M].北京：机械工业出版社，2005.

[2] 中华人民共和国建设部.民用建筑热工设计规范 GB 50176—93 [S].北京：中国计划出版社，1993.

[3] 中华人民共和国建设部.绿色建筑评价标准 GB/T 50378—2014 [S].北京：中国建筑工业出版社，2014.

[4] 中国建筑科学研究院.公共建筑节能设计标准 GB 50189—2005 [S].北京：中国建筑工业出版社，2005.

[5] 中国建筑科学研究院.公共建筑节能改造技术规范 JGJ 176—2009 [S].北京：中国建筑工业出版社，2009.

[6] 建设部科技发展促进中心.外墙外保温工程技术规程 JGJ 144—2004 [S].北京：中国建筑工业出版社，2005.

[7] 中国建筑标准设计研究院.外墙内保温工程技术规程 JGJ/T 261—2011 [S].北京：中国建筑工业出版社，2012.

[8] 江苏省建设厅.江苏省建筑节能技术指南 [M].南京：冶金工业出版社，2008.

[9] 周岚，江里程.江苏省建筑节能适宜技术专业指南 [M].南京：江苏人民出版社，2009.

[10] 周岚，江里程.江苏省建筑节能示范工程案例集 [M].南京：江苏人民出版社，2009.

[11] 江苏省建筑节能技术中心.岩棉外保温应用技术规程苏 JG/T 46—2011 [S].南京：江苏科学技术出版社，2011.

[12] 江苏省建筑节能技术中心.发泡陶瓷保温板保温系统应用建筑技术规程苏 JG/T 042—2013 [S].南京：江苏科学技术出版社，2013.

[13] 江苏丰彩新型建材有限公司.保温装饰板外墙外保温系统应用技术规程 DGJ 32/T J 86—2009 [S].南京：江苏科学技术出版社，2009.

[14] 中国建筑科学研究院.建筑外墙外保温防火隔离带技术规程 JGJ 289—2012 [S].

[15] 齐康.绿色建筑设计与技术 [M].南京：东南大学出版社，2011.

[16] 江苏省建筑科学研究院有限公司.淤泥烧结保温砖自保温砌体建筑技术规程 DGJ 32/T J 78—2009 [S].南京：江苏科学技术出版社，2009.

[17] 江苏省建筑科学研究院有限公司.采选矿废渣页岩模数多孔砖建筑技术规程 DGJ 32/T J 101—2010 [S].南京：江苏科学技术出版社，2010.

[18] 江苏省建筑科学研究院有限公司.建筑反射隔热涂料应用技术规程苏 JG/T 026—2009 [S].南京：江苏科学技术出版社，2009.

[19] 江苏省住房和城乡建设厅科技发展中心.江苏省绿色建筑应用技术指南 [M].南京：江苏科学技术出版社，2013.

[20] 刘永刚等.既有办公建筑绿色改造技术研究与应用实践.国家十一五科技支撑计划项目——既有建筑综合改造

关键技术研究与示范项目交流会，2009 年 11 月．

[21]　吴志敏等．南京某科研楼节能改造应用技术研究 [J]．建筑节能，2009（6）．

[22]　吴志敏等．既有建筑外窗功能提升与绿色改造应用技术研究．国家十一五科技支撑计划项目——既有建筑综合改造关键技术研究与示范项目交流会，2009 年 11 月．

[23]　王仙民．屋顶绿化 [M]．武汉：华中理工科技大学出版社，2007．

[24]　财团法人，都市绿化技术开发机构．屋顶、墙面绿化技术指南 [M]．谭奇，姜洪涛译．北京：中国建筑工业出版社，1998．

[25]　沈春林，李伶．种植屋面的设计与施工 [M]．北京：化学工业出版社，2009．

[26]　吴锦华，王春彦．长三角地区轻质屋面绿化的技术问题及对策 [J]．金陵科技学院学报，2008（4）．

第二篇　结构与材料

第4章 结构改造与加固

随着社会、经济的发展，人们生产、生活方式发生了很大变化，因此对房屋的使用功能提出了更高的要求，许多既有办公建筑限于当时的经济条件和建筑技术制约，在功能和建筑装饰方面都已不再能满足当今时代的要求。目前，在全国城市中，还有相当数量于20世纪50年代至70年代及以后建成的低、多层房屋，占地面积大，土地利用率低。这些建筑的结构仍能承受静力荷载、生命周期并未终结，如拆除重建，势必造成巨大的经济损失，同时产生大量建筑垃圾，严重污染城市环境，既不科学也不现实。因此，结合加固对既有房屋建筑进行改造就成为解决供需矛盾的有效途径之一。

既有房屋的增层改造，既增加建筑的使用面积，又改善房屋的使用功能，并对存在质量隐患的原结构进行加固，实现向空中要房子、向旧房要面积的目标。在寸土寸金的城市里，节省下一笔数目可观的土地使用费，这对我国发展生产和改善人民生活水平具有极为重要的经济意义和社会效益。

既有建筑改造前应根据改造目的进行建筑结构的检测和鉴定；对已长期服役且改造后需保留的建筑非结构构件进行调查、评估，必要时进行专项检测。这里的建筑非结构构件是指建筑中除承重骨架体系以外的固定构件和部件，主要包括：1）非承重墙体；2）附着于楼面和屋面结构的构件、装饰构件和部件；3）固定于楼面的大型储物架等。

1. 检测应依据国家现行相关标准，按接受委托、资料收集与现场调查、制定检测方案、现场检测以及计算分析和结果评价等步骤进行。首先，在明确检测任务后，进行资料收集与现场调查工作，收集被检测结构的设计图纸、设计变更、施工记录、施工验收和工程地质勘查报告等技术文件。其次，在熟悉和了解工程设计文件的基础上，现场普查确定工程结构是否按图施工、实际尺寸与设计技术文件是否相符以及有无超载或明显劣化等情况，并开展目标工程结构的实际结构状况、缺陷、使用环境条件、使用期间的加固与维修情况以及使用功能及荷载变更等调查与勘查工作。再次，基于既有钢筋混凝土结构房屋资料收集与分析、现场调查工作结果，制定具有可操作性的检测方案。检测方案中，除明确工程结构现状调查结果外，最主要应提出检测项目与检测内容、检测方法与数量、所采用的检测设备与仪器等。应根据检测项目、检测目的、工程结构状况选择适宜的检测方法及抽样方案，采用适宜的检测设备与仪器，按检测方案，开展现场检测、取样或试件采集等，并做好检测记录。最后，对相关数据进行计算分析与整理，提出检测报告。结构现场检测工作程序如图4.1所示。

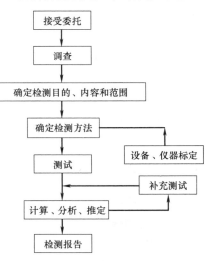

图 4.1　检测程序

2. 建筑物可靠性鉴定是对已有建筑或其结构的可靠性所进行的调查、检测、分析验算和评定以及提出结论和建议的一整套活动过程。其目的在于对已有建筑物的现状（包括损坏情况）、作用效应和结构抗力进行科学分析，使鉴定者和使用者心中有数，把建筑物管好、用好、维修好，延长使用寿命；同时也为建筑物的加固、改造提供可靠的技术依据，使之建立在科学的基础上。

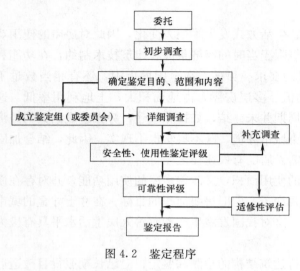

图 4.2　鉴定程序

民用建筑可靠性鉴定，通常可按图 4.2 所示的程序进行。该程序是根据我国民用建筑可靠性鉴定的实践经验，并参考了国外有关的标准、指南和手册所确定的，是一种常规鉴定的工作程序。执行时，可根据鉴定对象的具体情况，有些步骤（如补充调查、适修性评估等）可适当简化；若遇到复杂而又特殊的问题，则可进行必要的调整和补充。在下列情况下，应进行可靠性鉴定：

（1）建筑物大修前；

（2）建筑物改造或增容、改建或扩建前；

（3）建筑物改变用途或使用环境前；

（4）建筑物达到设计使用年限拟继续使用时；

（5）遭受灾害或事故时；

（6）存在较严重的质量缺陷或出现较严重的腐蚀、损伤、变形时。

可靠性鉴定的方法和内容应符合国家现行标准《民用建筑可靠性鉴定标准》[1] GB 50292 或《工业建筑可靠性鉴定标准》GB 50144 的规定；随着《中国地震动参数区划图》GB 18306—2015 即将实施，全国均为抗震设防区，故所有既有建筑改造都还应按照现行国家标准《建筑抗震鉴定标准》[2] GB 50023 或《工业构筑物抗震鉴定标准》GBJ 117 规定进行抗震鉴定。

根据鉴定结果，在多方案比选的基础上，选择加固作业量少的结构或构件加固方案，并应采用节材、节能、环保的加固技术。

4.1　混凝土结构房屋

4.1.1　结构检测[3]、[4]

4.1.1.1　结构构件现状调查

对既有混凝土结构外观特征开展现场勘查，总体掌握其使用状况。

1. 结构构件实际尺寸与偏差

2. 结构构件表面缺陷调查

（1）蜂窝：表面无水泥浆包裹、露出粗骨料、深度大于 5mm 且小于混凝土保护层厚度即为蜂窝。应按结构构件的类型抽查一定数量，检查方法为用钢尺或百格网量测外露石子面积。

（2）孔洞：无水泥浆包裹的粗骨料深度超过混凝土保护层厚度，但不超过截面尺寸 1/3 即为孔洞。可凿除孔洞周围松动石子，用钢尺量取孔洞面积与深度。

（3）露筋：若结构构件的钢筋外未包裹混凝土即为露筋。除了原始施工措施不利的原因之外，混凝土表层碳化、钢筋锈蚀膨胀等造成混凝土保护层脱落也可导致既有混凝土结构露筋。

3. 结构构件裂缝

既有混凝土结构通常带裂缝工作，但应判断其裂缝是否对工程结构构件的安全性造成了重要影响。可采用表格或图形的形式观察和记录结构构件上的裂缝位置、长度、宽度、深度、形态和数量。裂缝宽度可用读数放大镜、塞尺或裂缝宽度对比表检测；裂缝深度可采用超声法检测，必要时可钻取芯样验证；其余指标可用钢尺直接测量。对于仍处于发展过程中的裂缝应定期观察，掌握裂缝发展规律。若结构构件的裂缝宽度超过相关标准规定的最大限值要求，应分析混凝土裂缝的形成原因，尤其需注意由于超载、振动等原因产生的结构裂缝。

混凝土内部缺陷，可依据相关技术标准规定采用超声法、冲击反射法等非破损方法，必要时可采用局部破损方法对非破损的检测结果进行验证。

4. 结构构件实际变形

梁、板等混凝土结构构件的实际变形可直接反映其实际受力情况。对于梁、板等受弯构件，可采用激光测距仪、水准仪或钢丝拉线与钢尺量测相结合的方法实测出侧面弯曲最大处的变形。柱、屋架、托架梁以及墙板等的垂直度可用钢尺、经纬仪、激光定位仪、三轴定位仪或吊锤量测构件中轴线的偏斜程度。

5. 结构构件损伤

混凝土结构构件的损伤分为环境侵蚀损伤、灾害损伤、人为损伤、混凝土有害元素造成的损伤以及预应力锚夹具的损伤等。对于环境侵蚀，应确定侵蚀源、侵蚀程度和侵蚀速度；对于混凝土冻伤，应按相关标准规定检测判断冻融损伤深度、面积等；对于火灾等造成的损伤，应确定灾害影响区域和受灾害影响的构件，确定影响程度；对于人为的损伤，应确定损伤程度；对于预应力锚夹具损伤，宜区分预应力张拉工艺，判断预应力筋是否黏结等，计算分析预应力筋有效预应力的降低，以及由此造成的对预应力混凝土结构构件承载力、变形、裂缝控制的不利影响。

4.1.1.2　结构构件中钢筋性能或质量

为验算既有混凝土结构构件的承载力，需按原始设计文件、现场调查得到的工程结构现状进行验算。其中，由于钢筋埋置在混凝土结构构件中，需对钢筋材质、配筋数量、规格以及锈蚀程度等进行检验。

1. 钢筋材质检验

既有混凝土结构构件中钢筋，主要应明确其规格、型号、种类、数量、直径、抗拉强度和锈蚀程度。

2. 钢筋配置数量与保护层厚度

埋置在混凝土中的钢筋属于隐蔽项目，全部凿开保护层对钢筋配置情况进行检测显然是不现实的。目前，国内外已发展了较多的钢筋定位设备，且在既有混凝土结构检测中得到了大量应用。对于常规混凝土保护层厚度混凝土梁，若采用单排布置纵筋，采用钢筋定位设备可清晰地识别出纵筋、箍筋位置及间距，且能给出混凝土保护层厚度；若采用多排纵筋，宜采用局部凿除混凝土保护层厚度的方法确定纵筋用量。对于混凝土板，可区分负弯矩区和正弯矩区，在凿去装饰层后，直接确定板中受力筋位置及相应的保护层厚度。对于混凝土柱，可实测外排纵筋位置及箍筋间距等。

3. 混凝土碳化深度

既有混凝土工程结构的使用寿命，可依据建筑物的使用年限、碳化深度及混凝土保护层厚度进行推测。对长期暴露于空气中的混凝土受到空气、水等综合作用而出现的碳化，可在构件表面成孔 15mm，清理孔洞内碎屑后，立即将浓度为 1% 的酚酞酒精注入孔洞内壁边缘，用钢尺量测自混凝土表面至孔洞内部未变为红色的有代表性的交界处，该值即为混凝土碳化深度。

4. 钢筋锈蚀

既有混凝土结构构件保护层碳化后，受力钢筋外的钝化膜将逐步遭到破坏，在水汽、空气的作用下，钢筋将出现锈蚀。锈蚀层的体积将膨胀 2～6 倍，混凝土结构构件会很容易沿钢筋纵向出现表层裂缝，又加快钢筋锈蚀。钢筋锈蚀后，有效受力面积减小，钢筋与混凝土之间的黏结强度降低，直接降低结构构件的承载力。

检测混凝土结构中受力筋锈蚀情况，可采用直接观测法和自然电位法。

4.1.1.3　结构混凝土强度

既有工程结构混凝土强度一般仅检测抗压强度，根据检测作用原理，一般分为表面硬度法、微破损法、声学法、射线法、取芯法和相关综合法。具体而言，主要有回弹法、超声法、超声回弹综合法、后装拔出法及钻芯法等。

4.1.1.4　结构构件性能的实荷检验

需开展综合改造的既有混凝土结构原始设计、施工技术资料缺失或不全，或需对工程结构加固后的承载力、刚度或抗裂性能进行检验时，需进行结构构件的荷载试验。

荷载试验一般是针对受弯构件进行，且应根据检测目的和要求，确定测试区域，在测试区域内施加测试荷载。应区分承载力、刚度、抗裂等不同测试目的，确定测试荷载形式和大小。使用性能的检验主要用于验证结构或构件在规定荷载作用下会不会出现过大的变形和损伤，结构或构件经过检测后必须满足正常使用要求；承载力检验主要用于验证结构或构件的设计承载力；破坏性检验主要用于确定结构或模型的实际承载力。构件性能检测的测试荷载分级、施加方法和量测方法，应根据设计要求以及构件实际情况确定。

4.1.2　鉴定

4.1.2.1　可靠性鉴定[1]

从鉴定的层次来讲，民用建筑可靠性鉴定依次分为构件的可靠性鉴定、子单元的可靠性鉴定和鉴定单元的可靠性鉴定；每个层次的鉴定又均分为安全性鉴定和正常使用性鉴定；每一层次分为四个安全性等级和三个使用性等级。

1. 构件安全性及使用性鉴定

混凝土结构构件的安全性鉴定，应按承载能力、构造以及不适于承载的位移（或变形）和裂缝（或其他损伤）等四个检查项目，分别评定每一受检构件的等级，并取其中最低一级作为该构件安全性等级。

混凝土结构构件的使用性鉴定，应按位移（变形）、裂缝、缺陷和损伤等四个检查项目，分别评定每一受检构件的等级，并取其中最低一级作为该构件使用性等级。

2. 子单元安全性及使用性鉴定

民用建筑安全性和使用性的第二层次鉴定评级，应按地基基础（含桩基和桩，以下同）、上部承重结构和围护系统的承重部分划分为三个子单元。若不要求评定围护系统可靠性，也可不将围护系统承重部分列为子单元，而将其安全性鉴定并入上部承重结构中。

3. 鉴定单元安全性及使用性评价

民用建筑鉴定单元的安全性和使用性鉴定评级，应根据其地基基础、上部承重结构和围护系统承重部分等的安全性和使用性等级，以及与整幢建筑有关的其他安全和其他使用功能问题进行评定。

4. 可靠性评级

民用建筑的可靠性鉴定，应按《民用建筑可靠性鉴定标准》GB 50292 划分的层次，以其安全性和使用性的鉴定结果为依据逐层进行。

5. 适修性评估

在民用建筑可靠性鉴定中，若委托方要求对 C_{su} 级和 D_{su} 级鉴定单元，或 C_u 级和 D_u 级子单元（或其中某种构件集）的处理提出建议时，宜对其适修性进行评估。

4.1.2.2　抗震鉴定

《中国地震动参数区划图》GB 18306—2015 将于 2016 年 6 月 1 日实施，届时全国均为抗震设防区，故所有既有建筑改造都还应按照现行国家标准《建筑抗震鉴定标准》GB 50023 或《工业构筑物抗震鉴定标准》GBJ 117 规定进行抗震鉴定。

4.1.3　结构改造[4]

混凝土结构办公建筑的功能改造主要包含小柱网框架结构房屋空旷化改造，剪力墙结构房屋钢筋混凝土墙后设门窗洞口改造等内容。其中，小柱网房屋的空旷化改造主要涉及抽柱、后置梁、相关边柱加固以及边柱基础加固等内容；剪力墙结构钢筋混凝土墙后设门窗洞口改造主要涉及结构整体性分析、洞口后置边框、开洞等内容。

4.1.3.1　小柱网房屋的空旷化改造

小柱网房屋的空旷化改造，一般针对房屋底层因功能改变需改造为大厅或顶层改造为会议室等大空间而进行。

首先需对既有框架结构的相关梁、柱、基础等进行计算分析并采取相关的加固措施。一般以在待抽柱顶设置双梁的方法跨越该柱相关的两个跨度，为减小梁高，可在原梁的两侧分别增加两道预应力梁。新增梁截面应紧贴原柱两侧，与原梁一体化浇筑，梁顶可与板下皮平齐。为使新增截面与原截面协同工作，沿梁长布设一定间距、直径的抗剪销筋。

为使后置双梁的支承边柱能将新增加轴力有效地传递给下部各层边柱及基础，并满足房屋功能改造后的要求，需对相关边柱进行加固，加固范围应依据实际情况计算确定。新增柱截面位于原柱两侧，且应沿柱高设置一定间距、直径抗剪销筋，以保证加固柱新旧混凝土协同工作。对于顶层房屋空旷化改造，新增柱可仅延伸至顶层以下的某层，为承托加固柱，宜在该屋顶设置牛腿，其顶面与两侧新增柱截面相同，并使后置柱纵筋伸入牛腿满足锚固要求，牛腿与柱浇为一体。

应对相关边柱的基础底面积、配筋等进行核算，若不满足要求，可结合现场实际情况采用加大截面法等对基础进行加固，但需注意保证后浇混凝土与原基础的可靠连接，使二者协同工作。

4.1.3.2　剪力墙结构混凝土墙后设洞口改造

在钢筋混凝土剪力墙上后设洞口可满足剪力墙结构房屋或框架-剪力墙结构房屋房间布局调整的需要。

首先应根据现场实测的混凝土强度、结构配筋情况、钢筋强度等，综合考虑房屋已使用年限，按现行相关技术标准和技术政策等，对房屋结构在墙体开洞前、后进行整体性分析，着重考察开洞前后结构侧向刚度、周期等参数变化情况，使结构在水平荷载下结构满足相关标准要求，并以此为依据确定墙体开洞的位置、数量。然后，对开洞后置边框，一般可采用在洞口周边后置钢筋混凝土梁、柱形成边框，后置边框可采用植筋技术与混凝土墙形成整体。最后，采用静力拆除的方法对边框内的墙体混凝土进行切割。

4.1.4　增层与扩建[4]

混凝土结构房屋增层改造主要包括直接增层和套建增层。其中，直接增层主要应保证新增结构与原结构有效、可靠连接，可采用植筋（或钢套连接）等方法增高原竖向结构构件，直接增层的层数、原基础计算分析与加固、增层后结构整体分析等是需要解决的关键问题。

套建增层改造必须在充分论证的基础上进行，且原则上应能保证在套建增层施工过程中原房屋的正常使用，对既有房屋进行套建增层改造应尽可能实现结构受力与施工措施的一体化，经套建增层改造的房屋结构的安全性、耐久性和适用性原则上不低于现行设计标准。

套建增层方式可分为与既有房屋完全分离的分离式套建增层和新增竖向荷载传递上与原结构分离、水平作用与原结构共同工作的协同式套建增层两类。应综合考虑结构合理性、既有房屋使用情况、经济性等多种因素，选用套建增层方式。

套建增层常用的结构型式主要有外套规则框架、外套巨型框架、外套新型预应力混凝土框架等。

套建增层预应力混凝土框架柱仍可采用普通钢筋混凝土框架柱。为使结构受力与施工过程一体化，套建增层结构一层顶框架梁采用内置钢桁架预应力混凝土组合框架梁，通过在（预应力）钢桁架下侧挂底模，并以底模为支承设置侧模，来实现在浇筑混凝土过程中由（预应力）钢桁架承担梁自重和施工荷载。待混凝土达到设计强度等级值的75%以上时，张拉梁体内曲线布置的预应力筋，形成预应力钢桁架—混凝土组合框架梁。套建增层结构一层顶的次梁采用内置钢箱—混凝土组合梁，内置钢箱可由二槽钢对焊而成。通过在钢箱下侧挂底模，并以底模为支承设侧模来实现施工过程中由钢箱来承担次梁自重和施工荷载，在使用阶段内置钢箱与其外围钢筋混凝土以组合梁的形式开展工作。板为普通混凝土板，但垂直于次梁内置钢箱焊接槽钢作主楞，在主楞上布置木方作次楞，在次楞上铺放板底模，这样在施工过程中板的荷载直接传给次梁。

4.1.5 结构加固技术及选用原则

钢筋混凝土结构加固技术根据加固方法可分为两大类：第一类以"提高构件抗力"为主的直接加固方法，改善和提高结构构件性能（提高构件承载力、增大构件刚度），适用于针对局部构件进行有效加固，一般有增大截面加固、增补钢筋加固、置换混凝土加固、外包型钢加固、粘贴纤维复合材加固、外粘钢板加固、钢丝绳网—聚合物砂浆外加层加固等；第二类是"减小构件荷载效应"的间接加固方法，主要是改变结构受力体系，调整结构传力途径和结构体系，改善结构的整体性能和受力状态，从而达到加固的目的，如平面结构改为空间结构、增设支点，减少受力构件的计算长度、简支体系改为连续梁体系、铰接支承改为刚性支承等。

4.1.5.1 混凝土表层缺陷修补技术[4]

在对既有混凝土房屋结构检测鉴定后，发现混凝土构件表面缺陷需进行修复与补强。

混凝土表层蜂窝往往出现在钢筋最密集或混凝土难以振捣密实的部位。若板、梁、柱的受压区存在蜂窝，会影响构件的承载力；而受拉区存在蜂窝会影响其刚度和抗裂性，容易使钢筋锈蚀，从而影响构件的承载力和耐久性；柱、墙的内部存在蜂窝，则将导致结构失稳甚至倒塌；防水混凝土中存在蜂窝则将造成渗水、漏水等问题。修复补强时要从出现蜂窝的各个侧面凿去疏松浮浆，清水洗净后，填补高于原设计强度的混凝土。对于孔洞，应将孔洞边缘所有疏松的混凝土清除，并用清水清洗，充分湿润，然后在孔洞内填充高于原混凝土强度等级一级的细石混凝土，并注意振捣和加强养护。

露筋影响钢筋与混凝土的黏结力，易使钢筋生锈，损害构件的抗裂性和耐久性。处理时，可将外露钢筋上的混凝土残渣和铁锈清理干净，用清水冲洗湿润，再用聚合物砂浆或环氧砂浆抹压平整；如露筋较深，则应将薄弱混凝土剔除，用高于原设计强度等级的细石混凝土填充振捣密实、加强养护。

对上述表层缺陷处理时采用的细石混凝土，可依据工程具体情况采用灌浆料拌制或常规方法拌制两种。

4.1.5.2 混凝土结构构件裂缝修补技术[4]

对既有混凝土结构房屋检测鉴定后发现的裂缝，应根据其发生的原因、裂缝基本状况、发展趋势等，采取相应的修复补强措施，以保证结构构件正常使用性能和耐久性。一般可采用压力灌浆法对内部及表层裂缝进行封闭，恢复结构构件的整体性，改善结构的安全性和耐久性，并可修补防水防渗要求高的混凝土结构构件。对于结构承载力不足而引起的裂缝采取封闭处理，还应结合其他补强措施，保证结构的安全性。

压力灌浆法是采用压力灌浆设备将低黏度、高抗拉强度灌浆材料注入混凝土构件裂缝中，在浆液充分扩散、胶凝、固化后，达到黏结裂缝、恢复混凝土结构构件整体性的目的。采用的化学浆液一般可灌入的裂缝宽度不小于 0.05mm，浆液抗拉强度可大于

30MPa，凝结时间可通过固化剂掺量控制，且能在干燥或潮湿等不同环境下固化。既有混凝土结构的压力灌浆一般按裂缝处理、粘贴灌浆嘴、封缝密封检查、配置浆液、灌浆、封口以及检查验收等步骤进行。对小于 0.3mm 的细裂缝，可用钢丝刷等工具，清除裂缝表面的浮渣及松散层等污物，然后再用毛刷蘸甲苯、酒精等有机溶液，将裂缝两侧 20～30mm 处擦洗干净并保持干燥；对大于 0.3 mm 的较宽裂缝，应沿裂缝用钢钎或风镐凿成"V"形槽，凿槽时先沿裂缝打开，再向两侧加宽，凿完后用钢丝刷及压缩空气将碎屑粉尘清除干净（也可沿缝宽 200mm 表面采用环氧浆液封闭，其中沿缝 20～30mm 采用环氧胶泥封闭）。封缝应根据不同裂缝情况及灌浆要求确定封闭方法，粘贴灌浆嘴，然后通气试压，检查密封状况。浆液配置应按照裂缝的宽度、长度、深度、走向以及贯穿情况，采用不同浆液的配比及配置方法，一次配备数量需按浆液的凝固时间及进浆速度来确定。化学浆液的灌浆压力为 0.2～0.4MPa，水泥浆液的灌浆压力为 0.4～0.8MPa，且压力应逐渐升高，防止骤然加压，达到规定压力后，应保持压力稳定。待缝内浆液达到初凝而不外流时，可拆下灌浆嘴，再用环氧树脂胶泥或渗入水泥的灌浆液把灌浆嘴处抹平封口。灌浆结束后，应检查补强效果和质量，发现缺陷应及时补救，确保工程质量。

4.1.5.3 增大截面加固技术

增大截面法基本思路是采用同种材料对既有混凝土结构的相关结构构件增大截面面积以提高承载力，并满足新条件下正常使用要求的方法。

采用增大截面法加固后的结构构件新增部分与旧有部分的结合面受力复杂，结合面的剪应力和拉应力由新旧混凝土的黏结强度、贯穿结合面的锚固钢筋等承担，在进行设计计算时，应保证构造上有足够的贯穿结合面的抗剪钢筋，确保结合面能有效传力。对于不同的结构构件应采取相应的措施，一般可用焊接短筋连接或弯起短筋连接，使新增纵筋与原结构纵筋相连，也可在原箍筋下焊接 U 形箍或锚接 U 形箍使新旧结构连为一体。

增大截面法中的新增受力钢筋，应依据受弯、轴压、偏压等不同受力状况，依据加固后结构构件正截面承载力方程确定，但应注意不同的受力状况以及是否存在二次受力等，以此对材料强度进行折减。尤其需注意的是，新增受力纵筋应根据不同的情况采取合理可靠的锚固措施。一般框架柱中的新增纵筋下部延伸至基础，向上则在整个加固范围内通长，并延伸至加固层楼板表面弯折后焊接。对于梁中新增纵筋，可采用植筋技术与框架柱、墙等原结构连接。墙的钢筋网原则上应连续穿墙、楼板，不得断开，但为降低钻孔施工工作量，也可采取集中配筋穿孔连接或在穿墙、过楼板处后置角钢，并将钢筋网与角钢焊接等方法。

为保证增大截面后的新旧混凝土结合面强度，应对既有结构构件表面进行凿毛清洗，并涂刷界面结合剂，所浇筑的混凝土应满足正截面承载力计算要求，且具有收缩小、黏结性能优良等性能，必要时可采用喷射混凝土。

本方法特点是工艺简单、适用面广、加固效果好、新旧加固断面结合紧密、经济，能广泛适用于梁、板、柱、屋架构件等的加固，缺点是现场湿作业工作量大、养护期长，截面增加，会减少使用空间，对层间净高、结构外观等有一定影响。

4.1.5.4 置换混凝土加固技术[5]

置换混凝土加固法是在置换部位结合面得到有效处理后，采用强度等级比原构件混凝土提高一级且不低于 C25 的混凝土置换相关部位的旧混凝土，使置换混凝土加固后的结构构件有效工作。一般需将原结构构件中的破损混凝土凿除至密实部位，适用于承重构件受压区混凝土强度偏低或有严重缺陷的局部加固。在对受弯构件进行置换加固时，应对原构件加以有效的支顶，当采用本方法加固柱、墙等构件时，应对原结构、构件在施工全过程中的承载状态进行验算、观测和控制，置换界面处的混凝土不应出现拉应力，若控制有困难，应采取支顶等措施进行卸荷。

进行轴压构件设计计算时，加固结构构件的正截面承载力应依据施工过程的卸荷情况，对置换后的新混凝土强度进行折减。进行受弯及偏压构件设计计算时，其正截面承载力应依据置换深度与截面受压区的高度分为两种情况：当置换深度不小于截面受压区高度时，可按 GB 50010[6] 的相关规定直接计算；当置换深度小于截面受压区高度时，则应对相关材料强度设计值进行折减后计算。

为保证新旧混凝土协调工作，并避免在局部置换的部位产生"销栓效应"，置换混凝土的强度等级也不宜过高，一般以提高一级为宜。混凝土的置换深度，板不应小于40mm；梁、柱不应小于 60mm；用喷射混凝土施工时，不应小于 50mm，且应分层成型。置换长度应按缺陷检测及验算结果确定，但两端应分别延伸不小于 100mm。置换部分应位于构件截面受压区内，且应根据受力方向，将有缺陷混凝土剔除；剔除位置应在沿构件整个宽度的一侧或对称的两侧，不允许仅剔除截面的一隅。其实施步骤主要有支撑设置、卸荷、剔除局部混凝土、界面处理、浇筑或喷射混凝土等。

4.1.5.5　外加预应力加固技术

预应力加固法是通过合理设置预拉应力的拉杆和预压应力的撑竿，产生与外载效应相反的等效荷载，并有效提高待加固构件抗力和使用性能的措施和方法。

为提高构件承载力，混凝土梁、板等受弯构件可采用水平的预应力补强拉杆、下撑式预应力补强拉杆以及两者结合的混合式预应力补强拉杆等加固法。一般当梁、板跨中受弯强度不足而斜截面上抗剪强度足够时，可根据具体情况选用任何一种方法。当梁、板支座附近斜截面抗剪强度不足时，则应采用下撑式和混合式预应力拉杆。承载力增加较小时可采用水平的或下撑式拉杆，要求补强加固后承载力提高较大时宜采用混合式预应力拉杆。双侧预应力撑竿可用于轴心受压及小偏压构件加固，单侧撑杆适用于受压钢筋配置不足或混凝土强度过低而弯矩不变号的大偏心受压构件加固。

预应力加固法的设计计算，首先应着重分析加固前后荷载变化、内力变化，使预应力拉杆或撑竿的截面面积满足承载力要求，且在设计计算时应充分考虑拉杆及撑竿的预应力损失，并应依据拉杆与原结构构件之间的锚固构造，充分考虑二阶效应的影响。

预应力拉杆或撑杆与既有混凝土结构构件的合理构造连接是预应力加固法实施的关键。可采用钢靴、钢套、钢板箍等方法使预应力拉杆合理锚固于梁式结构构件端部。当在设计计算中已充分考虑预应力拉杆的二阶效应影响时，预应力拉杆与梁式构件的连接点无须设置过密，反之则应在构件内设置合理间距的 U 形箍焊接或锚接拉杆。采用手动螺栓横向张拉预应力撑竿前应使撑杆弯成弓形，张拉位置的角钢等型钢应剖口，张拉后，对剖口后的型钢截面用相同截面面积的钢板补焊。

预应力拉杆或撑竿的锚固件与原结构构件的连接应符合 GB 50367[6] 的有关规定。预应力撑杆与加固构件之间应灌入结构胶，保证二者共同受力。

当采用外加预应力方法对钢筋混凝土结构、构件进行加固时，其原构件的混凝土强度等级应基本符合现行国家标准《混凝土结构设计规范》GB 50010 对预应力结构混凝土强度等级的要求，不应低于 C25。

采用本方法加固的混凝土结构，其长期使用的环境温度不应高于 60℃。

4.1.5.6　外粘型钢加固技术

外包钢加固法是采用结构胶作为黏结材料将角钢等型钢外包于构件角部的加固方法，其基本思路是用结构胶（或灌浆料）将角钢等型钢外包粘贴在混凝土构件的表面，主要利用型钢抗拉与抗压性能，以及胶液黏结强度，使型钢与原混凝土构件能协同工作，达到增强构件承载力及刚度的目的。该方法适用于使用上不允许显著增大原构件截面尺寸，但又要求大幅度提高其承载能力的混凝土结构梁、柱的加固。

框架结构采用外包钢加固时，应采取合理可靠措施处理好节点区。框架柱的外包型钢应通长设置，其下端应伸入基础，中间穿过各层楼板，上端应延伸至加固层的上层楼板底面；框架梁的外包型钢难以连续通过梁柱节点，应在相应位置的柱上设置加强型钢箍和附加受力筋，以与梁的外包型钢焊接为一体，后置的型钢箍和附加受力筋的总面积不应小于梁的外包型钢面积；梁柱四角的外包型钢上应焊接一定间距、一定厚度和宽度的扁钢箍形成骨架。在设计计算外包钢轴心受压构件时，考虑二次受力影响，应对外包型钢强度设计值进行折减；对于外包钢偏心受压构件的受压肢型钢，应考虑应变滞后作用，对于受拉肢型钢，应考虑其与原结构间的黏结传力影响。对于钢筋混凝土梁外包钢加固，宜在卸除活荷载的基础上进行，进行正截面承载力计算时，若有二次受力影响，应在受拉型钢强度取值中体现。该加固方法的实施步骤主要有混凝土表面处理、钢材粘接面的除锈和粗糙处理、包钢构件制作安装、采用结构胶封缝灌浆等。

外黏型钢加固一般用于环境温度不超过 60℃，相对湿度不大于 70% 且无化学腐蚀的地区。

4.1.5.7　粘贴纤维复合材加固技术

大量的研究表明[7]、[8]，外贴 FRP 加固钢筋混凝土构件能很好地改善构件的抗弯、抗剪等性能。

采用粘贴纤维复合材加固混凝土结构时，应通过配套黏结材料将纤维复合材粘贴于构件表面，使纤维复合材承受拉力，并与混凝土构件协调受力。在梁、板构件的受拉区粘贴纤维复合材进行抗弯承载力加固，纤维方向宜与加固处的受拉方向一致；采用封闭式粘贴、U 形粘贴或侧面粘贴对梁、柱构件进行受剪加固，纤维方向宜与受拉方向一致。为了减少二次受力引起的应力、应变滞后程度，加固时应采取措施卸除或大部分卸除作用在结构上的活荷载。

在进行承载力计算时，钢筋和混凝土材料宜根据检测得到的实际强度，按国家现行有关标准确定其相应的材料强度设计指标。纤维复合材的材料强度、弹性模量、极限拉应变等物理力学指标应根据相关标准取用。受弯加固和受剪加固时，被加固混凝土结构和构件的实际混凝土强度等级不应低于 C15，且混凝土表面的正拉黏结强度不得低于 1.5MPa。加固后截面相对受压区高度应满足限值要求，且加固后的受弯承载力提高幅度不宜超过

40%，对受弯加固的构件尚应验算构件的受剪承载力，避免受剪破坏先于受弯破坏发生。

当纤维复合材粘贴于梁侧面的受拉区进行受弯加固时，粘贴区域宜在距受拉区边缘1/4 梁高范围内。对梁、板正弯矩区进行受弯加固时，纤维复合材宜延伸至支座边缘。在集中荷载的作用点两侧宜设置构造的纤维复合材 U 形箍和横向压条。当纤维复合材延伸至支座边缘仍不满足延伸长度要求时，对于梁可采取在适当位置设置厚度、数量、间距符合相关规定的 U 形箍锚固措施，对于板则在纤维复合材延伸长度范围内应通长设置垂直于受力碳纤维方向的压条，压条厚度、间距、宽度等应符合有关规定。

对梁、板负弯矩区进行受弯加固时，纤维复合材的截断位置距支座边缘的延伸长度应根据负弯矩分布确定，且对板不小于 1/4 跨度，对梁不小于 1/3 跨度。当采用纤维复合材对框架梁负弯矩区进行受弯加固时，应采取可靠锚固措施与支座连接。当纤维复合材需绕过柱时，宜在梁侧 4 倍板厚范围内粘贴。当沿柱轴向粘贴纤维复合材对柱的正截面承载力进行加固时，纤维复合材应有可靠的锚固措施。

采用纤维复合材对钢筋混凝土梁、柱构件进行受剪加固时，纤维复合材的纤维方向宜与构件轴向垂直；应优先采用封闭粘贴式，也可采用 U 形粘贴、侧面粘贴。当纤维复合材采用条带布置时，其净间距不应大于现行国家标准《混凝土结构设计规范》GB 50010规定的最大箍筋间距的 0.7 倍，且不应大于梁高的 0.25 倍；U 形粘贴和侧面粘贴的粘贴高度宜取构件截面最大高度。对于 U 形粘贴形式，宜在上端粘贴纵向纤维复合材压条；对侧面粘贴形式，宜在上、下端粘贴纵向纤维复合材压条。

当纤维复合材沿其纤维方向需绕构件转角粘贴时，构件转角处外表面的曲率半径不应小于 20mm。纤维复合材沿纤维受力方向的搭接长度不应小于 100mm。当采用多条或多层纤维复合材加固时，各条或各层纤维复合材的搭接位置宜相互错开。

当加固的受弯构件为板、壳、墙和筒体时，纤维复合材应选择多条密布的方式进行粘贴，不得使用未经裁剪成条的整幅织物满贴。

采用本方法加固的混凝土结构，其长期使用的环境温度不应高于 60℃。

4.1.5.8　粘贴钢板加固技术

粘贴钢板加固法是在混凝土结构构件表面用结构胶粘贴钢板，以提高结构构件承载能力的加固方法，适用于对钢筋混凝土受弯、大偏心受压和受拉构件的加固。被加固的混凝土结构构件，其现场实测混凝土强度等级不得低于 C15，且混凝土表面的正拉黏结强度不得低于 1.5MPa。采用粘贴钢板对混凝土结构进行加固时，应采取措施卸除或大部分卸除作用在结构上的活荷载，且应将钢板受力方式设计成仅承受轴向力作用，粘贴在混凝土构件表面上的钢板，其表面应进行防锈处理。加固时应考虑适用环境温度、周围介质情况以及表面是否有防火要求等因素，必要时需采取专门的防护措施。

采用粘贴钢板对梁、板等受弯构件进行加固时，除应遵守混凝土结构构件正截面承载力计算基本假定外，加固后的构件截面达到正截面受弯承载能力极限状态时，外贴钢板的拉应变应按截面应变保持平面的假设确定；当考虑二次受力影响时，应按构件加固前的初始受力情况，确定粘贴钢板的滞后应变；在达到受弯承载能力极限状态前，外贴钢板与混凝土之间不致出现黏结剥离破坏。受弯构件加固后的相对界限受压区高度应满足要求。

当混凝土受拉面加固的钢板需粘贴在梁的侧面时，粘贴区域应控制在距受拉边缘 1/4

梁高范围内。钢筋混凝土结构构件加固后,其正截面受弯承载力的提高幅度,不应超过40%,并且应验算其受剪承载力,避免受弯承载力提高后而导致构件受剪破坏先于受弯破坏。粘贴钢板的加固量,当采用厚度小于 5mm 的钢板时,对受拉区不应超过 3 层,对受压区不应超过 2 层。当采用厚度为 10mm 钢板时,仅允许粘贴 1 层。当采用钢板对受弯构件的斜截面承载力进行加固时,应粘贴成封闭 U 形箍或其他适用的 U 形箍,以承受剪力的作用。

当采用粘贴钢板加固大偏心受压钢筋混凝土柱时,应将钢板粘贴于构件受拉区,且钢板长向应与柱的纵轴线方向一致。当采用外贴钢板加固钢筋混凝土受拉构件时,应按原构件纵向受拉钢筋的配置方式,将钢板粘贴于相应位置的混凝土表面上,且应处理好拐角部位的连接构造及锚固。

对钢筋混凝土受弯构件进行正截面加固时,其受拉面沿构件轴向连续粘贴的加固钢板宜延长至支座边缘,且应在钢板的端部(包括截断处)及集中荷载作用点的两侧,设置 U 形箍(对梁)或横向压条(对板)。当粘贴的钢板延伸至支座边缘仍不满足延伸长度的要求时,对梁,应在延伸长度范围内均匀设置 U 形箍,且应在延伸长度的端部设置一道;U 形箍的粘贴高度宜为梁的截面高度,若梁有翼缘(或有现浇楼板),应伸至其底面;U 形箍的宽度、厚度及间距应满足构造要求。对板,应在延伸长度范围内通长设置垂直于受力钢板方向的钢压条;钢压条应在延伸长度范围内均匀布置,且应在延伸长度的端部设置一道。压条的宽度、厚度也应符合构造要求。

采用钢板对受弯构件负弯矩区进行正截面承载力加固时,支座处于无障碍时,钢板应在负弯矩包络图范围内连续粘贴;其延伸长度的截断点位于正弯矩区,且距正负弯矩转换点的距离不应小于 1m,对端支座无法延伸的一侧,尚应埋设带肋 L 形钢板进行注胶锚固。支座处虽有障碍,但梁上有现浇板时,允许绕过柱位,在梁侧 4 倍板厚范围内,将钢板粘贴于板面上,支座处的障碍无法绕过时,宜将钢板锚入柱内,锚孔可采用半重叠钻孔法扩成扁形孔,用结构胶将板埋入,其埋深应不小于 200mm。或采取机械锚固件予以增强。并在支座边缘处、受弯加固钢板截断处、L 形板与钢板或混凝土粘接的邻近部位等易剥离部位尚应加设横向压条或 U 形箍增强锚固。

当采用粘贴钢板对钢筋混凝土梁或大偏心受压构件的斜截面承载力进行加固时,宜优先选用封闭箍或加锚的 U 形箍,受力方向应与构件轴向垂直。封闭箍和 U 形箍净间距、粘贴高度应满足构造要求。U 形箍的上端应粘贴纵向钢压条予以锚固,当梁的高度 $h \geqslant$ 700mm 时,应在梁的腰部增设一道纵向腰间钢压板。

黏钢加固可采用加固钢板及混凝土表面涂刮膏状建筑结构胶的涂刮法黏钢,或先将加固钢板固定在混凝土上,将钢板与混凝土边缘密封后再向钢板与混凝土的间隙中压注流体状结构胶的灌注法黏钢施工工艺。

采用手工涂胶时,粘贴钢板宜裁成多条,且钢板厚度不应大于 5mm。采用压力注胶黏结的钢板厚度不应大于 10mm,且应按外黏型钢加固法的焊接节点构造进行设计。

采用本方法加固的混凝土结构,其长期使用的环境温度不应高于 60℃。

4.1.5.9 钢丝绳网—聚合物砂浆外加层加固技术

钢丝绳网—聚合物砂浆面层加固技术是钢丝绳网片通过黏合强度及弯曲强度优秀的渗

透性聚合物砂浆附着，与原来的混凝土形成一体，共同承担荷载作用下的弯矩和剪力。该方法需要对被加固构件进行界面处理，然后将钢丝绳网片敷设于被加固构件的受拉区域，再在其表面涂抹聚合物砂浆，如图 4.3 所示。其中钢丝绳是受力的主体，在加固后的结构中发挥其高于普通钢筋的抗拉强度。这里特别强调的是：钢丝绳网片安装时应施加预张紧力，预张紧应力大小取 $0.3f_{rw}$，允许偏差为 $\pm 10\%$，f_{rw} 为钢丝绳抗拉强度设计值。本加固方法适用于承受弯矩和剪

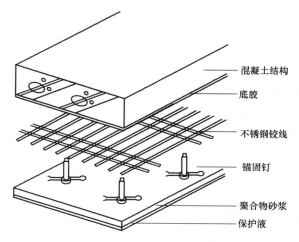

图 4.3　钢丝绳网—聚合物砂浆效果图

混凝土结构

底胶

不锈钢铰线

锚固钉

聚合物砂浆

保护液

力的混凝土结构构件的加固，降低被加固构件的应力水平，不仅加固效果好，而且还能较大幅度地提高结构整体承载力。

聚合物砂浆是一种既具有高分子材料的黏结性，又具有无机材料耐久性的新型混凝土修补材料，固化迅速，抗压强度、黏结强度和密实程度高，有良好的渗透性、保水性、抗裂性、高耐碱性和高耐紫外线性，它一方面起保护钢丝绳网片的作用，同时将其黏结在原结构上形成整体，使钢丝绳网片在任一截面上与原结构变形协调。在结构受力时通过原构件与加固层的共同工作，可以有效地提高其刚度和承载能力[9]。

钢丝绳网—聚合物砂浆面层加固的主要优点有：

1. 钢丝绳强度高，标准强度约为普通钢材的 5 倍，直径只有 3.0～5.0mm，聚合物砂浆面层厚度一般只有 25～35mm，因此加固后对结构自重影响小，同时基本不增加构件截面尺寸，不影响建筑原有使用空间。

2. 聚合物砂浆强度比较高，密实度高，具有渗透性，黏结性能很好，其抗压强度和抗折强度均比较好。

3. 聚合物砂浆冻融及耐久性好，它的力学性质与混凝土相近，具有渗透性，提高了长期黏结性能，能够长期很好地与被加固构件黏结为一整体共同工作。

4. 聚合物砂浆的收缩性小，减少了裂缝的产生，有效地防止二氧化碳侵入，可以预防混凝土碳化。

5. 所用钢丝绳和无机胶凝材料与钢筋混凝土同性、同寿命，均为传统意义上的常用建筑材料，其自身的防腐、防火性能良好，耐老化性能好。由于渗透性聚合物砂浆为无机材料，它不存在使用有机加固材料——结构胶进行诸如碳纤维加固、粘钢加固带来的老化、耐高温性能差的问题；不锈钢绞线和镀锌钢丝绳也不存在粘钢加固中钢材会腐蚀的问题，耐火、耐腐蚀性能好；渗透性聚合物砂浆密实度高，抗碳化和抗侵蚀性介质能力强。

6. 有效提高被加固构件的抗弯、抗剪承载力与变形能力，提高构件刚度。尤其是抗弯加固不仅可以显著地提高被加固构件的承载力，而且可以显著地提高被加固构件的刚度，这是碳纤维加固方法所不可比拟的。

7. 施工周期短，不需要大型机具和设备，在保证施工质量和无意外干扰的前提下，同样条件下所需时间不足目前国内大量应用的粘钢加固方法所需时间的 1/2，在施工组织较好的情况下 10 个工作日可以完成 1500m² 的工作量，是粘贴钢板施工工效的 2~3 倍。

8. 易于大规模机械化施工。在结构加固的过程中不影响建筑的使用，对被加固的母体表面没有平整要求，节点处理方便，可以加固有缺陷或承载力低的混凝土结构。

本法不适用于素混凝土构件，包括纵向受力钢筋配筋低于现行混凝土规范规定最小配筋率构件的加固；被加固构件现场实测混凝土强度推定值不得低于 C15，且混凝土表面正拉黏结强度不应低于 1.5MPa；钢丝绳网片应设计成仅受拉力作用；长期使用的环境温度不应高于 60℃；钢筋混凝土构件加固后，其正截面受弯承载力的提高幅度不宜超过 30％；当有可靠试验依据时，也不应超过 40％；并且应验算其受剪承载力，避免因受弯承载力提高后导致构件受剪破坏先于受弯破坏。

4.1.5.10　增设剪力墙加固技术

增设剪力墙加固法是在建筑物的某些位置加入一定数量的剪力墙，使结构由框架结构变为框架—剪力墙结构。它是利用新增钢筋混凝土墙体来承担主要的地震作用，减小结构变形。在多层建筑改造加固中，运用此方法可降低对梁、柱的抗震构造要求，不用在梁、柱上大做文章，不仅对建筑物进行了加固，提高结构抗震性能，而且还可大大减少繁杂的加固工程量。

图 4.4　格子型装配式剪力墙加固

运用该方法需注意增设剪力墙部位的选择以及剪力墙与原结构的连接方法[10]。常见适用于办公建筑绿色化改造的增设剪力墙加固方法主要有：现浇剪力墙（翼墙）加固、格子型装配式剪力墙加固（如图 4.4 所示）和轻板剪力墙加固。

1. 现浇剪力墙（翼墙）加固

目前对钢筋混凝土结构进行加固的最基本方法是增设钢筋混凝土现浇剪力墙（翼墙）。剪力墙宜设置在框架的轴线位置，翼墙宜在柱两侧对称位置，并在布置时尽可能使墙中线与梁、柱中线重合。增设翼墙后，梁跨度减小可能形成短梁，应注意翼墙上部梁的箍筋布置和梁端加密区的要求，防止地震时的剪切破坏。采用此方法时，需处理好新增墙体和原构件的连接。

2. 格子型装配式剪力墙加固

格子型装配式剪力墙是由若干个方格状的构件组合而成，杆件内部为设有钢板的混凝土组合构件，每个方格状构件的四角裸露钢板，用于构件之间的连接，如图 4.5 所示。这种网格状的剪力墙四周设有混凝土边框，其内部也配有钢板，剪力墙与边框应牢固连接[11]。这种新型装配式剪力墙有许多优点。首先，由于构件中使用了钢板，使得各构件具有较大的变形能力，增强了剪力墙的能量耗散能力，有利于剪力墙延性的提高。其次，加固施工工期较短。它的施工过程为：首先浇筑边框，然后在边框内安装方格状构件，最后使构件彼此之间连接牢固，因此施工方法比较简便。这种剪力墙在保证结构构件承载力、延性的同时，还尽量考虑到了工程的装饰、采光和通风效果，容易满足办公建筑的使用要求。

3. 轻板剪力墙加固

在结构内部增设现浇钢筋混凝土剪力墙现场施工湿作业大，且建筑物在短时间内无法使用。采用轻型板来替代现浇混凝土剪力墙，在一定程度上解决了这个问题。如图

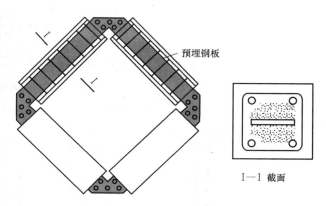

预埋钢板

I—I 截面

图 4.5　方格状构件详图

4.6 所示，这种轻型板配有单层钢筋网片，板的配筋见图 4.7 所示。施工时，在即将安装板的位置，先把梁上混凝土保护层凿开，植入锚筋，并与梁浇成整体；再把两块板面对面放在预定的位置上，使预留锚筋正好位于板的凹槽内。两块板中间用胶粘剂黏合，然后在板的凹槽内浇筑高强混凝土如图 4.8 所示。施工时，要注意锚筋与梁和柱的连接，连接质量务必可靠，以确保框架与剪力墙之间的协同工作。这样，一段剪力墙就完成了。按同样的方法并行排列多个剪力墙段，就形成了整片剪力墙。使用这种轻型板，可大大减轻剪力墙的自重，而且这种方法突出的优点是施工简便，施工过程中扰民情况较轻，施工工期短，无须房屋使用者长期离家。还有一种直接将钢板用作剪力墙的方法。施工过程为先将原框架柱的混凝土保护层凿开，植入锚筋，把钢板直接焊在锚筋上，然后在钢板外浇筑混凝土。这种方法同样具有上述优点，施工示意图及钢板的形状，如图 4.9 所示。

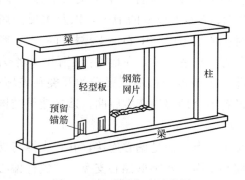

梁

柱

轻型板　钢筋网片

预留锚筋

梁

图 4.6　轻型板构造示意图

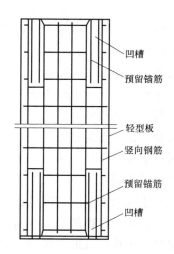

凹槽

预留锚筋

轻型板

竖向钢筋

预留锚筋

凹槽

图 4.7　轻型板配筋示意图

4.1.5.11　增设支撑加固技术

增设支点加固法是通过增设支承点，减少受弯构件计算跨度，达到减少作用在被加固构件上的荷载效应，提高结构承载水平的目的。该法简单可靠，通过增设支点以减小被加

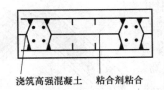

浇筑高强混凝土　粘合剂粘合

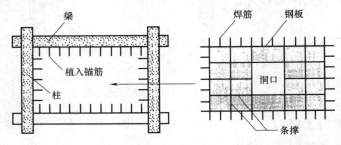

图 4.8　剪力墙构造示意图　　　图 4.9　钢板剪力墙施工示意图

固结构构件的跨度或位移，来改变结构不利受力状态，是一种传统的加固方法。

在既有建筑中增加钢支撑，使结构从纯混凝土框架结构变为混凝土—钢支撑结构。框架—钢支撑体系是一种经济有效的抗侧力结构体系，它的作用机理与钢筋混凝土框架—剪力墙结构体系基本类似，均属于共同工作结构体系。这种结构在水平荷载作用下，通过原结构和钢支撑的变形协调，形成双重抗侧力体系。

根据既有建筑结构特点选择合适的支撑设置，常见钢支撑种类有中心支撑框架（CBF）、偏心支撑框架（EBF）、消能支撑框架（BRB）和外支撑框架[12]。不同的支撑布置因素会产生不同的加固效果，包括布置的数量、位置和支撑杆件截面（比如单槽钢、单角钢、双角钢、双槽钢、H 形钢、箱型截面钢等）的选择。

中心支撑框架是钢支撑杆件的两端与混凝土框架梁柱节点连接，或一端连接于梁柱节点处，另一端与其他支撑杆件相交，即钢支撑杆件的轴线与梁柱节点的轴线交于一点。支撑杆件刚度较大，并不耗能，仅以提供附加刚度来改变地震力的分配，解决部分框架抗震承载力不足和层间位移较大的问题。中心支撑包括单斜杆中心支撑、十字交叉中心支撑、人字形中心支撑、K 字形中心支撑等，适用于抗震设防等级较低的地区，以及主要由风荷载控制侧移的多、高层建筑物，在地震区应用时应慎重考虑。中心钢支撑杆件的布置容易受门窗及管道布置部位的限制；框架节点本身受力、构造复杂，在地震作用下，水平力通过支撑杆直接作用在框架节点，产生的剪力可能引起节点处柱端或梁端的开裂和破坏；在水平荷载作用下，中心支撑杆件由于长细比的设置不合理容易产生屈曲，造成建筑结构抗侧刚度急剧下降，降低加固效果。

偏心支撑框架是支撑斜杆与梁、柱的轴线不交于一点，而是偏心连接，并在支撑与支撑之间形成"耗能"梁段。偏心支撑包括人字形偏心支撑、八字形偏心支撑、单斜杆偏心支撑等，适用于抗震设防等级较高的地区或安全等级要求较高的多、高层建筑。耗能梁段受力机理较复杂，同时承受拉弯剪复合作用，容易产生破坏；该种加固法是以梁破坏为代价，可修复性不好；耗能梁段与原框架结构的连接是否可靠，直接影响到力的传递，从而影响其耗能能力的发挥。

消能支撑框架是在框架柱间增设消能支撑，以吸收和耗散地震能量来减小地震反应，如图 4.10 所示。利用金属材料良好的滞回耗能特性，在受拉与受压时均能达到屈服而不发生屈曲。它主要由钢支撑内芯、外包约束构件以及两者之间所设置的无黏结材料或间隙三部分组成。适用于抗震设防等级较高的地区或安全等级要求较高、水平位移较明显的多、高层建筑，适应性强。耗能支撑内钢筋混凝土的箍筋配置较少或对端部的构造处理不当，其可能会较早开裂，减弱外包部分对核心钢支撑的约束作用，影响耗能支撑的受力性能；钢支撑与混凝土框架结构节点的连接能力直接影响钢支撑耗能性能的发挥。

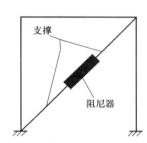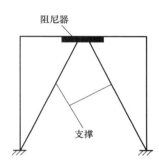

图 4.10　消能支撑加固办公建筑效果图

框架外支撑框架是在原框架结构边框外加设与之平行的钢框架，用后锚固件将两者连接牢固，钢筋混凝土框架结构受到的水平地震作用，通过框架节点、后锚固件传递到外接钢支撑，钢支撑利用其耗能能力来减小水平地震作用，如图 4.11 所示。框架外钢支撑加固具有布置灵活方便、使用功能不中断、施工周期短、空间占有少、对建筑物的功能影响较小等优点，适用于抗震设防较高的地区、安全等级要求较高或需要大幅度提高承载力和抗震能力的建筑加固。外接钢支撑与梁柱节点相连接处构造复杂，后锚固件同时承受弯矩、剪力作用，受力机理复杂；原结构边框与外加钢框架的连接对加固的效果有很大的影响，连接性能受很多因素（如施工质量、环境条件等）的影响。

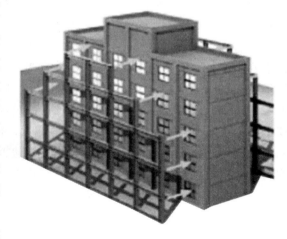

图 4.11　外贴钢框架

采用增设支撑加固框架结构时，应当注意满足如下要求：

1. 支撑的布置应有利于减少结构沿平面或竖向的不规则性；支撑的间距不宜超过框架抗震墙结构中墙体最大间距的规定；

2. 支撑的形式可选择交叉形或人字形，支撑的水平夹角不宜大于 $55°$；

3. 支撑杆件的长细比和板件的宽厚比，应根据设防烈度的不同，按现行国家标准《建筑抗震设计规范》GB 50011 对钢结构设计的有关规定采用；

4. 支撑可采用钢箍套与原有钢筋混凝土构件可靠连接，并应采取措施将地震作用可靠地传递到基础；

5. 新增钢支撑可采用两端铰接的计算简图，且只承担地震作用；

6. 钢支撑应采取防腐、防火措施。

在进行钢支撑加固设计中尚应注意以下问题：

1. 原结构增设支撑后，支撑所在的这榀框架的抗侧刚度将增大，在地震作用下将分配到更多的地震力。为防止支撑对混凝土结构的冲切破坏，支撑截面不宜过大，并且需要验算框架柱的轴向受压和受拉承载力，当不能满足要求时，需要对框架柱进行加固。最易用的方法是采用外包钢加固与支撑连接的柱和节点。在日本和我国台湾等地，已有的工程实例中往往采用带边框的钢支撑，即用一个封闭的抗侧力钢桁架，支撑的杆端力将由边框承担，不会对柱产生附加内力，它的作用类似新增一道剪力墙；

2. 原结构增设支撑后，需要验算支撑所在框架柱下的基础承载力，如果不足，需要加固基础。

4.1.5.12 消能减震技术[13]

消能减震是在结构的适当部位附加耗能减震装置，小震时减震装置如消能杆件或阻尼器处于弹性状态，建筑物仍具有足够的侧向刚度以满足正常使用要求；在强烈地震作用时，随着结构受力和变形的增大，让消能杆件和阻尼器首先进入非弹性变形状态，产生较大的阻力，大量地耗散输入结构的地震能量并迅速衰减结构地震反应。这样，极强地震能量的主要部分可不借助主体结构的塑性变形来耗散，而由控制装置来耗散，从而使主体结构避免进入明显的非弹性状态而免遭破坏。另外，控制装置不仅能有效地耗散地震能量，而且可改变结构的动力特性和受力性能，减少由于结构自振频率与输入地震波的卓越频率相近引起共振的趋势，从而达到减少结构的地震反应。例如采用消能支撑的结构，其结构频率的变化主要依赖于支撑体系刚度的改变（支撑体系刚度的改变可以通过耗能元件的变形来实现），而不同普通钢筋混凝土结构，其频率的变化是依赖于结构自身损伤引起的刚度变化。作为非承重构件，消能元件的损伤过程也是保护主体结构的过程。这种被动控制技术能兼顾抗侧刚度的提高和抗侧能力增大，特别是在大震时有效地减小地震能量的输入，明显地降低结构的侧移，达到控制结构地震反应的目的。该方法结构简单，无须外部能量输入和无特殊的维护要求，且对原有建筑布局影响甚小，故在公共建筑的抗震加固上应用前景广阔。北京饭店、北京火车站（图 4.12）、北京展览馆（图 4.13）和国家博物馆老馆改造（图 4.14、图 4.15）等工程中都有应用。

4.1.5.13 加固技术选用原则

1. 不采用国家和地方建设主管部门禁止和限制使用的建筑材料及制品。设计和施工时，要关注国家和当地建设主管部门历年向社会公布的限制、禁止使用的建材及制品目录，符合国家和地方有关文件、标准的规定；

2. 挖掘既有结构构件的潜力，在安全、可靠、经济的前提下，尽量保留、利用原有结构构件，如梁、板、柱、墙；

图 4.12　北京站采用的黏性流体阻尼器

图 4.13　北京展览馆采用的黏性流体阻尼器

图 4.14　国家博物馆消能支撑示意图　　　图 4.15　国家博物馆消能支撑的局部详图

3. 充分利用建筑施工、既有建筑拆除和场地清理时产生的尚可继续利用的材料；

4. 采用模板使用少、加固体积小的结构加固技术；宜选用钢材、预制构件等可再循环利用的材料进行加固；新增构件宜便于更换；

5. 采用生产、施工、使用和拆除过程中对环境污染程度低的材料；

6. 混凝土梁、柱、墙的新增纵向受力普通钢筋应采用不低于 400MPa 级的热轧带肋钢筋；

7. 合理采用高耐久性建筑结构材料，如高耐久性混凝土、耐候或涂覆耐候型防腐涂料的结构钢；

8. 尽可能采用建筑加固、改造的土建工程与装修工程一体化设计。尽量多布置大开间敞开式办公，减少分割；进行灵活隔断或方便分段拆除的设计；

9. 抗震加固方案应根据鉴定结果经综合分析后确定，以加强整体性、改善构件受力状况、提高结构综合抗震能力为目标；

10. 有条件时，优先采用消能减震、隔震等结构控制新技术；

11. 宜采用简约、功能化、轻量化装修。尽量减少使用重质装修材料，如石材等。采用轻量化的结构材料和围护墙、分隔墙、地面做法。必要时可拆除既有的砖围护墙和分隔墙，改为轻质材料。新加围护墙和分隔墙应采用轻质材料。鼓励使用工厂化预制的装修材料和部品。室内装修应围绕建筑使用功能进行设计，避免过度装修。

总之，加固方法的合理选用，应充分了解各种加固技术的原理和适用范围，例如加固设计中考虑静力加固与抗震（动力）加固受力特点的不同而采取不同的方法，具体工程具体分析，在整体计算和构件截面承载力验算的基础上，考虑新旧结构的连接构造要求和施工技术可实施性。一般来说，直接加固方法较为灵活，便于处理各类加固问题；间接加固法较为简便，对原结构损伤较小，便于今后的更换与拆卸，而且可用于有可逆性要求的保护建筑、文物建筑的加固与修缮。在加固设计中，应尽量使加固措施发挥综合效益，提高加固效率，尽可能地保留和利用原有结构构件，减少不必要的拆除和更换。

4.1.6　工程案例

4.1.6.1　工程概况

国家博物馆老馆建成于 1959 年 8 月，东西立面长 313m，南北立面长 149m，总建筑面积（不包括层高超过 2.2m 的地下室部分）为 6.5152 万 m^2，占地 5.13 万 m^2，如图 4.16，内部分为两个馆，即中国革命博物馆（甲区）与中国历史博物馆（乙区），两馆之中为中央大厅。整个平面由 23 个分区组成，内有大庭院三个：南、北院及中院，小庭院两个：东半部两侧各有一个服务院。主入口在西侧，面向天安门广场。正面柱廊两侧大墩标高为 39.88m，一般檐高为 26.50m，南北入口檐高为 29.30m。全馆大部分为 3 层，局部 4 层。底层层高 6m，首层、二层层高 9.5m，三层层高为 9.5m 或 4.5m。

此次博物馆改扩建，在维持天安门周边建筑群整体建筑风格不变的前提下，结合现有建筑功能整体布局局，对原外围部分建筑单体在保留基础上进行改造，如Ⅶ～Ⅺ区及Ⅻ、ⅩⅢ廊区保留，中间部分建筑单体进行拆除重建，如Ⅰ～Ⅵ区，见图 4.16。原有建筑单体结构形式均为现浇钢筋混凝土框架结构，各区段之间均设有 100mm 宽的变形缝，根据原结构布局情况，基础形式采用是条形联合基础。

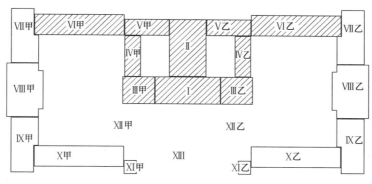

图 4.16 老馆平面示意图

4.1.6.2 原建筑存在主要问题

经过几十年的使用，博物馆老馆的外立面装饰材料已严重老化，粉刷空鼓，琉璃剥落。依据相关规范，通过检测单位对原结构的安全性和抗震性能进行检测评估，原结构主要存在以下问题：

1. 混凝土构件普遍存在不同程度的损伤，梁的裂缝最大宽度达到 1.5mm，板的裂缝最大宽度达到 2.3m；局部构件存在露筋和钢筋锈蚀现象，如图 4.17 所示。

2. 根据《建筑抗震鉴定标准》GB 50023—95 规定的判别标准，结合结构检测结果对原结构进行计算分析，表明原结构在规范规定的多遇地震作用下，多数梁、柱构件抗震承载能力不足；原结构抗侧刚度偏小，结构位移及变形远大于《建筑抗震设计规范》GB 50011—2001 的相关要求；各区间之间变形缝宽度仅为 100mm，不满足《建筑抗震设计规范》GB 50011—2001 第 6.1.4 条的相关要求。

3. 原有实心黏土砖隔墙抗震构造措施不能满足相关规范要求，且存在部分墙体灰缝不饱满、局部酥软掉渣现象。

图 4.17 原结构构件裂缝及钢筋锈蚀示意图

4.1.6.3 加固原则及绿色技术措施

1. 加固原则

对原结构存在问题的分析总结，表明原有建筑结构不能满足规范规定抗震要求。为贯彻绿色设计理念，充分考虑未来技术发展，最大限度地节约资源，根据建筑功能要求，结合工程现场实际情况，综合考虑选择加固方案和加固方法。由于对原有建筑外立面要求完整保护，结构加固方案采用仅在结构内部的加固方式；在加固方式方面，既要保证结构抗震安全，又要减少加固工程量，主要采用改变结构体系、增设黏滞阻尼器等加固方法；在加固材料方面，严格控制材料质量，采用无污染和可重复利用的材料，如钢材和钢丝绳网片—聚合物砂浆等。具体实施遵循如下原则：

（1）从既有建筑现状出发，依据现有规范和当前技术水平，制定了符合实际情况的加固目标，设计合理后续使用年限定为 30 年。既能使加固后的建筑物满足抗震要求，又可以使得在当前的工程手段下结构加固量控制在合理范围内，达到节约能耗的目的。

（2）选择合理加固方案达到预期加固效果。选择从结构整体入手，采用改变结构体系的加固方案，把原有柔性框架结构变为具有二重抗震防线的框架—剪力墙结构，以提高建筑物的综合抗震能力。加固后的框剪结构中地震作用大部分由新增剪力墙承担，原有框架结构地震作用大大减少，且框剪结构中框架部分抗震等级降低，使得原有框架梁、柱构件的加固量大幅度减少。

（3）尽可能采用钢材和钢丝绳网片—聚合物砂浆等可重复利用和绿色环保材料，并尽可能对建筑垃圾进行二次利用。

（4）充分挖掘既有结构构件潜力，减少加固工程量。对原有损伤的混凝土构件尽可能作修补，减少构件拆除重新浇筑的工作量。例如对存在裂缝的梁、板构件，根据裂缝的种类和大小进行修补。对钢筋外露锈蚀的情况考虑除锈及涂刷渗透型阻锈剂等措施，使原有损伤构件经过处理后仍能正常工作。

（5）对于地基基础部分，考虑到已使用近 50 年，上部结构未发现不均匀沉降裂缝，且此次改造过程中，原有厚重的砌体隔墙替换为轻质墙体，减少了上部结构重量。对于无新增加层，上部结构不增加的各区段，其地基基础原则上不进行加固处理，仅对基础构件出现混凝土酥散、漏筋等情况进行局部处理；对于乙区新增夹层部分，采取扩大基础底面积法进行补强。

（6）在具体设计过程中，考虑结构尽可能不扰动的原则，减少对原结构的处理措施。且在施工过程中强调安全、环保的施工方法，禁止对原结构的野蛮施工。确因建筑功能需要在原结构上开洞的，采用静力切割技术（该技术采用多种国内先进的金刚石锯切工具组合，进行切割，用流动的水进行冷却，是一种无振动、无污染、高效率、绿色环保的新工艺）。

2. 绿色技术措施

（1）加固材料：尽可能采用绿色无污染和可重复利用的加固材料。对原承载力不足的薄屋面板采用钢丝绳网片—聚合物砂浆进行补强；而对承载力不足的梁、柱构件，则采用粘贴可重复利用的型钢和钢板方法进行加固。

钢丝绳网片—聚合物砂浆外加层加固法具有以下几个优点：①材料中的聚合物砂浆渗透性好，后期可以和被加固混凝土材料完全黏结在一起共同工作，且材料性能与钢筋混凝土较为相似，具有一定的防火和防腐性能，满足结构对加固材料的耐久性要求。②施工中对原有结构影响小。基本上不改变结构外观形状尺寸，较好地维护了原有建筑和结构的原貌。③施工较为方便，操作简单。大大节约加固造价，并且适合在加固工程中狭小，操作空间不大的区域进行作业。④与其他加固方法相比，钢丝绳网片—聚合物砂浆具有良好的耐久性和耐高温性能，使得方法后期维修成本较低，且其材料多采用环保材料，对环境不造成污染，符合加固工程中对绿色理念的实施。

（2）卸荷及建筑废料利用：原有建筑隔墙采用的是黏土砖，由于原建筑层高较高，隔墙墙体基本比较厚重。此次改造过程中，对原有隔墙，除涉及天安门和长安街的外立面外，其余部位均替换为轻质墙体。这样，一方面减轻重量从而达到减小地震作用的目的，另一方面又实现了建筑节能、保温隔热和隔声改造需要。同时原结构内高大厚重的砖砌体分隔墙及部分围护墙拆除后，较好的黏土砖用于地下设备管沟侧墙的砌筑，其余拆除下来的砌体废料碾碎后用于室内地坪回填，从而节省材料并减少渣土运输。

（3）消能减震：此次改造加固过程中为防止影响建筑功能布局，在 X 区范围除可以在区域两端增设钢筋混凝土剪力墙外，其余部位均不允许布置剪力墙。针对此种情况设计中采用增设门式消能减震支撑的方式给结构提供附加阻尼，消耗地震能量，减小建筑的地震损伤。此种附加耗能支撑不承担竖向重力荷载，主要是用来抵抗水平地震作用，且在强地震作用下破坏后易于更换。既减少了混凝土加固工程量，又能达到结构抗震加固效果。

4.1.6.4　结构加固及节点设计

1. 结构加固

加固前各区段框架结构在 8 度多遇地震作用下，层间位移角为 $1/250 \sim 1/350$，结构抗侧刚度不足，远不能满足规范相关要求。针对各区具体情况，分别采用改变结构体系、增设消能支撑等加固方法，提高结构抗震能力。加固后结构层间位移角为 $1/1300 \sim 1/950$，均满足国家现行规范的要求。

下面以 X 区为例予以论述，加固平面图见图 4.18。

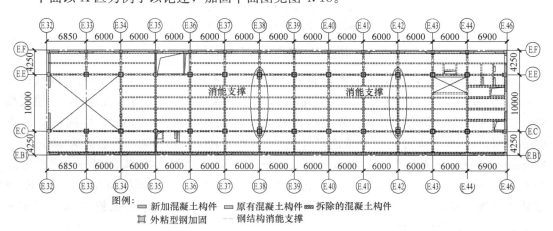

图 4.18　X区结构加固平面示意图

由于混凝土的不可回收特点，建筑中混凝土使用是评价绿色建筑的重要指标。X 区结构设计中尽可能地减少混凝土使用量，采用门式消能减震支撑来替代现浇钢筋混凝土剪力墙，提高结构抗震性能，详见图 4.19、图 4.20。门式消能减震支撑为使用门式钢框架作

图 4.19　消能支撑示意图

图 4.20　消能支撑的局部详图

为消能器固定支座，消能器连接门式钢框架和原结构，在地震过程中通过两者之间产生的相对速度，使得阻尼器开始工作消耗地震能量，对结构提供耗能阻尼，达到减少建筑地震损伤的效果。设计中钢框架两侧立柱利用原有框架柱，采用格构式钢柱外包的方式，这样既可以增大钢框架刚度，又可以减少对建筑功能的影响，如图 4.21 所示。

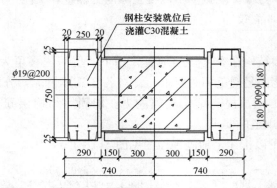

图 4.21　格构式立柱示意图

采用三组地震波，详见图 4.22，通过计算软件对有阻尼器和无阻尼器两个模型进行分析对比，研究阻尼器对于结构抗震性能的影响。模型为 3 层框架剪力墙结构，一层层高 6m，二、三层层高均为 9.5m。外侧边柱截面尺寸为 500mm×500mm，中间框架柱为 600mm×600mm，纵向框架梁截面尺寸为 250mm×1000mm，横向框架梁为 300mm× 600mm，中间 10m 跨度框架梁截面为 300mm×1200mm。原有结构构件混凝土强度等级为 C18，新增 400mm 厚剪力墙，混凝土强度等级为 C40。有阻尼器模型在 E.38 和 E.42 轴处各设置一道耗能阻尼支撑，阻尼器刚度 K 为 500kN/mm，阻尼系数 C 为 34 [T·(sec/cm)$^{0.15}$]，阻尼指数 α 为 0.15。

从图 4.23～图 4.26 中可以看出，有阻尼器模型对于无阻尼器模型，其中楼层加速度、层间位移角和楼层剪力具有大幅降低。其中加速度减少约在 30%，层间位移角减少约 50%～60%，各楼层剪力减少约 30%～40%。有效地减少地震作用，增强结构的隔震性能。根据图 4.25 和图 4.26 可以看出，在 8 度小震作用下，有阻尼器模型地震剪力与阻

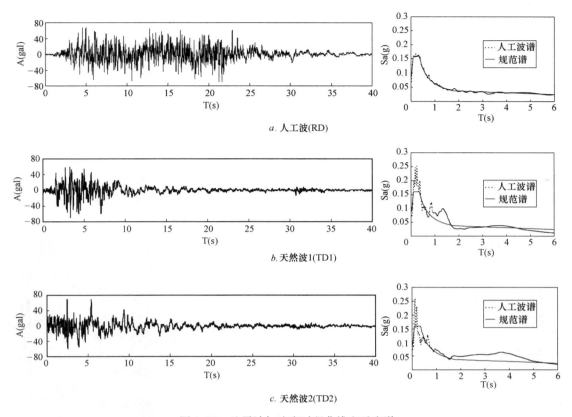

图 4.22　地震波加速度时程曲线和反应谱

尼比为 15％ 的无阻尼器模型结果大致相当，考虑结构原有阻尼比为 5％，有阻尼器方案中阻尼器对原结构附加阻尼比大致为 10％。

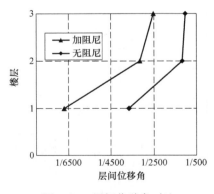

图 4.23　层间位移角对比

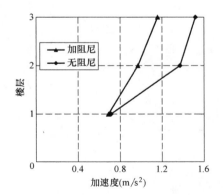

图 4.24　结构层加速度对比

2. 典型节点

具体结构构件加固中，遵循绿色设计原则，对原有结构构件尽可能进行刚度和强度的增强，维持原有结构构件主体不动，避免采用大量替换的加固方式。加固材料最大程度上选择可替换的钢板、型钢、钢绞线等，图 4.27～图 4.30 为部分结构构件加固详图。

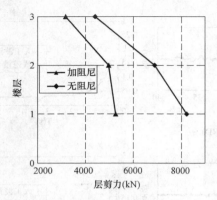

图 4.25　楼层剪力对比

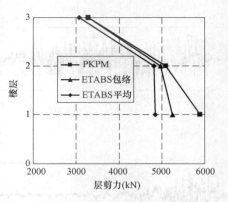

图 4.26　多遇地震层剪力对比

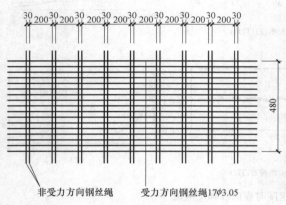

图 4.27　屋面板补强

图 4.28　框架梁顶面钢板加固

图 4.29　角钢加固框架柱做法

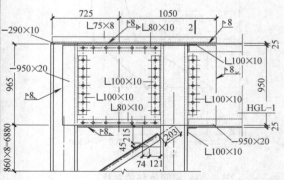

图 4.30　钢梁柱节点示意图

4.1.6.5　加固、改造效果

1. 充分利用可使用的旧建筑。保留老馆南北两个 L 形的侧翼，对其结构进行加固，并根据新的功能安排，对保留部分局部加层，建筑、机电进行全面更新。改造的同时，对保留部分的外立面和室内空间尺度尽量保留，对有价值的装饰构件给予保留或移建。

2. 通过将原来部分高大厚重的黏土砖外围护墙更换成陶粒混凝土空心砌块粘贴 50mm 厚硬泡聚氨酯保温层、外窗选用气密性 6 级的断热铝合金型材 Low-E 中空玻璃等措施，既达到了减轻地震作用的目的，又使围护结构大大改进了相关的热工性能指标，从而达到了绿色节能的要求。

3. 结构加固设计选材时优先考虑了材料的可再循环使用性能。确保整体建筑选材中可再循环材料使用比重占 10% 以上；选择材料过程中，对材料中可能出现的有害物质格外关注，确保其相关材料中有害物质含量符合现行国家标准《室内装饰装修材料人造板及其制品中甲醛释放限量》GB 18580—2008、《室内装饰装修材料混凝土外加剂释放氨的限量》GB 18588—2001 和《建筑材料放射性核素限量》GB 6566—2001 的要求。

依据《绿色建筑评价标准》GB/T 50376—2006，博物馆建筑已于 2013 年 5 月被中华人民共和国住房和城乡建设部评为"三星级绿色建筑设计"。目前整体建筑已投入使用，效果良好。

4.1.6.6　结论

1. 在目前环境问题日益严重的情况下，既有建筑加固改造应具有整体战略眼光，在保证结构安全性的前提下，应综合考虑节能、经济、实用等多方面因素，从整体上提高建筑的品质，建造新型的绿色节能建筑。

2. 既有建筑加固改造设计应具有发展的观点，要考虑到今后的技术发展。不要简单迎合现行规范要求，对原结构大拆大改，既对资源成本造成极大的浪费，达不到绿色建筑的要求，又很难达到预期的加固效果，要为今后可能出现的新办法、新技术留有余地。

3. 既有建筑加固中绿色理念的运用要从设计方案和具体措施两方面入手。从方案选择上尽可能减少结构构件的加固量，减少建筑垃圾；从具体措施上选择可回收材料和污染小的新型材料，达到相应的节能减排效果。从具体工程中看出消能减震阻尼器凭借其自身材料的可回收利用及良好的减震功能，不失为一种良好的绿色加固措施。

4. 绿色环保是当今建筑发展趋势，建筑加固改造技术也应顺应时代的发展潮流。对目前有历史意义的既有建筑符号应在保留基础上进行改造，在此前提下所采用绿色建筑技术需与建筑功能紧密结合。绿色建筑技术在具体的应用过程中不应该是片面、局部地技术堆砌，而是要从整体上综合考虑进行有效的组织，系统实施。在改造中须采用较为可靠适用的绿色建筑技术。

4.2　砌体结构房屋

由于历史原因，我国目前既有民用建筑中还有大量砌体结构，其中建成于 20 世纪五六十年代砌体结构办公建筑为数还不少。这类房屋层数一般在 4 层以下，平面布置较长，随着时间推移，结构抗力在不断衰退，结构抗震能力严重不足，其功能及体量也不能满足时代发展的需求。因此，增层改造与既有建筑物的加固结合进行，使抗震加固和增层合为一体，既提高了结构抗震能力、改善受力条件、延长使用年限，又改善了建筑物的使用功能。

4.2.1 结构检测[4]

砌体结构办公建筑改造前，对原结构进行检测是极为重要的，它是后续工作的基础和依据。因此，检测人员应尽量准确、全面、客观地反映原结构的实际情况，从而使设计人员设计出一个安全、可靠、适用的结构成为可能。

依据《砌体工程现场检测技术标准》GB/T 50315 中关于检测程序及工作内容的规定，检测程序应按如下步骤进行：首先，收集被检测工程的原设计图纸、施工验收资料、砖与砂浆的品种及有关原材料的试验资料，现场调查工程的结构形式、环境条件、使用期间的变更情况、砌体质量及存在的问题；其次，应根据调查结果和确定的检测目的、内容和范围，选择一种或数种检测方法，将被检测工程划分为多个检测单元，确定测区和测点数，并在测试前检查设备、仪器；再次，计算分析过程中若发现测试数据不足或出现异常情况，应组织补充测试，现场检测结束后，应立即修补因检测造成的砌体局部损伤部位，并使修补后的砌体满足构件承载能力的要求；最后，检测工作完备后，及时提出符合检测目的的检测报告。

砌体结构的检测内容主要有强度和施工质量，其中强度包括块材强度、砂浆强度及砌体强度；施工质量包括组砌方式、灰缝砂浆饱满度、灰缝厚度、截面尺寸、垂直度及裂缝等。检测时应着重检测砌筑质量、构造措施及裂缝走向。

砌体结构的现场检测方法较多，检测砌体抗压强度的有原位轴压法、扁顶法，检测砌体抗剪强度的有原位单剪法、原位单砖双剪法，检测砌体砂浆强度的有推出法、筒压法、砂浆片剪切法、回弹法、点荷法、射钉法等。

上述 10 种检测方法，可归纳为"直接法"和"间接法"两类，前者为检测砌体抗压强度和砌体抗剪强度的方法，后者为测试砂浆强度的方法。直接法的优点是直接测试砌体的强度参数，反映被测工程的材料质量和施工质量，其缺点是试验工作量较大，对砌体工程有一定损伤；间接法是测试与砂浆强度有关的物理参数，进而推定其强度，这难免增大测试误差，也不能综合反映工程的材料质量和施工质量，但其对砌体工程无损伤或损伤较少。因此，实际工程中，宜综合二者优点，选用两种检测方法综合分析，做出结论。

4.2.1.1 砌筑块材强度检测

砌筑块材的强度检测可以采用取样法、回弹法、取样结合回弹法或钻芯法。钻芯法与混凝土钻芯法的检测方法类似；取样法和回弹法是实践中最常用的方法，取样结合回弹法是用取样的检测结果对回弹法进行修正以弥补回弹法离散大的缺点。回弹法测定砌块强度时，可按《建筑结构检测技术标准》GB/T 50344 所规定的方法进行检测。

4.2.1.2 砂浆强度检测

1. 推出法

推出法适用于推定 240mm 厚普通砖墙中的砌筑砂浆强度，所测砂浆的强度等级应为 M1～M15。检测时，将推出仪安放在墙体的孔洞内，操作难度较大。

2. 筒压法

筒压法是制取一定数量并加工、烘干成符合一定级配要求的砂浆颗粒，装入承压筒中，施加一定的静压力后，测定其破损程度（以筒压比表示），据此推定砌筑砂浆抗压强度的方法。该法不适用于推定遭受火灾和化学侵蚀等损害的砌筑砂浆强度。

3. 砂浆片剪切法

砂浆片剪切法是指检测时从砖墙中抽取砂浆片试样，采用砂浆测强仪检测其抗剪强度，然后换算为砂浆强度。根据测试结果，按下式推定砌筑砂浆的抗压强度：

$$f_{2i} = 7.17\tau_i$$

式中：τ_i——第 i 测区的抗剪强度平均值（MPa）。

4. 回弹法

回弹法是根据砂浆表面硬度推断砌筑砂浆立方体抗压强度的一种检测方法，是一种非破损的原位技术。砂浆强度回弹法的原理是应用回弹仪检测砂浆表面硬度，用酚酞试剂检测砂浆碳化深度，以这两项指标换算为砂浆强度。回弹法操作简便，检测速度快，且准备工作不多，但检测结果有一定的偏差。测位应尽量选在有代表性承重墙的可测面上，并避开门窗洞口及预埋件等附近的墙体，墙面上每个测位的面积应大于 $0.3m^2$，且此法不适用于推定高温、长期浸水、化学侵蚀、火灾等情况下的砂浆抗压强度。

5. 点荷法

点荷法是通过对砌筑砂浆层试件施加集中的点式荷载，测定试样所能承受的点荷载，结合考虑试件的尺寸，计算出砂浆的立方体抗压强度。

6. 射钉法

检测时用射钉枪将射钉射入墙体的灰缝中，根据射钉的射入量推定砂浆的强度，用于推定烧结普通砖和多孔砖砌体的砂浆强度。

除了以上检测方法外，抗折法、压入法也可用于砂浆强度的测定。以上检测操作均应遵守《砌体工程现场检测技术标准》GB/T 50315 的规定。

4.2.1.3　砌体强度的直接检测

1. 砌体抗压强度的检测

检测砌体抗压强度的有原位轴压法、扁顶法。其中，原位轴压法是在墙体上开凿两条水平槽孔，安放原位压力机，测试槽间砌体的抗压强度，进而换算为标准砌体的抗压强度。该法适用于测试 240mm 厚普通砖墙体的抗压强度，它综合反映了砖材、砂浆变异及砌筑质量对抗压强度的影响，对强度较低的砂浆、变形很大或抗压强度较高的墙体均可适用。扁顶法是利用砖墙砌筑特点，在水平砂浆灰缝处开凿槽口，装入扁式液压千斤顶，依据应力释放和恢复原理，测得墙体的受压工作应力、弹性模量，并通过测定槽间砌体的抗压强度，进一步确定其标准砌体的抗压强度。

2. 砌体抗剪强度的检测

检测砌体抗剪强度的有原位单剪法、原位单砖双剪法。前者适用于推定砖砌体沿通缝截面的抗剪强度。检测时，检测部位应选在窗、洞口下 2～3 皮砖范围，将试验区取370～490mm 长一段，两边凿通、齐平，加压面坐浆找平，加压用千斤顶，受力支撑面要加钢垫板，逐步施加推力。后者同前者原理基本相同，检测时应符合《砌体工程现场检测技术标准》GB/T 50315 规定的要求。

4.2.1.4　砌体灰缝饱满度和砌体裂缝检测

1. 砌体灰缝饱满度检测

灰缝厚度对砌体强度有重要影响，其合理厚度为 8～12mm，灰缝较厚会增大砂浆层的横向变形，增加砖的横向压力；灰缝较薄则不易均匀。砂浆饱满度检测的数量，每层同类砌体抽查不少于 3 处，每次掀开 3 块砖，取 3 块砖的底面灰缝砂浆饱满度的平均值作为该处灰缝砂浆的饱满度。

2. 砌体裂缝检测

依据《建筑结构检测技术标准》GB/T 50344 规定，对于结构或构件上的裂缝，应测定裂缝的位置、长度、宽度和裂缝的数量；必要时应剔除构件抹灰确定砌筑方法、留槎、洞口、线管及预制构件对裂缝的影响；对于仍在发展的裂缝应进行定期的观测，提供裂缝发展速度的数据。

4.2.1.5　砌体结构的尺寸和垂直度检测

检测砖柱、砖墙的截面尺寸前，应把其表面的抹灰层铲除干净，然后用钢尺量取。测量砖砌体垂直度时，也应先清除砌体表面抹灰层，然后用经纬仪或吊线和钢尺量取。

砌筑构件或砌体结构的倾斜，可采用经纬仪、激光定位仪、三轴定位仪或吊锤的方法检测，宜区分倾斜中砌筑偏差造成的倾斜、变形造成的倾斜、灾害造成的倾斜等。

4.2.2　鉴定

4.2.2.1　可靠性鉴定[1]

砌体结构办公建筑可靠性鉴定，通常是按图 4.2 所示框图的程序进行。

1. 构件安全性及使用性鉴定

砌体结构构件安全性鉴定，应按承载能力、构造、不适于承载的位移和裂缝或其他损伤等四个检查项目，分别评定每一受检构件等级，并取其中最低一级作为该构件的安全性等级。

砌体结构构件使用性鉴定，应按位移、非受力裂缝、腐蚀（风化或粉化）等三个检查项目，分别评定每一受检构件等级，并取其中最低一级作为该构件的安全性等级。

2. 子单元安全性及使用性鉴定

与前述混凝土结构相同，具体可见《民用建筑可靠性鉴定标准》GB 50292 的有关规定。

3. 鉴定单元安全性及使用性评价

见《民用建筑可靠性鉴定标准》GB 50292 的有关规定。

4. 可靠性评级

见《民用建筑可靠性鉴定标准》GB 50292 的有关规定。

5. 适修性评估

见《民用建筑可靠性鉴定标准》GB 50292 的有关规定。

4.2.2.2　抗震鉴定

GB 18306—2015《中国地震动参数区划图》将于 2016 年 6 月 1 日实施，届时全国均是抗震设防区，故既有砌体结构办公建筑改造都应按照现行国家标准《建筑抗震鉴定标准》GB 50023 或《工业构筑物抗震鉴定标准》GBJ 117 规定进行抗震鉴定。

4.2.3 结构改造

由于历史原因，我国目前既有办公建筑中还存在不少砌体结构，随着人们生产、生活方式的变化，对房屋的使用功能提出了更高要求，因此砌体结构房屋的改造在既有房屋中占有相当大的比例，有极其广阔的前景。

4.2.3.1 局部改造

通常局部改造的原因是由于建筑使用功能改变，导致局部楼板增加荷载或局部结构的传力发生变化。如楼板开洞、降低梁的高度或取消原有梁等。

4.2.3.2 整体改造

整体改造分为两类，一类是由于建筑使用功能改变较大，引起整个结构体系的刚度发生变化，部分结构构件的承载能力不足，导致结构不能满足现行结构设计规范，需要进行结构加固；另一类是随着时间推移，许多老建筑已不能满足现行《建筑抗震加固技术规程》JGJ 116 的要求，需要进行结构抗震加固。

4.2.3.3 增层改造

既有房屋的增层改造是房屋改造中使用较多的一种形式。对既有房屋增层既可以增加建筑的使用面积，又可以改善房的使用功能，另外借此机会还可对存在结构质量隐患的原有结构进行加固。砖混结构房屋的增层形式较多，但大体上可分为以下三种[14]：

1. 直接增层：即在原有房屋上不改变结构承重体系和平面布置，直接加层的方法。适用于原承重结构与地基基础的承载潜力和变形能满足加层的要求，或经加固后即可直接加层的房屋。增加的层数不宜超过 3 层。直接增层具有投资少、施工方便等优点，应用很广泛。但由于新增结构荷载直接施加到原结构上，因此原结构需有一定的承载力。这就限制了增层的层数，同时也限制了直接增层的应用范围。

多层砌体房屋增层，当抗震墙不能满足有关规范要求时，可增设砌体抗震墙或对原墙体采用钢筋网水泥砂浆或钢筋混凝土面层加固。

增层的构造设计应满足以下要求：

（1）在原房屋的顶部、加层部分的每层楼盖和屋盖处的外墙、内纵墙及主要横墙上，均应设置钢筋混凝土圈梁；

（2）当原房屋设有构造柱时，加层部分的构造柱钢筋与原构造柱钢筋焊接连接；当原房屋未设构造柱时，应按现行国家规范的规定增设钢筋混凝土构造柱，或采用夹板墙加固；

（3）抗震加固的构造柱必须上下贯通，且应落到基础圈梁上或伸入地面下 500mm，构造柱与圈梁应可靠连接。

2. 改变荷载传力途径增层法：即原房屋的基础及承重结构体系不能满足加层后承载力的要求，或由于房屋使用功能要求需改变建筑平面布置，相应需改变结构布置及其荷载传递途径的增层方法。适用于原房屋墙体结构有承载潜力，或经局部加固处理，即可满足增层要求的房屋。同直接增层一样，由于很大程度上需借助原结构的承载力，其增加层数不宜超过 3 层，这也限制了它的应用范围。

3. 外套结构增层法：即在原房屋外增设外套结构（框架—剪力墙或框架等），使加层的荷载通过外套结构传给基础的加层方法。适用于原结构及地基基础难以承受过大的加层荷载，需改变原房屋的平面布置，用户搬迁困难，加层施工时不能停止使用，且设防烈度不超过 8 度，为Ⅰ、Ⅱ、Ⅲ类场地的房屋加层。外套结构由于对原房屋的结构和用户影响较小，增层的平面布置灵活，不受原结构的限制，更适合对原结构有较大使用功能改变的工程。因此，其适用范围极广。但是这类结构也有缺点，分离式容易形成高鸡腿结构，对抗震不利；整体式新旧结构之间的相互作用不明确，增加了设计难度。此类结构造价较高。

砌体结构房屋外套增层应以采用分离式为主。外套结构应与原有房屋完全脱开，其水平净空距离应满足抗震及加层施工的要求；其与原有房屋屋盖间的竖向净空距离应满足外套结构沉降的要求；当利用原有房屋屋盖作为加层后的楼面时，其竖向净空距离尚应满足楼层门洞高度的要求。

外套结构基础型式和持力层的选择，应防止对原房屋基础产生不利影响，宜选择基岩或低压缩性土层做持力层。当采用桩基时，宜选用挖孔桩或钻（冲）孔灌注桩，不宜采用挤土类的桩。

不宜采用无钢筋混凝土剪力墙的外套结构体系。

以上三种增层结构型式中直接增层、外套增层应用较多，国内外已有很多实例，并取得了一定的设计及施工经验。改变传力途径的增层方式宜与其他两种联合使用，以最大限度地发挥其各自的优点。除这三种增层形式外，当有成熟经验时，亦可选用其他行之有效的加层方法。

4.2.4　结构加固技术及选用原则

当砌体房屋增层或扩建、拆除部分承重墙或承重墙上开洞、扩大室内使用空间等功能改造时，经可靠性鉴定确认需要加固时，应根据鉴定结论和委托方提出的要求，由有资格的专业技术人员按国家现行有关规范的规定和业主的要求进行加固设计。

砌体房屋加固方法分为构件加固和结构整体加固两种。常见的构件加固方法包括裂缝修补、钢筋混凝土面层、砂浆面层、加大截面、外包钢、粘贴纤维复合材等；整体加固方法有增设抗侧力结构、捆绑法和改变受力形式等。此外高性能复合砂浆钢筋网薄层（HP-FL）窄条带加固法和隔震加固法也越来越受到青睐。

4.2.4.1　砌体裂缝修补技术[4]

由于砌体结构的抗拉、抗弯、抗剪性能较差，设计、施工以及建筑材料等多方面原因引发的砌体结构质量事故也较多，其中砌体结构的裂缝是常见的质量事故之一。砌体中出现的裂缝不仅影响建筑物的美观，而且还造成房屋渗漏，甚至会影响到建筑物的结构强度、刚度、稳定性和耐久性，也会给房屋使用者造成较大的心理压力和负担。因此必须认真分析砌体开裂原因，鉴别裂缝性质，并观察裂缝的稳定性及其发展状态。按裂缝的成因，墙体裂缝可分为受力裂缝和非受力裂缝两大类。各种直接荷载作用下，墙体产生的裂缝称为受力裂缝；而砌体因收缩、温度、湿度变化，地基沉陷不均等引起的裂缝是非受力裂缝，又称变形裂缝。砌体房屋的裂缝中变形裂缝占 80% 以上，其中温度裂缝更为突出。砌体结构中常见的裂缝类型如下：

1. 温度裂缝

温度的变化会引起材料的热胀冷缩，当约束条件下温度变形引起的温度应力足够大时，砌体就会产生温度裂缝。最常见的裂缝是在混凝土平屋盖房屋顶层两端的墙体上，如在门窗洞边的正"八"字斜裂缝、山墙上部的斜裂缝、平屋顶下或屋顶圈梁下沿砖（块）灰缝的水平裂缝以及水平包角裂缝（包括女儿墙）等。

2. 干缩裂缝

施工过程中，将不同出厂日期、不同干密度的砌块或不同强度等级的砌块混砌于同一道墙上，造成含水率较高的块体收缩变形较大，反之收缩变形较小，这种不均匀变形会使墙体中部产生不规则裂缝，如楼板错层处或高低层连接处常出现的裂缝，框架填充墙或柱间墙因不同材料的差异变形出现的裂缝；空腔墙内外墙用不同材料或温度、湿度变化引起的砌体裂缝（这种情况下一般外墙裂缝较内墙严重）。随着含水量的降低，砌块、灰砂砖、粉煤灰砖等砌体材料会产生较大的干缩变形，但是干缩后的材料受湿后仍会发生膨胀，脱水后材料会再次发生干缩变形，只是干缩率有所减小，约为第一次的80%左右。这类干缩变形引起的裂缝在建筑上分布广、数量多，裂缝开裂的程度也比较严重。

3. 沉降裂缝

地基不均匀沉降裂缝主要分为剪切裂缝和弯曲裂缝，形态多种多样，常见的形态有正八字裂缝和斜向裂缝。一般情况下，地基受到上部传递的压力而沉降变形呈凹形。由于结构中部压力相互影响高于边缘处相互影响，以及边缘处非受载区地基对受载区下沉有剪切阻力等原因，地基反力在边缘区较高，建筑物形成中部沉降大、端部沉降小的弯曲，导致结构中下部受拉，端部受剪，墙体由于剪力形成的主拉应力破裂，裂缝呈正八字形；墙体中上部受压并形成"拱"作用，中下部开裂区的墙体有自重下坠作用，造成垂直方向拉应力，可能形成水平裂缝。沉降裂缝多出现在房屋中下部且出现于房屋中下部的裂缝较上部宽度大。

4. 地震裂缝

地震对砌体结构的影响很大，通常造成墙体出现水平裂缝、斜裂缝、"X"形裂缝，严重的导致出现歪斜甚至倒塌。水平裂缝是由于墙肢较窄，在地震作用下墙体受弯、受剪的缘故。在大开间的纵墙上窗间墙产生的斜裂缝一般属于主拉应力超过砌体强度所引起的剪切破坏现象。"X"形裂缝则是建筑物墙体受地震反复作用由斜裂缝发展而来。

5. 结构超载裂缝

当外部荷载超过结构的极限状态时，结构形成了受压、受拉和受剪裂缝等破坏形态。

基于以上常见的裂缝形态及其产生原因，在进行裂缝修补前，应根据砌体构件的受力状态和裂缝的特征等，确定造成砌体裂缝的原因，以便有针对性地进行裂缝修补或采用相应的加固措施。当然，对于因结构承载力不足而引起的裂缝采取封闭处理，还应该结合其他加固措施，保证结构的安全性。对除荷载裂缝以外，不至于危及安全且已经稳定的裂缝，常常采用填缝密封修补法、配筋填缝密封、灌浆等修补方法。

（1）填缝密封修补法

砌体的填缝密封修补法通常用于墙体外观维修和裂缝较浅的场合。常用材料有水泥砂浆、聚合水泥砂浆等。填缝密封修补法施工时，先将裂缝清理干净，用勾缝刀、抹子、刮刀等工具将 1：3 的水泥砂浆或比砌筑砂浆高一级的水泥砂浆填入砖缝内。

（2）配筋填缝密封修补法

当裂缝较宽时，可采用配筋水泥砂浆填缝修补法，即在与裂缝相交的灰缝中嵌入细钢筋，然后再用水泥砂浆填缝。具体做法是，在两侧每隔 4～5 皮砖处剔凿一道长约 800～1000mm、深约 30～40mm 的砖缝，埋入一根钢筋，端部弯成直钩并嵌入砖墙竖缝内，然后用强度等级为 M10 的水泥砂浆嵌缝填实。

（3）灌浆修补法

当裂缝较细、裂缝数量较少且发展已基本稳定时，可采用灌浆加固的方法。灌浆加固是利用浆液自身重力或外加压力，将含有胶合材料的水泥浆液或化学浆液灌入裂缝内，使裂缝黏合在一起。这种方法设备简单，施工方便，价格便宜，修补后的砌体可以达到甚至超过原砌体的承载力，且裂缝不会在原来位置重复出现。

灌浆用的材料有纯水泥浆、水泥砂浆、水玻璃砂浆或水泥石灰浆。在砌体修补中，多用纯水泥浆，因纯水泥浆的可灌性较好，可顺利地贯通外露的孔隙，可以灌实宽度为 3.0mm 左右的裂缝。实际裂缝宽度大于 5.0mm 时，可采用水泥砂浆。裂缝细小时，可采用压力灌浆，灌浆压力为 0.2～0.25MPa。对于水平的通长裂缝，可沿裂缝钻孔，做成销钉，以加强两边砌体的共同作用。销钉直径 25mm，间距 250～300mm，深度应比墙厚小 20～25mm，做完销钉后再进行灌浆。

（4）喷射修补法

喷射修补法是用压缩空气将水泥浆或细石混凝土喷射到受喷面上并凝固成新的喷射层的一种加固方法。喷射层能保护、参与甚至替代原结构工作，从而达到恢复或提高墙体承载力的效果，常用来修补有孔洞、缝隙的墙体。

4.2.4.2　钢筋混凝土面层加固技术[15]

钢筋混凝土面层加固砌体墙可大幅度提高墙体的受压、受剪承载力，大幅度提高刚度和抗震性能。该法施工工艺简单、适应性强，受力可靠，加固费用低廉，并具有成熟的设计和施工经验，是砌体结构加固最常用的方法，但现场施工的湿作业量大，养护期长，对生产和生活有一定的影响，且加固后的建筑物净空有一定的减小。

钢筋混凝土面层加固宜按下列顺序施工：

1. 开挖基础，基础部分需绑扎钢筋、浇筑细石混凝土加固，在基础加固前将墙面纵筋植入原基础内，后用结构胶锚固；

2. 铲除原墙面抹灰层，修补原墙受损或疏松严重部位；

3. 绑扎钢筋；

4. 高压水冲洗墙面；

5. 喷射混凝土或支模浇筑混凝土并养护。

采用钢筋混凝土面层加固砖砌体构件时，对柱宜采用围套加固的形式（图 4.31a）；对墙和带壁柱墙，宜采用有拉结的双侧加固形式（图 4.31b、c）。

钢筋混凝土面层对砌体结构进行抗震加固，宜采用双面加固形式增强砌体结构的整体性。

当采用围套式钢筋混凝土面层加固砌体柱时，应采用封闭式箍筋，箍筋直径不应小于

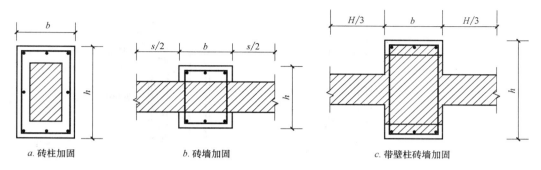

图 4.31　钢筋混凝土外加面层的形式

6mm，箍筋间距不应大于 150mm。柱的两端各 500mm 范围内，箍筋应加密，其间距应取为 100mm。若加固后的构件截面高度 $h \geqslant 500$mm，尚应在截面两侧加设竖向构造钢筋（图 4.32），并相应设置拉结钢筋作为箍筋。

　　当采用两对面增设钢筋混凝土面层加固带壁柱墙（图 4.33）或窗间墙（图 4.34）时，应沿砌体高度每隔 250mm 交替设置不等肢 U 形箍和等肢 U 形箍。不等肢 U 形箍在穿过墙上预钻孔后，应弯折成封闭式箍筋，并在封口处焊牢，U 形筋直径为

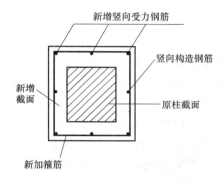

图 4.32　围套式面层构造

6mm，预钻孔的直径可取 U 形筋直径的 2 倍；穿筋时应采用植筋专用的结构胶将孔洞填实。对带壁柱墙，尚应在其拐角部位增设竖向构造钢筋与 U 形箍筋焊牢。

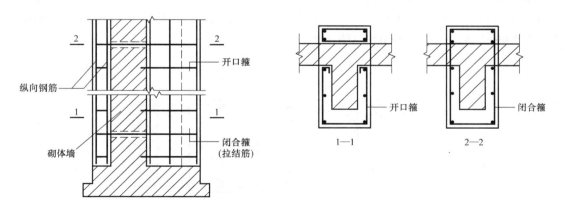

图 4.33　带壁柱墙的加固改造

　　钢筋混凝土面层基础埋深宜同原墙基础深度，如原墙基础埋深超过 1.5m，则钢筋混凝土面层基础深度可等于 1.5m；如果经验算原墙基础能承担新增钢筋混凝土面层，则钢筋混凝土面层基础深度可在原基础台阶上。

4.2.4.3　砂浆面层加固技术[15]

　　该法属于复合截面加固法的一种，其优点与钢筋混凝土面层加固法相近，但提高承载

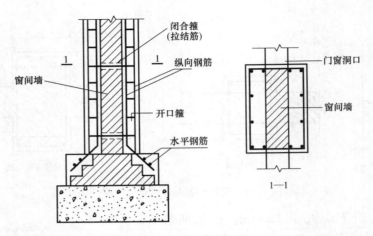

图 4.34 窗间墙的加固构造

力不如前者，适用于砌体墙、柱的加固。砂浆面层加固按材料组成可分为三种：高强度等级的水泥砂浆面层、水泥砂浆内配置钢筋网或钢板网面层及钢丝绳网—聚合物砂浆面层。三种方法均可不同程度地提高墙体的受压、受剪承载力，提高砌体刚度和结构抗震能力。

块材严重风化（酥碱）的砌体，因表层损失严重及刚度退化加剧，砂浆面层加固法很难形成协同工作，其加固效果甚微，此时不应采用钢筋网水泥砂浆面层进行加固。

当采用钢筋网水泥砂浆面层加固砌体承重构件时，其面层厚度，对室内正常湿度环境，应为 35～45mm；对于露天或潮湿环境，应为 45～50mm。对于砌体受压加固，当砂浆面层大于 50mm 后，增加其厚度对加固效果提高不大，此时应改用钢筋混凝土面层。

加固墙体时，宜采用点焊方格钢筋网，网中竖向受力钢筋直径不应小于 8mm，水平分布钢筋的直径宜为 6mm，网格尺寸不应大于 300mm。当采用双面钢筋网水泥砂浆时，钢筋网应采用穿通墙体的 S 形或 Z 形钢筋拉结，拉结钢筋宜呈梅花状布置，其竖向间距和水平间距均不应大于 500mm（图 4.35）。

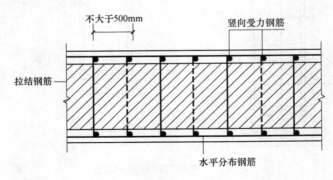

图 4.35 钢筋网砂浆面层

采用水泥砂浆面层或钢筋网砂浆面层加固墙体时，其原砌体应符合下列规定：

1. 受压构件：原砌筑砂浆的强度等级不应低于 M2.5；

2. 受剪构件：对砖砌体，其原砌筑砂浆强度等级不宜低于 M1.0；但若为低层建筑，允许不低于 M0.4；对砌块砌体，其原砌筑砂浆强度等级不应低于 M2.5。

采用钢筋网砂浆面层加固砌体承重构件时，应符合下列规定：

1. 加固受压构件用的水泥砂浆，其强度等级不应低于 M15；

2. 加固受剪构件用的水泥砂浆，其强度等级不应低于 M10。

砂浆面层对砌体结构进行抗震加固，其面层材料和构造应符合下列要求：

1. 面层的砂浆强度等级，宜采用 M10；

2. 水泥砂浆面层的厚度宜为 20mm；钢筋网砂浆面层的厚度宜为 35mm；

3. 钢筋网的钢筋直径宜为 4mm 或 6mm，网格尺寸，实心墙宜为 300mm×300mm，空斗墙宜为 200mm×200mm；

4. 单面加面层的钢筋网应采用 $\phi6$ 的∟形锚筋，双面加面层的钢筋网应采用 $\phi6$ 的 S 形穿墙筋连接，∟形锚筋的间距宜为 600mm，S 形穿墙筋的间距宜为 900mm；

5. 钢筋网的横向钢筋遇有门窗洞时，单面加固宜将钢筋弯入洞口侧边锚固，双面加固宜将两侧的横向钢筋在洞口闭合；

6. 底层的面层，在室外地面下宜加厚并伸入地面下 500mm。

钢丝绳网—聚合物砂浆面层法适用于以钢丝绳网—聚合物改性水泥砂浆面层对烧结普通砖墙进行的平面内受剪加固和抗震加固。采用本方法时，原砌体构件按现场检测结果推定的块体强度等级不应低于 MU7.5，砂浆强度等级不应低于 M1.0，块体表面与结构胶黏结的正拉黏结强度不应低于 1.5MPa，严重腐蚀、粉化的砌体构件不得采用本方法加固。

采用本方法加固的砌体结构，其长期使用的环境温度不应高于 60℃。

施工工艺流程：搭设脚手架→卸荷→加固部位定位放线→基层处理→高强钢丝绳网片裁剪→高强钢丝绳网片张拉、固定→界面剂的喷涂→压抹渗透性聚合物砂浆→湿润养护。图 4.36 为某工程钢丝绳网—聚合物砂浆面层加固施工现场状况。

图 4.36　钢丝绳网-聚合物砂浆面层加固

钢丝绳网—聚合物砂浆面层对砌体结构进行抗震加固，宜采用双面加固形式增强砌体结构的整体性。

采用钢丝绳网加固墙体时，网中横向绳的布置示例如图 4.37 所示。

水平钢丝绳（主绳）网在墙体端部的锚固，宜锚在预设于墙体交接处的角钢或钢板上

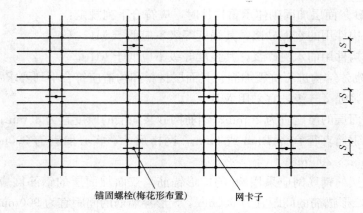

锚固螺栓(梅花形布置)　　　网卡子

图 4.37　水平钢丝绳网布置

（图 4.38）。角钢和钢板应按绳距预先钻孔，钢丝绳穿过孔后，套上钢套管，通过压扁套管进行锚固，也可采用其他方法进行锚固。

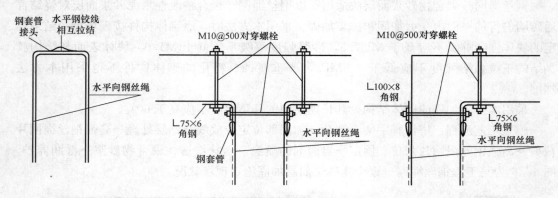

图 4.38　水平钢丝绳的锚固构造

4.2.4.4　加大截面加固技术[4]

加大截面法基本思路是采用同种材料增大既有结构的相关构件或构筑物截面面积以提高承载力，并满足新条件下正常使用要求。这种方法不仅可以提高被加固构件的承载能力，而且还可以增大其截面刚度，改变其自振频率，使正常使用阶段的性能在某种程度上得到改善。加大截面法的加固效果与原结构在加固时的应力水平、结合面处理、施工工艺、材料性能以及加固时是否卸荷等因素直接相关。该方法工艺简单，适用面广，缺点是现场湿作业工作量大，养护时间较长，构件截面的增大对结构的外观及房屋净空有一定的影响。

当砌体承载力不足导致有轻微裂缝而要求扩大的面积不是很大的情况下，一般的墙体、砖柱均可采用加大截面的方法。用来加大截面的砌体中砖的强度等级应与原砌体相同，而砂浆的强度等级应比原砌体提高一级，且不低于 M2.5。

加大截面加固法通常要考虑新旧砌体是否共同工作、是否具有较好的连接。为使扩大的砌体与原砌体能较好咬合，应在原砌体上每隔 4～5 皮砖剔去旧砖形成 120mm 深的槽，砌筑扩大砌体部分时应严格控制二者之间连接；或在原有砌体上每隔 5～6 皮砖，在灰缝中打入 φ6 钢筋，也可以用冲击钻在砖上打洞，用 M5 砂浆植筋，砌新砌体时，钢筋嵌于灰缝之中。无论是咬合还是插筋连接，原砌体上的面层必须剔除，凿口后的粉尘必须洗干净并湿润后再扩大砌体。在进行设计计算时，考虑到原砌体已处于承载状态，后加砌体存在着应力滞后的情况，在原砌体达到极限应力状态时，后加砌体一般达不到强度设计值，为此，对后加砌体的设计抗压强度值 f 应乘以一个 0.9 的系数，按相应加固规范执行。

4.2.4.5　外包钢加固技术[4]

外包钢加固法是一种在结构构件（或杆件）四周包以型钢进行加固的方法。外包钢加固法分湿式和干式两种情况。湿式外包钢加固，外包型钢与构件之间是采用乳胶水泥粘贴或环氧树脂化学灌浆等方法黏结，以使型钢与原构件能整体工作、共同受力；干式外包钢加固，原构件与外包型钢之间无任何黏结，有时虽填有水泥砂浆，但彼此只能单独受力，承载力提高不如湿式外包钢加固有效。

外包钢加固施工速度快，且不需要养护，具有快捷、高强的优点。此法可在基本上不增大砌体尺寸的条件下，较多地提高结构的承载力，大幅度提高其延性，在本质上改变砌体结构的脆性破坏特征。

外包钢法常用来加固砖柱和窗间墙。一般做法是：用水泥砂浆将角钢粘贴于受荷砖柱的四周，并用卡具卡紧，随即用缀板将角钢连成整体，粉刷水泥砂浆以保护角钢。对于宽度较大的窗间墙，如墙的高宽比大于 2.5 时，应在中间增加一缀条，并用穿墙螺栓拉结。角钢应锚入基础，在顶部也应有可靠的锚固措施，以保证其有效地发挥作用。

外包角钢加固后，砖柱变为组合砖柱，由于缀板和角钢对砖柱的横向变形起到了一定的约束作用，砖柱的抗压强度有所提高。承载力计算时可参考混凝土组合柱以及网状配筋砖砌体的计算方法。

4.2.4.6　粘贴纤维复合材加固技术

砌体结构采用纤维增强材料粘贴加固，是一种比较新型的加固方法，作用是纤维材料在加固结构中承担拉应力，改善构件的受力状态，提高受剪承载力，限制裂缝的产生和发展，提高抗裂性能。外贴纤维复合材加固砖墙时，应将纤维受力方式设计成仅承受拉应力作用。

粘贴纤维复合材加固法仅适用于烧结普通砖墙（以下简称砖墙）平面内受剪加固和抗震加固。被加固的砖墙，其现场实测的砖强度等级不得低于 MU7.5，砂浆强度等级不得低于 M2.5；采用本方法加固的砖墙结构，其长期使用的环境温度不应高于 60^0C。

现已开裂、腐蚀、老化的砖墙不得采用本方法进行加固。

施工流程：施工准备→表面处理→配置、涂刷底胶→配置、涂刷修补胶（贴面平整时可省略）→配置、涂刷浸润胶→粘纤维复合材料→涂浸润胶→检验→表面防护。

粘贴纤维复合材提高砌体墙平面内受剪承载力的加固方式，可根据工程实际情况选用：水平粘贴方式、交叉粘贴方式、平叉粘贴方式或双叉粘贴方式等（图 4.39、图 4.40），每一种方式的端部均应加贴竖向或横向压条。

粘贴纤维布对砖墙进行抗震加固时，应采用连续粘贴形式，以增强墙体的整体性能。

沿纤维布条带方向应有可靠的锚固措施（图 4.41）。纤维布条带端部的锚固构造措施，可根据墙体端部情况，采用对穿螺栓垫板压牢（图 4.42），当纤维布条带需绕过阳角时，阳角转角处曲率半径不应小于 20mm。当有可靠的工程经验或试验资料时，也可采用其他机械锚固方式。

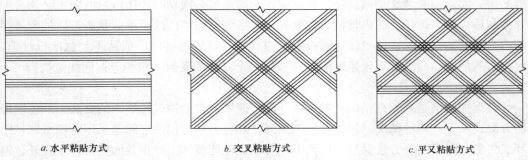

a. 水平粘贴方式　　　　　　b. 交叉粘贴方式　　　　　　c. 平叉粘贴方式

图 4.39　纤维复合材（布）粘贴方式示例

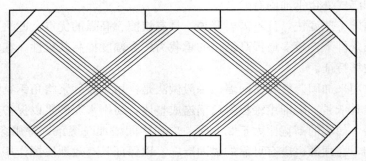

图 4.40　纤维复合材（条形板）粘贴方式示例

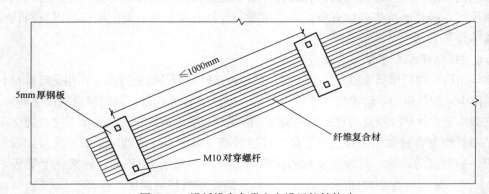

图 4.41　沿纤维布条带方向设置拉结构造

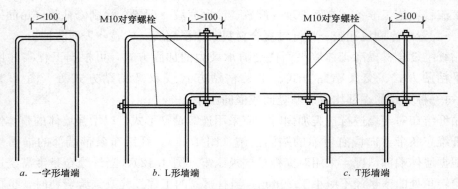

a. 一字形墙端　　　　　　b. L形墙端　　　　　　c. T形墙端

图 4.42　纤维布条带端部的错固构造

4.2.4.7　增设抗震墙加固技术[4]

当原结构抗震承载力严重不足且有适当空间时，可采用增设抗震墙的办法来大幅提高结构抗震能力。新增砌体抗震墙的材料和构造应符合下列要求：

1. 砌筑砂浆的强度等级应比原墙体实际强度等级高一级，且不应低于 M2.5；

2. 墙厚不应小于 190mm；

3. 墙体中宜设置现浇带或钢筋网片加强：可沿墙高每隔 700～1000mm 设置与墙等宽、高 60mm 的细石混凝土现浇带，其纵向钢筋可采用 3φ6，横向系筋可采用 φ6，其间距宜为 200mm；当墙厚为 240mm 或 370mm 时，可沿墙高每隔 300～700mm 设置一层焊接钢筋网片，网片的纵向钢筋可采用 3φ4，横向系筋可采用 φ4，其间距宜为 150mm；

4. 墙顶应设置与墙等宽的现浇钢筋混凝土压顶梁，并与楼、屋盖的梁（板）可靠连接；可每隔 500～700mm 设置 φ12 的锚筋或 M12 锚栓连接；压顶梁高不应小于 120mm，纵筋可采用 4φ12，箍筋可采用 φ6，其间距宜为 150mm；

5. 抗震墙应与原有墙体可靠连接：可沿墙体高度每隔 500～600mm 设置 2φ6 且长度不小于 1000mm 的钢筋与原有墙体用螺栓或锚筋连接；当墙体内有混凝土带或钢筋网片时，可在相应位置处加设 2φ12（对钢筋网片为 φ6）的拉筋，锚入混凝土带内长度不宜小于 500mm，另一端锚在原墙体或外加柱内，也可在新砌墙与原墙间加现浇钢筋混凝土内柱，柱顶与压顶梁连接，柱与原墙应采用锚筋、销键或螺栓连接；

6. 抗震墙应有基础，其埋深宜与相邻抗震墙相同，宽度不应小于计算宽度的 1.15 倍。

采用增设现浇钢筋混凝土抗震墙加固砌体房屋时，应符合下列要求：

1. 原墙体砌筑的砂浆实际强度等级不宜低于 M2.5，现浇混凝土墙沿平面宜对称布置，沿高度应连续布置，其厚度可为 140～160mm，混凝土强度等级宜采用 C20，可采用构造配筋；抗震墙应设基础，与原有的砌体墙、柱和梁板均应有可靠连接；

2. 加固后，横墙间距的影响系数应作相应改变；楼层抗震能力的增强系数可按建筑抗震技术规程[14]公式（5.3.10）计算，其中，增设墙段的厚度可按 240mm 计算，墙段的增强系数，原墙体砌筑砂浆强度等级不高于 M7.5 时可取 2.8，M10 时可取 2.5。

4.2.4.8　高性能复合砂浆钢筋网薄层（HPFL）窄条带加固技术[4]

水泥复合砂浆钢筋网具有优良的物理力学性能、耐久性及抗腐蚀性能等，非常适合于土木工程加固领域。

大量的试验研究已证明，高性能水泥复合砂浆与砖砌体的黏结性能要大大好于与混凝土的黏结性能。在地震区既有带裂缝的砌体结构建筑，可采用高性能水泥复合砂浆钢筋网薄层条带法进行抗震加固。复合砂浆比较便宜，采用复合砂浆条带薄层加固造价低、性能可靠、耐久性好，与其他加固方法相比较，水泥复合砂浆钢筋网具有明显的技术优势，主要表现在：

1. 高强、高效。该材料强度比一般混凝土、水泥砂浆要高，浇筑以后强度发展快，可充分利用其改善构件受力性能，达到高效加固；与墙体的黏结强度比较高。

2. 耐腐蚀性能及耐久性能好。砂浆属无机材料，且与砌体的协调性好。使用该种加固修补方法对结构进行处理后，其本身可以起到对内部砌体结构的保护作用，达到双重加固修补的效果。

3. 对原有构件尺寸和自重影响很小。水泥复合砂浆钢筋网薄层一般只有 15～25mm，基本不增加原构件自重，且不改变原有建筑物外观尺寸，对空间使用无碍。

4. 较好的耐火性与耐高温性能。

5. 适用面广。水泥复合砂浆钢筋网加固修补砌体结构可广泛适用于各种结构形状、各种结构部位的加固修补。此外，可以根据需要，采用不同的加固手段来达到目的。

6. 施工便捷、施工工效高。与水泥砂浆加固方法一致，无需繁琐的施工工艺和特殊的施工技术，同时不需要占用较大工作面，施工质量易保证。

高性能复合砂浆钢筋网（HPFL）薄层是以钢筋网增强材料、高性能复合砂浆为基材组成的薄层结构，是一种可与构件共同作用、整体受力、提高结构承载力的加固方法。由于具有强度高，收缩小，环保经济，施工便捷，对结构形状、外观影响不大以及耐久性极佳等优点，越来越受到国内外加固行业的青睐，应用日趋广泛。该方法应用到大量待加固的砌体结构房屋中，可以大幅度提升既有低强度砂浆砌体结构房屋的抗震能力，同时也能为国家节省大量的加固资金，具有良好的经济效益和重大的社会意义。

用高性能复合砂浆钢筋网薄层窄条带与砖砌体组合形成的圈梁、构造柱、剪刀撑能显著提高砌体的压、剪及抗震强度，其具体做法如图 4.43～图 4.45 所示。

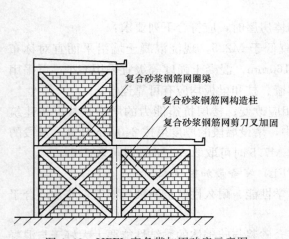

图 4.43　HPFL 窄条带加固砖房示意图

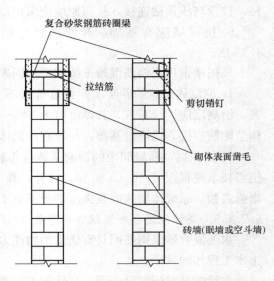

图 4.44　复合砂浆钢筋网窄条带圈梁构造图

水泥砂浆钢筋网不需要满墙铺设。HPFL 窄条带加固砌体构造措施总体见表 4.1。

HPFL 窄条带加固砌体构造措施

（原未设置圈梁构造柱砌体砂浆强度不低于 M2.5）　　　　表 4.1

设防烈度	基本地震地面水平运动加速度值	复合砂浆钢筋网薄层窄条带加固砖砌体					
		空斗墙砌体			眠墙砌体		
		圈梁（每层）	构造柱（基础至屋顶）	剪刀撑	圈梁	构造柱	剪刀撑
6	0.05g	单面 HPFL	双面 HPFL		单面 HPFL	单面 HPFL	
7	0.10g	单面 HPFL	双面 HPFL		单面 HPFL	单面 HPFL	
7.5	0.15g	单面 HPFL	双面 HPFL		单面 HPFL	双面 HPFL	

设防烈度	基本地震地面水平运动加速度值	复合砂浆钢筋网薄层窄条带加固砖砌体					
		空斗墙砌体			眠墙砌体		
		圈梁（每层）	构造柱（基础至屋顶）	剪刀撑	圈梁	构造柱	剪刀撑
8	0.20g	双面 HPFL	双面 HPFL	单面 HPFL	双面 HPFL	双面 HPFL	
8.5	0.30g	双面 HPFL	双面 HPFL	单面 HPFL	双面 HPFL	双面 HPFL	
9.0	0.40g	双面 HPFL	双面 HPFL	双面 HPFL	双面 HPFL	双面 HPFL	单面 HPFL

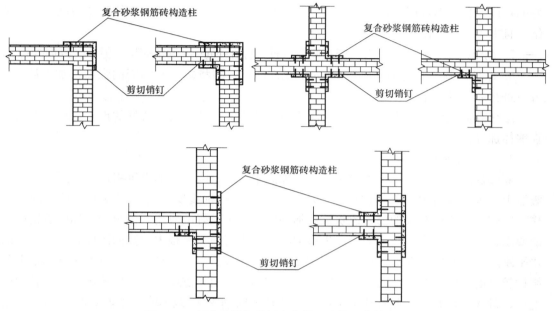

图 4.45　复合砂浆钢筋网窄条带—砌体组合构造柱

高性能复合砂浆钢筋网薄层窄条带宽度为 200～300mm，厚度 25mm，一般配置 3Φ6 纵向钢筋，Φ4@200 横向分布筋。

高性能复合砂浆钢筋网薄层加固砌体结构流程为：采用铁丝绑扎的方法绑扎钢筋网→植剪切销钉→涂抹界面剂→抹复合砂浆→养护。

剪切销钉通常采用热轧表面变形钢筋，植筋的工作顺序大致为：钻孔→清空→灌入植筋胶→打入钢筋，与在混凝土构件上植筋大致相同，但由于普通砖砌体具有良好的吸水性，为保证植筋胶不过早凝结而影响施工，在植筋前应对砌体进行充分的浇水湿润，但在植筋孔洞内不应留有明水。具体操作步骤如下：

1. 植筋定位。按设计图要求在施工面划定钻孔锚固的准确位置。在砖砌体上植筋，由于受到砖块尺寸的限制，植筋的位置宜尽量选取在砖面的形心位置，以保证两侧有足够的保护层厚度。

2. 钻孔。根据钢筋的直径，选定孔径和孔深，钻孔定位要准确垂直，防止钢筋移位、倾斜。

3. 清孔。用毛刷将孔壁清刷干净，然后用压缩空气将孔内灰尘吹出，如此反复清孔 3～4 次，目的就是清除浮尘，增大胶粘剂与基体孔壁的摩擦力。

4. 湿水。对于砖砌体上的无机植筋，由于砖砌块吸湿性强，为防止胶注入后胶体水分被砖体吸走而迅速干硬，导致钢筋无法插入，注胶前应用喷枪对钻孔的那皮砖及与其相邻的一皮砖范围内的砖体，用 600ml 水进行湿水处理，3min 后即可进行注胶。

5. 注胶。植筋胶先按要求的配合比进行拌合，要求搅拌均匀，采用改造后的植筋枪注胶，注射软管应伸入孔底，边注胶边提拉，一般为孔深的 2/3，胶粘剂灌注在孔内端且不能注满，其注胶量应以插入钢筋后有少量溢出为准。

6. 插筋。事先将植筋的插入部分用钢刷刷净，在孔内灌入结构胶后及时插入已处理好的钢筋，插入钢筋时要注意向一个方向旋转，且要边旋转边插入以使胶体与钢筋充分黏结，且上下动作要防止气泡发生。

7. 调整。将钢筋插进孔内，若需调整位置，应在 1min 内调整完毕，但不允许向外拉。

8. 保护。调整好的钢筋应在 1h 内不允许动，否则将影响其锚固的强度，加固后 48h 方可进行后面的其他工序。

涂抹界面剂前先洒少量的水以湿润旧砖砌体表面，然后将配置好的界面剂均匀地涂抹在墙体加固面。

4.2.4.9 隔震加固技术[13]

隔震加固法是将隔震技术应用于抗震加固中，通过隔震层的设置将地震变形集中到隔震层上，限制能量向上部结构传递，从而提高建筑物抗震安全度。该技术在日本的办公楼、医院、博物馆等大型公共建筑抗震加固中得到了较好的应用。当对房屋加固后抗震性能要求较高时，可采用隔震的方法进行加固。隔震支座具有很大的竖向刚度和相对较小的水平刚度，在非灾害荷载作用下，隔震支座处于弹性状态，变形很小，可以完全满足上部结构较高的加固目标；在灾害荷载（大震）作用下，由于支座水平刚度较小，发生较大的变形，进入塑性状态，此时整个结构体系的基本周期很大（相对于固定基础的结构），结构受到的地震作用也相对很小。图 4.46 为传统抗震结构与隔震结构地震时建筑物的反应。事实上，如图 4.47 所示，隔震结构体系在大震作用下，上部结构的运动类似于置于隔震支座上的刚体运动，整个上部结构完全处于弹性状态，可以达到结构的正常使用或立即入住水平[16]。该既有建筑抗震加固方法在美国、日本等国家已有成功的工程实例，不仅可用在砌体结构中，也可用于钢筋混凝土结构和钢结构中。如美国对盐湖城大厦、洛杉矶政府大楼等几十栋建筑就是采用此法进行了加固；日本对一些办公楼、机场等大型公共建筑也是采用此方法进行加固的，效果都十分明显；我国在中小学校及重要建筑抗震加固中也得到了部分应用。

4.2.4.10 加固技术选用原则

1. 不采用国家和地方建设主管部门禁止和限制使用的建筑材料及制品。设计和施工时，要关注国家和当地建设主管部门历年向社会公布的限制、禁止使用的建材及制品目录，符合国家和地方有关文件、标准的规定。

2. 挖掘既有结构构件的潜力，在安全、可靠、经济的前提下，尽量保留、利用原有结构构件，如梁、板、柱、墙。

3. 采用模板使用少、加固体积小的结构加固技术；宜选用钢材、预制构件等可再循环利用的材料进行加固；新增构件宜便于更换。

4. 采用生产、施工、使用和拆除过程中对环境污染程度低的材料。

5. 合理采用高耐久性建筑结构材料，如高性能复合砂浆钢筋网。高耐久性建筑结构材料的选用应符合国家相关标准规范的规定。

6. 尽可能采用建筑加固、改造的土建工程与装修工程一体化设计。尽量多布置大开间敞开式办公，减少分割；进行灵活隔断或方便分段拆除的设计。

7. 抗震加固方案应根据鉴定结果经综合分析后确定，以加强整体性、改善构件受力状况、提高结构综合抗震能力为目标。

8. 有条件时，优先采用隔震、减震技术。

9. 混凝土、砂浆均采用预拌。

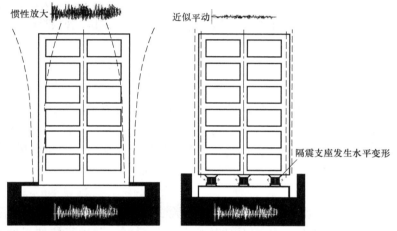

图 4.46　传统抗震结构与隔震结构地震时建筑物的反应

图 4.47　传统抗震结构与隔震结构地震时建筑物内人及物的反应

4.3　钢结构房屋

钢结构已广泛应用于工业和民用建筑，由于设计、施工、使用管理不当，材料质量不符合要求，使用功能改变，遭受灾害损坏以及耐久性不足等原因，需要对钢结构进行加固改造。国内部分既有钢结构房屋的使用期限已接近结构的设计寿命，因此对既有钢结构房屋采取加固措施也将是延长结构使用寿命的一种有效的途径。

钢结构加固是对承载力不足或产权人要求提高可靠度的钢结构、构件及其相关部分采取增强、局部更换或调整其内力等措施，使其具有现行设计规范及产权人所要求的安全性、适用性和耐久性。[1]

类似于钢筋混凝土结构加固方法，钢结构加固技术根据加固方法也可分为直接加固和间接加固两大类。直接加固方法适用于对局部构件进行有效加固，一般选用增大截面加固法、粘贴钢板加固法、粘贴纤维复合材加固法和组合加固法等；间接加固宜根据工程的实际情况采用改变结构体系加固法、预应力加固法等。设计时，可根据实际条件和使用要求选择适宜的加固方法及配合使用的技术。对于钢结构加固的连接方法，宜采用焊缝连接、摩擦型高强螺栓连接。有可靠工程经验时，也可采用混合连接，如焊缝与摩擦型高强螺栓的混合连接等。

4.3.1　结构检测[2]

钢结构一直以来都是被广泛使用的一种结构形式，随着世界钢产量的大幅增加，钢结构的应用范围也得到了相应扩展。钢结构具有强度高、自重轻、施工速度快等优点，但在加工、运输、安装过程中容易产生偏差和误差，另外钢结构最大的缺点是容易锈蚀、耐火性差。建筑钢结构的检测主要包括钢材强度的检测和结构损伤的检测。

4.3.1.1　钢材强度检测

钢结构材料的强度检测主要有取样拉伸实验法、表面硬度法和化学分析法三种。

取样拉伸实验法是在原结构中合适的位置截取材料，并进行拉伸强度试验测试的方法，包括材料取样和拉伸测试实验两个步骤。材料取样应在原结构受力较小的区域进行，尽量不影响原结构受力状态。拉伸试验测试件应符合金属结构测试试验构造要求，并在加载能力适宜的钢材拉伸试验机或者万能材料试验机等设备上进行测试。

表面硬度法是通过检测钢材表面硬度，并根据钢材硬度与强度的换算关系，推算钢材强度的一种测试方法。该方法操作简易便捷，非常适用于现场无损测试，是一种被广泛采用的测试方法。但是，该方法的测试结果离散性较大，在必要条件下应适当补充取样拉伸测试。

化学分析法是通过化学方法分析测量钢材中有关元素的含量，然后根据钢材的化学成分组成粗略估算钢材强度的方法。

4.3.1.2　钢结构探伤

钢结构探伤主要是对钢材的内部缺陷以及对钢结构焊缝的质量进行检测。钢材的缺陷与加工工艺关系密切，钢材在铸造过程中可能产生疏松、气孔、裂纹等缺陷，在锻造过程中可能产生裂纹、夹层、折叠等缺陷。钢结构在焊接过程中由于外界环境和施工工艺的影响，可能产生夹渣、气孔、裂纹、未熔合、未焊透等缺陷。

钢结构焊缝常用的无损检测可采用磁粉检测、渗透检测、超声波检测和射线检测。磁粉检测适用于铁磁性材料的表面和近表面缺陷的检测；渗透检测适用于材料表面开口性缺陷检测；超声波检测适用于内部缺陷的检测，主要用于平面型缺陷的检测；射线检测适用于内部缺陷的检测，主要用于体积型缺陷的检测。

目前工程中应用最广泛的探伤方法是超声波法。超声波的波长很短，穿透能力强，若遇到不同介质的界面会产生折射、反射、绕射和波形转换的现象。超声波法探伤就是利用了超声波在钢材损伤部分的不同反射特性进行损伤检测。同时，超声波还具有良好的方向性，可以定向发射。

超声波法分为脉冲反射法和穿透法。脉冲反射法根据超声波的反射信息来检测钢结构的损伤，只使用一个探头，该探头兼发射和接收功能。脉冲反射法操作简单，灵敏度高，且可以检测大多数的钢结构缺陷，因此是目前最常用的方法。穿透法是依据超声波穿透试件之后的能量衰减的变化规律来判断钢结构的损伤，穿透法的灵敏度要低于脉冲反射法。

4.3.1.3　变形检测

钢结构或构件变形的测量可采用水准仪、经纬仪、激光垂准仪或全站仪等仪器。用于钢结构或构件变形测量的仪器及其精度宜符合现行行业标准《建筑变形测量规范》JGJ 8—2007 的有关规定，变形测量级别可按三级考虑。

4.3.1.4　钢材厚度检测

在构件横截面或外侧可用游标卡尺测量的情况下，钢材厚度宜用游标卡尺测量。当在构件横截面或外侧无法用游标卡尺直接测量厚度时，可采用超声波原理测量钢结构构件的厚度。由于耦合不良、探头磨损等原因，超声波测厚仪的测量误差往往比直接用游标卡尺的大。

4.3.2　鉴定[3]

4.3.2.1　可靠性鉴定

钢结构办公建筑可靠性鉴定，通常是按图 4.2 所示框图的程序进行。

1. 构件安全性及使用性鉴定

钢结构构件安全性鉴定一般包括承载能力、构造、不适于继承承载的位移（或变形）等三个检查项目。但对冷弯薄壁型钢结构、轻钢结构、钢桩以及有腐蚀性介质的工业区，或高湿、临海地区的钢结构，尚应以不适于继续承载的锈蚀作为检查项目。

钢结构构件的正常使用性鉴定包括位移和锈蚀两个检查项目。位移检查项目包括受弯构件的挠度和柱顶水平位移两项内容。对钢结构受压构件，尚应以长细比作为检查项目参与上述评级。

2. 子单元安全性及使用性鉴定

子单元是民用建筑可靠性鉴定的第二个层次。一个完整的建筑物或其中的一个区段可划分为三个部分，即地基基础子单元、上部承重结构子单元和维护系统子单元。每个子单元的鉴定又可分为安全性鉴定和使用性鉴定两种。具体可见《民用建筑可靠性鉴定标准》GB 50292—1999 的有关规定。

3. 鉴定单元安全性及使用性评价

一般情况下，鉴定单元的安全性等级应根据地基基础和上部承重结构的评定结果，按其中较低等级确定。

鉴定单元的使用性等级根据地基基础、上部承重结构和围护系统的使用性等级，以及与整栋建筑有关的其他使用功能问题评定。具体见《民用建筑可靠性鉴定标准》GB

50292—1999 的有关规定。

4. 可靠性评级

民用建筑各层次的可靠性等级，可根据其安全性和正常使用性的评定结果确定。具体见《民用建筑可靠性鉴定标准》GB 50292—1999 的有关规定。

5. 适修性评估

在民用建筑可靠性鉴定中，若委托方要求对安全性不符合鉴定标准要求的鉴定单元或子单元或个别构件，提出处理意见时，宜对其适修性进行评估。适修性评级具体见《民用建筑可靠性鉴定标准》GB 50292—1999 的有关规定。

4.3.2.2　抗震鉴定

《中国地震动参数区划图》GB 18306—2015 将于 2016 年 6 月 1 日实施，届时全国均为抗震设防区，因而所有既有建筑改造都应按照现行国家标准《建筑抗震鉴定标准》GB 50023—2009 的规定进行抗震鉴定。

4.3.3　结构改造

4.3.3.1　增层

钢结构的增层改造可充分利用原设计储备并发挥钢结构轻质高强、抗震性能好、施工速度快等优点，从而扩大建筑使用面积，提高利用效益。

钢结构加层后由于原结构和加层结构的结构型式不同，在两者相接处存在刚度和质量的突变。地震作用下加层钢结构底层和原结构顶层变形明显加大，应注意加层后的抗震验算。

增层的方法有上部加层（直接加层、外套结构加层、改变荷载传递加层、外扩加层）、室内加层（内框架加层、利用原柱体加层、吊挂加层、悬挑加层）、地下加层。

直接加层不改变结构承重体系和平面布置，在原有房屋上直接加层。对于钢结构办公楼建筑，在层数不多时，可以考虑直接加层法。采用钢结构直接加层之后，由于加固后的结构沿竖向刚度分布不均匀，根据现行抗震设计规范，有必要采用振型分解反应谱法和时程分析法进行多遇和罕遇地震作用下的抗震计算。采用钢框架结构加层时，加层后整体结构在地震作用下的变形为"不均匀"剪切型，存在薄弱层，因此设计时还应对薄弱层进行验算。

外套结构加层法是在原结构的外围或内部建立新的独立体系，承担加层荷载。该方法适于原承重结构或地基基础难以承受过大的加层荷载、搬迁困难、加层施工时不能停止使用的房屋。

改变荷载传递加层即改变结构布置及其荷载传递途径的加层方法。该方法适用于基础或承重体系不能满足加层后结构承载力要求的房屋，或由于房屋使用功能要求需改变建筑平面布置，增设部分墙体、柱子或桁架，局部经加固处理，即可满足加层要求的房屋。

结构加层与原结构楼层刚度相差较大，为了尽可能发挥钢材的塑性变形性能，可以增加钢支撑。支撑可设计成偏心支撑，使支撑与梁柱之间形成耗能梁段，起到吸收能量的作用。在新旧层连接处要作好处理，确保新旧结构的整体性，提高加层后结构的抗震性能。

4.3.3.2　扩建

钢结构建筑在周边场地允许时，扩建的面积和层数基本不受原建筑的限制。平面扩展可以分为纵向扩展、横向扩展、局部扩展，也可以采用两种以上的平面扩建方法，进行混合扩建。

纵向扩建增加了房屋开间的数量。在扩建部分与原建筑之间，一般设置沉降缝将新旧建筑物彻底分开，以降低不均匀沉降的影响，因此扩建的面积和层数不受原有钢结构的约束。

横向扩建增加了建筑的跨度和宽度。为降低不均匀沉降的影响，新增结构体系一般也不宜与原结构连接，或通过原建筑结构和基础传力。当扩建部分面积较小且荷载不大时，也可以与原结构连接，同时应对原结构进行加固处理。扩建时要考虑不均匀沉降的影响，在新建结构体系和构造上采取合理的措施。

4.3.4　结构加固技术及选用原则[1]

4.3.4.1　增大构件截面加固法

在对既有钢结构房屋结构检测鉴定后，如果钢结构构件缺陷需进行修复与补强，一般通过焊接连接、螺栓连接和铆钉连接的方法增大原构件截面加固。不同的连接方式有相应技术要求，不满足时则不能采取该种方式。

采用增大构件截面法加固时，应在施工可行、传力直接且可靠的前提下，选取有效的截面增大形式。具体需要考虑的因素有两个。一是被增大截面构件的荷载状况，荷载部分卸荷或全部卸荷等不同状况下，加固前后结构的几何特性和受力状况会有很大不同。因而需要根据结构加固施工过程，分阶段考虑结构的截面几何特性、损伤状况、支撑条件和作用其上的荷载及不利组合，确定计算图形，进行受力分析，以期找出结构可能的最不利受力，并设计加固后截面，以确保安全可靠。二是钢结构的实际工作条件，包括荷载性质（静力、动力或多次反复）、环境状况（温度、湿度等）和结构的连接方法（焊接或螺栓、铆钉连接）等。考虑到钢材硬化、韧性降低、疲劳和断裂的可能，为保证结构的耐久、安全和节约，应选择合适的加固截面以控制其最大名义应变范围。

加固后的计算应根据构件的受力形式分别进行强度、变形和稳定性验算。

受弯构件强度计算的统一表达式及其塑性发展系数的取值在表达形式上与《钢结构设计规范》GB 50017—2003 相一致，但考虑到新加固截面部分的应力滞后及原有截面应变可能存在塑性发展，计算时引入了受弯构件强度折减系数 η_m。对于不同设计工作条件和加固方法，η_m 取值有所不同；η_m 以焊接加固方法的参数取值为基础，并且拴接加固和铆接加固的参数取值优于焊接加固的参数取值。钢材的抗剪强度和局部承压强度对结构韧性降低的影响一般较小，且都不是疲劳裂纹扩展的主导性参量，为简化计算仍采用《钢结构设计规范》GB 50017—2003 有关条文进行核算。实腹式受弯构件的整体稳定计算，也仍采用《钢结构设计规范》GB 50017—2003 的有关规定及方法。稳定系数 φ 应按加固后的截面计算，采用加固后构件的 φ 值对强度设计值进行折减，以计算构件的稳定承载力。强度设计值取钢材换算强度设计值 f^* 并乘以折减系数 η_m，其取值根据有初始缺陷和残余应力构件，由计算机模拟分析后得出的结果，并与强度计算时的结果作了协调。板件的局部稳定性，即翼缘宽厚比、腹板高厚比的限值和计算，仍按《钢结构设计规范》GB 50017—2003 有关条文进行，未作改动。加固后受弯构件的总挠度 ω_T 应包括加固前负荷下的初始挠度 ω_0，焊接时因加热、固化引起的焊接残余挠度 ω_W，以及焊后新增荷载下的挠度增量 $\Delta\omega$。ω_0 和 $\Delta\omega$ 可按一般材料力学方法计算求得。

轴心受力构件的原有截面一般是对称的，若其损伤的非对称性不大，可采用对称的加固截面形式；若其损伤的非对称性较大，则宜采用不改变截面形心位置的加固截面形式，以减小轴力偏心引起的附加弯矩的影响。加固后构件强度计算应引入轴心受力构件的强度降低系数，以考虑加固后截面新增部分的应力滞后效应，防止原构件截面拉应变过大。轴心受力构件的强度降低系数仍需针对其不同设计工作条件和不同加固方法进行取值，并以焊接加固方法的参数取值为基础，并且拴接加固和铆接加固参数优于焊接加固参数。粘贴钢板加固参数取为焊接加固的 0.8 倍，并对此参数取为 0.05 的整数倍。当截面损伤非对称性较大，或者采用非对称加固截面导致形心位置改变时，应按偏心受力构件计算其强度。

拉弯或压弯构件，即偏心受力构件的截面加固比较复杂，应根据原有构件的截面特征、损伤状况、加固要求等综合考虑选择加固截面。可采取相关公式计算强度，计算中除应考虑加固前后构件总挠度 ω_T 可能引起的附加弯矩外，还应考虑加固后偏心受力构件的设计强度降低系数 η_{EM}。η_{EM} 取值可由计算机进行数值模拟分析，并确定简化取值，且应与轴心受压构件和受弯构件进行对比和协调。截面加固的实腹式压弯构件的计算，基本采用了《钢结构加固设计规范 CECS77：96》有关表达式的原理，但考虑到加固钢材与原构件钢材的屈服强度可能有所不同，并且加固新增截面应力滞后等，以及加固构件因负荷、焊接加固热量引起的挠度增加，在其计算表达式中分别引入了钢材换算强度设计值 f^*、压弯构件强度折减系数 η_{EM}，以及初始挠度 ω_0 和焊接参与挠度 ω_W 引起的附加弯矩 $M_{\omega X}$（$\omega_X = \omega_0 + \omega_W$）影响。

加固施工过程中应遵循构造规定，以保证新旧两种钢材能协同工作。同时必须制定合理的施工工艺，保证构件在施工过程中有足够的承载力，避免较大的应力集中。

本工艺广泛应用于钢结构改扩建工程中，是一种常见的加固方法。但是，其具体的技术手段要结合施工难度、经济效益、工艺要求、使用功能等方面综合考虑。

4.3.4.2　粘贴钢板加固法

粘贴钢板加固法适用于钢结构受弯、受拉实腹式构件的加固以及受压构件的稳定加固，但最忌在复杂的应力状态下工作。

采用粘贴钢板加固的钢结构应满足以下两个条件。一是长期使用的环境温度不应高于 60℃，处于特殊环境（如高温、高湿、介质侵蚀、放射等）的钢结构采用本方法加固时，除应按国家现行有关标准的规定采取相应的防护措施外，还应采用耐环境因素作用的结构胶粘剂，并按专门的工艺要求进行粘贴施工。二是当被加固构件的表面有防火要求时，应按现行国家标准《建筑设计防火规范》GB 50016—2014 规定的耐火等级及耐火极限要求，对胶粘剂和钢板进行防护。

加固设计时，应将钢板的受力方式设计为仅承受轴向荷载，同时应采取措施卸除全部或大部分作用在结构上的活荷载，以减少二次受力的影响，使得加固新增的钢板能充分发挥强度。在施工工艺上，粘贴在钢结构构件表面上的钢板，其粘贴表面应经喷砂处理；并且，粘贴钢板的外表面应经过防锈蚀处理，表面防锈材料应对钢板及结构胶粘剂无害。

受弯构件的受拉面和受压面粘贴钢板进行受弯加固，在进行加固计算时，其截面应变分布仍可采用平截面假定。加固后，其截面特性将发生改变，需要重新计算加固后的截面模量以及中和轴位置。同时，应考虑不能卸载的荷载引起的原构件应力，该应力应按原截面模量进行计算。针对不同类构件，受弯构件粘钢加固计算还应考虑相应的强度折减系数。

为保证粘钢加固的可靠性，规定其正截面受弯承载力的提高幅度不应超过 40%。粘贴延伸长度取值系参照《混凝土加固设计规范》GB 50367—2006 确定。受弯构件进行粘钢加固后，虽然构件的抗弯承载力提高了，但其局部稳定性和整体稳定性也有可能不足，需要按照现行国家标准《钢结构设计规范》GB 50017—2003 的相关规定进行验算。此外，轴心受拉情况下，只要端部结构构造合理，其计算截面能达到极限状态。但是，考虑到加固后的粘钢与原构件之间的协同工作系数，加固后构件的计算承载力不应比原构件的承载力大 40% 以上。

4.3.4.3　粘贴碳纤维复合材料加固法

碳纤维复合材料自重轻、强度和刚度高、力学性能优秀，并且具有良好的耐蚀性和疲劳性能。在钢结构加固领域，一般采用单向纤维为主的碳纤维复合片材，利用其高强受拉性能对钢结构进行加固。采用粘贴碳纤维复合材料加固钢结构应满足的适用条件与粘贴钢板加固法基本一致，除应满足适用环境要求之外，还应满足防火要求。

加固设计时，应采取措施卸除全部或大部分作用在结构上的活荷载，同时将纤维受力方式设计成仅承受拉力作用。

受弯构件的受拉面粘贴纤维复合材进行受弯加固，在进行加固计算时，其截面应变分布仍可采用平截面假定。加固后，截面特性将发生改变，需要重新计算加固后换算截面的模量以及中和轴位置。虽然一般情况下碳纤维的弹性模量略大于钢材，但由于碳纤维的弹性模量不是很稳定，为了简化计算，一般假定碳纤维与钢材的弹性模量相同。同时，加固计算时还应考虑不能卸载的荷载引起的原构件应力，该应力应按加固前原截面的模量进行计算。同时，针对不同类型的构件，粘贴纤维复合材料加固受弯构件还应考虑相应的强度折减系数。为了保证粘贴碳纤维复合材料加固的可靠性，规定其加固后承载力的提高幅度不应超过 40%。

受拉翼缘表面粘贴碳纤维复合材料加固的受弯构件，其抗弯承载力得到提升，但其局部稳定性和整体稳定性仍需要按现行国家标准《钢结构设计规范》GB 50017—2003 的相关规定进行验算。轴心受拉情况下，如果端部有可靠的锚固，碳纤维复合材料一般能充分发挥强度；但是考虑加固后粘贴的碳纤维复合材料与原构件之间的协同工作特性，加固后的构件承载力不应比原构件的承载力大 40% 以上。如果端部没有可靠锚固，纤维复合材料的应力则应根据实际的粘贴长度和胶层的受力性能确定。

施工工艺上，粘贴在钢结构表面的纤维增强复合材料不得直接暴露于阳光或有害介质中。其表面应进行防护处理，以防止长期受阳光照射或介质腐蚀，从而起到延缓材料老化、延长使用寿命的作用。同时，粘贴纤维复合材料的胶粘剂一般是可燃的，故应按照现行国家标准《建筑设计防火规范》GB 50016—2006 规定的耐火等级和耐火极限要求，对纤维复合材料进行防护。

本工艺适用于实腹式钢结构受弯和受拉构件的加固，主要用于原构件外观质量基本完好，但截面尺寸偏小或需新增荷载的情况。若原构件存在明显的损伤或缺陷，应先经修复，方可进行加固。并且，纤维复合材料不能承受压力，因而要求将纤维受力方式设计成仅承受拉力作用。

4.3.4.4　外包钢筋混凝土加固法

采用外包钢筋混凝土加固法进行加固设计时，应满足以下两个条件。一是为保确保耐火性、耐久性、钢构件与混凝土的黏结性能，以及施工便捷性，混凝土强度等级不应低于C30，同时外包钢筋混凝土的厚度不宜小于 100mm。二是外包钢筋混凝土内纵向受力钢筋的两端应有可靠的连接和锚固，对于过渡层、过渡段以及钢构件与混凝土之间传力较大的部位，经计算需要在钢构件上设置抗剪连接件时，宜采用栓钉。

加固计算时，宜采取措施卸除全部或大部分作用在结构上的活荷载来减少二次受力的影响。通过结构整体内力和变形分析确定截面的弹性刚度后，根据构件受力类型确定钢构件和混凝土的承载能力的分配以及配筋情况。二阶弯矩对轴向压力偏心距影响的偏心距增大系数应按现行国家标准《混凝土结构设计规范》GB 50010—2010 第 6.2.3 条及第6.2.4 条计算确定。

本工艺适用于需要大幅度提高承载能力的实腹式轴心受压和偏心受压钢构件的加固，缺点是养护期长、占用建筑空间较多。

4.3.4.5　钢管构件内填混凝土加固法

采用内填混凝土加固法的钢管构件应符合下列条件：圆形钢管的外直径 D 不宜小于200mm，钢管壁厚 t 不宜小于 4mm；正方形钢管的截面尺寸不宜小于 200mm，钢管壁厚不宜小于 6mm；矩形截面钢管的高宽比 h/b 不应大于 2；被加固钢管构件应无明显缺陷或损伤，若有明显缺陷或损伤，应在加固前修复。

加固设计时，混凝土宜采用无收缩混凝土或自密实混凝土，其强度等级不应低于C30，且不宜高于 C60。当采用普通混凝土时，应添加减缩剂，以减小混凝土收缩的不利影响。对有抗震设防要求的结构，采用内填混凝土加固钢管构件时，相关设计应符合现行国家标准《建筑抗震设计规范》GB 50011—2010 的规定。

加固计算时，宜采取措施卸除全部或大部分作用在结构上的活荷载来减小二次受力的影响。截面的弹性刚度为原钢管和内填混凝性刚度之和。考虑钢管构件的二次受力，以及内填混凝土的施工质量、施工环境的影响，应对新增内填混凝土的强度予以折减。进行承载力验算时，应取净截面进行验算；当截面无削弱时，可按毛截面进行验算；不同类型的钢管具体有不同的计算方法。

施工工艺上，要保证混凝土的强度和密实度。目前国内钢管混凝土工程施工中较为成熟的方法有人工浇捣法、导管浇捣法、高位抛落无振捣法和泵送顶升法等多种混凝土浇筑方法，其中以泵送顶升浇筑法的质量最易控制。当钢管内有穿心构件时，高位抛落的混凝土受到阻碍，混凝土的密实度无法保证，应慎用高位抛落无振捣法。钢管混凝土构件由于核心混凝土被外围钢管所包覆，因此混凝土浇筑质量的控制存在一定难度。目前一般采用敲击法，通过听声音来判断密实度。对一些重要构件和部位则可以采用超声波来检测。超声波通过时的声速、振幅、波形等超声参数与管内混凝土的密实度、均匀性和局部缺陷密切相关，因此可应用超声波来检测管内混凝土的质量。具体做法是先对混凝土的强度和缺陷进行标定，获得超声波通过时的超声参数；以此为标准与钢管混凝土实测结果进行比较，从而确定管内混凝土的质量状况。

本工艺适用于轴心受压和偏心受压的圆形和方形截面钢管构件的加固。

4.3.4.6　预应力加固法[17]

预应力加固法适用于钢结构体系或构件的加固，该方法能提高结构或构件的刚度和承载能力，并改善原结构或构件的受力状态。

加固设计时，原结构构件钢材的力学性能及其质量等级应通过现场检测确定，并应符合现行国家标准《钢结构设计规范》GB 50017—2003 的规定。加固钢结构的预应力构件，可采用高强钢索、高强钢棒、钢带或型钢，但应根据实际加固条件通过构造和计算进行选择，并且材料性能应符合国家现行有关标准的规定。钢结构预应力加固设计，宜根据被加固结构、构件的实际受力状况和构造环境确定预应力构件的布置、锚固节点构造以及张拉方式。施加预应力的技术方案和预应力荷载大小的确定，应遵守结构或构件的卸载效应大于结构或构件的增载效应的原则。

具体来说，预应力加固可分为构件加固和整体结构加固两类。一般来说，对正截面受弯承载力不足的梁、板构件，可采用预应力水平拉杆进行加固，也可采用下撑式预应力拉杆进行加固。若工程需要且构造条件允许，还可同时采用水平拉杆和下撑式拉杆进行加固。对受压承载力不足的轴心受压柱、小偏心受压柱以及弯矩变号的大偏心受压柱，可采用双侧预应力撑杆进行加固；若偏心受压柱的弯矩不变号，也可采用单侧预应力撑杆进行加固。对桁架中承载力不足的轴心受拉构件和偏心受拉构件，也可采用预应力杆件进行加固。

加固计算时，结构的计算模型应根据加固后的结构体系和构件的受力方式建立，并应考虑结构抗震要求、非线性效应以及原结构中缺陷、损伤和变形的影响。采用预应力加固的钢结构及钢构件，除应根据设计状况进行承载力验算及正常使用极限状态验算外，还应对施工过程进行验算。预应力加固钢结构的设计验算，应计入预应力的作用效应。预应力的作用效应属永久荷载效应，并应考虑预应力施加的张拉系数、预应力损失系数等的影响。

预应力加固钢结构抗震计算的阻尼比，弹性分析宜取 0.02，弹塑性分析宜取 0.05。预应力加固钢结构在施加预应力后，结构或构件的反向变形，应不超过其原荷载标准组合下的挠度。加固用的预应力构件，在使用荷载作用下应不松弛或张力大于零，并满足稳定性要求。被加固的钢结构或构件以及用于加固的预应力构件，在正常使用状态的荷载作用下，均应处于弹性工作状态。用于加固的预应力高强度钢索的设计应力，当索为重要索时，不宜大于索材极限抗拉强度的 40%；当索为次要索时，不宜大于 55%。钢构件预应力输入端（张拉端及锚固端）节点区域，应采用合理的计算方法进行局部受力验算。

施工工艺上，采用预应力对钢结构进行整体加固时，可通过张拉加固索、调整支座位置及临时支撑卸载等方法施加预应力。采用本标准加固方法新增的预应力拉杆、撑杆、缀板以及各种紧固件和锚固件等，均应进行可靠的防锈蚀处理。当被加固构件表面有防火要求时，应按国家现行标准《建筑设计防火规范》GB 50016—2014 规定的耐火等级及耐火极限要求，对预应力构件及其连接进行防护。

本工艺适用于相对较柔的构件，其截面尺寸相对构件长度很小，因而其整体弯曲刚度很小。除高强钢索、高强钢棒外，钢带或型钢也可以作为预应力构件，只要其整体弯曲刚度相对较小即可。预应力构件不能因自身弯曲刚度过大，在被加固构件中形成额外的弯曲内力。

4.3.4.7　改变结构体系加固法

改变结构体系加固法是通过改变传力途径、荷载分布、节点性质、边界条件，增设附加构件或支撑，施加预应力，考虑空间协同工作等手段，改变结构体系或计算图形，以调整原结构内力，使结构按设计要求进行内力重分配，从而达到加固的目的。

加固设计时，可选用改变结构或构件刚度的方法。对钢结构进行加固时，可选用下列方法：（1）增设支撑系统以形成空间结构并按空间结构进行验算。（2）增设支柱或撑杆以增加结构刚度，或调整结构自振频率以改变结构的动力特性。（3）在排架结构中，重点加强某柱列的刚度，使之承受大部分水平作用力，以减轻其他柱列负荷。（4）在桁架中，改变其端部铰接支承为刚接，以改变其受力状态。（5）增设中间支座，或将简支结构端部连接成为连续结构。（6）在空间网架结构中，可通过改变网格结构形式，以提高刚度和承载力；也可在网架周边加设托梁，或增加网架周边支撑点，以改善网架受力性能。

当采用刚性支点加固结构、构件时，加固计算应按下列步骤进行设计计算：（1）计算并绘制原结构、构件的内力图；（2）初步确定预紧力，即卸荷值，并绘制在支撑点预紧力作用下原结构构件的内力图；（3）绘制加固后结构构件在新增荷载作用下的内力图；（4）将上述内力图叠加，绘出构件各截面的内力包络图；（5）计算构件各截面的实际承载力；（6）调整预紧力值，使构件各截面的最大内力值小于截面的实际承载力；（7）根据最大的支点反力，设计支承结构及其基础。当采用弹性支点加固结构、构件时，应先计算出所需支点弹性反力大小，然后根据此力确定支承结构所需的刚度，具体步骤如下：（1）计算并绘制原梁的内力图；（2）绘制原梁在新增荷载下的内力图；（3）确定原梁所需的预紧力（卸荷值），并由此求出相应的弹性支点反力值 R；（4）根据所需的弹性支点反力 R 及支承结构类型，计算支承结构所需的刚度；（5）根据所需的刚度确定支承结构的截面尺寸，设计支承结构及其基础。

4.3.4.8　连接加固与加固件连接

钢结构连接的加固方法，如焊缝、铆钉、普通螺栓和高强度螺栓等连接方法的选择，应根据结构需要加固的原因、目的、受力状态、构造及施工条件，并考虑结构原有的连接方法确定。

钢结构常用的连接方法中，其连接的刚度，即破坏时抵抗变形的大小，依次为焊接、摩擦型高强度螺栓、铆接和普通螺栓连接。一般应采用刚度较大的连接加固比其刚度小的连接，且进行计算时不宜考虑其混合共同受力。在同一受力部位连接的加固中，不宜采用刚度相差较大的，如焊缝与铆钉或普通螺栓共同受力的混合连接方法；若有工程经验，可采用焊缝和摩擦型高强螺栓共同受力的混合连接。加固连接所用材料应与结构钢材和原有连接材料的性能相匹配，其技术指标和强度设计值应符合现行国家标准《钢结构设计规范》GB 50017—2003 的规定。负荷下连接的加固，尤其是采用端焊缝或螺栓加固而需要拆除原有连接，或扩大、增加钉孔时，必须采取合理的制孔工艺和安全措施，以保证结构、构件及其连接在负荷下加固时具有足够的承载力。

4.3.4.9　加固技术选用原则

1. 结构经可靠性鉴定不满足要求时，必须进行加固处理。加固的范围和内容应根据鉴定结论和加固后的使用要求确定。

2. 加固后结构的安全等级应根据结构破坏后果的严重性和使用要求，并结合实际情况确定。

3. 加固设计应与施工方法紧密结合，充分考虑现场条件对施工方法、加固效果的影响，应采取有效措施保证新增截面、构件和部件与原结构连接可靠，形成整体共同工作，应避免对未加固的部件和构件造成不利影响。

4. 加固施工前应尽可能卸除作用于结构上的荷载并采取可靠的安全防护措施。

5. 加固所用结构材料应符合现行标准规范的规定，并在保证设计意图的前提下，便于施工，使新老结构结构能共同工作，并应注意新老材料之间的强度、塑性、韧性及焊接性能匹配，以利于充分发挥材料的潜能。

6. 加固用连接材料应符合现行《钢结构设计规范》GB 50017—2003 的要求，并与加固件和原有构件的钢材类型相匹配。当加固件和原有构件的钢号不同时，连接材料应与强度较低的钢材相匹配。

7. 加固设计的荷载应进行实地调查，根据实际构造情况和实测构件尺寸按现行《建筑结构荷载规范》GB 50009—2012 确定。对不符合《建筑结构荷载规范》规定或规范中未作规定的荷载，可根据实际情况进行抽样检测，以其平均值的 1.2 倍作为该荷载的标准值；对规范中未作规定的工艺、吊车等使用荷载，应根据使用单位提供的资料和实际情况，或通过现场实测取值。

8. 结构的计算简图应根据实际的支撑条件、连接情况和受力状态确定，并应考虑加固期间及前后作用在结构上的荷载及其不利组合，必要时应分阶段进行受力分析和计算。

9. 结构的计算截面应采用实际有效截面面积，并考虑结构在加固时的实际受力状况，即原结构的应力超前和加固部分的应力滞后特点，以及加固部分与原结构的共同工作的程度。

10. 对高温、腐蚀、冷脆、振动、地基不均匀沉降等原因造成的结构损坏，应提出相应的处理对策后再进行加固。

11. 加固施工过程中，若发现结构或相关工程隐蔽部位有未预计的损伤或严重缺陷时，应立即停止施工，并会同加固设计者采取有效措施进行处理后再继续施工。

12. 连接部位的构造应避免形成三向应力或双向应力状态，不宜采用刚度突变的构造，宜采用变形能力较大的构造形式。

4.3.5　工程案例

4.3.5.1　工程概况

安哥拉罗安达新国际机场航站楼由一个大厅、一个连接楼、三个平行指廊组成（图4.48）。航站楼总建筑面积约 16.8 万 m²。该航站楼建筑结构的安全等级为一级，设计使用年限为 50 年，抗震设防类别为乙类。

图 4.48　航站楼鸟瞰图

大厅轴线长 315m，轴线跨度 75m，柱距 15m。屋面形式为筒壳，结构采用不对称单曲网壳。陆侧柱为 V 形钢柱，檐口标高 35.30m。连接楼轴线长 668m，轴线跨度分别为 25m 和 20m，基本柱距 15m。屋面形式为筒壳，结构采用单曲网壳，20m 跨网架两端支承于钢柱顶，空侧标高 24.9m。25m 跨网架空侧支承于钢柱顶，空侧标高 28.1m。三个指廊轴线长度均为 268.5m，轴线跨度 38m，柱距 9m。屋面形式为筒壳，结构采用单曲网壳，网壳两端支承于钢柱。网架跨度约 40.78m。屋面最高点标高 22.2m，檐口标高约 17.0m。

网壳形式均为正放四角锥形式，节点为螺栓球节点。基本网格形式：大厅为 5000×5000×4500；指廊为 3000×3000×3000；25 跨连接楼为 2940×3000×1700；20 跨连接楼为 2995×3000×1500。航站楼大厅、连接楼、指廊屋面展开面积总计 91291m²。

4.3.5.2　结构检测与鉴定

由于设计和施工方的交接问题和结构施工质量问题，经现场检测，该结构主要存在以下主要问题：

1. 连接楼部分网架所用的杆件规格与设计蓝图不符。

2. 机场航站楼大厅、连接楼、指廊等部位所抽检的钢柱垂直度均不满足《钢结构现场检测技术标准》GB/T 50621—2010 要求。

3. 机场航站楼大厅、连接楼、指廊等支座高差、支座与定位轴线的偏差均不满足规范要求。

4. 部分钢柱的拼接焊缝未达到Ⅰ级焊缝要求。

5. 屋盖网壳结构的个别杆件发生明显受压屈曲，如图 4.49。

为分析和判断现场检测所发现的问题对结构安全性的影响，采用通用有限元分析与设计软件 MIDAS/Gen 建立结构数值模型，对结构进行计算分析。模型包含屋盖网壳结构和下部框架结构，其中屋盖网壳杆件采用拉压二力杆单元模拟，拉索采用只受拉单元，其余杆件采用空间梁单元模拟，数值计算模型如图 4.50。

根据《建筑结构荷载规范》GB 50009—2012，需要进行验算的荷载工况组合如表 4.2。

图 4.49　网架受压屈曲杆件

图 4.50　数值计算模型

荷载组合　　　　　　　　　　　　　　　　　　　　　　表 4.2

序号	组合名	恒	活	风
1	恒＋活（恒载控制）	1.35	0.98	
2	恒＋活（活载控制）	1.20	1.40	
3	恒＋风（恒载不利）	1.20		1.40
4	恒＋风（恒载有利）	1.00		1.40
5	恒＋活＋风（活荷载为主,恒载不利）	1.20	1.40	0.84
6	恒＋活＋风（活荷载为主,恒载有利）	1.00	1.40	0.84
7	恒＋活＋风（风荷载为主,恒载不利）	1.20	0.98	1.40
8	恒＋活＋风（风荷载为主,恒载有利）	1.00	0.98	1.40

按照现行规范对大厅钢结构施工详图中的钢结构进行了复核验算，结果表明：

（1）钢柱侧移和应力比均满足规范要求。

（2）网壳挠度满足规范要求。

（3）网壳部分构件的验算应力比不满足规范要求（大于 1.0），图 4.50 中所示的部分受压屈曲杆件的应力比严重超限。

4.3.5.3　加固方案

经分析，所有网壳应力比超限的构件均为受压失稳，考虑到现场的施工情况，对复核验算应力比超限的网架构件进行加固。网架受压杆件加固采用外套钢管的形式，套管两侧间断焊接，加固方案如下图所示。由于原结构受压杆件均为受压稳定性不足，而截面受压强度足够，因而无需对杆件的节点作额外补强处理（图 4.51）。

4.3.5.4　加固效果

将原结构计算模型中被加固的杆件按照实际情况修改杆件的计算断面，并对加固后的

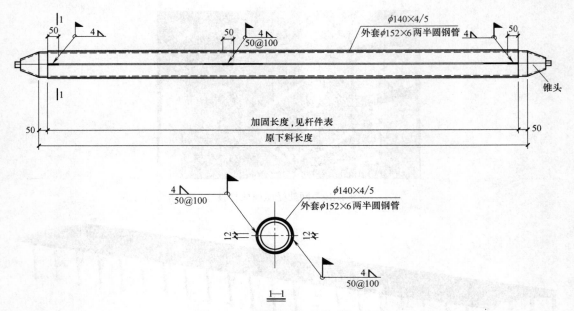

图 4.51　网架受压杆件加固方案图

结构重新进行计算分析，结果表明所有结构杆件的应力比均未超过规范限值，承载力和变形均满足现行标准规范的要求，加固效果良好。

参 考 文 献

[1]　民用建筑可靠性鉴定标准 GB 50292—1999 [S]．北京：中国建筑工业出版社，1999.

[2]　建筑抗震鉴定标准 GB 50023—2009 [S]．北京：中国建筑工业出版社，2009.

[3]　黄兴棣，田炜，王永维，娄宇等．建筑物鉴定加固与增层改造 [M]．北京：中国建筑工业出版社，2008.

[4]　王清勤，唐曹明．既有建筑改造技术指南 [M]．北京：中国建筑工业出版社，2012.

[5]　混凝土结构加固设计规范 GB 50367—2013 [S]．北京：中国建筑工业出版社，2013.

[6]　混凝土结构设计规范 GB 50010—2010 [S]．北京：中国建筑工业出版社，2010.

[7]　Hutchinson, Hamid Rahimi and Allan. Concrete beams strengthened with externally bonded FRP plates [J]. Journalof Composites for Construction. 2001，1 (1).

[8]　Ahmed KhalifaJ GoldWilliam. Antonio Nanni and Abdel Aziz M I. Contribution of externally bonded FRP to shear capacity of RC flexural members [J]. Journal of Composites for Construction，1998，2 (4).

[9]　徐双军，李冰心，成维．浅谈钢绞线网-聚合物砂浆复合面层加固技术 [J]．山西建筑，2010 (6).

[10]　北京市建筑设计研究院．建筑结构专业技术措施．中国建筑工业出版社．

[11]　赵彤，刘明国，张景明．抗震加固方法在国外的若干新发展 [J]．建筑结构，2001 (3)．No. 31.

[12]　范苏榕．钢支撑加固钢筋混凝土框架结构的试验研究 [J]．南京工业大学，2002.

[13]　唐曹明．既有建筑抗震加固方法的研究与应用现状 [J]．施工技术资讯，2010 (5)：6-10.

[14]　建筑抗震加固技术规程 JGJ 116—2009 [S]．北京：中国建筑工业出版社，2009.

[15]　砌体结构加固设计规范 GB 50702—2011 [S]．北京：中国建筑工业出版社，2011.

[16]　李刚，程耿东．基于功能的结构抗震加固策略探讨 [J]．现代地震工程进展．南京，2002.437-443.

[17]　钢结构加固技术规范 [S] CECS 77：96.

[18]　钢结构现场检测技术标准 GB/T 50621—2010.

[19]　曹双寅，邱洪兴，王恒华．结构可靠性鉴定与加固技术．北京：中国水利水电出版社，2002.

第 5 章 加固改造与配套功能材料

办公建筑在改造过程中，往往会遇到结构或构件的加固、修补。如何选用满足工程需要的加固材料或修补材料，直接关系到办公建筑改造加固工程的安全性、使用寿命、经济性和施工便捷性。加固修补材料的合理选择，取决于原有建筑结构的类型、受损状况、需要加固修补的部位及其重要程度、施工可操作条件、经济成本等各方面因素，必须综合予以考虑。在办公建筑加固改造过程中，应首先根据既有办公建筑检测鉴定结果来确定相应的加固改造方案，并选择适宜的修补加固技术路线和对应的修补加固材料。选用修补加固材料，应按照相关标准规范执行，例如粘钢结构胶、植筋（锚固）结构胶、纤维复合材加固结构胶、裂缝修补结构胶、高性能纤维复合材料应遵守《工程结构加固材料安全性鉴定技术规范》GB 50728 相关规定，结构加固修补用聚合物砂浆应符合《混凝土结构加固用聚合物砂浆》JG/T 289 相关要求，高性能水泥基灌浆料应满足《水泥基灌浆材料应用技术规范》GB/T 50448 相关要求，迁移性有机复合阻锈剂应满足《钢筋阻锈剂应用技术规程》JGJ/T 192 的要求，等等。所选用的修补加固材料体系，尽量不需要使用模板，并尽可能使得加固后结构构件体积增加较小。

为了提高城市绿化率，办公建筑改造往往会涉及屋顶绿化。屋顶绿化是既有建筑改造的常用技术，是提高城市绿化率的有效手段。但是，屋顶绿化是一项综合技术，其中种植屋面防水材料就是非常关键的技术之一。种植屋面普通防水材料的选用应符合《屋面工程技术规范》GB 50345、《坡屋面工程技术规范》GB 50693 的有关规定；耐根穿刺防水材料的选用应符合《种植屋面用耐根穿刺防水卷材》JC/T 1075 的规定；同时还应选用性能符合要求的种植屋面用排水材料和过滤材料。

结合办公建筑加固改造特点，本章重点介绍了高效黏结材料、高性能纤维复合材料、高性能水泥基材料以及迁移性有机复合阻锈剂等加固修补材料；同时介绍了办公建筑改造中可能涉及的屋顶绿化所用防水材料、排水材料和过滤材料。

5.1 加固改造材料

5.1.1 粘钢结构胶

5.1.1.1 技术概述

粘钢结构胶是一种双组分的胶粘剂，它具有力学强度高、对多种材料黏合效果好等优点。粘钢结构胶的加固原理是利用钢板/型钢的力学性能增加混凝土结构的承载力和抗拉性能，使钢板/型钢与原混凝土构件能协同工作，达到增强构件承载力及刚度的目的。根据适用加固方法的不同，粘钢结构胶又细分为粘钢及外黏型钢用结构胶。其中黏钢用结构

173

胶主要应用于粘贴钢板加固法（该法适用于对钢筋混凝土受弯、大偏心受压和受拉构件的加固），主要采用涂布工艺；外黏型钢结构胶为灌注型粘钢结构胶，主要应用于外黏型钢（角钢或槽钢）加固法（该法适用于大幅度提高截面承载能力和抗震能力的钢筋混凝土梁、柱结构的加固），主要采用压注工艺。

5.1.1.2　应用要点

表 5.1 给出了粘钢及外黏型钢用胶粘剂的性能指标要求[4]。

表 5.1

黏钢及外黏型钢用胶粘剂性能指标要求

性能项目			性能要求	
			A 级胶	B 级胶
胶体性能	抗拉强度(MPa)		≥30	≥25
	受拉弹性模量(MPa)	涂布胶	≥3.2×10³	
		压注胶	≥2.5×10³	≥2.0×10³
	伸长率(%)		≥1.2	≥1.0
	抗弯强度(MPa)		≥45	≥35
			且不得呈碎裂状破坏	
	抗压强度(MPa)		≥65	
黏结能力	钢-钢拉伸抗剪强度标准值(MPa)		≥15	≥12
	钢-钢 T 冲击剥离长度(mm)		≤25	≤40
	钢-钢黏结抗拉强度(MPa)		≥33	≥27
	钢对 C45 混凝土的正拉黏结强度(MPa)		≥2.5,且为混凝土内聚破坏	
不挥发物含量（%）			≥99	

虽然黏钢及外黏型钢用胶粘剂在性能指标上差距不大，但其胶粘工艺却不相同。采用粘钢用胶粘剂施工时，宜采用手工涂胶，钢板应裁成多条粘贴，且钢板厚度不应大于5mm。采用外黏型钢用胶粘剂应用压力注胶黏结的钢板厚度不应大于 10mm，并且应按外粘型钢加固法的焊接节点构造进行设计、计算。采用粘贴钢板或外黏型钢加固混凝土构件时，钢板或型钢表面（包括混凝土表面）建议应进行防腐蚀和防火等防护处理。图 5.1 和图 5.2 分别给出了涂布和压注用粘钢结构胶的施工工艺。

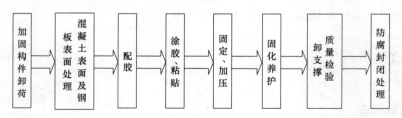

图 5.1　涂布粘钢结构胶施工工艺

5.1.2　植筋（锚固）结构胶

5.1.2.1　技术概述

植筋锚固工艺是运用高强度的化学黏合剂［植筋（锚固）结构胶］，使钢筋与混凝土

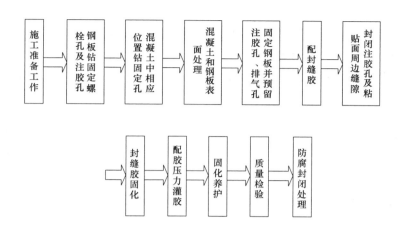

图 5.2　压注粘钢结构胶施工工艺

产生握裹力，从而达到预期效果。施工后提供高承载力，不易移位、拔出。由于其通过化学粘合固定，不但对基材不会产生膨胀破坏，而且对结构有补强作用。该法施工简便迅速，安全并符合环保要求，是建筑工程中钢筋混凝土结构变更、追加、加固的最有效的方法。植筋锚固工艺适用于混凝土承重结构和砌体承重结构以锚固型结构胶粘剂种植带肋钢筋和全螺纹螺杆的施工。植筋锚固工艺中所用的植筋（锚固）结构胶强度高、固化速度快，不易流淌，使用方便。随着技术进步，现如今植筋（锚固）结构胶不仅应用于既有建筑的加固改造，而且也应用于新建建筑物的植筋埋植等[6]。为了保证工程安全性，工程使用时植筋（锚固）结构胶应采用改性环氧类或改性乙烯基酯类（包括改性氨基甲酸酯）的胶粘剂。并且当植筋的直径大于 22mm 时，应采用 A 级结构胶。

5.1.2.2　应用要点

表 5.2 给出了植筋（锚固）用结构胶的性能指标[4]。

植筋（锚固）用胶粘剂性能指标　　　　　　　　　　　　表 5.2

性能项目			性能要求	
			A 级胶	B 级胶
胶体性能	劈裂抗拉强度（MPa）		≥8.5	≥7.0
	抗弯强度（MPa）		≥50	≥40
	抗压强度（MPa）		≥60	
黏结能力	钢-钢拉伸抗剪强度标准值（MPa）		≥10	≥8
	约束拉拔条件下带肋钢筋与混凝土的黏结强度（MPa）	C30 $\phi25$ $l=150mm$	≥11.0	≥8.5
		C60 $\phi25$ $l=125mm$	≥17.0	≥14.0
	钢对钢 T 冲击剥离长度（mm）		≤25	≤40
	不挥发物含量（%）		≥99	

住房和城乡建设部 [2008] 132 号文《地震灾后建筑鉴定与加固技术指南》要求植筋

（锚固）结构胶配套使用的钢筋不得为光圆钢筋。植筋时候应先焊接再注胶。植筋用的钢筋或螺杆在植入前应进行除锈、除油和除污处理。注入植筋（锚固）结构胶后，应立即插入钢筋或螺杆，并按单一方向边转边插至规定的深度。施工完成后，在固化时间达到 7d 的当日，应抽样进行现场锚固承载力检验。植筋（锚固）结构胶施工工艺如图 5.3

5.1.3　纤维复合材加固结构胶

5.1.3.1 技术概述

　　粘贴纤维复合材加固是指用一种特殊的纤维配套树脂将纤维复合材按设计要求牢固地粘贴在被加固的混凝土构件表面，使混凝土、纤维复合材及配套树脂形成整体受力，提高结构的受力强度。

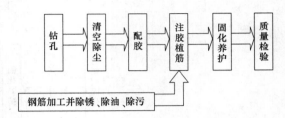

图 5.3　植筋（锚固）结构胶施工工艺

纤维配套树脂牢固的粘接使固化后的胶层能有效地传递纤维复合材与混凝土之间的各种应力，确保三者共同作用。与传统的加固方法相比，粘贴纤维复合材加固法可降低工程造价 20% 左右，并且纤维复合材加固具有轻质、高强、耐腐蚀、施工容易等特点，同时也可避免粘钢加固造成的钢板与混凝土粘接质量差、施工难度大、钢板腐蚀导致粘接失效等问题。

　　粘贴碳纤维复合材加固法所用的碳纤维配套树脂又称碳纤维加固结构胶，该结构胶一般包括三种胶[7]：一是底胶（又称底层树脂）：涂刷于混凝土基层上，强化混凝土表面强度，从而使混凝土与碳纤维之间的黏结性得到提高；二是修补胶（又称找平材料）：整平混凝土表面，便于碳纤维的粘贴；三是黏结胶（又称浸渍树脂）：将碳纤维片材结合在一起，使之成板状硬化物，同时将碳纤维与混凝土粘接在一起，也形成一个复合整体，共同抵抗外力。浸渍树脂的性能直接决定了碳纤维能否有效地加固混凝土结构。

5.1.3.2 应用要点

　　表 5.3 给出了碳纤维复合材浸渍/黏结用胶粘剂安全性能指标[3]。

碳纤维复合材浸渍/黏结用胶粘剂安全性能指标　　　　　　　表 5.3

性能项目		性能要求	
		A 级胶	B 级胶
胶体性能	抗拉强度（MPa）	≥38	≥30
	受拉弹性模量（MPa）	≥2.4×10³	≥1.5×10³
	伸长率（%）	≥1.5	
	抗弯强度（MPa）	≥50	≥40
		且不得呈碎裂状破坏	
	抗压强度（MPa）	≥70	
黏结能力	钢-钢拉伸抗剪强度标准值（MPa）	≥14	≥10
	钢-钢 T 冲击剥离长度（mm）	≤20	≤35
	钢-钢黏结抗拉强度（MPa）	≥40	≥32
	钢对 C45 混凝土的正拉黏结强度（MPa）	≥2.5,且为混凝土内聚破坏	
不挥发物含量（%）		≥99	

纤维复合材加固结构胶应采用改性环氧树脂胶粘剂，承重结构加固工程中不得使用不饱和聚酯树脂、醇酸树脂等作为浸渍、黏结胶粘剂。纤维复合材粘贴时应使结构胶充分浸润到纤维丝束中，并且沿纤维方向滚压时要均匀而充分。若多层粘贴纤维复合材，应在纤维织物表面所浸渍的胶液达到指干状态时立即粘贴下一层。若延误时间超过 1h，则应等待 12h 后，方可重复上述步骤继续粘贴。纤维复合材加固结构胶施工工艺如图 5.4 所示。

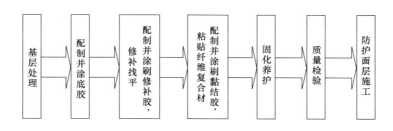

图 5.4　纤维复合材加固结构胶施工工艺

5.1.4　裂缝修补结构胶

5.1.4.1　技术概述

裂缝修补结构胶[9]是用低黏度的结构胶填充裂缝，灌注胶固化后起到结构补强和阻止裂缝进一步扩张。这种胶粘剂的主要特点是黏度低，一般有环氧树脂和丙烯酸两类。裂缝修补结构胶的应用效果取决于其工艺性能和低黏度胶液的可灌注性以及完全固化后所能达到的黏结强度。裂缝修补结构胶分为封缝胶和灌封胶两类。封缝胶用于封闭和填充裂缝；灌封胶用于恢复混凝土构件的整体性和部分强度。

5.1.4.2　应用要点

表 5.4 给出了裂缝修补结构胶的安全性能指标[4]。

裂缝修补结构胶安全性能指标　　　　　　　　　　　　表 5.4

	性能项目	性能指标
胶体性能	抗拉强度（MPa）	≥25
	受拉弹性模量（MPa）	≥1500
	伸长率（%）	≥1.7
	抗压强度（MPa）	≥50
	抗弯强度（MPa）	≥30，且不得呈脆性（碎裂状）破坏
	无约束线性收缩率（%）	≤0.3
黏结能力	钢-钢拉伸抗剪强度（MPa）	≥15
	钢-钢对接抗拉强度（MPa）	≥20
	钢对干态混凝土的正拉黏结强度（MPa）	≥2.5，且为混凝土内聚破坏
	钢对湿态混凝土的正拉黏结强度（MPa）	≥1.8，且为混凝土内聚破坏
	耐湿热老化性能	抗剪强度降低率不大于 18%

当混凝土或砌体的水平构件和竖向构件中，有宽度为 0.05～1.5mm，深度不超过

300mm 的贯穿或不贯穿裂缝时宜采用定压注射器注胶法施工。该法采用以低黏度改性环氧结构胶为主成分组成的裂缝修补胶。当结构有补强要求时，应选用具有封闭与补强双重效果的裂缝修复胶。裂缝宽度大于 0.5mm 且走向蜿蜒曲折或为体积较大构件的混凝土深裂缝，宜采用机控压力注胶。当裂缝宽度大于 2mm 时，应采用注浆料以压力灌注法施工。裂缝修补结构胶施工工艺如图 5.5 所示。

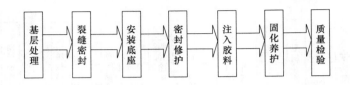

图 5.5　裂缝修补结构胶施工工艺

5.1.5　高性能纤维复合材料

5.1.5.1　技术概述

高性能纤维复合材料（简称 FRP）是采用高强度的连续纤维按一定规则排列，经用胶粘剂浸渍、黏结固化后形成的具有纤维增强效应的复合材料。纤维复合材料加固法主要适用于钢筋混凝土受弯、轴心受压、大偏心受压及受拉构件的加固[11]。纤维复合材料具有优异的高强度、高弹性模量等性能，在加固、修补混凝土结构中可以充分利用其特点来提高混凝土结构及构件的承载力及延性，改善其受力性能，达到高效加固修补的目的，尤其对于抗震加固补强具有重要意义[1]。

随着经济的发展，越来越多的 FRP 复合材料被应用于土木工程的各个方面。如从最初的 GFRP（玻璃纤维复合材料）发展到 CFRP（碳纤维复合材料）和 AFRP（芳纶纤维复合材料）等。其中碳纤维复合材料（CFRP）是目前工程中用量最多也是研究最多的一种复合材料。对于 CFRP 来说，重要的承重结构加固用的碳纤维应选用聚丙烯腈基（PAN 基）12K 或 12K 以下的小丝束纤维，对一般结构，除使用聚丙烯腈基（PAN 基）12K 或 12K 以下的小丝束纤维外，若有适配的结构胶，尚容许使用不大于 15K 的聚丙烯腈基碳纤维。对于 GFRP 来说，应采用高强 S 玻璃纤维或碱金属氧化物含量小于 0.8% 的 E 玻璃纤维，严禁使用中碱 C 玻璃纤维和高碱 A 玻璃纤维。对于 AFRP 来说，其弹性模量不得低于 8.0×10^4 MPa，饱和含水率不得大于 4.5%。表 5.5～表 5.7 给出了碳纤维复合材料、芳纶纤维复合材料及玻璃纤维复合材料的安全性能指标要求[4]。

碳纤维复合材料的安全性能指标要求　　　　　　　　　　　　表 5.5

检验项目		鉴定合格指标				
		单项织物（布）			条形板	
		高强Ⅰ级	高强Ⅱ级	高强Ⅲ级	高强Ⅰ级	高强Ⅱ级
抗拉强度（MPa）	标准值	≥3400	≥3000	—	≥2400	≥2000
	平均值	—	—	≥3000	—	—
受拉弹性模量（MPa）		$≥2.3 \times 10^5$	$≥2.0 \times 10^5$	$≥2.0 \times 10^5$	$≥1.6 \times 10^5$	$≥1.4 \times 10^5$

续表

检验项目		鉴定合格指标				
		单项织物(布)			条形板	
		高强Ⅰ级	高强Ⅱ级	高强Ⅲ级	高强Ⅰ级	高强Ⅱ级
伸长率(%)		≥1.6	≥1.5	≥1.3	≥1.6	≥1.4
弯曲强度(MPa)		≥700	≥600	≥500	—	—
层间剪切强度(MPa)		≥45	≥35	≥30	≥50	≥40
纤维复合材与基材正拉黏结强度(MPa)		对混凝土和砌体基材:≥2.5,且为基材内聚破坏; 对钢基材:≥3.5,且不得为黏附破坏				
单位面积质量(g/m²)	人工粘贴	≤300			—	
	真空灌注	≤450			—	
纤维体积含量(%)		—			≥65	≥55

芳纶纤维复合材料的安全性能指标要求　　　　　　　　表 5.6

检验项目		鉴定合格指标			
		单项织物(布)		条形板	
		高强度Ⅰ级	高强度Ⅱ级	高强度Ⅰ级	高强度Ⅱ级
抗拉强度标准值(MPa)	标准值	≥2100	≥1800	≥1200	≥800
	平均值	≥2300	≥2000	≥1700	≥1200
受拉弹性模量 E_f(MPa)		≥$1.1×10^5$	≥$8.0×10^4$	≥$7.0×10^4$	≥$6.0×10^4$
伸长率(%)		≥2.2	≥2.6	≥2.5	≥3.0
弯曲强度(MPa)		≥400	≥300	—	—
层间剪切强度(MPa)		≥40	≥30	≥45	≥35
与混凝土基材正拉黏结强度(MPa)		≥2.5,且为混凝土内聚破坏			
纤维体积含量(%)		—		≥60	≥50
单位面积质量(g/m²)	人工粘贴	≤450		—	
	真空灌注	≤650		—	

玻璃纤维复合材料的安全性能指标要求　　　　　　　　表 5.7

检验项目		鉴定合格指标	
		高强玻璃纤维	E 玻璃纤维
抗拉强度标准值(MPa)		≥2200	≥1500
受拉弹性模量(MPa)		≥$1.0×10^5$	≥$7.2×10^4$
伸长率(%)		≥2.5	≥1.8
弯曲强度(MPa)		≥600	≥500
层间剪切强度(MPa)		≥40	≥35
纤维复合材与混凝土基材正拉黏结强度(MPa)		≥2.5,且为混凝土内聚破坏	
单位面积质量(g/m²)	人工粘贴	≤450	≤600
	真空灌注	≤550	≤750

5.1.5.2 应用要点

纤维复合材加固中的碳纤维应选用聚丙烯腈（PAN）基碳纤维，芳纶纤维的弹性模量不得低于 8.0×10^4 MPa；若使用玻璃纤维，应采用高强 S 玻璃纤维或碱金属含量小于 0.8% 的 E 玻璃纤维。由于纤维复合材易折断，纤维复合材不容许折叠；同时纤维复合材粘贴时应展平，不得有褶皱，以免影响其受力性能。纤维复合材施工应沿纤维方向滚压，使胶液充分浸渍纤维复合材，并使纤维复合材织物均匀压实，无气泡产生。纤维复合材粘贴完毕后，尚应在其表面均匀涂刷一道黏结、浸渍树脂。高性能纤维复合材料施工工艺如图 5.6 所示。

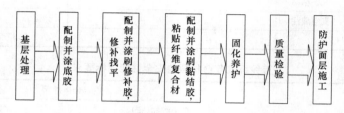

图 5.6 高性能纤维复合材料施工工艺

5.1.6 结构加固修补用聚合物砂浆

5.1.6.1 技术概述

经过大量试验研究[13]发现，在普通水泥砂浆中加入聚合物可以大大提高水泥砂浆的性能，而且聚合物可以长期地发挥作用。结构加固修补用聚合物砂浆[14]是由胶凝材料、骨料、添加剂和可以分散在水中的有机聚合物搅拌而成，当采用钢丝网片—聚合物砂浆外加层加固、粘贴碳纤维布加固、粘贴钢板加固或进行局部缺陷修补时，都需用到聚合物砂浆。在水泥砂浆中掺入少量有机聚合物，通过搅拌使聚合物颗粒均匀分散在水泥浆体中，伴随着水泥水化反应的不断进行，浆体中水分逐渐减少，聚合物颗粒被限制在毛细空隙中，并不断沉积在水化产物和未水化颗粒的表面，最终形成连续的薄膜而将硬化浆体与集料黏结在一起，从而改善修补材料的界面过渡区结构，增加柔韧性和提高黏结强度。利用聚合物来对水泥砂浆进行改性使之在保持水泥原有的无机材料抗压强度、抗折强度、耐老化等优点的同时，增加了有机材料黏结力大、变形性好、密封性强的特点，从而使水泥砂浆的黏结力和抗渗力都有了较大的提高。此外，结构加固修补用聚合物砂浆也具有良好的抗渗性能，具有良好的柔性和黏结性，其能搭接裂缝以及防止裂缝的出现，减少砂浆中相互连通的毛细孔，充分适应水泥以及砂浆干燥过程中颗粒之间的变化。结构加固修补用聚合物砂浆适用于混凝土结构的修补加固和混凝土工程中特殊部位，如应力复杂区、抗裂、抗震、耐冲击、耐磨损、抗疲劳要求高的部位。此外，由于结构加固修补用聚合物砂浆具有较高的黏结强度，与基材相容性较好，该材料也适用于修补因钢筋锈蚀导致的混凝土剥落及一般混凝土组件的缺陷，如蜂窝洞及水泥浆流失等问题。

5.1.6.2 应用要点

表 5.8 给出了结构加固用聚合物砂浆的技术性能指标[15]。

结构加固用聚合物砂浆技术性能指标　　　　　　　　　　表 5.8

序号	项目		性能指标	
			Ⅰ 级	Ⅱ 级
1	凝结时间	初凝/min	≥45	≥45
		终凝/min	≤24	≤24
2	抗压强度/MPa	7d	≥40	≥30
		28d	≥75	≥45
3	抗压强度/MPa	7d	≥8.0	≥7.0
		28d	≥12	≥10
4	黏结强度/MPa	14d	≥1.2	≥1.0
5	抗渗压力/MPa	28d	≥2.5	≥2.0
6	收缩率/%	28d	≤0.10	≤0.10
7	抗冻性能*	强度损失率/%	≤25	≤25
		质量损失率/%	≤5	≤5

注：* 有抗冻性能要求时,应进行抗冻性能试验。

钢丝绳网片-聚合物砂浆外加层加固法主要应用于混凝土受弯和大偏心受压构件的加固。对于重要结构、构件或处于腐蚀介质环境、潮湿环境和露天环境时,应选用高强度不锈钢丝绳制作的网片。处于正常温、湿度环境中的一般结构、构件,可采用高强度镀锌钢丝绳制作的网片,并采取阻锈措施。对于重要构件的加固,应选用改性环氧类聚合物砂浆;对于一般构件的加固,可选用改性环氧类聚合物砂浆或改性丙烯酸酯共聚物乳液配制的聚合物砂浆;非承重结构构件的加固,可选用乙烯-醋酸乙烯共聚物配制的聚合物砂浆。苯丙乳液配制的聚合物砂浆不得用于结构加固。另外聚合物砂浆外加层的厚度不应小于 25mm,也不宜大于 35mm。当采用镀锌钢丝绳时,其保护层厚度不应小于 15mm。钢丝绳网片-聚合物砂浆外加层加固法施工工艺如图 5.7 所示。

5.1.7　高性能水泥基灌浆料

5.1.7.1　技术概述

高性能水泥基灌浆料是以石英砂、石子等作为骨料,以水泥作为胶结剂,辅以流化、微膨胀、防离析等物质配制而成。它在施工现场加入一定量的水,搅拌均匀后即可使用,具有自流平、早强、高强、微膨胀等性能特点。近十年

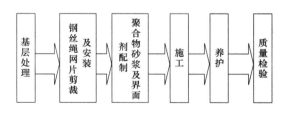

图 5.7　钢丝绳网片-聚合物砂浆外加层加固法施工工艺

来在国内科技工作者的努力下,克服了国产灌浆料早期膨胀性能不佳和对用水量敏感的缺陷,并且通过聚合物改性、单掺或双掺纤维、使用高性能减水剂、提高养护措施及适当提高加固层的配筋率有效解决了灌浆料的开裂问题。高性能水泥基灌浆料具有以下特点:
1. 高自流性:现场只需加水搅拌即可使用,不需要振捣便可自动填充所需灌注空隙,不泌水、不分层;2. 早强高强:一天强度最高可达 40MPa 左右;3. 微膨胀性:黏结强度

181

高，具有微膨胀性能，无收缩，可确保地脚螺栓、设备与基础以及新老混凝土间的牢固结合；4.抗腐蚀性：早强型灌浆料抗侵蚀，耐冲刷，具有良好的抗硫酸盐和抗污水侵蚀性能，有较强的抗冲刷性，可用于海港、污水处理厂等工程；5.耐久性：属于无机灌浆材料，不老化，对钢筋无锈蚀。

5.1.7.2 应用要点

表 5.9 和 5.10 给出了高性能水泥基灌浆料的技术性能指标[16]。

水泥基灌浆技术性能指标　　　　　　　　　　　　表 5.9

类别		Ⅰ类	Ⅱ类	Ⅲ类	Ⅳ类	
最大集料粒径(mm)		≤4.75			>4.75 且≤16	
流动度 (mm)	初始值	≥380	≥340	≥290	≥270	≥650
	30 保留值	≥340	≥310	≥260	≥240	≥550
竖向膨胀率(%)	3h	0.1～3.5				
	24h 与 3h 的 膨胀之差	0.02～0.5				
抗压强度 (MPa)	1d	≥20.0				
	3d	≥40.0				
	28d	≥60.0				
对钢筋有无锈蚀作用		无				
泌水率(%)		0				

用于冬期施工的水泥基灌浆材料技术性能指标　　　　　　表 5.10

规定温度(℃)	抗压强度比(%)		
	R_{-7}	R_{-7+28}	R_{-7+56}
—5	≥20	≥80	≥90
—10	≥12		

R_{-7} 表示负温养护 7d 的试件抗压强度值与标准养护 28d 试件抗压强度值的比值,类似意思同。

当灌浆料用于地脚螺栓锚固时，根据螺栓表面与孔壁的净间距选择水泥基灌浆料的种类。当灌浆料作为二次灌浆使用时，根据灌浆层的厚度选用相应类别的水泥基灌浆材料。当灌浆料用于混凝土结构改造和加固时，根据混凝土梁、柱等采用的加固方法不同及相应间距，选择不同类别的水泥基灌浆料。当灌浆料用于后张预应力混凝土结构孔道灌浆时，根据环境类别选用相应的水泥基灌浆材料。此外，水泥基灌浆料拌和时宜采用机械拌和。灌浆完毕后应喷洒养护剂或覆盖塑料薄膜养护。高性能水泥基灌浆料施工工艺如图 5.8 所示。

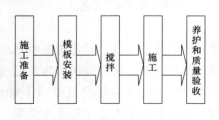

图 5.8 高性能水泥基灌浆料施工工艺

5.1.8 迁移性有机复合阻锈剂

5.1.8.1 技术概述

钢筋锈蚀给混凝土结构的耐久性带来了严

重的危害，已成为混凝土行业亟待解决的世界性难题。钢筋阻锈剂法是近年来新兴起的一种结构耐久性加固处理方法，一般常与别的加固方法配合使用。钢筋阻锈剂通过抑制混凝土与钢筋界面孔溶液中发生的阳极或阴极电化学反应来保护钢筋。钢筋阻锈剂直接参与界面化学反应，使钢筋表面形成钝化膜或吸附膜，直接阻止或延缓钢筋锈蚀的电化学过程。有资料表明，只要采用了适合的阻锈剂，即便是氯离子浓度达到能引发钢筋锈蚀含量阈值 12 倍的情况也能使钢筋保持钝化状态。经过试验研究，迁移性有机复合阻锈剂无论是内掺还是外涂，都具有优异的阻锈效果，在受到氯离子侵蚀的混凝土中，迁移性有机复合阻锈剂能够有效降低腐蚀速率。迁移性有机复合阻锈剂[13-14]以气相和液相向混凝土孔隙内扩散达到钢筋周围，其中含氮的极性基团通过物理或化学吸附紧贴于钢筋表面，形成单分子保护膜；其非极性基团在表面定向排布形成疏水层，同时保护钢筋阳极区和阴极区。相对于无机阻锈剂，迁移性有机复合阻锈剂具有如下特点[10,14-15]：1. 不含亚硝酸盐，环境友好；2. 不会引起碱骨料反应，不影响混凝土坍落度；3. 分散性好，在钢筋表面形成钝化膜或吸附膜，直接阻止或延缓钢筋锈蚀的电化学过程；4. 节省人力、财力和时间，很大程度上保持了混凝土结构受力状态的稳定性，减少由于结构修补带来的安全性风险；5. 由于迁移性有机复合阻锈剂属于混合型阻锈剂，不会像亚硝酸盐阻锈剂那样因为设计或者施工使用不当而造成加速腐蚀的可能性，减少了工程技术人员担心，保证了工程安全性。

5.1.8.2 应用要点

迁移性有机复合阻锈剂的性能指标应满足工程标准《钢筋阻锈剂应用技术规程》[16] JGJ/T 192—2009 的要求，具体指标如表 5.11 和 5.12 所示。

内掺型钢筋阻锈剂的技术性能指标 表 5.11

环境类别	检验项目		技术指标
Ⅰ、Ⅲ、Ⅳ	盐水浸烘环境中钢筋腐蚀面积百分率		减少95%以上
	凝结时间差	初凝时间	−60min～+120min
		终凝时间	
	抗压强度比		≥0.9
	坍落度经时损失		满足施工要求
	抗渗性		不降低
Ⅲ、Ⅳ	盐水溶液中的防锈性能		无腐蚀发生
	电化学综合防锈性能		无腐蚀发生

迁移性有机复合阻锈剂的技术性能指标 表 5.12

环境类别	检验项目	技术指标
Ⅰ、Ⅲ、Ⅳ	盐水溶液中的防锈性能	无腐蚀发生
	渗透深度	≥50mm
Ⅲ、Ⅳ	电化学综合防锈性能	无腐蚀发生

钢筋阻锈剂是提高钢筋混凝土结构耐久性、延长其使用寿命的有效措施。但使用钢筋阻锈剂做防护时，需要确保混凝土质量。钢筋阻锈剂与高质量的混凝土配合，能延缓并减

少腐蚀介质扩散到钢筋表面，充分发挥钢筋阻锈剂的效能。钢筋阻锈剂的选用及其技术指标应根据环境类别确定。内掺型钢筋阻锈剂用于新建混凝土浇筑前应试验确定钢筋阻锈剂对混凝土初凝和终凝时间的影响。外涂型钢筋阻锈剂施工前对混凝土表面的油污、油脂、涂层等可能影响渗透的物质应先去除后再涂覆操作。施工后应覆盖薄膜养护。

5.1.9 工程案例

5.1.9.1 粘钢结构胶应用案例

2008年5.12汶川大地震后，根据国标GB 50223—2008"建筑工程抗震设防分类标准"规定，中小学的教学用房以及学生宿舍和食堂的房屋建筑应提高一类进行设防，即由原来的"标准设防类"（简称丙类）提高到重点设防类（简称乙类），由于抗震设防标准的提高，故须按新标准对此类房屋结构进行检测鉴定和抗震加固。厦门市某中学教学楼为6层（局部为5层）框架结构，于1991年12月完成设计，1992年1月开工，1994年4月竣工验收合格后投入使用。该建筑设抗震缝分为A（五层1~4轴）、B（六层5~15轴）、C（六层5~15轴）3栋，平面总长度53.53m，总宽度46.95m，建筑高度23.920m，总建筑面积约6650m²。工程为学校教学楼，抗震设防类别为重点设防类（简称乙类）。加固后其后续使用年限为40年，抗震加固设计依照B类建筑进行。其中对承载力不足的梁采用了粘钢加固，对角柱及楼梯柱构造不满足要求的柱采用外包钢法加固。加固后，梁、柱配筋等都满足了设计规范要求，保证了结构的稳定性[5]。

5.1.9.2 植筋（锚固）结构胶应用案例

无锡惠山生命科技产业园服务楼因4层功能改造（办公室改为会议室），需将截面600mm×600mm的柱子凿除，导致原有梁的跨度增大，配筋不足。经过计算，并根据工程的实际特点和工程的工期、办公场所改造便利性等因素考虑，选择植筋并增大梁截面的方案。加固后构件满足了设计要求。

5.1.9.3 纤维复合材加固结构胶应用案例

某市某购物中心办公区要进行楼层加固改造[8]，此建筑的主体部分为2层框架结构，建筑面积达11000m²。由于使用年限已久，现需要加固改造，经过结构承载力复核原结构，需要对以下几个方面进行改造：1. 衔接二层楼的主筋以及加密区箍筋承载力有所欠缺；2. 原二层预制板不足以承载购物中心上层的人物重量；3. 混凝土强度低于原先的设计值，数根柱的轴压比过大。根据加固要求及规范规定，对梁以及柱采用碳纤维材料加固。加固后的结构构件没有出现裂缝，梁、柱的性能指标符合规范要求。

5.1.9.4 裂缝修补结构胶应用案例

上海某6层钢筋混凝土混合结构，其中基础为钢筋混凝土预制方桩，墙体采用混凝土小型空心砌块。交付使用后楼板出现裂缝。裂缝开展形式为自板面至板底的贯通裂缝，板面的裂缝宽度与板底裂缝宽度基本上相等，与楼板抗弯强度不足而出现的裂缝形态不符。根据现场楼板裂缝情况，设计单位进行了复核计算，决定对裂缝进行封闭处理。沿裂缝方向在板面、板底开设凹槽，在裂缝内和上下凹槽内灌注环氧树脂修补。经过修补处理后，裂缝得到了有效封闭，修补处未出现开裂和空鼓等情况，达到了预期效果[10]。

5.1.9.5　碳纤维复合材料应用案例

惠州市某农博会展馆建造于 2012 年 4 月，设计用途是办公，由于设计原因，板面筋为 $\phi6mm@200mm$，楼板底是压型钢板，板支座由于不满足抗拉强度，产生楼面较大的挠度，需要对整层板面支座加固。经过方案论证和经济技术可行性比较，选用碳纤维复合材进行板面加固。从准备到竣工用了 10d，没有出现任何质量问题，施工效果良好，得到了设计单位、监理单位和业主的好评[12]。

5.1.9.6　结构加固修补用聚合物砂浆应用案例

中国国家博物馆[1]是 20 世纪著名的"十大建筑"之一。受当时经济、技术、施工条件所限，建筑本身存在不少缺憾。博物馆老馆楼板结构较薄（为 8cm），楼板已产生大量的静止裂缝，最大裂缝宽度达 2.3mm。在改造屋面板加固工程中采用钢丝绳网片—聚合物砂浆加固技术，即在混凝土构件表面绑扎钢丝绳网片，通过用高性能聚合物砂浆作为保护和锚固材料，使其与原构件共同工作、整体受力，从而提高结构承载力。由于聚合物砂浆与混凝土的良好结合，可以充分发挥钢丝绳和渗透性聚合物砂浆的强度，达到提高屋面板承载力的目的，同时具有良好的耐火性能。聚合物砂浆为不含有机溶剂和挥发性有害气体的高性能砂浆，是对环境无污染的"绿色"材料。

5.1.9.7　高性能水泥基灌浆料应用案例

某工程由于房屋中剪力墙设计厚度为 200mm，现场抽测局部实测值为 185～190mm，小于设计值，必须进行修复。采用高性能水泥基灌浆料用灌浆机灌注。灌注前按要求支模，防止加固料浆漏出。施工后可采用浇水、草袋覆盖喷涂养护剂养护。用灌浆料进行结构加固修补，具有易于施工、工期快和加固修补效果好等特点[17]。

5.2　种植屋面用材料

5.2.1　种植屋面用耐根穿刺防水材料

防水层是种植屋面构造层中重要部分，包括普通防水层和耐根穿刺防水层两个构造层次。

5.2.1.1　技术概述

根穿刺性是指屋顶表面防水或者防水层角落部位、接缝处、重叠部分，植物根系侵入、贯穿、损伤防水层的现象。防水材料耐根穿刺性能的好坏，不仅影响到屋面的使用寿命，而且直接影响到生产活动和人民生活。对于种植屋面，必须保障屋面防水的长期的耐植物根穿刺性能。因此要求种植屋面用防水卷材具有很强的耐植物根穿透能力。

防水材料在试验条件下，植物根已生长进入试验卷材的平面或者接缝中，植物的地下部分在其中已形成树穴，引起卷材的破坏；或植物根已生长穿透试验卷材的平面或者接缝。当发生以上两种情况中的任何一种时，都被作为卷材被根穿刺判定，即卷材不耐根穿刺。

种植屋面普通防水材料的选用应符合《屋面工程技术规范》GB 50345、《坡屋面工程技术规范》GB 50693 的有关规定。常用的柔性防水材料，包括卷材类、涂膜类的防水材料。

在地面绿化中，植物根系在自然土生长环境下，可按自然规律生长而不受其他条件的限制，根系发展有足够的空间。而在建筑屋面结构层上进行绿化，由于排水、蓄水、过滤等功能的需要，屋顶绿化远比地面绿化复杂，由于种植土层较薄，营养面积较小，地势干燥，一些植物的根系又具有一定的穿刺能力，例如蔷薇科梨属火棘等，普通防水材料容易被植物的根系穿透导致屋顶发生渗漏。

因此从建筑安全考虑，必须引导和限制植物根系的生长，其必要性在于：

防止植物根系穿透防水层而造成防水功能失效——植物根系穿透建筑屋面防水层，使防水层遭到破坏，则直接威胁到保温层和结构板的安全，且维修导致的直接和间接损失不可估量。

防止植物根穿透结构层而造成建筑结构受损——在没有植物根阻拦措施的情况下，屋面所种植物的根系容易进入屋面电梯井、通风孔和女儿墙等结构层，造成结构破坏。如不及时补救，将会危及整个建筑物的使用安全。

综上分析，从经济和安全角度考虑，耐根穿刺防水层的设置对于屋顶绿化不可或缺。如果忽略耐根穿刺防水层的设置，将造成因小失大的严重后果。

5.2.1.2　应用要点

1. 耐根系穿刺防水材料选择原则

耐根穿刺防水材料的选用应符合《种植屋面用耐根穿刺防水卷材》JC/T 1075 的规定。

应具有国内或经德国 DIN 52123 和 FLL 标准耐根穿刺防水卷材检测机构出具的合格耐根穿刺试验合格证明。国内目前具有这项检测资质的机构是中国建材检验认证集团苏州有限公司和北京市园林科学研究院。

2. 耐根穿刺防水材料

耐根系穿刺防水层材料通常选用弹性体（SBS）改性沥青防水卷材、塑性体（APP）改性沥青防水卷材、聚氯乙烯（PVC）防水卷材、热塑性聚烯烃（TPO）防水卷材、高密度聚乙烯（HDPE）土工膜、三元乙丙橡胶（EPDM）防水卷材、喷涂聚脲防水涂料等，可以起到隔断根系以免破坏防水层的作用，常用耐根穿刺防水材料的主要物理性能如下。

（1）弹性体（SBS）改性沥青防水卷材

厚度不应小于 4.0mm，产品包括复合铜离子胎基、聚酯胎基的卷材，应含有化学阻根剂，其主要性能应符合现行国家标准《弹性体（SBS）改性沥青防水卷材》GB 18242 及表 5.13 的规定。

弹性体（SBS）改性沥青防水卷材主要性能　　　表 5.13

项目	耐根穿刺性能试验	可溶物含量（g/m²）	拉力（N/50mm）	延伸率（%）	耐热性（℃）	低温柔性（℃）
性能要求	通过	≥2900	≥800	≥40	105	−25

（2）塑性体（APP）改性沥青防水卷材

厚度不应小于 4.0mm，产品包括复合铜离子胎基、聚酯胎基的卷材，应含有化学阻根剂，其主要性能应符合现行国家标准《塑性体（APP）改性沥青防水卷材》GB 18243 及表 5.14 的规定。

塑性体（APP）改性沥青防水卷材主要性能　　　　表 5.14

项目	耐根穿刺性能试验	可溶物含量（g/m²）	拉力（N/50mm）	延伸率（%）	耐热性（℃）	低温柔性（℃）
性能要求	通过	≥2900	≥800	≥40	130	−15

（3）聚氯乙烯（PVC）防水卷材

厚度不应小于 1.2mm，其主要性能应符合现行国家标准《聚氯乙烯（PVC）防水卷材》GB 12952 及表 5.15 的规定。

聚氯乙烯（PVC）防水卷材主要性能　　　　表 5.15

类型	耐根穿刺试验	拉伸强度	断裂伸长率（%）	低温弯折性（℃）	热处理尺寸变化率（%）
匀质型（H 型）	通过	≥10MPa	≥200	−25	≤2.0
玻璃纤维内增强（G 型）	通过	≥10MPa	≥200	−25	≤0.1
织物内增强（P 型）	通过	≥250N/cm	≥15（最大拉力时）	−25	≤0.5

（4）热塑性聚烯烃（TPO）防水卷材

厚度不应小于 1.2mm，其主要性能应符合现行国家标准《热塑性聚烯烃（TPO）防水卷材》GB 27789 及表 5.16 的规定。

热塑性聚烯烃（TPO）防水卷材主要性能　　　　表 5.16

类型	耐根穿刺性能试验	拉伸强度	断裂伸长率（%）	低温弯折性（℃）	热处理尺寸变化率（%）
匀质（H 型）	通过	≥12MPa	≥500	−40	≤2.0
织物内增强（P 型）	通过	≥250N/cm	≥15（最大拉力时）	−40	≤0.5

（5）高密度聚乙烯（HDPE）土工膜

厚度不应小于 1.2mm，其主要性能应符合现行国家标准《土工合成材料聚乙烯土工膜》GB/T 17643 和表 5.17 的规定。

高密度聚乙烯土工膜主要性能　　　　表 5.17

项目	耐根穿刺性能试验	拉伸强度（MPa）	断裂伸长率（%）	低温弯折性（℃）	尺寸变化率（%，100℃，15min）
性能要求	通过	≥25	≥500	−30	≤1.5

（6）三元乙丙橡胶（EPDM）防水卷材

厚度不应小于 1.2mm，其主要性能应符合现行国家标准《高分子防水材料第 1 部分片材》GB 18173.1 中 JL1 及表 5.18 的规定；三元乙丙橡胶防水卷材搭接胶带的主要性能应符合表 5.19 的规定。

三元乙丙橡胶（EPDM）防水卷材主要性能　　　　表 5.18

项目	耐根穿刺性能试验	断裂拉伸强度（MPa）	扯断伸长率（%）	低温弯折温度（℃）	加热伸缩量（mm）
性能要求	通过	≥7.5	≥450	−40	+2，−4

三元乙丙橡胶（EPDM）防水卷材搭接胶带主要性能   表 5.19

项目	持黏性 （min）	耐热性 （80℃，2h）	低温柔性 （-40℃）	剪切状态下黏合性 （卷材）(N/mm)	剥离强度（卷材） （N/mm）	热处理剥离强度保持率 （卷材，80℃，168h）(%)
性能 要求	≥20	无流淌、龟裂、 变形	无裂纹	≥2.0	≥0.5	≥80

（7）喷涂聚脲防水涂料

涂膜厚度不应小于 2.0mm，其主要性能应符合现行国家标准《喷涂聚脲防水涂料》GB/T 23446 的规定及表 5.20 的规定。喷涂聚脲防水涂料的配套底涂料、涂层修补材料和层间搭接剂的性能应符合现行行业标准《喷涂聚脲防水工程技术规程》JGJ/T 200 的相关规定。

喷涂聚脲防水涂料主要性能   表 5.20

项目	耐根穿刺性能试验	拉伸强度 （MPa）	断裂伸长率 （%）	低温弯折性 （℃）	加热伸缩率 （%）
性能要求	通过	≥16	≥450	-40	+1.0，-1.0

5.2.2 种植屋面用排水材料

5.2.2.1 技术概述

屋顶绿化排（蓄）水系统至关重要，是保证屋顶绿化安全持久的基础设施。如何根据屋顶绿化的类型选择排（蓄）水系统与排（蓄）水材料，是屋顶绿化的关键环节，其重要性仅次于防水材料的选择。

种植屋面的排水比蓄水更为重要，可能影响到建筑安全。由于瞬时集中降雨往往会加大建筑屋顶排水的负担，若排水不畅易导致雨水蓄存过多，无法及时从屋顶排出，加大荷重，加重建筑荷载的负担。

5.2.2.2 应用要点

1. 排（蓄）水材料选择原则

为了减轻屋面荷载，应尽量选择轻质材料，优先选用塑料、橡胶类凹凸型排（蓄）水板或网状交织排（蓄）水板材料。

应按照屋顶绿化实际工程所需的受压强度、排水量、流速以及现场条件等因素综合考虑选用。

屋顶绿化工程排（蓄）水材料的排水量，应按照当地最大降雨强度时的雨水量或建筑屋面排水量加以计算并确定。

年降水量小于蒸发量的地区，宜选用具有蓄水功能的排水板。

排水层所用材料有天然砾石、人工烧制陶粒和塑料排水板和橡胶排水板等。以新型排水板材料为主。

2. 塑料排水层

（1）凹凸塑料排水板

主要由聚苯乙烯、聚乙烯制成的排水板，在形状设计上，采用凹凸变化的特殊设计，使得排水板在凹槽部分可贮存一定的水分，通过蒸发作用渗入种植基质中以供植物使用。凹凸型排（蓄）水板的主要物理性能应符合表 5.21 的要求，塑料排水板类型和塑料凹凸型排（蓄）水板样式（图 5.9）。

凹凸型排（蓄）水板主要物理性能　　　　　　　　　表 5.21

项目	单位面积质量（g/m²）	凹凸高度（mm）	抗压强度（kN/m²）	抗拉强度（N/50mm）	延伸率（%）
性能要求	500～900	≥7.5	≥150	≥200	≥25

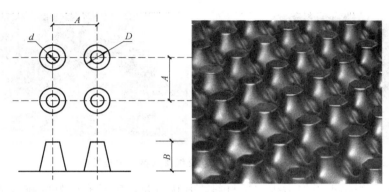

a. 单面凸台搭扣式排水板

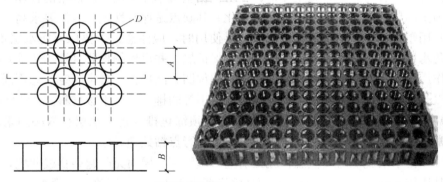

b. 模块式排水板

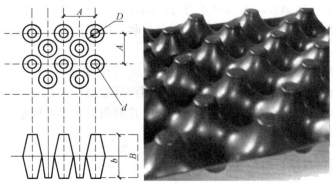

c. 双面凸台搭扣式排蓄水板

图 5.9　塑料排水板的三种模式

（2）塑料网状交织排水板

塑料网状交织排水板由丝状体聚酰胺材料制成，其主要物理性能应符合表 5.22 的要求。网状交织排水板类型（图 5.10）。

网状交织排（蓄）水板主要物理性能　　　　　　　表 5.22

项目	抗压强度（kN/m²）	表面开孔率(%)	空隙率(%)	通水量(cm³/s)	耐酸碱性
性能要求	≥50	≥95	85～90	≥380	稳定

图 5.10　聚酰胺网状交织排（蓄）水板类型

塑料网状交织排水板作为排水层材料，其优点是：①具有较好的排水能力，抗压性强，板体轻薄，容易搬运，施工便捷；②可根据土壤厚度选用不同规格的板体；③适合于以排水为主的屋顶绿化或地下设施覆土绿化。其缺点是保水性差，灌溉要求高。

（3）用塑料排（蓄）水板作排水层材料使用时，应注意：①要保障防水层不被破坏。在普通防水层上施工时建议做水泥砂浆刚性保护层，并设置隔根膜（聚乙烯等）起到辅助防水的作用。②排水板应铺设平整，搭接缝部位凹、凸搭扣应套牢固定。③不同类型的屋顶绿化以及不同的植物种类，采用材料、规格不等的排（蓄）水板材料。

（4）当屋面坡度较大（坡度≥5%）时，屋顶绿化排（蓄）水层材料必须采取防滑措施，通常采用胶粘剂于屋面防水刚性保护层上进行点粘处理。

（5）在排水层施工时要注意，施工前应清理屋面，屋面无凸起杂物或凹坑，在屋顶绿化种植基质较薄时（≤100mm），屋面平整度要小于 10mm，避免产生积水坑。

（6）排水板应与屋面找坡方向呈垂直方向铺设，按照坡度方向自上而下以屋面瓦方式逐步进行铺设、叠加和搭接。铺设完毕后不宜曝晒，应立刻铺设施工通道，并及时覆土或浇筑混凝土。

（7）设置种植挡土墙时，挡土墙下部应设泄水孔或排水管。挡土墙宽度应不小于 150mm，高度可视种植基质厚度确定。挡土墙顶部高度应比种植基质高（≥30mm）。

（8）施工时应根据排水口设置排水观察井，并定期检查屋顶排水系统的通畅情况。及时清理枯枝落叶，防止排水口堵塞。

5.2.3　种植屋面用过滤材料

5.2.3.1　技术概述

在蓄排水层上方应设置过滤层，目的是防止屋顶绿化种植基质随浇灌和雨水而发生流失，从而影响种植基质的成分和养料，同时减少建筑屋顶排水系统的堵塞，避免整体建筑排水不畅。

5.2.3.2　应用要点

1. 屋顶绿化过滤材料选择原则

过滤层材料滤水速率应≥2.5m/s。

应选择聚丙烯或聚酯无纺布（非织造布），单位面积质量 150～300g/m² 的过滤层材料。

无纺布材料宜选用尺寸稳定性好的长纤维材料。

2. 屋顶绿化过滤层材料类型

屋顶绿化过滤层材料主要为无纺布（非织造布）。是将纺织短纤维或者长丝进行定向或随机撑列，形成纤网结构，然后采用机械、热粘或化学等方法加固而成。

无纺布材料单位面积质量（定量）的单位为 g/m²。如果定量太小，过滤层材料过薄，施工当中很容易损坏，起不到阻止种植基质流失的作用；如果定量太大，过滤层材料过厚，又容易造成过滤层材料渗滤水速度太慢，不利于屋面排水。适合于屋顶绿化的过滤层材料，要求定量在 150～300g/m² 之间。

3. 过滤层材料的技术指标参数

屋顶绿化常用过滤层材料（过滤用无纺布）的技术指标参数见表 5.23。

过滤用无纺布的技术指标参数表　　　　　　　　表 5.23

定量 g/m²	厚度 mm	幅宽 m	滤水速率 m/s	卷长 m/卷	屋顶绿化使用选择
450	10	1.8	2.5	20	
340	8-9	1.8	2.5	20	蓄水作用大,适合花园式屋顶绿化
240	7-8	1.8	2.5	20	
200	4-5	1.8	2.5	20	
350	5-6	1.8	1	20	蓄水作用小,适合式简单屋顶绿化
240	4-5	1.8	1	20	
240	5-6	1.8	1	20	

4. 过滤层施工注意事项

单层卷状材料使用时，一般为聚丙烯或聚酯无纺布材料。材料宽度为 2.0～4.0m，长度 100～300m 不等，单位面积质量必须大于 150g/m²。过滤层材料直接铺设在排（蓄）水层上面，搭接缝的有效宽度必须达到 100～200mm。

双层组合的卷状材料使用时，上层是过滤兼有蓄水功能的蓄水棉，单位面积质量为 200～300g/m²；下层为起过滤作用的聚丙烯或聚酯无纺布材料，单位面积质量在 100～150g/m² 之间选择。

将无纺布滤水层一道敷设在排（蓄）水层上，并且在种植池四周上翻延伸，高度必须与种植基质齐高，端部收头必须用胶粘剂黏结（黏结宽度≥50mm）或金属条固定。

191

5.2.4 工程案例

科技部节能示范楼屋顶绿化工程

景观设计及施工单位：北京市园林科学研究院

竣工时间：2004.5

科技部节能示范楼（以下简称示范楼）是1998年中美两国签订的应用新型材料进行建筑综合节能示范的国际项目。建筑采用了综合集成节能技术，包括建筑保温材料、防水材料、太阳能应用、采光玻璃材料、节水系统、屋顶绿化、中水应用等。由国家科技部、北京城市规划设计院、清华大学、中国建筑科学研究院、北京市园林科学研究院、美国能源部、美国劳伦斯·伯克利国家实验室、美国自然资源保护委员会、美国可再生能源实验室、匹斯堡大学等12家单位合作完成。建筑主体采用框架结构，外形为现代风格，高度34.1m，建筑层数为10层（地下2层、地上8层），占地面积2200m²（图5.11）。

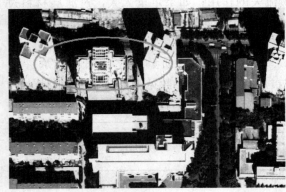

图5.11 科技部节能示范楼环境位置和建筑透视图

1. 屋顶绿化改造概况

科技部节能示范楼屋顶花园主要分布于建筑的8层屋顶平台，占地面积约1200m²，可绿化面积770m²，另外在建筑四层东、西对称的两块露台上也有少量绿化面积（约120m²）；八层和四层屋顶总计可绿化面积890m²。花园整体于2004年5月竣工。屋顶花园完成后，绿化面积占屋顶总面积的60.9%，绿地面积占总绿化面积的81.9%。

2. 设计方案

屋顶荷载分析：为了验证屋顶绿化荷载的安全性，通过计算不同植物、园林小品的荷重，得出屋顶花园平均荷载为198.3kg/m²，由此作为实施屋顶绿化的技术依据。

利用顶板承重梁、柱位置点、线荷载较大的特点（1500～1800kg/m²），设计和施工时将花架、戏水池等较大荷重的园林小品和较大规格的乔、灌木，全部落位于结构梁、柱上。

屋顶绿化方案：根据使用要求、功能定位、屋面荷载和立地条件，将四层露台绿化和八层屋顶绿化分别设计为低成本、低维护型简单屋顶绿化和休憩观赏型屋顶花园。

（1）四层楼顶低成本、低维护型简单绿化

第四层楼顶北侧露台恒荷载 150kg/m², 活荷载 100kg/m², 分为东、西两块, 总面积 140m², 可绿化面积 100m²。因采光较差且无灌溉水源, 以低成本、低维护型简单式覆盖绿化, 增加绿色空间, 提高生态效益, 形成空中绿茵效果, 实现日常管理低成本、低维护, 植物选择极耐旱、半耐荫, 耐管护粗放, 病虫害较少, 绿色期长的景天科多年生草本植物佛甲草。

（2）八层楼顶休憩观赏型屋顶花园

八层屋顶恒荷载 300kg/m², 活荷载 200kg/m²。屋顶面积 1200m², 由屋顶设备间自然分隔为东、西两块绿地, 面积 743m²。

该区域采光好, 具备建造屋顶花园的条件, 设计时采用自然式园林设计手法, 建造亲和、自然的屋顶休憩赏景空间和生态绿地, 突出生态和景观效益。

尽可能将自然的元素引入屋顶花园。从原木种植围挡、青石板和砾石透水铺装、木质观景平台、花架、汀步和坐凳等建筑材料的选择上, 体现自然、简洁、质朴的风格, 增强与自然环境的沟通。

3. 施工流程

为了保证建筑结构安全、防水安全和植物成活, 项目屋顶绿化施工严格按照以下工艺流程进行: 清扫屋顶表面→验收基层（蓄水试验和防水找平层质量检查）→铺设防水层→铺设隔根层→铺设保湿毯→铺设排（蓄）水层→铺设过滤层→铺设喷灌系统→绿地种植池池壁施工→铺设人工轻量种植基质层→植物固定支撑处理→种植植物→铺设绿地表面覆盖层。

（1）普通防水层及保温层施工

屋顶为倒置式屋面。防水分为上下两层, 下层为两道 SBS 改性沥青防水处理, 上层为 50mm 厚喷涂硬泡聚氨酯保温防水层, 表面有 30mm 厚钢筋混凝土砂浆保护层兼找平层。

（2）耐根穿刺防水层铺设

项目选用 8mm 厚、幅宽 3500mm 的德国产复合铜胎基 SBS 耐根穿刺防水卷材。

（3）排（蓄）水层铺设

工程使用国产 20mm 厚 PSB-20 抗高冲聚苯乙烯排蓄水板, 搭接宽度 150mm。

（4）隔离过滤层铺设

隔离过滤层铺设在排水层上, 用于阻止基质进入排水层。工程选用国产 150kg/m² 无纺布一道, 搭接宽度 150mm, 并向种植池立面上翻 150～200mm, 与墙面固定。

（5）种植基质选择

种植基质一般包括改良土和人工超轻量无土栽培基质两种类型。

作为屋顶绿化示范工程, 此次大胆摒弃使用改良土, 选定超轻量无机介质 BIO-PA-RASO（韩国产）。种植区域平均覆土厚度 250mm, 小乔木局部覆土 600mm。

（6）新型材料使用

全面应用包括屋顶绿化构造层材料的选择应用、照明灯具选择应用、植物选择与配植、植物固定方法、养护管理技术等在内的国内外屋顶绿化新型技术和产品。

（7）灌溉系统

灌溉方式主要采用微喷、滴灌、渗灌等。此次选定微喷灌溉设施，主要利用建筑蓄存的雨水进行屋顶绿化灌溉。

1）屋顶雨水集水池

储量 8m³（2500mm×1500mm×1070mm×2 个），主要汇集九层屋面雨水。

2）地面集水池

储量 30m³（5000mm×2000mm×3000mm），主要汇集地面雨水。八层雨水和屋顶绿化多余水分汇集后，通过建筑内排水系统进入地下二层，经过滤处理后也进入地下 30m³ 雨水集水池中。

3）透水路面铺装渗透集水

屋顶和地面绿化均采用集水型透水路面铺装，屋顶铺设粒径 10～20mm 灰色砾石加青石板汀步处理，便于雨水迅速渗透集中排入地面集水池。地面采用透水砖铺设，利于渗透集水。

4）绿化回灌。

4. 屋顶绿化实际效果

整个屋顶绿化改造工程完工后如图 5.12 所示。

图 5.12　屋顶绿化改造后实际效果

图 5.12 屋顶绿化改造后实际效果 (续)

参 考 文 献

[1] 王清勤,唐曹明. 既有建筑改造技术指南 [M]. 中国建筑工业出版社,2012.

[2] 贺曼罗. 建筑结构胶粘剂施工应用技术 [M]. 化学工业出版社,2001.

[3] 中华人民共和国国家标准. 混凝土结构加固设计规范 GB 50367—2006 [S]. 北京:中国建筑工业出版社,2006.

[4] 中华人民共和国国家标准. 工程结构加固材料安全性鉴定技术规范 GB 50728—2011 [S]. 北京:中国建筑工业出版社,2011.

[5] 巫军华. 某中学教学楼抗震加固中粘钢加固技术探讨 [J]. 建筑技术,2012 (10):195-196.

[6] 黄莹等. 建筑结构胶粘剂的发展和展望 [J]. 粘接,2013 (2):83-85.

[7] 王坤. 碳纤维加固混凝土结构用黏结材料的研究 [D]. 北京:北京工业大学,2003. 4.

[8] 杨桂权. 碳纤维加固混凝土在工程建设中的应用 [J]. 中国水运,2013,13 (3):283-284.

[9] 陈铁,曹明星,张清亮. 建筑加固用胶粘剂 [J]. 四川建材,2007 (6):77-80.

[10] 贺超群,杜朝辉,孙绪侠. 钢筋混凝土现浇楼板深度裂缝的弥补及控制技术 [J]. 建筑施工,2007,29 (5):359-361.

[11] 叶列平,冯鹏. FRP 在工程结构中的应用与发展 [J]. 土木工程学报,2006,39 (3):24-36.

[12] 黄振华,罗洪辉等. 碳纤维复合片材在加固技术中的应用 [J]. 工程建设与设计,2013 (1):78-85.

[13] 叶丹玫,孙振平,郑柏存等. 聚合物改性水泥基修补材料的研究现状及发展措施 [J]. 2012,26 (4):131-135.

[14] 张小冬,黄莹,赵霄龙,冷发光. 混凝土结构加固与防护材料现状和展望 [J]. 2013,29 (11):120-125.

[15] 中华人民共和国建筑工业行业标准. 混凝土结构加固用聚合物砂浆 JG/T 289—2010 [S]. 北京:中国标准出版社,2011.

[16] 中华人民共和国国家标准. 水泥基灌浆材料应用技术规范 GB/T 50448—2008 [S]. 北京:中国计划出版社,2008.

[17] 费伟,陈炜. 某安居房小区板底灌浆修补加固 [J]. 福建建材,2013 (4):30-31.

[18] 王嵬,张大全,张万友. 国内外混凝土钢筋阻锈剂研究进展 [J]. 腐蚀与防护,2006,27 (7):369-373.

[19] 曹琨，付玉彬，李伟华等. 迁移型阻锈剂对混凝土钢筋的保护作用 [J]. 材料保护，2010，43（6）：68-71.

[20] T A Söylev，M G Richardson. Corrosion inhibitors for steel in concrete：state-of-the-art report [J]. Construction and building materials，2006.

[21] 中华人民共和国行业标准. 钢筋阻锈剂应用技术规程 JGJ/T 192—2009 [S]. 北京：中国建筑工业出版社，2009.

[22] 周华林，胡达和. 迁移复合型钢筋阻锈（MCI）新技术 [J]. 工业建筑，2001，31（2）：65-67.

[23] 张道真. 全国注册建筑师必修课之九——建筑防水 [M]. 北京：中国城市出版社，2014.

[24] 中华人民共和国工程建设行业标准. 种植屋面工程技术规程 JGJ 155—2013 [S]. 北京：中国建筑工业出版社，2013.

[25] 中华人民共和国国家标准. 屋面工程技术规范 GB 50345—2012 [S]. 北京：中国计划出版社，2013.

[26] 迈克尔·库巴尔著. 建筑防水手册 [M]. 张勇译. 北京：中国建筑工业出版社，2012.

[27] 中华人民共和国工程建设行业标准. 单层防水卷材屋面工程技术规程 JGJ/T 316—2013 [S]. 北京：中国建筑工业出版社，2013.

[28] 刘筱. 山东省既有办公建筑外围护结构节能改造研究. 山东建筑大学硕士论文，2010.

[29] 中华人民共和国行业标准. 保温防火复合板应用技术规程 JGJ/T 350—2014 [S]. 北京：中国建筑工业出版社，2014.

[30] 中华人民共和国行业标准《建筑外墙保温防火隔离带技术规程》JGJ 289—2012 [S]. 北京：中国建筑工业出版社，2012.

[31] 中华人民共和国行业标准《外墙外保温工程技术规程》JGJ 144—2004 [S]. 北京：中国建筑工业出版社，2004.

第三篇　暖　通　空　调

第6章 供暖系统

近年来，国家积极引导政府机构办公建筑和大型公共建筑进行节能改造，供暖系统改造作为节能改造中的重要环节，可以减少供暖系统能耗，降低成本，提高效能，同时又能满足热用户对供热品质的更高要求。

供暖系统改造的主要内容包括：水力平衡、供暖系统型式、室温调节及热计量等。供暖系统改造前应查勘以下资料：1. 设计图纸；2. 历年维修改造资料；3. 其他必备的资料。

并应重点查勘以下内容：1. 单位锅炉容量及对应的供暖面积；2. 供暖期间单位建筑面积的耗煤/气/油量（标准煤）、耗电量和水量；3. 供暖系统的运行效率；4. 供暖质量。

同时，既有供暖系统改造要坚持以下原则：1. 技术性原则：改造后的供暖系统应该满足可计量、可温控的要求；2. 可行性原则：改造过程中宜尽量保持原有系统的部件，改造中控制施工难度，尽量减少给用户带来的不便；3. 经济原则：静态投资回收期小于等于8年的，宜进行供热系统改造，即热用户通过供暖系统改造节约的费用在投资回收期内应大于或等于用户的改造费用。

6.1 供暖系统特点

办公建筑供暖系统与居住建筑供暖系统具有不同的特点：

1. 白天热负荷大、夜间热负荷小。办公建筑用热时间集中，大多数工作人员同时上下班，对夜间只需要值班采暖的办公楼，在夜间时允许室内温度降低，可按间歇供暖系统设计，在工作时间之外，供暖系统仅需要维持在值班供暖状态。

2. 分区热计量要求具有灵活性、方便性和可行性。办公建筑用能单位所属关系分为两类情况。政府机构办公建筑类：此类办公建筑一般隶属于一个单位或部门，建筑分室热计量的意义不大，可在建筑物热力总入口安装热量总表，即能实现按用热量计量收费。针对此种类型的办公建筑，供暖系统改造的主要工作应放在如何对室内温度和系统流量进行合理的调控。商业型办公楼类，由于经常出现分区出售或出租，由不同的单位使用，对分区热量计量的灵活性、方便性和可行性的要求较高。

3. 终端用热设施统一化程度高。各房间的用热设施安装结构基本相同，进行供暖系统的改造相对较容易。

4. 办公建筑内部发热量大、热负荷较小。政府机构办公建筑等大型公共建筑门窗及外围护结构能得到及时维修、维护，且人员密集，内热源较多。

5. 部分既有办公建筑的供暖系统调节手段落后，无热计量装置及室温调控装置，造成供热能源浪费严重。

在市场经济条件下，当热量成为商品后，人们对供暖系统提出了可计量、可调节和可关闭的要求。计量、收费和调节是三个既相互独立又相互联系的问题，是供热部门要达到的三个目标。目前，居住建筑供暖系统的改造已经积累了相当多的经验，而办公建筑供暖系统的改造与居住建筑既有相同的地方，又有自身的特点。因此，研究适合我国国情，能达到节能目标的办公建筑的供暖系统改造方式非常必要。

6.2 供暖系统型式改造

6.2.1 垂直单管顺流式系统

垂直单管顺流式系统是办公建筑中通常采用的系统形式之一，常规的上行下给（上供下回）的垂直单管系统不能进行室内温度控制，在非办公与办公区间（或房间）同时供热，浪费能源，需要进行合理改造。

方案一：改造成可控制同一竖向房间室温的垂直单管顺流系统

若办公楼建筑使用时间和归属统一，且原垂直单管顺流供暖系统的水力平衡性好、供热效果良好时，可以改造成可温控计量的垂直单管顺流系统。分为两种方式，一种是在每个垂直立管设置温控装置，另一种是对整个办公楼建筑的热力入口设置总调节装置，如温控阀或通断阀等。

方案二：改造成垂直单管跨越式系统

原有系统存在水力失调的情况时，改造成垂直单管跨越式系统。该方案改造难度不高，施工量较少；只需增设温控阀和跨越管，便可改造成每组散热器都可以进行温控的供暖系统形式。

方案三：改造成水平串联式系统

水平串联式系统适合区域性温控。该方案可对多组散热器进行温度控制，比较适用于办公类建筑。但该种改造方案的施工量和难度都要有所增加，在原有供暖系统拆除，重新安装时可采用。采用此温控方式易于操作，而且可以节约温控阀的投资。

6.2.2 垂直双管系统

垂直双管系统容易产生水力失调，一般采用该种系统形式的多为低层建筑，结合办公建筑的使用要求，对其进行改造。

方案一：改造成可计量温控的垂直双管系统

垂直双管下供下回系统供回水干管一般敷设在地下室和地沟内，按建筑物相同竖向房间设置两根立管，其中一种改造方式为在每组散热器供水支管上安装两通恒温阀，恒温阀为高阻力型，需要预设定功能。该系统有良好的调节稳定功能，供回水温差大，流量对散热器的影响较大，容易控制温度。若办公室建筑使用统一，可以在立管的入口处设置控制整根立管流量的温控设备，不必每组散热器都设置温控阀。该种方式改造更加方便、施工量更小。因此适用于水力平衡性好的原系统改造，而且能达到温控计量的要求，比较适合办公楼的改造要求。

方案二：改造成水平单管串联系统

办公楼建筑供暖方式较为统一，温控采用统一温控的形式也比较合理，由原有垂直系统改造成水平系统形式本身的施工量和施工难度就很大。由于改动量大，影响建筑正常使用，较适合同建筑内部装修一起进行。水平单管串联式系统形式由于进行统一的温控，形式简单，比较适合归属统一的政府办公楼类建筑或对于分室控温没有过多要求的建筑，但由于该方案的改造难度和施工量的原因，确定该方案需要慎重。

6.2.3 水平单管串联式系统

在既有办公楼建筑中，采用水平串联式系统比较常见，因为系统立管数量少，而且办公楼分区明显。但原有系统若没有设置温控计量装置，则需要进行改造。

方案一：改造成可温控的水平单管串联式系统

该方案是改动最小的方法，只是将原有系统中的每根水平干管增设温控阀，在热力入口处增加计量装置。但该方案调节性较差，且在同一环路上的散热器相互影响，使室温不稳定，特别是一个环路上带几个房间的情况，这种情况下应该将南北分环，南北向不同房间分别用不同温控阀，这样减轻了由于散热器互相影响带来的水平方向的失调。办公楼类建筑中相似的房间较多，如办公楼中的办公室，朝向相同的房间，热负荷相似，因此采用统一温控的水平单管式系统，只要分环合理，可以满足温控的要求。而且该方案改造简单，施工方便，经济性也较好。

方案二：改造成水平单管跨越系统

若既有办公楼建筑要求分室控温，可以将原有水平串联式系统中每组散热器增设跨越管和温控阀。施工难度有所增加，原系统一般情况下采用水平管道明装，对其增设跨越管和温控阀还可以实现，如原水平管道暗装与墙内或地面，改造成水平跨越式系统就较困难，除非原管道需要废除。

方案三：改造成水平双管系统

既有建筑因其特殊性，通常采用双管上供上回式系统，水平支管敷设在房间顶板下，办公室内不出现太多支管，但需要对原有水平干管进行拆除。不设置顶板的办公室应采用下供下回水平双管系统形式，水平支管埋地敷设。散热器一般布置在内墙的门后或一侧，每组散热器在供水支管上设置温控阀来调节室温。供暖系统应采用同程式布置，当采用异程式布置且有分支环路时，应让各分支环路阻力相近。为了使室内供暖系统中通过各并联环路达到水力平衡，须在干管、立管和支管的管径计算中进行较详细的阻力计算，而不是依靠阀门的调节来进行水力平衡。该方案无论是上供上回还是下供下回的水平双管形式，施工量和施工难度都比较大，增设的水平管路较多。相比较来说，将水平支管设置在顶板上的方式要比埋地敷设的可行性要高。因此，在办公楼建筑中没有顶板时不建议改造成水平双管系统形式。

6.2.4 工程案例

选取政府机关某单位办公建筑，楼体为规则长方体，建筑总面积 $1080m^2$，供暖系统形式为上供下回、单管顺流式，对其供热系统进行改造。根据政府机构办公建筑用能特点，在散热器供回水管上加装跨越管，同时，在热力入口安装热计量总表，用于计量整栋建筑的用热量。在终端散热器供水管上安装温度控制阀，用以调节室内温度（图6.1）。

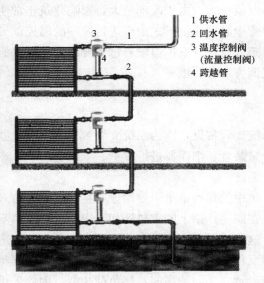

1 供水管
2 回水管
3 温度控制阀
　（流量控制阀）
4 跨越管

图6.1　散热器连接形式图

1. 主要设备及功能

（1）时间预设定温度控制阀：根据政府机构办公建筑用能特点，考虑建筑物热惰性引起的时间延迟，预先设定启闭时间，如办公时间在8：00～18：00，可预设定下午关闭时间为17：30，早晨开启时间为5：00。

（2）热量计量总表：对供应整栋办公建筑的热量进行计量。

2. 用能控制方式

实现室温可控是达到建筑用能节约的重要手段，实现温度控制有手动调节和自动调节。手动调节即用户根据用热需求，自主进行调节；自动调节由中央监控室集中调节和时间预设定温度控制阀自动调节。

通过对用热终端的调节，以实现"按需用热、节约用能"。改造实例中应用时间预设定温度控制阀调节。对该建筑实行隔日调节，观察用能情况。调节方式为关小散热器供水管上的温度控制阀，并对一段时间的调节进行记录如表6.1

散热器温控阀调节记录表　　　　　　　　　　　　　　　表6.1

日期（日/月）	对阀门控制关小时间	关小阀门开度	关小前室内温度	关小前室外温度	阀门恢复全开时间（次日）	恢复阀门开度%
1月23日	—	—	—	—	5：00	不变
1月24日	17：30	关	19℃	3.8℃	—	—
1月25日	—	—	—	—	5：00	不变
1月26日	17：30	关	19℃	1℃	—	—
1月27日	—	—	—	—	5：00	不变
1月28日	17：30	关	17℃	4℃	—	—
1月29日	—	—	—	—	5：00	不变
1月30日	17：30	关	17℃	4℃	—	—
1月31日	—	—	—	—	5：00	不变
2月1日	17：30	关	13℃	2℃	—	—
2月2日	—	—	—	—	5：00	不变
2月3日	17：30	关	19℃	6℃	—	—
2月4日	—	—	—	—	5：00	不变
2月5日	17：30	关	19℃	5℃	—	—
2月6日	—	—	—	—	5：00	不变
2月7日	17：30	关	19℃	7℃	—	—

续表

日期(日/月)	对阀门控制关小时间	关小阀门开度	关小前室内温度	关小前室外温度	阀门恢复全开时间(次日)	恢复阀门开度%
2月8日	—	—	—	—	5:00	不变
2月9日	17:30	关	17℃	6℃	—	—
2月10日	—	—	—	—	5:00	不变
2月11日	17:30	关	19℃	7℃	—	—
2月12日	—	—	—	—	5:00	不变
2月13日	17:30	关	15℃	9℃	—	—
2月14日	—	—	—	—	5:00	不变
2月15日	17:30	关	20℃	7℃	—	—

3. 节能效果

测试期间室外最低温度1℃，最高温度7℃，室外温度波动不大。假定调节日和非调节日运行状态相同，可粗略估算调节后的节能率。1月24日～2月14日记录数据如表6.2。

耗热量记录表 表6.2

日期	表显示值 KWh	净日耗热量累计数 KWh	净日耗热量 KWh
1月23日	37.53	0	
1月24日	38.18	0.65	0.65
1月25日	38.8	1.27	0.62
1月26日	39.51	1.98	0.71
1月27日	40.17	2.64	0.66
1月28日	40.85	3.32	0.68
1月29日	41.48	3.95	0.63
1月30日	42.15	4.62	0.67
1月31日	42.76	5.23	0.61
2月1日	43.46	5.93	0.7
2月2日	44.04	6.51	0.58
2月3日	44.72	7.19	0.68
2月4日	45.3	7.77	0.58
2月5日	45.99	8.46	0.69
2月6日	46.61	9.08	0.62
2月7日	47.26	9.73	0.65
2月8日	47.87	10.34	0.61
2月9日	48.51	10.98	0.64
2月10日	49.09	11.56	0.58
2月11日	49.72	12.19	0.63
2月12日	50.26	12.73	0.54
2月13日	50.88	13.35	0.62
2月14日	51.44	13.91	0.56
2月15日	52.06	14.53	0.62

在调节状态和非调节状态下的末端整栋建筑的用能分别为：

$$\sum Q_{adi} = 6.33 \text{kWh}$$

$$\sum Q_i = 7.32 \text{kWh}$$

$$\Delta Q = \sum Q_i - \sum Q_{adi} = 0.99 \text{kWh}$$

$$\eta = 0.99/7.32 \times 100\% = 13.5\%$$

式中：$\sum Q_{adi}$——调节状态下的用能，kWh；

　　　$\sum Q_i$——非调节状态下的用能，kWh；

　　　ΔQ——节能量，kWh；

　　　η——节能率，%。

可见，通过对供热系统进行一定的调节控制，即可实现节能 13.5%。由于试验期是暖冬，如天气严寒状况下，建筑耗能将大幅增加，可以预见节能率还要高。

根据系统运行情况可知，节能量多少关键在于温控阀的调节及其功能设置。下一步在温度控制阀具备时间预设定功能的基础上，增加调节功能，实现两种状态的切换：一种是预设定时间启闭的状态，另一种是手动启闭调节的状态。具备手动启闭调节功能，可以满足加班、临时用热情况下的需求，并在临时用热结束后，切换到预设定时间启闭状态。

通过此改造实例可知，既有公共建筑供热耗能是建筑耗能的重要组成部分，通过采取适用的热计量技术和合理的系统控制方式，对建筑用能过程进行有序控制，可实现能源和资源的有效节约。

6.3　热源及输配系统改造

6.3.1　热源系统

目前，供热系统热源设备普遍存在以下问题：

1. 效率低，耗能大。如燃煤锅炉的运行效率普遍在 65% 以下，导致大量的能源浪费。
2. 机械故障多，维护费用高。
3. 大气污染物排放超标。

当热源设备满足下列条件之一时，宜进行相应的节能改造或更换：

1. 运行时间接近或超过其正常保用年限；
2. 所使用的燃料或工质不满足节能环保的要求；
3. 能效低、有节能减排潜力，经技术济比较合理。

热源改造的目的主要包括：提高热源效率，降低热损失；提高热源安全性能，达到经济运行、减轻污染的目的，提高机械化及自动化程度。热源的改造会有多种技改措施，不同措施改造的难易程度、周期、效果及费用会有较大的差别，在决策前必须进行各种方案的技术及经济分析。热源改造应根据原有运行记录，进行整个供暖季负荷的分析和计算，确定改造方案。

首先,应充分挖掘现有设备的节能潜力。如:应充分利用烟气余热,宜选用高效防腐低阻烟气余热回收设备;10t 以上的燃煤锅炉应加装质量可靠的分层给煤装置,10t 以下的燃煤锅炉应采用有效的节煤燃烧措施;在燃煤锅炉房宜加装燃煤计量装置;当锅炉的鼓风机、引风机与锅炉出力不相匹配时,应进行调整改造,宜加装变频调速装置,合理控制风煤比;燃气锅炉和燃油锅炉宜增设高效防腐低阻烟气热回收装置。同时,制定改造方案时,应根据建筑物热负荷的实际变化情况,制定热源系统在不同阶段的运行策略。

当现有设备不能满足需求时,予以更换。如原有锅炉运行效率低于表 6.3 中的规定,且改造或更换的静态投资回收期小于或等于 8 年,应进行更换。对于小型分散的锅炉房宜连片改造成集中高效锅炉房。热源改造后,系统供回水温度应能保证原有输配系统和末端系统的设计要求。

锅炉的运行效率　　　　　　　　　　　表 6.3

锅炉类型、燃料种类		在下列锅炉容量(MW)下的最低运行效率(%)						
		0.7	1.4	2.8	4.2	7	14	>28.0
燃煤	烟煤Ⅱ	—	—	60	61	64	65	67
	烟煤Ⅲ	—	—	61	63	64	67	68
燃油、燃气		95	95	95	95	95	95	95

若热源设备无随室外气温变化进行供热量调节的自动控制装置时,应进行相应的改造。

目前,我国供热锅炉以燃煤锅炉为主,如层燃炉约占燃煤锅炉总容量的 95% 左右。层燃炉的热效率不高,除尘、脱硫代价大,所以近年来城市供热新建及改造项目中提倡选择节能环保的炉型。以北京市为例,燃煤锅炉改造是北京治理 $PM_{2.5}$ 重要措施之一。作为全国大气污染治理要地,北京市对供热系统燃煤锅炉改造做了大量的工作。燃气锅炉较燃煤锅炉热效率高,能源消耗量低,调节方便灵活,可减少烟尘排放量,改善空气质量。但同时,我国属于燃气资源缺乏的国家,因此,"煤改气"的改造前提是燃气资源及所需的改造资金有保障。

6.3.2 输配系统

在实际工程中,由于输配设备选型偏大而造成的系统大流量运行的现象非常普遍,因此以减少水泵能耗为目的的改造方案。当循环水泵的实际水量超过原设计值的 20%,或循环水泵的实际运行效率低于铭牌值的 80% 时,应对水泵进行相应的调节或改造,保证水泵流量适应热负荷变化。输配系统能耗应能实现独立分项计量。

采取增设变频装置或叶轮切削技术,更换部分管道等低成本技术对现有系统进行局部改造,在经济合理的情况下降低系统的能耗。根据管道的特性曲线和水泵特性曲线,对水泵的实际运行参数进行分析,制定合理的水泵叶轮切削方案,可有效地降低水泵的实际运行能耗。

公共建筑的集中热水采暖系统改造后,热水循环水泵的耗电输热比(EHR)应满足现行国家标准《公共建筑节能设计标准》GB 50189 的规定,且应符合《民用建筑供暖通风与空气调节设计规范》GB 50736 的规定。更换后的水泵不应低于现行国家标准《清水离心泵能效限定值及节能评价值》GB 19762 中的节能评价值。

6.3.3 工程案例

太原市东山地区集中供热的某大型热源厂，现拥有 3 台设计结构相同的 64MW 链条热水锅炉，设计总供热面积为 300 万 m²，截至 2011 年底实际供热面积已达到 350 万 m²，年耗耗煤 8.3 万 t。

该热源厂自 2003 年开始投产运行，同时 2011 年完成了脱硫除尘技术改造，新增布袋除尘和石灰石－石膏法脱硫装置，满足了烟气排放的国家标准，但锅炉的能耗仍然较高，经测试，锅炉实际运行效率在 70% 左右，远低于原设计效率 83%，其中突出的是排烟温度一般在 170～180℃ 左右，有较大的节能潜力。

另外，现该热源厂使用的布袋除尘器采用的是聚苯硫醚（PPS）布袋，滤袋允许连续使用温度为 160℃，短期最高允许使用 190℃，但锅炉排烟温度已达 170～180℃，影响布袋除尘器的寿命和安全，使得布袋除尘器难以保障连续运行 5 个采暖期的寿命，且有可能造成停炉和环境事故。

1. 节能技术改造方案

（1）在锅炉空气预热器出口后增设省煤器。

（2）在新增省煤器出水母管上装有流量计，并设置调节阀。省煤器进出水母管、进水和出水的连接管以及省煤器集箱采用热轧无缝钢管。

（3）与常规省煤器串联到锅炉本体的布置相比，这种省煤器受热面与锅炉本体受热面并联布置的优点是：在通常的大流量小温差的运行方式下，可以通过调节阀控制经过省煤器的流量，这样既可达到降低排烟温度回收热量的目的，又能保障锅炉以正常流量运行；而且新增换热装置与锅炉本体不发生直接关系，无须技术监察部门专门审批。另外，省煤器也可根据需要，调小流量增加温升，将出水直接给二次管网供热。

（4）技术改造项目施工分二阶段进行，第一年首先改一台，根据省煤器的实际运行状况，第二年再改剩余二台。

2. 节能技术改造后的实际运行及效果

在 2012 年更新改造中，该热源厂首先对 2 号锅炉进行了新增省煤器，并对原有低温段省煤器进行改造，并于 2012 年 11 月初，2 号锅炉及新增设的低温段省煤器投入使用。通过对 2 号锅炉及新增设的低温段省煤器实际运行情况分析：2 号锅炉新增低温段省煤器水侧进水温度 48℃，出水温度 70℃，流量 55t/h；省煤器烟气侧烟气进口温度 181℃，烟气出口温度 111℃，热功率为 407MW，锅炉节煤率 4.09%，基本达到了设计和预期值。

锅炉新增低温段省煤器后，能有效减少煤的消耗，若全部 3 台锅炉节能技改后，按照平均节煤率 4% 和该热源厂的能耗规模计算，该热源厂全年节煤约 3300t，经济效益比较可观。同时由于煤耗减少，CO_2 也相应减少了排放，环境效益也明显增加。

锅炉新增一级低温段省煤器后，可大大提高布袋的使用寿命；烟气体积也有所减少，使得布袋过滤风速也有所降低，而布袋过滤风速的降低又有助于除尘效率的提高，能耗也有一定程度的减少，同时由于烟温降低，除尘和脱硫效率均有所提高，其经济和环境效益也相当可观。

由于锅炉烟温降低，脱硫除尘系统脱硫塔的损耗水量也减少。

本项改造无论经济效益还是环境效益都非常好，应在城市燃煤锅炉中积极推广。

6.4　供暖系统改造技术要点

既有办公建筑供热系统总体改造要求可概括为"可温控、可计量、水力平衡与节能"。即：应保证各个房间或各分区的室内温度能进行独立调控；便于实现建筑分栋热计量和分室（区）热量（费）分摊的功能；管路系统简单、水力平衡性好、管材消耗量少、节省初投资。因此，本部分内容将对这三方面进行描述。

6.4.1　可温控

《民用建筑供暖通风与空气调节设计规范》GB 50736—2012 中第 5.10.1 条强制性条文规定："集中供暖的新建建筑和既有建筑节能改造必须设置热量计量装置，并具备室温调控功能。用于热量结算的热量计量装置必须采用热量表。"

《公共建筑节能改造技术规范》JGJ 176—2009 中 6.1.6 强制性条文规定："公共建筑节能改造后，采暖空调系统应具备室温调控功能。"

《供热计量技术规程》JGJ 173—2009 中 7.2.1 中强制性条文规定，"新建和改扩建的居住建筑或以散热器为主的公共建筑的室内供暖系统应安装自动温度控制阀进行室温调控。"

由上述规范中强制性条文的规定可以看出，室温调控是节能的必要手段，满足"可温控"的要求确定系统形式改造方案的原则为：一、按照最适合办公建筑温控的系统形式进行改造；二、尽量保持原有采暖系统形式，将其改造成满足可温控的形式。通过不同的原则来确定不同的改造方案，如办公室原有系统形式是单管顺流式系统，如按照原则一进行改造，最适合办公室温控的采暖系统形式应该是水平串联式系统；而按照原则二进行改造，则应该改造成垂直单管跨越式系统。原则二的改造方式从工程量上要比原则一少，改造时对办公建筑使用影响小。原则一则比较适合管道更新或散热器更新的情况。办公建筑中的房间功能也有会有所不同，因此在采暖系统形式改造中要考虑到房间功能的不同而选择不同的系统形式或是不同功能房间分别设置分支，使其具有温控独立性。

6.4.2　可计量

采暖系统改造的主要目的之一是将不能满足温控计量要求的既有建筑的采暖系统改建为能适应计量温控的系统。适合热计量的采暖系统应具备调节功能及与调节功能相适应的控制装置以及热计量功能。在推进既有建筑节能改造的过程中，集中供热计量收费问题同样重要，如果仍然按照面积收费，不可能促进供热改革，也无法降低能耗。通过计量促进集中供热系统的改善，可降低 30％的供暖能耗。

《供热计量技术规程》JGJ 173—2009 中 3.0.1 条和 3.0.2 条分别规定："集中供热的新建建筑和既有建筑的节能改造必须安装热量计量装置"、"集中供热系统的热量结算点必须安装热量表"，《民用建筑供暖通风与空气调节设计规范》GB 50736—2012 中第 5.10.1 条同样也作为强制性条文进行了规定。与居住建筑供暖系统改造相同，热计量也是办公建筑采暖系统改造的重点内容。

对建筑类型相同、建设年代相近、围护结构做法相同、用户热分摊方式一致或归属一致的若干栋建筑，也可确定一个共用的位置设置热量表。应在热力入口或热力站设置热量表，并以此作为热量结算点。对于归口统一的办公建筑如政府机关办公楼等，从降低热表投资角度，可以若干栋建筑物设置一个热力入口，以一块热表进行结算。共用热量表的做法，可以节省热量计量投资。

《供热计量技术规程》JGJ 173 中提出的用户热分摊方法有：散热器热分配计法、流量温度法、通断时间面积法和户用热量表法。

1. 散热器热分配计法：适用于新建和改造的各种散热器采暖系统，特别适合室内垂直单管顺流式系统改造为垂直单管跨越式系统，该方法不适用于地面辐射采暖系统。散热器热分配计法只是分摊计算用热量，室内温度调节需要安装散热器恒温控制阀。

散热器热分配计法是利用散热器热分配计所测量的每组散热器的散热量比例关系，来对建筑的总采热量进行分摊。热分配计法有蒸发式、电子式及电子及电子远传式三种，后两种是今后的发展趋势。

散热器热分配计法适用于新建和改造的散热器采暖系统，特别是对于既有采暖系统的热计量改造比较方便、灵活性强，不必将原有垂直系统改成按户分环的水平系统。

采用该方法时必须具备散热器与热分配计的热耦合修正系统，由于我国散热器型号种类繁多，国内检测该修正系统经验不足，使用该分摊方法时不一定具备正确的热耦合修正系数，因此需要加强这方面的研究。

2. 流量温度法：适用于垂直单管跨越式采暖系统和具有水平单管跨越式的共用立管分户循环采暖系统。该方法只是分摊计算用热量，室内温度调节需另安装调节装置。

流量温度法是基于流量比例基本不变的原理，即对于垂直单管跨越式供暖系统，各个垂直单管与总立管的流量比例基本不变；对于在入户处有跨越管的共用立管分户循环采暖系统，每个入户和跨越管流量之和与共用立管流量比例基本不变，然后结合现场预先测出的流量比例系数和各分支三通前后温差，分摊建筑的总供热量。

由于此方法基于流量比例基本不变的原理，因此现场预先测出的流量比例系数准确性就非常重要，除应使用小型超声波流量计外，更要注意超声波流量计的现场正确安装与使用。

3. 通断时间面积法：适用于共用立管分户循环供暖系统，此方法同时具有热量分摊和分户室温调节的功能，即室温调节时对户内各个房间室温作为一个整体统一调节而不实施对每个房间单独调节。通断时间面积法是以每户的供暖系统通水时间为依据，分摊建筑的总供热量

此方法适用于分户循环的水平串联式系统，也可用水平单管跨越式和地板辐射供暖系统。选用此分摊方法时，要注意散热设备选型与设计负荷要良好匹配，不能改变散热末端设备容量，户与户之间不能出现明显水力失调，不能在户内散热末端调节室温，以免改变户内环路阻力而影响热量的公平合理分摊。

4. 户用热量表法

此系统由各户用热量表以及楼栋热量表组成。

户用热量表安装在每户供暖环路中,可以测量每户的供暖耗热量。热量表由流量传感器、温度传感器和计算器组成。根据流量传感器的形式,可以将热量表分为机械式热量表、超声波式热量表,电磁式热量表。机械式热量表的初投资相对较低,但流量传感器对轴承有严格要求,以防止长期运转由于磨损造成误差较大。对水质有一定要求,以防止流量计的转运部件被阻塞,影响仪表的正常工作。超声波热量表的初投资较高,流量精度高,压损小,不易堵塞,但流量计的管壁锈蚀程度、水中杂质含量、管道振动等因素将影响流量计的精度,有的超声波热量表需要直管段较长。电磁式热量表的初投资相对机械式热量表要高,但流量测量精度是热量表所用的流量传感器中最高的、压损小。电磁式热量表的流量计工作需要外部电源,而且必须要水平安装,需要较长的直管段,这使得仪表的安装拆卸和维护工作较为不便。它适用于分户独立式室内供暖系统及分户地面辐射供暖系统,但不适合于采用传统垂直系统的既有建筑的改造。

在采用上述不同方法时,对于既有建筑采暖系统,局部进行温室调控和热计量改造工作时,要注意系统改造时是否增加了阻力,是否会造成水力失调及系统压头不足,为此需要进行水力平衡及系统压头的校核,考虑增设加压泵或重新进行平衡调试。

总之,随着技术进步和热计量工程的推广,还会有新的热计量方法出现,国家和行业鼓励这些技术创新,以在工程实践中进一步验证后,再加以完善。

6.4.3　水力平衡

近年来的试点验证表明,供热系统能耗浪费主要原因之一是水力失调。水力失调造成的近端用户开窗散热、远端用户室温偏低现象依然严重。变流量、气候补偿、室温调控等供热系统节能技术的实施,也离不开水力平衡技术。水力平衡技术推广20多年来,取得了显著的效果,但是还是有很多系统依然没有做到平衡,造成了供热质量差和能源的浪费。水力平衡有利于提高管网输送效率,降低系统能耗,满足用户室温要求。《供热计量技术规程》JGJ 173—2009规定:"集中供热工程设计必须进行水力平衡计算,工程竣工验收必须进行水力平衡检测。"在室内热水供暖系统中,要解决好水平失调和垂直失调的问题。对于分户热计量室内垂直供暖系统的水力计算来说,需要同时解决好三个环节:同一系统中各立管之间的水力平衡;同一立管各户系统之间的水力平衡;户内系统各散热器之间的水力平衡。

对于既有供热系统的改造提出了"可调节"、"可控制"、"可关闭"的要求。局部进行室温调控和热计量改造工作时,由于改造增加了阻力,会造成水力失调及系统压头不足,因此需要进行水力平衡及系统压头的校核,考虑增加加压泵或者重新进行平衡调试。

6.4.4　工程案例

1. 工程案例一

建筑位于河北省唐山市路北区,始建于20世纪80年代中期,属于典型的办公建筑。建筑面积约$600m^2$,地上共3层,总高度约11m,属于砖混结构,其中外墙厚度360mm,内墙厚度240mm。该建筑于2010~2011年先后进行了围护结构性能改造,改造后围护结构构造形式如表 6.4 所示。2012 年进行了建筑扩建和室内供能系统改造,包括:对建筑二层进行改造,建筑面积增至 665m²;室内供暖散热器更换为新型钢制散热量(含温控装置),二层和三层办公室增加了土壤—空气换热新风系统。

根据评估计算结果,在上述围护结构、计算供暖期以及室外计算温度条件下,建筑的单位面积供暖耗热量指标为 68kWh/(m² · a)。

改造后围护结构构造表　　　　　　　　　　　　　　　　　表 6.4

项目	围护结构主要做法
外墙	20mm 石灰砂浆+370mm 实心砖墙+120mm 多孔聚苯乙烯
屋面	20mm 石灰砂浆+70mm 地沥青混凝土+125mm 烟灰加气混凝土+15mm 石灰砂浆+140mm 聚氨酯泡沫塑料
外窗	6mm 平板玻璃+12mm 中空空气层+6mm 平板玻璃+12mm 中空空气层+6mm 平板玻璃,镀 Low—E 膜,断桥铝合金框,内遮阳

(1) 数据采集与处理

在供暖能耗测试过程中,室内外温、湿度通过 AMT-131 型温湿度自动记录仪获得,温、湿度测量范围分别为-20~70℃和 0~100%,精度分别为±0.5℃和±5%,记录容量可达 4 万条。耗热量通过 CRL-G 型超声波热量表记录,安装在建筑热力管网入户处,能够给出累积流量、瞬时流量、流速、供回水温度、供回水温差以及累计工作时间等详细数据,计量准确度为 2 级(最小配对温度误差±0.1℃)。根据《严寒和寒冷地区居住建筑设计标准》JGJ 26—2010,实测单位建筑面积耗热量 q 为:

$$q = Q/(t \times A)$$

式中:Q——测试期间建筑热力入口处的总供热量,kWh;

t——检测时间,h;

A——被测供暖面积,m²。

供暖耗煤量 q_c 是指在供暖期室外平均温度条件下,为保持一定室内温度,单位建筑面积在单位时间内消耗的、需由室内供暖设备供给的热量,可按下式计算:

$$q_c = 24 \times Z \times q/(H_c \times \eta_1 \times \eta_2)$$

式中:Z——供暖期天数,d;

H_c——标煤热值,取 $H_c = 8.14$ kWh/kg;

η_1——室外管网输送效率,取 $\eta_1 = 10.9$;

η_2——锅炉运行效率,取 $\eta_2 = 0.68$。

(2) 测试结果分析

1) 整体供暖能耗状况

唐山市 2012~2013 年供暖季的总供热时间为 3374h (141d),即 2012 年 11 月 5 日至次年 3 月 26 日。在此期间,总耗热量为 284GJ,折合单位建筑面积耗热量为 118.6kWh/(m² · a) 或 0.43GJ/(m² · a),单位面积热负荷为 35.2W/m²。与前述理论计算的单位面积供暖耗热量指标相比,实际能耗偏高约 1.6 倍。按实际供暖期计算,当前供暖耗煤量为 23.9kgce/(m² · a),建筑的实际能耗水平也明显偏高。由此可见办公建筑的供暖节能潜力较大。

2）影响因素分析

2012～2013 年整个供暖期间的单位建筑面积日平均耗热量的统计结果如图 6.2。

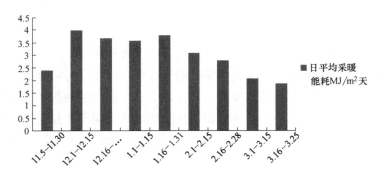

图 6.2　2012～2013 供暖季的日平均耗热量统计结果

可以看出，日平均供暖耗热量在 1.88～3.94MJ/(m² · d) 范围变化，其中 12 月和 1 月日平均耗热量最大，平均为 3.77MJ/(m² · d)。根据气温统计结果，供暖期间唐山市月平均气温分别为 2.7℃ （11 月）、−6.3℃ （12 月）、−6.9℃ （1 月）、−2.7℃ （2 月）和 3.8℃ （3 月）。因此，冬季气温变化会在很大程度上影响建筑供暖能耗的大小。

室内温控阀调节前后的供暖能耗参数变化情况如表 6.5 所示。1 月 29 日～2 月 1 日日平均耗热量和单位面积耗热量分别降至 3.16MJ/(m² · d) 和 36.5W/m²，但平均室温仍保持在 24.8℃，过热现象较为明显。由此可见，在特定的天气状况下，通过合理的调节能够起到积极的节能降耗作用，但由于其调节限度，仍无法完全消除室温过热现象，尤其对于围护结构较好的建筑，该现象可能会更为明显一些。在此情况下，需结合末端调节（如温控阀）来进一步改善供暖能耗状况。2 月 3 日～2 月 6 日，平均气温为 −3.6℃，平均供回水温度分别为 60.2℃ 和 54.0℃，温差为 6.2℃，这与前述 1 月 29 日至 2 月 1 日供暖参数基本接近，但此期间的日平均耗热量和单位面积耗热量分别降至 2.93MJ/(m² · d) 和 33.9W/m²，其中平均室温也降至 23.4℃，过热现象有所缓解，室内温控阀调节的节能效果已经显现出来。

温控阀调节前后的供暖能耗参数对比　　　　　　　　　　　　　　　　　　　　表 6.5

时　　间	温度℃			日平均耗热量（GJ）	单位面积耗热量（W/m²）	标况耗煤量 [kgce/(m² · a)]	温控阀状态
	室外	供水	室内				
1 月 9 日～1 月 10 日	−5.6	69.4	24.3	2.74	47.8	20.4	5 档
1 月 15 日～1 月 25 日	−5.4	63	24.5	2.67	46.5	19.9	5 档
1 月 29 日～2 月 1 日	−1.3	60.5	24.8	2.1	36.5	17.9	5 档
2 月 3 日～2 月 6 日	−3.6	60.2	23.4	1.95	33.9	17	3 档
2 月 7 日～2 月 8 日	−9.8	65.7	22.4	2.48	43.2	17.2	3 档
2 月 9 日～2 月 11 日	−5.5	65.9	22	2.24	38.9	18.1	2 档
2 月 12 日～2 月 15 日	−3.2	59.8	21.7	1.89	32.9	16.9	2 档
2 月 16 日～2 月 22 日	−1.7	58.1	23.7	1.97	34.3	17.3	3 档
2 月 23 日～2 月 28 日	0.9	53.9	22.7	1.72	29.9	17.6	3 档

就总体运行而言，室内过热现象较为明显，其中前期平均室温常在24℃以上，甚至高达26～27℃，后期尽管调低室内温控阀档位，过热现象仍然存在，这主要与温控阀调节不合理、散热器选型偏大等因素有直接关系。

（3）结论

通过对唐山市某典型办公建筑的冬季供暖能耗状况进行测试与统计分析，得出：建筑供暖耗热量存在较大的节能潜力；在整个供暖期间，室内存在较为明显的过热现象，在一定程度上造成了供暖能量浪费，这主要与温控阀调节不合理、散热器与供暖面积不匹配等因素有直接关系；围护结构改造是解决供暖能耗问题的必要而不充分条件，必须联合热计量、能耗定额制度和行为节能控制等手段才能真正达到节能降耗的最终目的。

2. 工程案例二

以哈尔滨市为例，选取三个典型的实行热计量的办公建筑进行供暖期能耗统计，各月份的供热量和二次管网水泵耗电量见表6.6。

三座典型办公建筑能耗情况表   表6.6

	建筑物 A		建筑物 B		建筑物 C	
建筑面积（万 m²）	11.38		7.01		2.3	
	耗热量（GJ）	耗电量（kWh）	耗热量（GJ）	耗电量（kWh）	耗热量（GJ）	耗电量（kWh）
11 月	4752	41520	0	—	809	16227
12 月	9480	40360	3047	—	1200	16164
1 月	9020	40360	6502	—	1316	16015
2 月	8970	43040	5442	—	1187	17166
3 月	6630	37800	3475	—	857	14976
4 月	5420	40400	1914	—	582	16084
合计	44272	243480	20380	—	5951	96632
单位面积耗热量（GJ/m²）	0.389	—	0.291	—	0.259	—

调查得出，上述三个典型办公建筑的单位面积耗热量均较同市其他办公建筑的单位面积供热量124.27kWh/m²（折合耗煤指标23.63kg/m²）的平均水平低，主要原因为：

（1）安装热量表后，促进了用户的主动节能意识；

（2）部分未出租或未使用的办公区域仅维持在防冻状态或值班供暖状态；

（3）三座建筑的围护结构热工性能良好。

同时，在单独计量了办公建筑A和C后，发现供暖季输热比（泵耗与供热量之比）分别为0.0198和0.0585，相差较大。所有热力站的水泵整个供暖期均在设计状态下运行，无变水量调节措施。其中办公建筑C的供回水温差非常小，大流量、小温差现象较为明显。

6.5　改造方案注意事项

以往的室内供暖系统设计，基本是按 95℃/75℃ 热媒参数进行设计，加之供暖系统形式一直采用垂直单管顺流式，在系统运行中，用户不能自行调节室温，外网也无变流量控制装置，更谈不上按热量计量收费，供暖质量不高。因此，供暖系统改造工作应关注以下方面：

1. 鉴于欧洲很多国家正朝着降低供暖系统热媒温度的方向发展，开始采用 60℃ 以下低温热水供暖，实际运行情况也表明，合理降低建筑物内供暖系统的热媒参数有利于提高散热器供暖的舒适程度和节能降耗。

2. 办公建筑供暖系统可采用上/下分式垂直双管、下分式水平双管、上分式带跨越管的垂直单管、下分式带跨越管的水平单管制式。由于办公建筑往往分区出售或出租，由不同单位使用，因此在设计和划分系统时，应充分考虑实分区热计量的灵活性、方便性和可能性，确保实现按用热量多少收费。为尽可能减少建筑供暖系统改造的扰民及减少投入，建议采用垂直双管或加跨越管的形式实现热计量的要求。

3. 在保持散热器有较高散热效率的前提下保证主要功能房间能独立进行温度调节。

4. 在室内热水供暖系统中，要解决好水平失调和垂直失调的问题。集中供热工程设计必须进行水力平衡计算，工程竣工验收必须进行水力平衡检测。

5. 关于热源的改造，要注意以下三点：不同的采暖热源方式，能源转换效率差别大，因此不应该简单地拆除和替换燃煤锅炉；其次，科学规划和全面发展热电联产方式，提高热电联产系统的能源转换效率；再次，热泵采暖系统的节能性取决于系统 COP 大小，绝不是采用地源或水源热泵就节能。

参 考 文 献

[1] 涂光备等. 供热计量技术 [M]. 北京：中国建筑工业出版社，2003.

[2] 中国建筑业协会建筑节能专业委员会. 建筑节能技术 [M]. 北京：中国计划出版社，1996.

[3] 贺平，孙刚. 供热工程（第三版）[M]. 北京：中国建筑工程出版社，1933.

[4] 徐伟，邹瑜主编. 供暖系统温控与热计量技术 [M]. 北京：中国计划出版社，2000. 11.

[5] 王维华，李娟，崔中健. 适宜分户计量、分室控温的住宅供暖系统形式 [J]. 节能技术，2001（2），Vol. 19，No. 106：22-24.

[6] 方修睦，王海峰，李晓鹏. 供暖用热计量的试验研究 [J]. 暖通空调新技术，2001. 10.

[7] 徐伟，黄维. 关于集中供暖系统温控与热计量技术的几个问题的思考 [J]. 中国建设信息供热制冷专刊，2001. 11.

[8] 中国城镇供热协会 2006 年对丹麦等国技术考察组. 中国城镇供热协会对丹麦等国供热考察纪要 [C]. 区域供热，2007（1）：3-6.

[9] 徐伟，黄维. 关于集中供暖系统温控与热计量技术的几个问题的思考 [C]. 中国建设信息供热制冷专刊，2001. 11.

[10] 徐宝萍，狄洪发. 计量供热技术发展及研究综述 [J]. 建筑科学，2007（2），Vol23No2：108-110.

[11] 王晓霞，邹平华. 分户水平式供暖系统水力计算模型及求解方法 [J]. 哈尔滨工业大学学报，2004（36）vol. 36No. 11.

[12] 王宏伟，王思平，王培. 分户式热计量和温度控制的单管供暖系统 [J]. 住宅科技，2004 (7)：36～38.

[13] 冯小平. 装有温控阀的室内垂直双管供暖系统 [J]. 住宅科技，2000 (7)：25～28.

[14] 高健，狄爱民. 热水地面供暖的分室温度控制 [J]. 供热制冷，2005 (4)：88～91.

[15] 刘兰斌，江亿等. 对基于分栋热计量的末端通断调节与热分摊技术的探讨 [J]. 暖通空调，2007，Vol. 37，No. 9：70～73.

[16] 王智超，石兆玉. 单管系统实行计量收费的设计与改造 [J]. 供热制冷，2005 (1)：27～31.

[17] 郎四维，徐伟，冯铁栓. 应用散热器恒温阀实现供暖系统节能及室内热环境改善 [J]. 暖通空调，1996，26 (5).

[18] 江亿. 我国供热节能中的问题和解决途径 [J]. 暖通空调，2006，Vol. 36，No. 3：37～41.

[19] 王晓霞. 住宅建筑单户水平式供暖系统的型式及水力计算方法的研究 [D]. 哈尔滨工业大学硕士论文 [D]，2000. 6.

[20] 王海英. 计量供热系统的水力计算及性能研究 [D]. 天津大学硕士学位论文，1999.

[21] 贺克瑾，涂光备，冀英. 双管系统水力失调问题的解决 [C]. 全国暖通空调制冷 2000 年学术论文集.

[22] 王智超，石兆玉. 单管系统实行计量收费的设计与改造. 供热制冷 [J]，2005 (1)：27～31.

[23] 王维华，李娟，崔中健. 适宜分户计量、分室控温的住宅供暖系统形式. 节能技术 [J]，2001 (2)，Vol. 19，No. 106：22～24.

[24] 中华人民共和国住房和城乡建设部. 供热计量技术规程 JGJ 173—2009 [S]. 北京：中国建筑工业出版社，2009.

[25] 李炎，高孟理，李建霞. 分户热计量垂直供暖系统的水力计算 [J]，暖通空调，2008，38 (2).

[26] 董重成，赵立华，赵先智. 关于按户计量供暖系统的探讨 [J]. 暖通新技术，1999 (6)：59-62.

[27] 董重成，赵立华，赵先智. 住宅分户热计量供暖设计指南的探讨 [J]. 暖通新技术，2000 (9)：80～93.

[28] 王东魁，董重成，席永刚. 既有公共建筑供暖系统形式的改造研究 [J]. 低温建筑技术，2010 (5)：100-103.

[29] 王东魁. 既有公共建筑供暖系统形式的改造研究 [D]. 哈尔滨工业大学硕士论文，2009. 6.

[30] 廖友才. 既有公共建筑供暖温控计量节能改造研究 [D]. 哈尔滨工业大学硕士论文，2009. 6.

[31] 席永刚. 既有公共建筑供暖系统节能改造的研究 [D]. 哈尔滨工业大学硕士论文，2010. 6.

[32] 徐伟，邹瑜. 公共建筑节能改造技术指南 [M]. 中国建筑工业出版社，2010. 10：165-166.

[33] 刘庆堂，舒海静，潘继红. 既有公共建筑供热系统节能改造浅析 [J]. 区域供热，2007 (6)：9-12.

[34] 湛文贤，赵冰，赵灵等. 唐山市某办公建筑冬季供暖能耗测试分析 [J]. 节能，2013 (9)：29-32.

[35] 徐伟主编. 民用建筑供暖通风与空气调节设计规范宣贯辅导教材 [M]. 中国建筑工业出版社，2012. 8：83-84.

[36] 中华人民共和国住房和城乡建设部. 民用建筑供暖通风与空气调节设计规范 GB50736—2012 [S]. 北京：中国建筑工业出版社，2012.

[37] 康立恒. 某大型热源厂锅炉节能技术改造介绍 [J]. 城市建设理论研究，2013 (12).

[38] 江亿. 北方采暖地区既有建筑节能改造问题研究 [J]. 中国能源，2011 (9).

第7章　空调系统改造

从既有办公建筑空调系统的设计及实际运行状况发现，普遍存在冷热源选用不合理、设备选型偏大、水力不平衡、末端不可调、盲目提高室内温度要求、部分负荷下运行时间较多、运行策略不合理等现象。在空调系统能耗中，空调冷热源设备能耗占系统总能耗的50%～60%，空调水输送系统运行能耗约占20%～25%，许多公共建筑的空调系统约80%的时间是在50%～60%设计负荷下运行的，节能潜力较大。

既有办公建筑空调系统改造前，应根据《公共建筑节能改造技术规范》JGJ 176—2009的有关规定进行节能诊断，主要包括冷水机组、热泵机组的实际性能系数、锅炉运行效率、水泵效率、水系统补水率、水系统供回水温差、冷却塔冷却性能、风机单位风量耗功率、风系统平衡度等，依据节能诊断结果和《公共建筑节能设计标准》GB 50189—2015及其他地方标准规范要求，制定合理的绿色化改造方案。

本章主要从冷热源改造技术、输配系统改造技术和末端改造技术等三方面出发，介绍既有办公建筑空调系统绿色化改造的适用性技术、应用要点和工程案例。

7.1　冷热源

7.1.1　空调冷热源选用技术

7.1.1.1　技术概述

空调系统的冷热源一般采用集中设置的冷热水机组和供热、换热设备。目前，既有办公建筑空调系统的冷热源主要以传统技术为主，常用的冷源主要有溴化锂冷水机组、螺杆式冷水机组、离心式冷水机组、活塞式冷水机组、热泵机组、变制冷剂流量多联机；常用的热源形式有城市热网、燃煤锅炉、燃气/燃油锅炉、变制冷剂流量多联机、热泵机组、直燃型溴化锂机组等。对冷热源新技术的应用较少，如太阳能、寒冷地区和严寒地区的天然冰、蒸发冷却技术、地下水等。

冷热源的选择与建筑特点、能耗指标、使用寿命、初投资和运行费用、安全和可靠性、维护管理难易程度、当地能源结构、政策导向以及对环境的影响等因素有关。例如，以电为能源的活塞式冷水机组、螺杆式冷水机组、离心式冷水机组、模块化冷水机组不受气候条件的限制，但风冷热泵机组较适用于夏热冬冷地区的中小型办公建筑。

在既有办公建筑空调系统改造设计阶段，设计师应对多种冷热源方案的技术经济性进行综合比较，包括部分负荷条件下设备全年运行能耗、能源利用率、余热废热利用、噪声和振动控制、设备自控措施、安装及维修的方便性等。从节能角度考虑，应遵循《公共建筑节能设计标准》GB 50189—2015中的有关规定，尽量选用能量利用效率高的冷热源设备与系统，优先考虑采用天然冷热源。

7.1.1.2 应用要点

既有办公建筑中央空调的冷热源系统实施节能改造可获得很好的经济效益，但与新建建筑相比，更换冷热源设备的难度和成本相对较高。因此，在进行冷热源改造时应遵循《公共建筑节能改造技术规范》JGJ 176—2009、《公共建筑节能设计标准》GB 50189—2015 等标准的有关规定（具体如下）。

1. 首先应充分挖掘现有设备的节能潜力，并应在现有设备不能满足需求时，再予以更换。

（1）设备更换前，还应充分考虑技术可行性、改造可实施性和经济可行性，当三者同时具备时才考虑更换设备。

（2）根据系统原有的冷热源运行记录及改造后建筑热负荷和逐项逐时冷负荷的计算结果，并结合当地能源结构、价格政策以及环保规定等，合理选择冷热源形式及配置机组容量和台数。

（3）更换后的设备性能还应符合《公共建筑节能设计标准》GB 50189—2015 和《公共建筑节能改造技术规范》JGJ 176—2009 的规定，家用燃气热水炉满足《家用燃气快速热水器和燃气采暖热水炉能效限定值及能效等级》GB 20665—2015 的要求。更换后各设备能效指标不应低于表 7.1～表 7.9 的数值。

冷水机组或热泵机组制冷性能系数　　　　表 7.1

类 型		名义制冷量 CC(kW)	性能系数 COP(W/W)					
			严寒 A、B区	严寒 C区	温和地区	寒冷地区	夏热冬冷地区	夏热冬暖地区
水冷	活塞式/涡旋式	CC≤528	4.10	4.10	4.10	4.10	4.20	4.40
	螺杆式	CC≤528	4.60	4.70	4.70	4.70	4.80	4.90
		528<CC≤1163	5.00	5.00	5.00	5.10	5.20	5.30
		CC>1163	5.20	5.30	5.40	5.50	5.50	5.60
	离心式	CC≤1163	5.00	5.00	5.10	5.20	5.30	5.40
		1163<CC≤2110	5.30	5.40	5.40	5.50	5.50	5.70
		CC>2110	5.70	5.70	5.70	5.80	5.90	5.90
风冷或蒸发冷却	活塞式/涡旋式	CC≤50	2.60	2.60	2.60	2.60	2.70	2.80
		CC>50	2.80	2.80	2.80	2.80	2.90	2.90
	螺杆式	CC≤50	2.70	2.70	2.70	2.80	2.90	2.90
		CC>50	2.90	2.90	2.90	3.00	3.00	3.00

值得注意的是，就冷水（热泵）机组而言，水冷定频机组及风冷或蒸发冷却机组的性能系数（COP）不低于表 7.1 的数值，水冷定频离心式冷水机组的综合部分负荷性能系数（IPLV）不低于表 7.2 的数值；水冷变频离心式机组的性能系数（COP）不应低于表 7.1 中数值的 0.93 倍，综合部分负荷性能系数（IPLV）不低于表 7.2 中限值的 1.30 倍；水冷变频螺杆式机组的性能系数（COP）不低于表 7.1 中数值的 0.95 倍，综合部分负荷性

能系数（IPLV）不低于表 7.2 中限值的 1.15 倍。

$$IPLV=1.2\%\times A+32.8\%\times B+39.7\%\times C+26.3\%\times D \tag{7-1}$$

式中：A——100%负荷时的性能系数（W/W），冷却水进水温度 30℃/冷凝器进气干球温度 35℃；

B——75%负荷时的性能系数（W/W），冷却水进水温度 26℃/冷凝器进气干球温度 31.5℃；

C——50%负荷时的性能系数（W/W），冷却水进水温度 23℃/冷凝器进气干球温度 28℃；

A——25%负荷时的性能系数（W/W），冷却水进水温度 19℃/冷凝器进气干球温度 24.5℃。

冷水（热泵）机组综合部分负荷性能系数（IPLV）限值　　表 7.2

类　型		名义制冷量 CC(kW)	综合部分负荷性能系数 IPLV(W/W)					
			严寒 A、B 区	严寒 C 区	温和 地区	寒冷 地区	夏热冬 冷地区	夏热冬 暖地区
水冷	活塞式/涡旋式	CC≤528	4.90	4.90	4.90	4.90	5.05	5.25
	螺杆式	CC≤528	5.35	5.45	5.45	5.45	5.55	5.65
		528<CC≤1163	5.75	5.75	5.75	5.85	5.90	6.00
		CC>1163	5.85	5.95	6.10	6.20	6.30	6.30
	离心式	CC≤1163	5.15	5.15	5.25	5.35	5.45	5.55
		1163<CC≤2110	5.40	5.50	5.55	5.60	5.75	5.85
		CC>2110	5.95	5.95	5.95	6.10	6.20	6.20
风冷 或蒸 发冷 却	活塞式/涡旋式	CC≤50	3.10	3.10	3.10	3.10	3.20	3.20
		CC>50	3.35	3.35	3.35	3.35	3.40	3.45
	螺杆式	CC≤50	2.90	2.90	2.90	3.00	3.10	3.10
		CC>50	3.10	3.10	3.10	3.20	3.20	3.20

注：IPLV 计算和检测条件见公式 9-1。

单元式空气调节机、风管送风式和屋顶式空气调节机组能效比（EER）　　表 7.3

类　型		名义制冷量 CC(kW)	能效比 EER(W/W)					
			严寒 A、B 区	严寒 C 区	温和 地区	寒冷 地区	夏热冬 冷地区	夏热冬 暖地区
风冷	不接风管	7.1≤CC≤14.0	2.70	2.70	2.70	2.75	2.80	2.85
		CC>14.0	2.65	2.65	2.65	2.70	2.75	2.75
	接风管	7.1≤CC≤14.0	2.50	2.50	2.50	2.55	2.60	2.60
		CC>14.0	2.45	2.45	2.45	2.50	2.55	2.55
水冷	不接风管	7.1≤CC≤14.0	3.40	3.45	3.45	3.50	3.55	3.55
		CC>14.0	3.25	3.30	3.30	3.35	3.40	3.45
	接风管	7.1≤CC≤14.0	3.10	3.10	3.15	3.20	3.25	3.25
		CC>14.0	3.00	3.00	3.05	3.10	3.15	3.20

多联式空调（热泵）机组的制冷综合性能系数　　　表7.4

名义制冷量 CC(kW)	制冷综合性能系数 IPLV(C)					
	严寒 A、B 区	严寒 C 区	温和地区	寒冷地区	夏热冬冷地区	夏热冬暖地区
CC≤28	3.80	3.85	3.85	3.90	4.00	4.00
28<CC≤84	3.75	3.80	3.80	3.85	3.95	3.95
CC>84	3.65	3.70	3.70	3.75	3.80	3.80

燃煤、燃油和燃气锅炉能效指标　　　表7.5

锅炉类型及燃料种类		锅炉额定蒸发量 D(t/h)/额定热功率 Q(MW)					
		$D<1$/ $Q<0.7$	$1≤D≤2$/ $0.7<Q≤1.4$	$2<D≤6$/ $1.4<Q≤4.2$	$6<D≤8$/ $4.2<Q≤5.6$	$8<D≤20$/ $5.6<Q≤14.0$	$D>20$/ $Q>14.0$
燃油燃气锅炉	重油	86	88				
	轻油	88	90				
	燃气	88	90				
层状燃烧锅炉	类烟煤	75	78	80		81	82
抛煤机链条炉排锅炉		—	—	—		82	83
流化床燃烧锅炉		—	—	—	84		

直燃型溴化锂吸收式冷（温）水机组的性能参数　　　表7.6

名义工况		性能参数(W/W)	
冷(温)水进/出口温度(℃)	冷却水进/出口温度(℃)	制冷	供热
12/7(供冷)	30/35	≥1.20	—
60(供热出口)	—	—	≥0.90

房间空调器能效等级　　　表7.7

类　型	额定制冷量 CC(W)	能效等级 EER(W/W)
		2
整体式	—	2.90
分体式	CC≤4500	3.20
	4500≤CC<7100	3.10
	7100≤CC≤14000	3.00

转速可控型房间空调器能效等级　　　表7.8

类　型	额定制冷量 CC(W)	能效等级 EER(W/W)
		3
分体式	CC≤4500	3.90
	4500≤CC<7100	3.60
	7100≤CC≤14000	3.30

注：能效等级的实测值保留两位小数。

家用燃气热水炉能效等级　　　　　　　　　表 7.9

类　型		最低热效率值 η/%		
		能效等级		
		1 级	2 级	3 级
热水器	η_1	98	89	86
	η_2	94	85	82
采暖炉	热水 η_1	96	89	86
	热水 η_2	92	85	82
	采暖 η_1	99	89	86
	采暖 η_2	95	85	82

注：能效等级判定举例：

例 1：某热水器产品实测 η_1＝98%，η_2＝94%，η_1 和 η_2 同时满足 1 级要求，判为 1 级产品；

例 2：某热水器产品实测 η_1＝88%，η_2＝81%，虽然 η_1 满足 3 级要求，但 η_2 不满足 3 级要求，故判为不合格产品；

例 3：某采暖炉产品热水状态实测 η_1＝98%，η_2＝94%，热水状态满足 1 级要求；采暖状态实测 η_1＝100%，η_2＝82%，采暖状态为 3 级产品；故判为 3 级产品。

2. 对于冷热需求时间不同的区域，宜分别设置冷热源系统。

3. 根据原有冷热源运行记录进行整个供冷、供暖季负荷的分析和计算，确定改造方案。

4. 在对冷热源进行更新改造时，应在原有系统的基础上，充分考虑改造后建筑的规模、使用特征，结合当地能源结构以及价格政策、环保规定等因素。

5. 冷热源更新改造后，系统供回水温度应保证原有输配系统和空调末端系统的设计要求。

7.1.2　变频改造技术

7.1.2.1　技术概述

变频调速装置（Variable Speed Drive，VSD）通过控制冷水出水温度实际值与设定值的温差和压缩机压头来优化电机转速和导流叶片的开度，使机组运行转速最小、效率最高，无论在满负荷、部分负荷还是低冷却水温度下都能达到较好节能的效果，图 7.1 为 VSD 变频驱动装置工作原理。

既有办公建筑中冷水机组或热泵机组的设计是按照最不利工况选择的，装机容量偏大，使得部分负荷下冷机效率降低；在夜间、过渡季节及冬季时，机组冷却水温度往往低于设计值，当通过降低负荷或热力旁通的方法调整压缩机工作点时，也会降低机组效率。因此，在进行既有办公建筑空调系统冷热源改造时，当存在冷水机组或热泵机组的容量与系统负荷不匹配时，可在原有冷水机组或热泵机组上增设变频调速装置，以提高机组的实际运行效率。

7.1.2.2　应用要点

需要注意的是，并非所有的冷水（热泵）机组都适宜通过增设变频装置实现机组的变频运行。因此，在原有冷水（热泵）机组上增设变频装置时，需要充分考虑改造后机组的

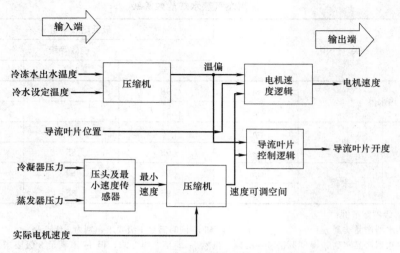

图 7.1 VSD 变频驱动装置的工作原理

运行安全问题，并咨询原有设备厂家的意见，在满足安全性、经济性和匹配性的情况下方可进行改造，且改造后的建筑符合《既有建筑绿色改造评价标准》GB/T 51141—2015 的要求。

7.1.3 水环热泵空调技术

7.1.3.1 技术概述

水环热泵空调系统是用水环路将小型的水/空气热泵机组并联在一起，以回收建筑物内部余热作为其低品位热源的热泵供暖、供冷空调系统，分为单冷型、热泵型、热水型，可根据项目的具体情况和使用地区灵活选择。一般单冷型和热泵型机组在我国南方地区应用广泛，运行效果比较理想；北方地区应用较多为热水型和热泵型。

与常规空调系统相比，水环热泵空调系统环路热损失小；在过渡季运行时，系统部分区域制热、部分区域制冷，供冷机组排出的热量可作为供热机组所需的热量，整个循环水系统基本处于热平衡状态，无须开动加热设备或冷却塔，减少了运行时间；在部分负荷时，仅需开启有需求房间的热泵机组和循环水，系统部分负荷的实际运行效率高，减少能耗，达到节能的目的。

水环热泵空调系统具有室内水/空气热泵机组独立运行灵活、设计简单、设计周期短、安装方便等特点，特别适宜既有建筑的改造工程。因此，在既有办公建筑空调系统改造时，当建筑存在较大内区且有稳定的大量余热、大部分时间有同时供热与供冷需求，原有建筑物冷热源机房空间有限，且以出租为主时，可采用水环热泵空调系统，实现建筑物内部的热回收，节约能源（图 7.2）。

考虑到我国各类建筑物内部负荷不大，建筑物内区面积小，可利用的余热量也较小，水环热泵空调系统内外区达到热平衡的理想运行模式在实际中很少出现，因此设计时需要设置辅助热源来满足制热。针对这个问题，可以考虑引入外部低温热源，以替代加热装置的高位能量，如以太阳能、土壤、空气、水（地表水、井水、河水等）作为水环热泵空调

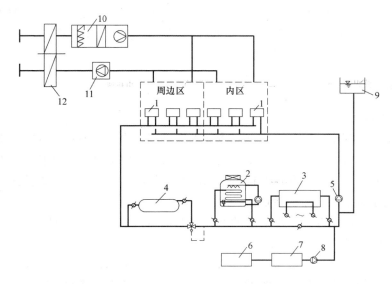

图 7.2　水环热泵空调系统原理图

1—水/空气热泵机组；2—闭式冷却塔；3—加热设备（如燃油、气、电锅炉）；4—蓄热容器；
5—水环路的循环水泵；6—水处理装置；7—补给水水箱；8—补给水泵；9—定压装置；
10—新风机组；11—排风机组；12—热回收装置

系统的外部能源，用热泵机组替代传统的加热装置，拓宽水环热泵空调系统的应用范围。

7.1.3.2　应用要点

水环热泵空调系统的节能效果和环保效益与气象条件、建筑特点及辅助热源形式（电锅炉、燃煤锅炉）等因素有关。我国幅员辽阔，各地区气象条件差异很大，实际的建筑形式与特点也各不相同。因此，并非任何办公建筑均适宜采用水环热泵空调系统，为保证水环热泵空调系统所带来的最佳节能效果和环保效益，通常选用时应考虑以下几方面情况：

1. 建筑内有低品位废热可以利用；

2. 适用于冬季不太冷的地区；

3. 建筑物体形大，内区和外区划分明显，同时需要制冷和制热，并且排出的热量与需要的热量相近时最合适；

4. 需要独立计量，个别房间或区域需要在夜间或假日独立使用的建筑；

5. 冬季内区热负荷较大的办公楼，可利用内区热负荷抵消外区热负荷；

6. 当建筑物的余热量较小时，可考虑引进外部低温热源，如太阳能、水（地表水、井水、河水等）、土壤、空气等；

7. 水环热泵系统设计时应保证环路内各台机组循环水量满足设计要求，保证良好的水力平衡；

8. 水环热泵机组噪声较高，设计及施工过程中应做好消声、隔振措施，对于噪声要求严格的空调房间，可考虑采用分体式热泵机组。

9. 水环热泵系统出投资相对较大，设计初期应对其技术经济性进行详细合理的分析。

此外，水环热泵机组选择时还应参照《公共建筑节能设计标准》GB 50189—2015、

《地源热泵系统工程技术规范》GB 50366—2005、《水源热泵机组》GB/T 19409—2003 等国家相关标准选用 COP 值较高的热泵机组及效率高的水泵等相关产品，改造后还应符合《既有建筑绿色改造评价标准》的要求。

7.1.4　冷却塔供冷技术

7.1.4.1　技术概述

冷却塔供冷是利于外界环境空气对冷却水进行蒸发冷却，即在常规空调水系统基础上增设部分管路和设备，当室外干、湿球温度低到某个值以下时，充分利用天然冷源，关闭制冷机组，只开启冷却水泵和空调机组，以流经冷却塔的循环冷却水直接或间接向空调系统供冷，提供建筑空调所需的冷负荷。

在对冬季或过渡季存在供冷需求的办公建筑进行改造时，在保证安全运行的条件下，宜采用冷却塔供冷的方式。

冷却塔供冷分为直接供冷系统和间接供冷系统（如图 7.3 和图 7.4），国内应用较多的为间接供冷系统。直接供冷系统就是一种通过旁通管道将冷冻水环路和冷却水环路连在一起的水系统；夏季工况时按照常规空调水系统进行工作；过渡季室外湿球温度降低到某值时，打开旁通阀门，同时关闭制冷机，转入冷却塔供冷模式。直接供冷系统的冷却塔可采用开式和闭式两种形式，前者由于空气与冷却水接触，空气中的污染物容易进入冷却水，进而阻塞表冷器盘管；后者可满足卫生要求，但靠间接蒸发冷却原理降温，传热效果受到了影响。间接供冷系统是在原有空调水系统中增加一个换热器，使冷却水环路与冷冻水环路互相独立，在过渡季切换运行，不会影响水泵的工作条件和冷冻水环路的卫生条件，缺点是存在中间换热损失，供冷效果有所下降。

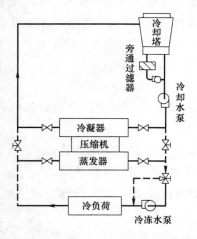

图 7.3　冷却塔直接供冷系统

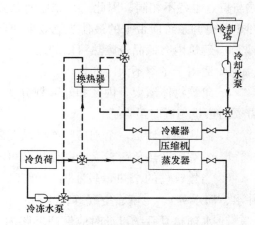

图 7.4　冷却塔间接供冷系统

7.1.4.2　应用要点

在既有办公建筑改造过程中，冷却塔供冷系统设计应注意以下几个问题，使得改造后的既有办公建筑符合《既有建筑绿色改造评价标准》的要求：

1. 根据项目所在地过渡季或夏季气候条件，计算空调末端需要的供水温度和冷却水能够提供的水温，选择合适的室外转换温度点，得到理想的冷却塔供冷时数（一年中利用冷却塔供冷方式运行的小时数），并对其技术经济性进行综合分析。

2. 冷却塔供冷主要在冬季和过渡季运行，一般情况下，设计时需要对外管路辅助电加热保护，冷却塔集水箱内置电加热器及温度自动控制装置，避免室外温度低于 0℃时，暴露在室外的冷却水管道与冷却塔集水箱会发生结冰现象。

3. 直接供冷系统改造设计时，应充分考虑转换供冷模式后，冷却水泵的流量和压头与管路系统的匹配问题。

4. 采用开式冷却塔的直接供冷系统时，为避免水流与大气接触被污染，导致表冷器盘管被污物阻塞而很少使用的现象，可在冷却塔和管路之间设置旁通过滤装置，使大约相当于总流量 5%～10% 的水量不断被过滤，环路压力没有较大的波动，保证水系统的清洁，其效果要优于全流量过滤方式。

7.1.5　余热回收技术

7.1.5.1　技术概述

在空调领域里，余热回收是将原来排放出的无法利用的低品位热源利用热泵提升到可以供暖的温度，达到回收的目的。余热回收技术的应用在空调领域的定义较为广泛，基本技术还是基于热泵技术的应用。与办公建筑相关的是数据机房的余热回收技术。

在一些通信办公大楼或者网络中心大楼，往往会建有通信数据中心。在这些通信数据中心中，存放大量的数据存储设备和网络设备需要消耗大量的电能，而且机房的温度又要求常年保持在 28℃ 以下甚至更低，空调负荷一年四季都很大。在提升空调系统效率的同时，利用数据机房一年四季排热的特点，在冬季利用热泵将余热由 35℃ 提升到 45～50℃，用于其他空间的供暖，能大大降低采暖的费用。改造时只需将原来的冷机部分替换为热泵即可，利用不完的废热可继续采用冷却塔排热，见图 7.5。

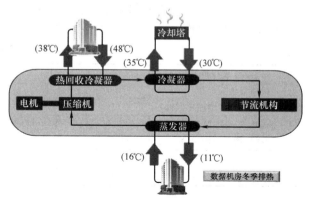

图 7.5　数据中心余热回收示意图

7.1.5.2　应用要点

设置集中式空调系统的数据中心机房进行改造时，应根据所在地的热源状况、供热需求，通过技术经济比较，设置机房余热回收装置，利用机房余热向办公用房提供采暖和生活热水，提高能源的综合利用率。

7.1.6　污垢在线清洗除垢技术

7.1.6.1　技术概述

空调水系统中的污垢主要沉积在蒸发器和冷凝器之中，尤以冷却水系统的冷凝器为

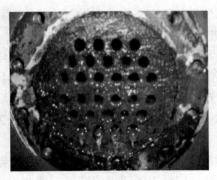

图 7.6　冷凝器结垢后状况

甚。污垢沉积在换热器上会影响传热，使得换热器效率下降，严重时甚至使换热器堵塞，系统阻力增大，水泵和冷却塔效率下降，能耗增加。而软垢还会促进垢下腐蚀，导致换热器腐蚀穿孔，降低设备的使用寿命，特别是微生物黏泥引起的垢下腐蚀，能在短时间内使换热器泄露。此外，污垢的沉积还会增加水冷器运行水费，带来巨大的经济损失（图7.6）。

因此，对于采用水冷冷水（热泵）机组的既有办公建筑，在空调水系统经过一定时间的运行后，应及时进行检修和清洗，除去金属表面的沉积物和微生物，保证良好的换热效率。空调水系统常用的清洗技术有：①人工方法，如钢丝刷拉刷清洗、用专用刮刀滚刮等，操作简单、投资小、无污染，但容易形成清洗死角，且必须在设备及系统停机时进行；②物理方法，如压力清洗、超声波清洗、液电效应清砂除垢技术等，省去了化学清洗所需的药剂费用，避免化学清洗后的清洗废液的处理和排放问题，不易引起被清洗设备的腐蚀，但是一部分物理清洗方法需在水系统中断运行后才能进行，清洗操作比较费时费力，有时还容易引起设备的表面损伤；③化学方法，如离子交换软化法，石灰软化法、加酸法，阻垢剂法等，具有清洗效果好、不停机清洗、操作比较简单等优点，但易对金属产生腐蚀，产生的清洗废液易发生二次污染，而且清洗费用较高（表7.10、表7.11）。

水垢、污垢对冷源设备的影响　　表 7.10

污垢厚度（mm）	0	0.10	0.15	0.20	0.25	0.30
冷凝器压力（MPa）	1.90	1.95	2.02	2.11	2.20	2.31
压缩机马达电流（增加比例%）	0	3	7	12	21	30
室温由 32~25℃（min）	15	16	17	19	23	28
用电量增加比例（%）	100	110	121	142	185	243

不同厚度的污垢对冷凝器换热效率的影响　　表 7.11

污垢厚度（mm）	污垢热阻（m²·K/W）	换热器传热系数[W/(m²·K)]	换热量增减情况（%）	溴化锂冷水机组换热量增减（%）			压缩式冷水机组		
				冷却水侧	冷冻水侧	总和	冷却水侧	冷冻水侧	总和
0	0	3880	129	108	106	114	102.9	104.7	107.6
0.075	0.000043	3326	114	104	103	107	101.4	102.2	103.6
0.15	0.000086	2915	100	100	100	100	100	100	100
0.30	0.000172	2331	80	92	94.5	86.5	98	96.8	94.8
0.45	0.000258	1942	66.6	86.5	90	76.5	96.7	94.6	91.3
0.60	0.000344	1664	57.1	81.5	86.5	68	95.7	93.1	88.8

胶球在线清洗技术是利用清洁球随水系统不断循环擦拭管壁，达到不停机在线自动清洗水系统的目的，是一种新的物理清洗方法。发球器将胶球投入冷凝器中，胶球通过水力

压差擦洗掉换热管内壁的污垢，在冷却水出口端通过收球器回收胶球，整个清洗循环过程由微电脑程序控制，确保冷凝器内壁洁净。胶球在线清洗技术工作流程图如图 7.7 所示。

胶球的种类有几十种，应根据不同的情况具体选用。一般选用的胶球类型有 AB（光滑软胶球）、ACC-WB（铁刷胶球）、ACC-SC（带箍碳化硅胶球）、SCC-WB（铁刷红胶球）、SCC-SC（带箍碳化硅红胶球）、Gray Hard Scale（灰色硬垢胶球）。除通用的胶球外，还有各种特殊功能的专用胶球，如探测胶球、中心有旁通孔的旁路胶球、磁力胶球、除焦胶球、隔离胶球等，很大程度上提高了胶球的清洗能力。

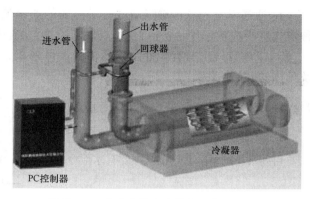

图 7.7　胶球在线清洗技术工作流程图

与普通的物理方法、人工方法和化学方法相比，胶球在线清洗技术具有较强的实用性和可操作性，见表 7.12。

胶球在线清洗技术与传统的方法比较　　　　　　　　　　　　表 7.12

	传统方法		胶球在线清洗方法
	人工/化学清洗	物理清洗	中央空调自动清洗节能环保系统
清洁方式	人工/化学	自动/物理	自动/物理
水垢的清洁	暂时清除	时好时坏效果不稳定不明显	效果明显稳定
微生物膜的清洁	部分效果	部分效果	较好
杀菌效果	产生军团菌需另投杀菌药品	无	好
环境污染	化学物二次污染	电磁波污染等	无
对设备的损害	腐蚀磨损设备	无	无
清洗费用	费时费力较高	低	低

针对采用水冷冷水（热泵）机组的既有办公建筑而言，当水系统运行一定时间后，应进行及时检修，当发现水系统内部沉积污垢时，可采用胶球在线清洗技术进行清洗，保证设备和系统高效运行。

7.1.6.2　应用要点

胶球的运行是靠一定压力的流体介质的推动来实现的，一般以油和水居多。采用胶球在线清洗技术时，应注意以下几个问题：

1. 胶球运行时的工作压力应不大于或略高于管线正常运行的工作压力，运行速度以 $0.7 \sim 1 \mathrm{m/s}$ 为宜，运行速度可通过调节阀门、控制压力和流量来实现。

2. 对于被清洗的管线，首先应了解其正常运行时的工作压力、流体输送量以及管线所能承受的最高压力，对一些附着特殊、形状不规则的管线，最好能测知其沿线的压力分布情况。

3. 了解结垢的规律以及垢的密度、强度和结构形式等。

4. 通过以上三点，确定清洗时所需要的泄漏量、选择合适规格的胶球材料、垢以何种形式（指块状、片状、颗粒状）被清除、垢在流体中的运动状态等。

5. 了解管线上所有管件及附属件的具体形式、位置、数量等，制定合理的清洗方案及具体的实施阶段。

7.1.7　蓄能空调技术

7.1.7.1　技术概述

目前常用的蓄冷蓄热技术主要有冰蓄冷、水蓄冷、（电、太阳能、余热）水蓄热等（图7.8）。

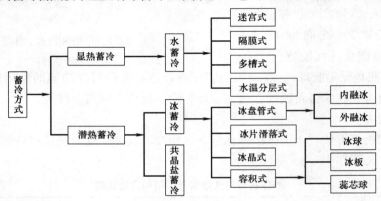

图 7.8　蓄冷系统分类

蓄冷空调利用夜间电力富余时候制冰和低温水蓄冷，在用电高峰期融冰和取用低温水制冷，不但避开了用电高峰期可能引起的运行事故，还可以提高电能的利用率，能够明显提高城市或区域电网的供电效率，平衡电网负荷，还可避免重复建设，节省运行费用。蓄冷系统运行策略是指蓄冷系统以设计循环周期（如设计日或周等）的负荷及其特点为基础，按电费结构等条件对系统以蓄冷容量、释冷、供冷或制冷机组共同供冷作出最优的运行安排，主要包括全部蓄冷策略和部分蓄冷策略两种方式，见图7.9和图7.10。

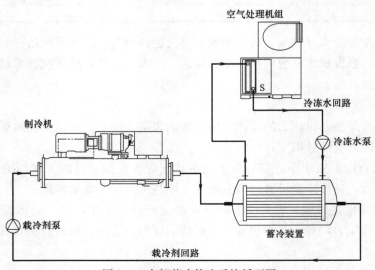

图 7.9　全部蓄冷策略系统循环图

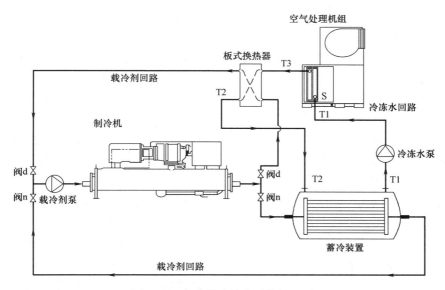

图 7.10　部分蓄冷策略系统循环图

　　全部蓄冷是将用电高峰期的冷负荷全部转移至电力低谷期，全天冷负荷均由蓄冷冷量供给，蓄冷时间与空调时间完全错开。全负荷蓄冷系统所需的蓄冷介质的体积很大，机房建筑和设施占地面积也很大，设备投资高，适用于白天供冷时间较短的场所，如体育场、剧场等需要在瞬间放出大量冷量和供冷负荷变化相当大的地方，或峰谷电差价很大的地区。部分负荷蓄冷是只蓄存全天所需冷量的一部分，用电高峰期间由制冷机组和蓄冷装置联合供冷。与全负荷蓄冷相比，部分负荷蓄冷制冷剂利用效率高，制冷机组和蓄冷装置的容量小，技术经济合理，是目前最实用、应用最多的一种方法（表 7.13）。

水蓄冷与冰蓄冷系统对比　　　　　　　　　　　　　　　表 7.13

对比项	水蓄冷空调	冰蓄冷空调
蓄冷系统出投资	较低	较高
冷水温度/℃	4~6	1~3
制冷性能系数（COP）	高	低
实用性比较	既适合新建项目，又适合改造项目	需要双工况主机，只能用于新建项目
蓄能槽共用性	水蓄冷和水蓄热可共用一个槽	冰蓄冷槽只能蓄冷，不能蓄热，不能同槽
设计与运行	技术要求低,运行费用低	技术要求高,运行费用高
可靠性和寿命	高	低
体积及位置	水蓄冷槽是满溢式,其有效体积可以得到充分利用。在部分蓄冷设计的情况下,由于可以减少制冷机的配置容量,机房的面积要小于常规空调。水蓄冷槽可灵活地置于绿化带下、停车场下或其他闲置的空地上,也可以利用消防水池等,不占用有效面积	冰蓄冷设备一般要安装在机房内,占用正常的机房面积。由于蓄冰槽是 55%~80% 的蓄冰率,再加上"千年冰"和相变换热问题,在实际过程中,同样的蓄冷量下冰蓄冷设备仅比水蓄冷略小一些

　　蓄热供暖系统一般采用以水为介质的水蓄热。由于蓄能的作用主要是利用低谷电的优

势，因此一般蓄热技术改造以电锅炉供暖或者热泵供暖改造项目为主。

7.1.7.2　应用要点

在对既有办公建筑进行蓄冷空调系统改造时，应遵循《蓄冷空调工程技术规程》JGJ 158—2008 中有关条文的规定：

1. 蓄冷空调系统设计前，对建筑物的冷负荷、空调系统的运行时间和特点，以及当地电力供应相关政策和分时电价情况进行调查。

2. 根据蓄冷—释冷周期内冷负荷曲线、电网峰谷时段及电价、建筑物能够提供的设置蓄冷设备的空间等因素，综合比较后确定采用全负荷蓄冷或部分负荷蓄冷。

3. 蓄冷空调系统设计宜进行全年动态负荷计算和能耗分析；

4. 对蓄冷空调系统一个蓄冷—释冷周期的冷负荷进行逐时计算，蓄冷—释冷周期应根据空调系统冷负荷的特点、电网峰谷时段等因素经技术经济比较确定。

5. 负荷计算方法负荷现行国家标准《采暖通风机空气调节设计规范》GB 50019 的有关规定，并提供蓄冷—释冷周期内逐时负荷和总负荷。

6. 蓄冷-释冷周期内逐时负荷中，应计入水泵的发热量及蓄冷草和冷水管路的热量。当采用低温送风空调系统时，应根据室内外参数计算是否产生附加的潜热冷负荷。

7. 对于改建、扩建工程，蓄冷空调负荷宜采用实测和计算相结合的方法得出。

8. 全部负荷蓄冷时的总需冷量，应按在设计工况下平、峰段的逐时空调冷负荷的叠加值确定；部分负荷蓄冷时的总冷量，应根据工程的冷负荷曲线、电力峰谷时段划分、用电初装费、设备初投资费及其回收周期和设备占地面积等因素，通过经济技术分析确定。

9. 当地电力部门有其他限电政策时，所选蓄冷装置的最大小时释冷量应满足限电时段的最大小时冷负荷的要求。

10. 冷源系统设计时，制冷机应根据蓄冷方式和蓄冷温度合理选择，应对不同运行模式下蓄冷装置与制冷机的进、出介质温度进行校核。

11. 水蓄冷系统的设计应符合下列规定：

(1) 建筑物中具有可利用的消防水池时，应尽可能考虑其兼做蓄冷水池；

(2) 蓄冷混凝土水池不宜小于 100m³；

(3) 确定蓄冷混凝土水池深度时，应考虑到水池中冷热掺混热损失，在条件允许时宜尽可能加深；

(4) 供回水温差不宜小于 7℃，蓄冷溶剂不宜大于 0.048m³/kWh；

(5) 水蓄冷蓄水温度在 4～7℃时，宜采用常规制冷机组；

(6) 蓄冷水槽宜采用温度分层法，也可采用多水槽法、隔膜法或迷宫与折流法；

(7) 采用分层的蓄冷水槽，应合理设计水流分配器，使供回水于蓄冷和释冷循环中在槽内形成重力流，并保持一个合理稳定的斜温层；

(8) 蓄冷时，蓄冷水槽的进水温度应保持恒定；

(9) 水路设计时，应采用防止系统中水倒灌的措施；

(10) 蓄冷水槽宜原理振动设备，当与振源较近时，应对振源采取相应的减、隔振措施。

12. 蓄冷装置保冷层的表面温度不应低于空气的露点温度，保冷设计应符合现行国家标准《采暖通风与空气调节设计规范》GB 50019、《设备及管道保冷设计导则》GB/T 15586 及《设备及管道保温设计导则》B/T 8175 的规定。

7.1.8　工程案例

7.1.8.1　北京市凯晨世贸中心中央空调系统变频改造

凯晨世贸中心地处西长安街复兴门内大街，总建筑面积约 19.4 万 m²，由 3 幢平行且互相连通的 14 层写楼宇组成，分别为东座、中座及西座。楼层分地上 14 层，地下 4 层，建筑层高 3.9m，室内净高 2.8m。

凯晨世贸中心原有空调系统为恒速离心式水冷冷水机组，机组本身不具备变频功能，由于建筑物的负荷需求一直发生动态变化，而中央空调机组的容量选取标准时满足建筑物的最大负荷需求，使得机组在 99% 的时间内都运行在部分负荷状态。对凯晨世贸中心既有办公建筑改造过程中，为中央空调机组增加交流变频设备，使其可以在负荷需求变化的情况下，实现输入功率相应变化，从而在部分负荷的情况下降低输入功率；同时优化制冷机运行策略。中央空调系统进行变频改造后，年总节电 799312kWh，年总节省标准煤 98.23t（图 7.11）。

	月份	4	5	6	7	8	9	10
kW	定频主机	0.553						
	变频主机	0.318	0.318	0.318	0.361	0.361	0.318	0.318
冷机运行台数		1	1	2	3	3	2	1
原每月运行能耗(kWh)		84728	175104	338910	525311	525311	338910	84728
改造后每月运行能耗(kWh)		48722	100692	194889	342924	342924	194889	48722

凯晨世贸中心中央空调变频改造后预计节能量　　表 7.14

图 7.11　凯晨世贸中心冷水机组变频改造

原有中央空调机组冷冻水出水温度较低，不利于节能。改造过程中，将冷水机组出水温度设定值由 7℃ 提升至 9℃，维持供回水温差 5℃，二次设定中央空调机组控制器冷冻出水温度参数，极大地降低了空调季节制冷能耗。

7.1.8.2　中国国家博物馆冷热源系统改造

中国国家博物馆位于天安门广场东侧，是在原中国历史博物馆与中国革命博物馆基础上合并组建而成的，总建筑面积 191900m²，地下 2 层，地上 5 层。地下最低层 -12.80m，地上最高建筑 42.80m。受建设时期历史条件的局限，建筑历经 50 多年，各方面设施都不能满足国家博物馆发展的需求，亟须对其进行综合改造。

在空调冷源系统改造方面，采用部分负荷冰蓄冷系统，制冷主机与蓄冰设备为串联方式，主机位于蓄冰设备上游。考虑连续空调负荷要求和比例，并兼顾低负荷时调节要求，设置一台 350RT、两台 500RT 的基载主机，并联运行，同时设置四台 900RT 的双工况主机，夜间蓄冷，白天转为空调工况。蓄冰槽的设计融冰量为 67131kWh，蓄冰槽位于经过改造的西北侧老馆地下基础空间，没有占用任何新的建筑空间（图 7.12）。

中国国家博物馆采用冰蓄冷空调系统后，制冷机配置容量减少了 1350RT，但设备初投资费用比常规空调系统增加了 462 万。通过优化控制系统运行，在用电高峰时段尽量不用或少用制冷机，最大限度地发挥蓄冰设备融冰供冷量，每年冰蓄冷系统可节约运行费用 107.63 万元，冰蓄冷系统初投资回收期为 4.29 年。中国国家博物馆采用冰蓄冷系统后，提高了华北电网的负荷率，实现了电力部门的节能减排，每年对华北电网可减排 4832.68t 二氧化碳，减少了二氧化碳排放量，降低了全球温室效应。

图 7.12　国家博物馆蓄冰槽安装现场

7.2　输配系统

7.2.1　风机变速控制改造技术

7.2.1.1　技术概述

国家有关法规《中华人民共和国节约能源法》（2007 年 10 月 28 日修订）中规定要逐步实现电动机、风机、泵类设备和系统的经济运行，发展电机调速节电技术。变转速技术节能效果显著，在制冷空调系统中得到了迅速发展和应用。

采用集中空调系统的既有办公建筑，普遍存在风机效率低、设备选型偏大、控制方法不当等现象。在实际运行中，常用的风机风量调节方法有两种，即改变管网特性曲线（节流调节）和改变风机的性能曲线（如变速调节）。

对于全空气空调系统，各空调区域的冷、热负荷差异和变化大、低负荷运行时间长，且需要分别控制各空调区温度时，在办公建筑改造过程中可增设风机变速控制装置，将定风量系统改造为变风量系统。通过改变进入房间的风量来满足室内变化的负荷，较适宜多房间且负荷有一定变化和全年需要送冷风的办公类建筑。

7.2.1.2　应用要点

1. 变风量系统的形式和控制方式较多，系统的运行状态复杂，在实际运行过程中，随着送风量的变化，送至空调区域的新风量也发生了变化，可采用双速或变速风机，确保室内最小新风量，并符合卫生标准的要求。

2. 当通过增加风机变速控制装置不能很好地解决原有系统存在的问题，或经过经济分析，改造成本过高时，可选用高效率的风机进行替代。

3. 既有办公建筑空调风系统改造后，风机的单位风量耗功率应满足现行国家标准《公共建筑节能设计标准》GB 50189—2015 的规定，风量大于 $10000\text{m}^3/\text{h}$ 时，风道系统单位风量耗功率不大于表 7.15 的数值。

风道系统单位风量耗功率限值 W_s ［单位：$\text{W}/(\text{m}^3/\text{h})$］　　　　表 7.15

系 统 形 式	W_s 限值
机械通风系统	0.27
新风系统	0.24
办公建筑定风量系统	0.27
办公建筑变风量系统	0.29
商业、酒店建筑全空气系统	0.30

注：W_s 的计算见公式 7-2。

$$W_s = P/(3600 \times \eta_{CD} \times \eta_F) \tag{7-2}$$

式中：W_s——风道系统单位风量耗功率，$\text{W}/(\text{m}^3/\text{h})$；

P——空调机组的余压或通风系统风机的风压，Pa；

η_{CD}——电机及传动效率，%，取 0.855；

η_F——风机效率，%，按照设计图中标注的效率选择。

4. 采暖通风空调系统的风机进行更新时，更换后的风机不应低于现行国家标准《通风机能效限定值及节能评价值》GB 19761 的节能评价值，具体见表 7.16～表 7.18。

离心通风机节能评价值　　　　表 7.16

压力系数	比转速 n_s	使用区最高通风机效率 η_r/%		
		2<机号<5	5≤机号<10	机号≥10
1.4～1.5	45<n_s≤65	61	65	
1.1～1.3	35<n_s≤55	65	69	
1.0	10≤n_s<20	69	72	75
	20≤n_s<30	71	74	77
0.9	5≤n_s<15	72	75	78
	15≤n_s<30	74	77	80
	30≤n_s<45	76	79	82

续表

压力系数	比转速 n_s		使用区最高通风机效率 η_r/%		
			2<机号<5	5≤机号<10	机号≥10
0.8	5≤n_s<15		72	75	78
	15≤n_s<30		75	78	81
	30≤n_s<45		77	80	82
0.7	10≤n_s<30		74	76	78
	30≤n_s<50		76	78	80
0.6	20≤n_s<45	翼型	77	79	81
		板型	74	76	78
	45≤n_s<70	翼型	78	80	82
		板型	75	77	79
0.5	10≤n_s<30	翼型	76	78	80
		板型	73	75	77
	30≤n_s<50	翼型	79	81	83
		板型	76	77	80
	50≤n_s<70	翼型	80	82	84
		板型	77	79	81
0.4	50≤n_s<65	翼型	81	83	85
		板型	78	80	82
	65≤n_s<80	翼型	机号<3.5: 75 / 3.5≤机号<5: 80	84	86
		板型	机号<3.5: 72 / 3.5≤机号<5: 77	81	83
0.3	65≤n_s<85	翼型		81	83
		板型		78	80

注：当离心通风机进口有进气箱时，其使用去最高通风机效率 η_r 比无进气箱（本表中）应下降4%。

轴流通风机节能评价值　　　　　　　　　　　　表 7.17

毂比 γ	使用区最高通风机效率 η_r/%		
	2.5≤机号<5	5≤机号<10	机号≥10
γ<0.3	66	69	72
0.3≤γ<0.4	68	71	74
0.4≤γ<0.55	70	73	76
0.55≤γ<0.75	72	75	78

注1：$\gamma = d/D$，γ-轴流通风机毂比；d-叶轮的轮毂外径；D-叶轮的叶片外径。

注2：子午加速轴流通风机毂比按轮毂出口直径计算。

注3：轴流通风机出口面积按圆面积计算。

注4：当轴流通风机进口有进气箱时，其使用时最高通风机效率 η_r 比无进气箱时（本表）应下降3%。

注5：当 0.55≤γ<0.75，机号≥10 时，表中 η_r 值对应于轴流通风机出口带扩散筒。当风机出口无扩散筒时，η_r 值应提高2%。

注6：对动叶可调（在运行中完成动叶片角度同步调节功能）的轴流通风机，在风机进口无进气箱，出口无扩散筒条件下，风机出口按环面积计算时，使用区最高通风机效率 η_r≥87%。

采用外转子电动机的空调离心通风机能效限定值　　　　表 7.18

压力系数	比转速 n_s	使用区最高通风机效率 η_r/%				
		机号≤2	2＜机号≤2.5	2.5＜机号＜3.5	3.5≤机号≤4.5	机号≥4.5
1.0~1.4	40＜n_s≤65	43				
1.1~1.3	40＜n_s≤65		49			
1.0~1.2	40＜n_s≤65			50		
1.3~1.5	40＜n_s≤65			48		
1.2~1.4	40＜n_s≤65				55	59

7.2.2　叶轮切削技术或水泵变速技术

7.2.2.1　技术概述

水泵的配用功率过大是目前空调系统中普遍存在的问题，导致设计工况下的大流量小温差运行或部分负荷下水泵没有根据负荷变化很好地调节，出现低负荷下的高泵耗。在既有办公建筑改造过程中，水泵的节能改造主要通过改变其运行工况点来实现，常用的两项技术为水泵调速和叶轮切削。

水泵调速运行时通过改变水泵的转速来改变水泵的运行曲线，使水泵的出水压力与管网实际所需一致，其中变频调速技术是最好的方法之一。但变频调速设备造价较高，改造投入较大，在实际应用中也存在一些局限性。

叶轮切削是通过改变叶轮的直径来降低传输到系统流体当中的能量。对于过分保守的设计或者系统负荷发生了变化所导致的泵容量偏大的改造项目，叶轮切削技术是个非常有用的改进措施，通过降低叶轮的转速，直接降低了传递

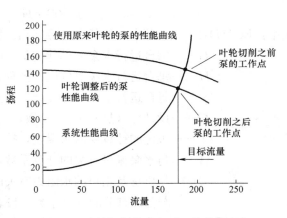

图 7.13　叶轮切削前后水泵工作点的变化

到系统流体介质上的能量以及泵所产生的流量和压力，从而达到节能的目的（图 7.13）。

因此，在既有办公建筑空调系统改造过程中，当原有输配系统的水泵选型过大或者系统负荷变化导致泵容量偏大时，可采用叶轮切削技术；对于冷热负荷随季节或使用情况变化较大的系统，在确保系统运行安全可靠的前提下，可通过增设变速控制系统，将定水量系统改造为变水量系统。

7.2.2.2　应用要点

既有办公建筑水泵改造时，应注意以下几点：

1. 采用叶轮切削技术时，改造前应根据管路的特性曲线和水泵特性曲线，对水泵的实际运行参数进行分析，制定合理的水泵叶轮切削方案。

2. 进行系统变水量改造改造时，应同时考虑末端空调设备的水量调节方式和冷水机组变水量系统的适应性，确保变水量系统的可行性和安全性。

3. 进行变水量改造时，还应采取必要的措施保证末端空调系统的水力平衡。目前大部分空调系统均存在不同程度的水力失调现象，系统采用变水量后，由于低负荷状态运行，系统自身的水力失调现象会变得更加明显，导致不利端用户的空调使用效果无法保证。

4. 水泵变速改造时，尤其是对多台水泵并联运行进行变速改造时，应根据管路特性曲线和水泵特性曲线，对不同状态下的水泵实际运行参数进行分析，确定合理的变速控制方案。

5. 在主要管路上安装检测计量仪表，如安装超声波流量计、温度计等，结合楼宇自控系统，掌握水泵是否在特性曲线的经济区内工作。

6. 更换设备与增设变速装置相比，若通过后者难以解决或经过经济分析，改造成本过高时，可直接考虑选择高效率的水泵进行替换。

7. 对采暖通风空调系统的水泵进行更新时，更换后的水泵不应低于现行国家标准《清水离心泵能效限定值及节能评价值》GB 19762 中的节能评价值。

8. 既有办公建筑空调坑热水系统的水泵改造后，空调冷热水系统耗电输冷（热）比EC（H）R 满足国家标准《公共建筑节能设计标准》GB 50189—2015 和《民用建筑供暖通风与空气调节设计规范》GB 50736—2012 的有关规定，具体计算公式如下：

$$EC(H)R = 0.003096 \sum (G \cdot H / \eta_b) / \sum Q \leqslant A(B + \alpha \sum L) / \Delta T \qquad (7\text{-}3)$$

式中：$EC(H)R$——循环水泵的耗电输冷（热）比；

　　　　G——每台运行水泵的设计流量，m^3/h；

　　　　H——每台运行水泵对应设计扬程，m；

　　　　η_b——每台运行水泵对应设计工作点的效率；

　　　　Q——设计冷（热）负荷，kW；

　　　　ΔT——规定的计算供回水温差，按表 7.19 选取，℃；

　　　　A——与水泵流量有关的计算系数，按表 7.20 选取；

　　　　B——与机房及用户的水阻力有关的计算系数，按表 7.21 选取；

　　　　α——与 $\sum L$ 有关的计算系数，按表 7.22、表 7.23 选取；

　　　$\sum L$——从冷热机房至该系统最远用户的供回水管道的总输送长度，m；当管道设于大于面积单层或多层建筑时，可按机房出口至最远端空调末端的管道长度减去 100m 确定。

ΔT 值（℃）　　　　　　　　　　　　　　　　　　　　　　　表 7.19

冷水系统	热水系统			
	严寒	寒冷	夏热冬冷	夏热冬暖
5	15	15	10	5

注：1. 对空气源热泵、溴化锂机组、水源热泵等机组的热水供回水温差按机组实际参数确定；
　　2. 对直接提供高温冷水的机组，冷水供回水温差按机组实际参数确定。

A 值　　　　　　　　　　　　　　　　　　　　　　　　表 7.20

设计水泵流量 G	$G \leqslant 60 m^3/h$	$200 m^3/h \geqslant G > 60 m^3/h$	$G > 200 m^3/h$
A 值	0.004225	0.003858	0.003749

注：多台水泵并联运行时，流量按较大流量选取。

B 值　　　　　　　　　　　　　　　　　　　　　　　表 7.21

系　统　组　成		四管制单冷、单热管道 B 值	二管制热水管道 B 值
一级泵	冷水系统	28	—
	热水系统	22	21
	冷水系统	33	—
	热水系统	27	25

1. 多级泵冷水系统，每增加一级泵，B 值可增加 5；
2. 多级泵热水系统，每增加一级泵，B 值可增加 4；

四管制冷、热水管道系统的 α 值　　　　　　　　表 7.22

系统	管道长度∑L 范围(m)		
	≤400m	400m<∑L<1000m	∑L≥1000m
冷水	$\alpha=0.02$	$\alpha=0.016+1.6/\sum L$	$\alpha=0.013+4.6/\sum L$
热水	$\alpha=0.014$	$\alpha=0.0125+0.6/\sum L$	$\alpha=0.009+4.1/\sum L$

两管制热水管道系统的 α 值　　　　　　　　　　表 7.23

系统	地　区	管道长度∑L 范围(m)		
		≤400m	400m<∑L<1000m	∑L≥1000m
热水	严寒	$\alpha=0.009$	$\alpha=0.0072+0.72/\sum L$	$\alpha=0.0059+2.02/\sum L$
	寒冷	$\alpha=0.0024$	$\alpha=0.002+0.16/\sum L$	$\alpha=0.0016+0.56/\sum L$
	夏热冬冷			
	夏热冬暖	$\alpha=0.0032$	$\alpha=0.0026+0.24/\sum L$	$\alpha=0.0021+0.74/\sum L$

注：两管制冷水系统 α 计算式与表 7.21 四管制冷水系统相同。

7.2.3　一次泵系统改造

7.2.3.1　技术概述

中央冷热源系统中主要的冷冻水输配系统分为一次泵定流量系统、一/二次泵系统（二次泵变流量）、一次泵变流量系统（Variable Primary Flow system，简称 VPF 系统）。

一次泵定流量系统的冷水机组蒸发器侧（冷源侧）的流量设置为定流量，冷冻水泵与冷水机组连锁启停。负荷侧末端设备的换热器出口设置电动二通阀，冷冻水供水管和回水管之间设置旁通管，通过调节设置在旁通管上的电动调节阀控制供回水水压保持恒定。一次泵定流量系统是目前国内应用较多的输配系统形式，但是这种系统在部分负荷下产生的泵耗较高。

一/二次泵系统（二次泵变流量）中的一次泵通常按照保证制冷机蒸发器侧流量在额定流量以上设置为定速泵，在一次管路供回水管上设置旁通管；二次泵设为变速泵，按不同的供冷区域阻力进行选取，并根据末端负荷变化调节水泵频率。该系统的主要泵耗表现在一次泵上，可通过旁通阀门进行调节。

一次泵变流量系统是直接调节一次泵的频率，对冷水机组和控制系统有较为严格的要求。

在既有办公建筑改造过程中，对于系统较大、阻力较高、各环路负荷特性或压力损失相差较大的一次泵系统，在确保具有较大的节能潜力和经济性的前提下，即可将其改造为二次泵系统。改造后，二次泵应采用变流量的控制方式，即可保证冷水机组定水量运行的要求，也能满足各环路不同的负荷需求。

7.2.3.2 应用要点

既有建筑改造过程中，当将一次泵定流量系统改造为二次泵变流量系统时，会增加相应的耗能设备，因此，应在改造前收集原系统历年的运行记录，对系统全年运行能耗进行综合分析和对比，避免增加系统能耗。

7.2.4 水力平衡技术

7.2.4.1 技术概述

各（热）冷用户的实际流量与设计要求流量之间的不一致性成为水力失调，反之成为水力平衡。水力失调（不平衡）主要分为静态水力失调和动态水力失调。在采暖空调系统中，常常由于各种原因导致大部分输配环路及热（冷）源机组（并联）环路存在水力失调，导致建筑各房间冷热不均、温湿度达不到要求及系统和设备效率的降低等问题。空调水系统的水力失调还隐含着由于系统和设备效率降低而引起能源消费的增加，如由于系统不平衡而导致室内温度偏离所造成的能耗增加，见图7.14。

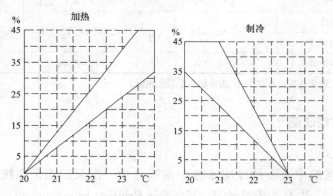

图 7.14 每提高或降低 1℃ 能量成本的变化率

针对空调水系统水力失调的现象，当设计工况时并联环路之间的压力损失相对差额超过15％时，要采取水力平衡措施。安装平衡阀是实现水力平衡最基本且有效的平衡原件。平衡阀的正确设计与合理使用，可以提高空调水系统的水力稳定性，使系统在最短的时间、最小的能耗下达到用户需求的舒适环境，使水泵运行能耗降到最低程度。

在既有办公建筑空调系统改造过程中，对于采用定流量输配系统建筑，通过计算选型，在系统的相应位置安装相应规格的静态平衡阀；对于采用变流量输配系统的建筑，为解决在运行过程中由于负荷变化，各用户出于控制的要求主动进行流量的调节，进而产生系统各用户流量的持续变化问题，还需要在系统中安装压差控制阀、解决动态水力失调问题。

7.2.4.2 应用要点

既有办公建筑空调水力平衡改造后应符合《既有建筑绿色改造评价标准》的要求。不

同的平衡阀应遵循各自的安装原则:

1. 静态平衡阀:应分级设置,即在总管、干管、立管、支管上均应设置;各个分支管路上应分别安装;平衡阀的口径应在对管网进行综合水力计算的基础上通过计算确定。

2. 动态流量平衡阀:一般安装在水泵出口处,稳定泵的出口水流量在额定流量之下,避免流量过大导致水泵电机过载烧毁;并联泵的冷却水、冷冻水系统,如果主机型号不同,改造时需要安装自动流量平衡阀,避免过流或欠流;末端装置的回水侧,但是在支路和立管处不需要再次安装自动流量平衡阀;各自建筑物的热力入口处。

3. 压差控制阀的改造时,应设置在立管或支管路上;系统控制要求较高时,压差控制阀也可直接设置在每一个电动调节阀两端。压差控制阀应安装在系统回水管路,并与静态平衡阀配合使用;其口径应在对管网进行综合水力计算的基础上通过计算确定。

7.2.5　工程案例

7.2.5.1　北京市凯晨世贸中心水泵和风机改造

凯晨世贸中心改造项目原有循环水泵存在容量选取过大,且没有交流变频装置的缺陷,当负荷需求较小时,冷冻供水量无法相应减少,存在一定浪费。在本次既有办公建筑改造过程中,将水泵容量小型化处理,为冷冻水一次水泵、冷冻水二次水泵、冷却水水泵与冷却塔风机增加交流变频装置(图 7.15)。

原空调风系统布置分为地上部分办公区域与非办公区域、地下部分区域。地上部分办公区域与非办公区域采用风机盘管供风,地下区域采用新风机组连接风道直接供风。空调风系统存在交流变频装置缺失、风机为低效前倾式等缺点。在既有办公建筑改造过程中,将风机更换为高效后倾式风机,风机增加变频装置,使得系统可根据负荷需求变化,调节循环风量,减少输入功率,达到节能的目的。

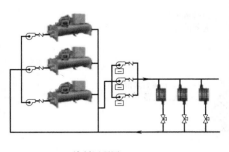

控制原理图　　　　　　　　　　变频水泵　　　　　　　　　冷却塔

图 7.15　改造后的水系统

凯晨世贸中心项目通过水系统和风系统的改造后,实现了可以根据负荷需求的变化,对水泵、风机等耗能设备实现变频调节,使输入功率与负荷需求之间形成良好的契合度,实现同向增减。

7.2.5.2　武汉市建设大厦改造工程

武汉建设大厦占地面积 $6360m^2$,总建筑面积 $25318m^2$,其中地下室面积 $3934.90m^2$,地上 5 层,地下 1 层,一二楼之间局部含有夹层。

图 7.16 后倾式风机

改造前大厦采用集中空调系统，制冷采用进口螺杆式制冷机，供热为电锅炉加蓄热罐，各层空调机房内安装空气处理箱，定风量风管送风。因项目对建筑功能进行了改变，将商业改为办公后，整体供冷供热能力有余量，因此在既有建筑空调系统改造过程中，采用保留原有制冷及输送设备，并根据改造后办公建筑的使用功能，增加了变频装置，将定流量水系统改为变流量水系统。空调冷冻水泵增加了变频装置，根据供回水管之间的压差情况，调节水泵转速，进而调节系统水流量，适应负荷变化的需求（图 7.16）。

7.3 末端系统

7.3.1 全新风和可调新风比技术

7.3.1.1 技术概述

新风供冷是指过渡季节利用室外温度较低的空气来处理室内的冷负荷，是合理利用自然冷源进行降温的主要方式之一。影响新风供冷节能效果的主要因素有：①采用焓值控制法还是干球温度控制法；②有无温湿度控制要求；③过渡季节供冷运行时间（越长效果越好）；④新风机能耗大小。图 7.17 是以干球温度和焓为基准来判定新风供冷的可能性，若考虑湿度限制，新风供冷的可能有效范围是不同的。

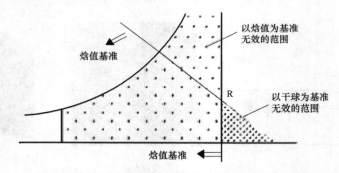

图 7.17 根据干球温度和焓值判定新风供冷的可能性

对于全空气空调系统，比较适合采用全新风和可调新风比的运行方式。在过渡季采用这种运行方式不仅可以降低空气处理所消耗的能量，还可以有效改善空调区域的空气品质。新风量的控制和工况转换，宜采用新风和回风的焓值控制方法。

在人员密度变化较大、人流量也较大的办公建筑改造中，还可通过在室内加设 CO_2 监控装置，实现可调新风比技术。基本原理是：根据室内人员数和预测 CO_2 发生量，设定 CO_2 允许浓度值，系统运行时根据 CO_2 监测点的浓度值与设定的 CO_2 允许浓度值相比较，如果 CO_2 监测点的浓度大于设定值，则增加新风和排风阀门的开度，同时关小回风阀门；如果 CO_2 监测点的浓度小于设定值，则减小新风和排风阀门的开度，同时开大回风阀门，直至满足最小新风量的阀门限定位置。

7.3.1.2　应用要点

改造完成后，既有办公建筑中央空调的冷热源系统还应符合《既有建筑绿色改造评价标准》的要求。

1. 新风供冷的可能时期是在低负荷且显热比较小的时候，如果处于高湿地区，则应谨慎使用新风供冷。

2. 设计时必须认真考虑新风取风口和新风管所需的截面积，合理布置排风管路，确保室内合理的正压值。

3. 全新风和可调新风比技术必须在设备的选择、新风口和新风管的设置、新风和排风之间的相互匹配等方面进行全面的考虑，以保证系统全新风和可调新风比运行能够真正实现。

4. 全新风系统送风末端宜设置人离延时关闭控制系统，实现房间无人时风系统主动关闭，减少能源浪费。

5. 当室内实际人员数小于设计人数时，可在回风中安装 CO_2 传感器，通过测量回风中 CO_2 浓度值的变化，调节新风量。通常，办公建筑室内有人的情况下，回风的 CO_2 浓度比新风的高出 $500 \sim 600ppm$ 是正常的，如果小于 $500ppm$，则有可能是新风过量，应控制新风电动阀的开度，使 CO_2 浓度控制在设定值内。

7.3.2　辐射吊顶技术

7.3.2.1　技术概述

辐射吊顶技术改造需要与装修配合，有其空调独特的性能。辐射吊顶节能的原理是基于温湿度独立控制系统原理，即由于温度与湿度分别由不同末端设备提供，在其中一个参数发生变化时，只需调节一个设备即可达到温湿度稳定的要求，不至于造成能源的浪费。

从辐射吊顶板的结构来说，一般采用的是所谓"三明治"结构，即中间是水管，上面是保温材料和上盖板，下面是吊顶表面板；或者采用在混凝土楼板中间布置水管的方式（即混凝土楼板方式）。从材料讲，吊顶板一般采用金属材料，如钢，水管可采用金属材料，如铜，也可采用非金属材料，例如塑料。由于其结构的限制，从水到室内的传热过程存在一定的障碍，虽然选择金属材料可适当降低传热热阻、提高系统承压能力等，但又带来重量大、成本高等问题，因此辐射吊顶系统尚未被普遍接受。另一方面，由于辐射吊顶必须工作在干工况，即夏季供冷时吊顶表面绝不允许结露，因此其适用条件比较苛刻，要求设计计算准确；此外，这类辐射吊顶系统必须配备专门的通风系统和空气处理装置，从而保证室内基本卫生要求，并除去室内产湿量，保证吊顶表面不结露，因此整个系统较复杂，对设计和运行管理水平要求较高。

鉴于混凝土楼板内布管方式是与结构相关，不适宜既有建筑的改造，因此改造项目可采用的几种辐射吊顶末端主要包括以下几种：

1. 毛细管网辐射板

此种形式由于其末端管径小而得名，其主管 $De20$，分支毛细管外径 4.3 或 3.3mm，内径 2.5mm。毛细管网辐射板布置在混凝土板的下方（天棚辐射时），可以用于新建和改建的建筑。其优点是热惰性小、安装方便（图 7.18）。

图 7.18　毛细管网辐射板

图 7.19　石膏辐射板

图 7.20　金属辐射板

2. 石膏辐射板

辐射水盘管嵌入金属嵌板内，固定于混凝土板下方（依靠龙骨）。并用石膏板覆盖（图 7.19）。

3. 金属辐射板

辐射盘管采用铜管，带导热翅片，与室内接触的辐射表面为金属板。辐射能力强，造价相对较高（图 7.20）。

7.3.2.2　应用要点

改造后是否能够达到设计温湿度，是衡量其改造成败的重要指标。

由于辐射吊顶供冷时，供冷温度过低会导致辐射面结露；供热温度过高时，会有烤头部的感觉而造成不舒适。因此辐射吊顶的供冷温度宜为 16～18℃，供热温度宜为 30～35℃。由于受到供冷和供热温度的限制，辐射吊顶的供冷量和供热量都低于其他类型的空调末端，因此在改造时，需要的步骤与其他末端改造不同，具体如下：

1. 围护结构负荷校核。辐射吊顶的辐射能力有限，在改造前必须对改造建筑进行准确的负荷计算。在有条件改善围护结构性能时，最好改善围护结构，降低围护结构负荷。

2. 选择合适的新风除湿方式。湿度控制是改造成功的一个关键因素，对于不同的改造环境需考虑不同的除湿模式。大部分的改造项目，之前基本均采用常规的 7～12℃ 的空调供回水温度，因此基本采用空气处理机组进行表冷除湿。在设备选型时需注意，空气处理机组的除湿量比之前的新风模式下除湿量更大，其除湿负荷为新风湿负荷与室内湿负荷之和。如果有必要，还需与厂家沟通进行定制。在条件允许的情况下，也可以采用溶液除湿或者高温冷水冷却的除湿机（内置压缩机）除湿。

3. 辐射吊顶的选型与设计。根据改造装修的情况，可考虑选用毛细管直接顶板敷设、石膏辐射板悬挂或者金属辐射板悬挂。不同的辐射形式，其辐射量稍有差异。即便辐射能力最大的辐射吊顶形式，也不一定能满足围护结构改造后的负荷。因此在供冷或者供热能力不足时，可考虑与其他方式结合，克服显热负荷，如干式风盘、冷梁等。

由于辐射吊顶板即是空调末端，也是装修的一部分，改造时还需要根据装修的要求配合完成，同时需避开灯、消防喷口等位置。

辐射板的水系统一般采用回路并联式。一个回路的管径为 $\phi20$，串联的辐射板面积一般为 $20\sim30m^2$。多个回路的辐射板再并联到分集水器上。根据控温的需要可以增加热电阀或电动阀对回路进行启停控制。

此外，辐射吊顶技术在提高舒适度的基础上，减少了换热环节，通过辐射直接与人体换热，实质是降低了显热负荷。如果在此基础上，能够采用高温冷水机组给辐射吊顶板直供高温冷水，由于这种机组有较高的 COP 值，其节能的优势将更大。

7.3.3　排风热回收技术

7.3.3.1　技术概述

空调排风中所含的能量十分可观，通过排风热回收装置回收其中的冷热量对新风进行预处理，可有效减少新风冷热负荷，具有很好的节能和环境效益。因此，对于具有集中排风系统，尤其是新风与排风采用独立的管道的空调系统，在进行空调系统改造时，应对可回收能量进行综合分析，合理设置排风热回收装置。

目前常用的排风热回收方式有转轮式全热交换器与热回收系统、热回收环、热泵回收排风中的能量、板翅式热交换器及其热回收系统等几种方式。

转轮式全热交换器与热回式系统如图 7.21 所示，该热交换器有三个通道——新风区、排风区和净化扇形区。净化扇形区的夹角为 $10°$，使少量新风通过该区，以在转轮从排风区过渡到新风区时，对转轮净化。转轮以 10 转/min 左右的速度缓慢转动。冬季，转轮在排风区从排风中吸热吸湿，转到新风区时，对新风加热加湿；夏季刚好相反，从而在排风与新风之间转移热量和湿量。

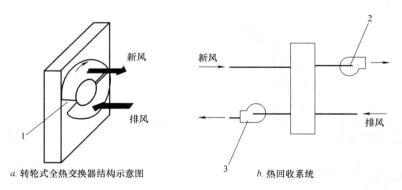

图 7.21　转轮式全热交换器及排风热回收系统
1—净化扇形区；2—新风风机；3—排风风机

热回收环由排风和新风的盘管、循环泵及中间介质的管路系统组成环路，将排风中的能量（热量或冷量）转移到新风中，如图 7.22 所示。当冬季室外温度在 0℃ 以上，或只

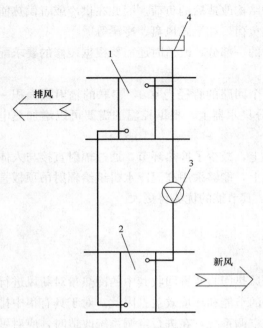

图 7.22 排风热回收环系统

1—排风侧盘管；2—新风侧盘管；
3—循环泵；4—膨胀水箱

用于夏季回收排风冷量时，中间介质可以用水；当冬季室外温度在 0℃ 以下时，中间介质应使用乙二醇水溶液。热回收环的优点有：无交叉污染；对排风和新风换热器的位置无特别要求，布置比较灵活；所有部件均可采用常规部件。该系统的缺点是循环泵需要消耗功率；能量通过中间介质传递，排风与中间介质及中间介质与新风都有一定的传热温差，热交换效率较低，一般为 40%～50%；只能进行显热回收。

热泵回收排风中的能量是热泵通过从蒸发器吸热，冷凝器放热而把热量从一处传递到另一处。由压缩机、节流机构、两台分别放置在排风系统和新风系统中的空气/制冷剂换热盘管和四通换向阀所组成。在夏季，排风侧的盘管为冷凝器，新风侧的盘管为蒸发器；从而冷却了新风（即从新风中提取热量），并充分利用了排风的冷量。在冬季，四通换向阀使制冷剂流向改变，这时排风侧的盘管为蒸发器，新风侧的盘管为冷凝器；系统从排风侧吸热（冷却了排风），而加热了新风。热泵还可以与转轮式换热器或热管式换热器联合工作，以充分回收排风中的能量。

板翅式热交换器及其热回收系统结构如图 7.23 所示，热交换器在新风和排风的风机的吸入端。板翅式全热交换器与转轮式全热交换器相比，它无驱动部件，结构较紧凑；由于有隔板，减少了污染物从排风到新风的转移，但阻力较大，无自净能力。

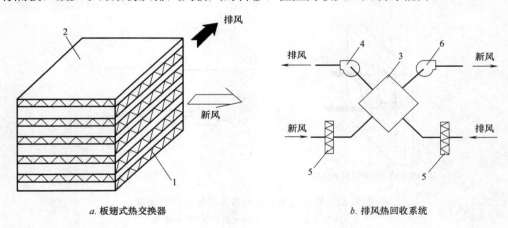

a. 板翅式热交换器　　　　　　　　　　　　b. 排风热回收系统

图 7.23 板翅式热交换器及排风热回收系统

1—翅片；2—隔板；3—板翅式热交换器；4—排风风机；5—过滤器；6—新风风机

7.3.3.2　应用要点

对新、排风系统进行改造，设置排风热回收装置时，应注意以下几点要求，使得改造后的建筑符合《既有建筑绿色改造评价标准》的要求：

1. 在进行热回收系统的设计时，应根据当地的气候条件、使用环境、使用时间等选用不同的热回收方式。

2. 改造时优先考虑回收排风中的能量，严寒地区采用空气热回收装置时，应核算热回收装置的排风侧是否出现结霜或结露现象，当出现结霜或结露时，应采取预热等保温防冻措施。

3. 转轮式全热交换器与热回收系统在风机配置时，应注意使新风区的空气压力稍大于排风区，以使少量新风通过净化扇形区进入排风通道。

4. 当排风中污染物浓度较大或污染物种类对人体有害时，若不能保证污染物不泄露到新风系统中，则热回收装置不应采用转轮式、板式或板翅式热回收装置。

5. 采用集中空调系统的建筑，利用排风对新风进行预热（预冷）处理，降低新风负荷，且排风热回收装置（全热和显热）的额定热回收效率不低于 60%。

7.3.4　工程案例

7.3.4.1　中国国家博物馆排风热回收及 CO_2 监控系统改造

中国国家博物馆改造扩建工程办公区采用热回收型新风机组，如图 7.24 所示。新风采用粗效过滤、中效静电过滤杀菌除尘段、能量回收段、冷水盘管段、热水盘管段、加湿段、风机段、消声段处理后，由新风管路系统送至室内。当排风系统负担卫生间或其他可能有异味的排风时，采用板式显热回收装置，其他区域采用全热转轮式能量回收装置。排风热回收可处理新风量达 83680m³/h，热回收效率为 70%。使用热回收新风机组后，夏季新风冷负荷降低了 62.21%，夏季节约空调运行耗电量为 83193.23kWh；冬季新风热负荷降低了 62.77%，冬季节约标煤量为 103038.63kg。每年可节省运行费 14.2 万元，投资回收期为 4.7 年。

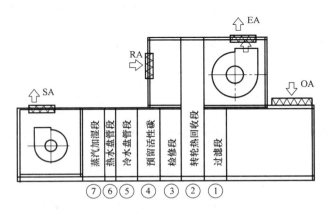

图 7.24　全热转轮式热回收型新风机组

本次改造中还采用了 CO_2 监控系统。由于博物馆展厅人员密度变化较大，在用于展厅的双风机空调机组的回风口均装设 CO_2 浓度监测探头，CO_2 监测与新风联动控制新风阀开度，以此调节空调机组的最小新风量；在过渡季节则根据室内外焓值的比较，实现增大新风比的控制，以充分利用室外空气消除室内余热。

7.3.4.2 某办公楼辐射吊顶改造工程

原某办公楼空调采用风机盘管＋新风系统，长年运行后风盘噪声较大，冬季供暖时要么室内温度较低，要么吹风感较强。为了提高空调舒适度，在重新装修时将末端系统改造成金属辐射吊顶板＋新风系统。

首先，将该办公楼的外围护结构进行重新改造，增加内保温，将原有窗户更换为双层中空 Low-E 断桥铝合金窗，降低外围护结构传热系数的同时，也减少太阳辐射所带来的影响。

由于办公室的人员密度较大，导致室内负荷也较大，这部分负荷无法克服。辐射板无法满足冷负荷的区域，在局部保留了风机盘管，在负荷较高时可同时供冷。

之前的新风系统由于只处理室外新风负荷，改造之后需要同时承担室内的湿负荷，因此增加了新风系统主管的管径，同时增加各个新风机组内表冷器排数，使之达到除湿的要求。

在改为辐射板后，供冷和供热的温度较之前的风盘系统相比都有所变化，因此需要采用板式换热器换得合适的温度：供冷时 7～12℃ 转换为 17～20℃，供热时 45～40℃ 转换为 35～30℃。同时增加二次循环泵，二次侧采用变流量运行。

改造前：（1）冬夏吹风感较强，不舒适；（2）风机噪声大；（3）夏季最热时由于冷机效率下降，导致风盘供冷能力不足；（4）冬季加湿效果不理想，湿度偏低。

改造后：（1）辐射供冷供热，舒适性大大提高；（2）室内无噪声；（3）除围护结构负荷下降外，同时辐射直接将冷热量传递到人体，减少热传递环节，变相降低了负荷；（4）湿度单独处理后，能准确控制加湿量，冬季达到舒适的 40% 以上相对湿度。

参 考 文 献

[1] 王清勤，唐曹明编. 既有建筑改造技术指南 [M]. 北京：中国建筑工业出版社，2012.

[2] 李玉云. 武汉地区集中空调系统节能对策的探讨 [J]. 武汉科技大学学报（自然科学版），2003，26（4）：375-376.

[3] 陆耀庆主编. 实用供热空调设计手册（第二版）[M]. 北京：中国建筑工业出版社，2008.

[4] 肖剑仁. 公共建筑空调系统节能设计的若干思考 [J]. 制冷技术，2007（4）：18～22.

[5] 龙惟定，武勇主编. 建筑节能技术 [M]. 北京：中国建筑工业出版社，2009.

[6] 中华人民共和国住房和城乡建设部. 公共建筑节能设计标准 GB 50189—2015 [S]. 北京：中国建筑工业出版社，2015.

[7] 中华人民共和国住房和城乡建设部. 公共建筑节能改造技术规范 JGJ 176—2009 [S]. 北京：中国建筑工业出版社，2009.

[8] 中华人民共和国住房和城乡建设部. 冷空调工程技术规范 JGJ 158—2008 [S]. 北京：中国建筑工业出版社，2008.

[9] 徐伟，邹瑜主编. 公共建筑节能改造技术指南 [M]. 北京：中国建筑工业出版社，2010.

[10] 薛一冰，杨倩苗，崇杰等编著. 建筑节能及节能改造技术 [M]. 北京：中国建筑工业出版社，2012.

[11] 杨胤保. 中央空调系统节能改造技术应用分析 [J]. 科技广场，2012（6）：83～87.

[12] 张群杰. 某公司办公区中央空调冷热源系统节能改造 [C]. 中国制冷学会 2009 年学术年会论文集，2009.

第8章　室内热湿环境与空气品质

既有建筑绿色改造时，可能因为既有建筑的室内热湿环境与空气品质不能满足人的舒适度要求，或是改造后室内环境发生变化不能适应新的要求等原因，需要对室内热湿环境与空气品质进行改造。室内热湿环境（也称室内气候）由室内空气温度、湿度、风速和室内热辐射四要素综合形成，以人的热舒适程度作为评价标准，室内空气品质与人的健康息息相关。为了维持室内一定的热湿环境和良好的空气品质，需要通过通风或净化的方法，调节室内温湿度和空气中污染物浓度，满足人的舒适度和健康要求。

8.1　室内热湿环境

8.1.1　技术概述

既有建筑进行改造时，如果增加了少量空调房间或少量的房间功能发生变化，在不改变原有空调系统的基础上，可以考虑在新改造的房间内增设分体空调或增加机械通风系统来控制和改善室内的热湿环境。

对于改造后的既有办公建筑，应对其空调负荷进行重新计算，校核已有冷源的处理能力，若容量与改造后建筑不匹配，可适当更换原有空调机组，或对冷冻水泵和冷却水泵进行变频改造，以满足改造后建筑的热湿环境要求。改造后建筑的采暖负荷，同样应进行重新测算，并对采暖系统作相应改进。

1. 自然通风

自然通风是指通过有目的的开口，产生空气流动。这种流动直接受建筑外表面的压力分布和不同开口特点的影响。压力分布是动力，而各开口的特点则决定了流动阻力。就自然通风而言，建筑物内空气运动主要有两个原因：风压以及室内外空气密度差。这两种因素可以单独起作用，也可以共同起作用。

2. 新风系统

根据公共建筑节能设计标准 GB 50189—2005，办公建筑主要空间的设计新风量不小于 30m³/h·p。

新风系统是由风机、进风口、排风口及各种管道和接头组成。安装在吊顶内的风机通过管道与一系列的排风口相连，风机启动，室内受污染的空气经排风口及风机排往室外，使室内形成负压，室外新鲜空气便经安装在窗框上方（窗框与墙体之间）的进风口进入室内，从而使室内人员可呼吸到高品质的新鲜空气。

独立新风系统是一种全新风系统，没有回风循环利用，它所处理的空气全部来自室外，室外空气经过处理后送入室内，在室内进行热、湿交换后，等量（或大致等量）的空气被排放到室外，工作流程如图 8.1 所示[1]。

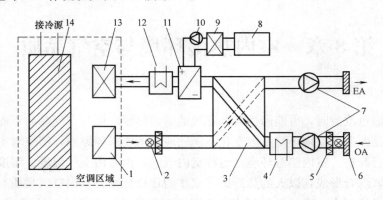

图 8.1 新风系统工作流程

1—排风口；2—紫外灯；3—全热交换器；4—预热器；5—过滤器；6—防雨百叶；

7—风机；8—压缩冷凝机组；9—板式换热器；10—水泵；11—表面冷却器；

12—再热器；13—诱导风口；14—辐射冷吊顶

8.1.2 应用要点

既有办公建筑通风系统改造技术要点如表 8.1 所示。

技术应用要点 表 8.1

改造部位	改造形式	技术要点
通风系统	自然通风	• 建筑中庭夏季利用通风降温，必要时设置机械排风装置； • 外窗的可开启面积不应小于窗面积的 30%； • 透明幕墙应具有可开启部分或设有通风换气装置
	新风系统	• 排风热回收； • 置换通风

1. 自然通风

公共建筑节能设计标准 GB 50189—2005 规定，建筑中庭夏季应利用通风降温，必要时设置机械排风装置。外窗的可开启面积不应小于窗面积的 30%；透明幕墙应具有可开启部分或设有通风换气装置。

2. 新风系统

（1）排风热回收

新风系统能耗在空调通风系统中占了较大的比例。为保证房间室内空气品质，不仅不能以削减新风量来节省能量，而且还可能需要增加新风量的供应。

为了尽量减小新风处理单元的换热表面积和系统能量消耗，新风处理单元通常需要在新风与排风之间设置能量回收装置。能量回收装置可分为显热回收装置和全热回收装置两种。显热回收装置只能回收显热，因此只能回收排风热量的减少部分。显热回收装置通常为热管式换热器、管翅式换热器等形式。在全热回收装置中新风和排风能进行热、湿交换，因此既能回收显热，又能回收潜热。全热回收装置能回收排风能量中的较大部分，热效率通常在 55%～75%，从而有效降低全新风系统的能耗。全热回收装置通常为转轮式全热交换器和导湿膜式全热交换器。转轮式全热交换器在新风和排风之间机械运动，新风与排风之间存在一定的相互渗漏。因此排风中的污染物可能通过转轮释放到新风中，造成新风品质下降和交叉污染。转轮式全热交换器通常为圆盘形，体积比较庞大，存在动力消耗，应用在暖通空调领域时与系统管道的匹配性比较差。导湿膜式全热交换器的核心部件导湿膜为一种高分子材料，目前只有大金、三菱等少数企业能够生产。导湿膜式全热交换器没有交互式运动部件，不存在新风与排风之间的相互渗透问题。导湿膜式全热交换器的另一个显著的优点是可以根据使用现场需要做成不同的外形结构[2]。

（2）置换通风系统

置换通风基于空气的密度差形成的热气流上升而冷气流下降的原理。在置换通风系统中，新鲜空气直接从房间底部送入人员活动区。由于送风温度低于室内空气温度，送风在重力作用下先蔓延至整个地板表面，随后在后继送风推动和室内热源产生热对流气流的吸卷作用下，由下至上流动形成室内空气运动的主导气流，最后在房间顶部排出室外。置换通风室内气流分布如图 8.2 所示[3]。

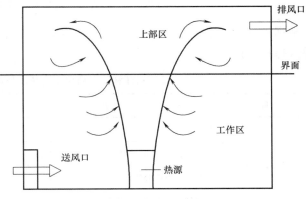

图 8.2　置换通风原理

与传统的混合通风系统相比，置换通风具有以下优点[4]：

1）置换通风比传统的混合通风具有更高的换气效率和通风效率；

2）置换通风比混合通风具有更高的室内空气品质和舒适性；

3）在能耗上置换通风可以比混合通风节能效果更好。

置换通风系统特别适用于符合下列条件的建筑物[5]：

1）有热源或热源与污染源伴生；

2）冷负荷小于 $120W/m^2$，污染物的温度比周围环境温度高，密度比周围空气小，室内气流没有强烈的扰动；

3）对室内温湿度参数的控制精度无严格要求，但对室内空气品质有要求，送风温度比周围环境的空气温度低；

4）房间高度不小于 2.4m。

8.1.3　工程案例

8.1.3.1　江苏省建筑科学研究院科研楼室内热湿环境改造

江苏省建筑科学研究院科研楼[5]，建于 1976 年，已使用了 30 多年。建筑共 6 层，建筑面积 5400m²，框架结构，南向临街。该科研楼结构、部件、设备已有老化，期间进行过多次装修、局部改造，但仍存在许多问题，跟室内热湿环境相关的有：①墙体、屋面、门窗保温隔热性能差，南面窗大，太阳辐射强烈，室内热舒适差；②建筑临街，噪声污染严重；③噪声干扰导致长时间关窗，室内空气质量较差；④外立面采用涂料饰面，易受污染，经常需要翻新；⑤空调室外机凌乱分布，影响美观。改造前后外观如图8.3所示。

图8.3 江苏省建科院科研楼改造前后外观

根据规划和业主的要求，该建筑将继续使用20～30年，针对该科研楼存在的问题，主要选择技术措施如表8.2所示。

江苏省建科院科研楼室内热湿环境改造技术 表8.2

项 目	具体措施	部 位
围护结构保温隔热	外墙采用 HR 保温装饰一体化板	各向外墙
	屋面增加 40mm 厚喷涂硬泡聚氨酯保温层	屋顶
	外窗由单玻窗改造成塑料中空玻璃窗	各向外窗
	增加铝合金活动外遮阳百叶帘	南向、东西向
低耗通风	充分利用自然通风	南北向
外遮阳	采用遮阳、通风、减噪的外遮阳百叶	南向

室内热湿环境改造后达到以下效果：

1. 改造后的外墙平均传热系数降至 $0.83W/(m^2 \cdot K)$，屋面传热系数降至 $0.5W/(m^2 \cdot K)$，满足公共建筑节能设计标准对外墙、屋面传热系数的要求；

2. 改造后的外窗传热系数降至 3.0，活动外遮阳使外窗遮阳系数由 0.8 降到 0.2 以下，夏季连续三天晴好日测试表明，遮阳房间与未遮阳房间室内温度相比，平均降低 2.2℃，最高降低 4℃。

3. 综合能耗计算表明，改造后建筑单位面积年节约用电 22～25kWh，节能效果显著。同时，建筑物室内热舒适度大大提高，建筑外立面焕然一新。

4. 测试表明，外窗采用百叶式活动外遮阳等措施，可有效利用自然光，室内照度大部分时间均在 100lx 以上，并减小了眩光，获得更好的光环境。

8.1.3.2 江苏省人大既有办公建筑室内热湿环境改造

江苏省人大既有办公建筑占地面积约 4 万 m^2[5]，总建筑面积约 23000m^2，主要包括人大会议厅、民国老楼、综合楼 3 栋建筑（图8.4）。其中人大会议厅地上 5 层、地上 1 层，建筑面积约 11000m^2，建于 2000 年，主要用于开会使用；民国老楼地上 4 层、地上

1 层，建筑面积约 6900m²，建于 20 世纪 30 年代，为历史保护建筑，目前主要用于办公；综合楼地上 4 层，建筑面积约 5200m²，建于 20 世纪 80 年代，一部分为士兵宿舍，一部分为办公。

改造前人大会议厅年代较新，墙体采用了保温性能较好的新型墙材，门窗采用铝合金中空玻璃窗，部分窗采用了 Low-E 玻璃，屋面也采取了保温隔热措施；民国老楼和综合楼墙体、屋面保温隔热性能差，门窗为铝合金单层玻璃窗，没有遮阳设施。综合楼西南面临街，噪声较大。建筑大部分采用中央空调，无分项计量设施。民国老楼和综合楼结构、部件、设备已有老化，期间进行过多次装修、局部改造，但仍存在许多问题。

图 8.4　江苏省人大既有办公楼

节能改造针对这 3 栋建筑，以健康、舒适、高效的办公环境为目标，在满足建筑节能的要求同时，注重历史建筑的安全和保护，主要选择技术措施如表 8.3 所示。

江苏省人大既有建筑室内热湿环境改造技术　　　　　　　　　　表 8.3

项目	具体措施	部位
围护结构保温隔热	外墙增加内保温，采用玻璃棉等不燃材料	民国老楼、综合楼
	增加铝合金活动外遮阳百叶帘	综合楼西南向
	外窗由单玻璃改造成中空玻璃窗	民国老楼、综合楼
低耗通风	充分利用自然通风	南北向

已完成大部分改造的综合楼使用情况表明，改造后建筑室内热舒适大大提高，声环境、光环境有所改善，能耗有显著的降低。

8.2　室内空气品质

8.2.1　通风

8.2.1.1 技术概述

在现代社会中，建筑是人类生活和工作的重要场所。优秀的办公建筑旨在为室内人员提供安全、健康、舒适的环境，同时提高室内人员的工作效率。办公建筑室内空气品质的优劣能直接影响办公人员的健康以及工作效率，而日益严峻的环境问题导致室内污染物的来源和种类日趋增多，同时由于建筑密闭性能的提高，室内污染物不易散发，因此，有必要采取措施改善既有办公建筑的室内空气品质。

为了使室内的污染物水平达到人们可接受的程度，保持和改善室内空气品质，通风是最基本和有效的手段。要将室内的污染物浓度控制在规定的标准之内，保证良好的室内空气品质，需要对室内进行局部或全面通风。全面通风按空气流动动力分为机械通风和自然通风；根据新风是否与污染的空气混合，可以分为混合通风和置换通风。

8.2.1.2 应用要点

建筑通风有自然通风和机械通风两种方式。

自然通风设计是与气候、环境、建筑融为一体的整体设计[6]，能否采用自然通风与当地的气候有关，因此，在进行自然通风设计[7]时应首先确定气候的自然通风能力；然后再根据建筑周围的微气候和建筑内部情况，预测自然通风驱动力，确定自然通风方案和设计气流路径；再次根据设计要求选择通风设备（主要是风口、门窗、竖井等）和安装位置。具体到建筑建筑设计，可以通过合理设计门窗、中厅、楼梯间、太阳能烟囱、双层玻璃幕墙等引导气流的措施强化建筑室内的通风。

对于公共建筑，过渡季典型工况下主要功能房间的平均自然通风换气次数不小于 2 次/h 的面积比例宜达到 75%。机械通风即利用风机作为空气流动的驱动力来实现建筑物的通风，可以分为机械进风系统和机械排风系统。对于某一房间或区域，可以有以下三种系统组合方式：机械进风，机械排风；机械排风，自然进风；自然排风，机械进风。对于采用空调的建筑，可以通过空调系统实现全面通风。机械通风的设计步骤如下：

1. 通风量的确定。根据卫生要求确定室内的最小新风量，通风量应满足现行设计标准和节能标准的要求。

2. 气流组织设计。通风效果的好坏不仅取决于通风量的大小，还与气流组织是否合理密切相关，合理的气流组织可以用较小的通风量达到很好的通风效果。气流组织主要通过合理的选用送、排风口的数量、位置及形式来实现。

3. 通风系统压力损失计算。通风系统压力损失计算也即确定最不利排风口距主机所需要的静压。

4. 设备选型。选择运行可靠、稳定、低噪声的风机，送、回风口的布置在保证气流组织设计要求的基础上力求简单。

8.2.2 空气净化

8.2.2.1 技术概述

对于室内颗粒物污染，除了采用通风以外，还可以通过过滤和净化的方法，减少室内的污染物，如空气过滤技术、高压静电技术、离子技术等；对于室内空气污染物甲醛、氨和苯系物污染，通常采用通风、吸附、光催化和臭氧氧化等技术消除污染；室内生物污染净化方法主要有以下几类：通风、过滤、紫外线灭菌、臭氧灭菌、光催化灭菌和等离子体灭菌[8]。此外，为了去除颗粒物、化学污染物和微生物等多种污染物，还有将多种空气净化技术耦合的多功能空气净化技术[9]，如将过滤网、静电吸附装置、光催化镍网、光催化钛网和紫外灯组成在一起，过滤网能去除粗颗粒物，静电吸附装置具有高效除尘、除烟用；负载有纳米二氧化钛的光催化网，有高效杀菌和杀毒作用，同时能去除一定化学污染物；紫外线杀菌灭毒效果好，对颗粒物、化学污染物和微生物均有很好的净化效果。

对于办公建筑，具有空气净化能力的主要功能房间面积比例宜达到 70%。常用的有植物法、化学药剂法和空气净化器法。

植物法既可以美化环境，又可以起到空气净化的目的，但是植物净化效果有限，见效慢，特别是对于一些污染严重的房间，植物法净化效果不明显，室内环境并未明显改善，有害气体甚至会造成植物死亡。

化学药剂法是指房屋装修后，在地板、墙壁、顶棚和家具等表面喷涂一些化学药剂，使药剂与室内有毒有害物质发生络合、取代、置换和氧化作用，改变有害物质的分子结构，使之成为无毒无害的物质。

空气净化器是一种新型电器，它具有除尘、去除有害气体、消除异味及灭菌、释放负离子等功能。据统计，空气净化器在美国家庭的普及率约为 27%，每年销量为 2000 万台，而加拿大、英国、日本、韩国等国家在公共场所、家庭居室等的室内空气改善设备配置拥有率都已超过 20%。但是，中国的室内空气污染改善的相关产品的普及率还不到 0.1%，还属于刚刚起步阶段。根据中国家用电器研究院的统计，目前国内市场上生产空气净化器的企业有 200 余家，中小企业数量约占总数的 64%，产量在 800～1000 万台，绝大部分供应出口，国内销量仅约 30 万台。

民用建筑中使用空气净化器按其使用场所来分，可以分为室内单体式空气净化器和中央空调辅助用空气净化器，单体式空气净化器通常配备风机，借助风机加强室内空气循环，促进室内空气净化，中央空调辅助空气净化器通常不配有风机，而是借助中央空调的风机动力；空气净化器的净化从其工作原理上可以分为吸附过滤式空气净化器、静电式空气净化器、等离子体空气净化器、臭氧空气净化器、光催化空气净化器、化学溶剂空气净化器、复合空气净化器等几种类型。

1. 吸附过滤式空气净化器[10]

利用多孔性固体吸附剂（活性炭、无纺布、滤纸、纤维、泡沫棉等）处理气体混合物，使其中所含有的一种或数种组分吸附于固体表面上，从而达到分离的目的。吸附法能分开其他方法难以分开的混合物，有效地清除浓度很低的有害物质，净化效率高，设备简单，操作方便，特别适合于室内挥发性有机物、氨、硫化氢、二氧化硫等气态污染物的净化[11]。但是吸附剂一旦吸附饱和，则净化效果就会大打折扣，因此用于吸附的配件要定期更换。

过滤式除尘空气净化器的除尘效率主要影响因素有：①空气参数，包括空气的温度、湿度、和流量；②颗粒物的特征，包括粒子的形状、大小、密度和浓度；③过滤材料的特征，过滤材料的面积、厚度、微孔大小、带电状况等。由于存在惯性沉降、扩散沉降和静电吸引等作用，动力学直径远小于过滤材料微孔孔径的颗粒物粒子，也能够被收集在过滤材料上。

2. 静电式空气净化器[10]

静电式除尘空气净化器去除空气中的颗粒物效率很高，除尘效率可高达 90% 以上，能够捕集小至 $0.01\sim0.1\mu m$ 左右的微粒，消除 $PM_{2.5}$ 污染效果显著。但是需要高压电源，集尘量小，一般 1 到 2 周需将集尘装置清洗一次。

除尘效率的影响因素为：①空气参数，包括空气的温度、湿度、流量和流速，除尘效率与两极板间的平均气流速度成反比，速度增加时除尘效率降低；②颗粒物的特征，包括粒子的形状、大小、密度、电阻率和浓度，粒子带电量与粒子的电阻率有关，一般状况下，仅适合收集 $105\sim1010\Omega\cdot cm$ 的颗粒物；③结构因素，颗粒物粒子荷电量的大小与电晕放电形式有关，还与集尘极板的长度、面积、两极板间距和供电方式有关；④操作条件，如与工作电压等因素有关。

静电式除尘净化器主要由离子化装置、静电集尘装置、送风机和电源等部件构成。一般静电式除尘室内空气净化器，采用离子化电极和集尘电极分别设置的结构形式，也就是使用两对电极，一对用于颗粒物粒子荷电，另外一对用于捕集分离颗粒物粒子，通常称之为双极静电式空气净化器。

（1）离子化装置

离子化装置的功能是采用正脉冲电晕放电，产生正离子，依靠高压电场，使吸入空气净化器内的悬浮颗粒物粒子迅速而有效地带正电荷。在电晕电场中使颗粒物带正电荷有两种过程：①离子碰撞荷电，也称电场荷电，即在电场中，由于离子吸附于颗粒物而带颗粒物粒子荷电；②扩散荷电，即在电场中靠离子的浓度梯度产生的扩散作用而把电荷加在颗粒物粒子上。一般对大于 0.5mm 的颗粒物粒子，电场荷电起主要作用，而小于 0.2mm 则是扩散荷电起主要作用。

电晕放电的离子化装置的电极结构，有下述几种类型：

1）同轴型电极：在圆筒的中心位置拉一根金属导线作为电晕极的电极线，金属导线和圆筒组成同轴型电晕放电结构的一对电极，圆筒接地，金属导线连接电源的阳极，加正脉冲电后发生电晕放电产生正离子。结构如图 8.5a 所示。金属导线直径≤0.2mm 为宜。金属导线细，产生臭氧少，但是太细强度又不够，易出现短线现象。

2）线面型电极：在两极板的中心位置拉一根金属导线作为电晕极的电极线，金属导线和极板组成线面型离子化电极。

3）线柱型电极：在两金属圆柱或圆筒电极的中心位置，拉一根金属导线，组成线柱型离子化电极，金属导线连接电源的阳极，圆柱接地。金属导线与圆柱的直径之比大约 1：300 左右为宜。

4）点面型电极：一根金属导线的尖端与电极板相对应并保持一定距离，组成点面型电晕放电离子化装置。金属导线连接电源的阳极，极板接地。

5）针状型电极：在一根金属杆或金属板上，固定一排针状金属丝作为电晕放电的电晕极（阳极），安装在两极板的中心位置，针尖分别对着极板。结构如图 8.5e。需克服电晕放电电极断线的现象。

6）锯齿型电极：将一块金属板制作成为锯齿状，作为电晕放电的阳极，安装在两极板的中心位置，锯齿对着两极板，极板接地。

（2）静电集尘装置

在住宅、办公室和公共场所使用的家用空气净化器的静电集尘装置，采用同轴型集尘器、平板型集尘器和带状集尘器，如图 8.6 所示。集尘器为自成一体的独立单元，容易拆卸，便于洗涤。

1）同轴型集尘器：在圆筒的中心位置拉一根导线，金属导线和圆筒组成对电极，圆筒接地作为收集板。为了增加空气净化器的净化能力，往往将多个同轴型集尘器并列组合在一起，按蜂窝状结构组合。

2）平板型集尘器：将两个两极板组合在一起，接地极板作为收集极。

3）带状集尘器：将两条带状组成一对电极，如图所示的卷绕形状，或图 8.6 所示的折叠形状。

静电除尘设备能在有人在场的条件下，对空气进行动态连续的净化消毒，从而保证室内空气的持续洁净。广谱抗菌，而且除尘净化空气，清除异味清新空气，是一种比较理想、环保的空气净化装置。静电除尘设备，维修方便，费用相对低廉，易于推广。

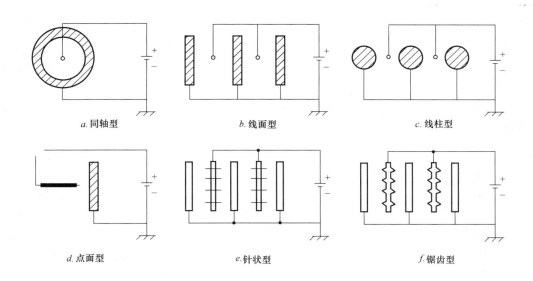

图 8.5　离子化电极结构

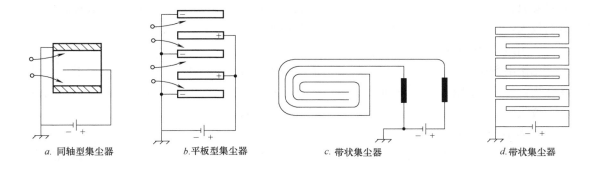

图 8.6　静电集尘装置

3. 等离子体空气净化器

等离子体是由电子、离子、自由基和中性粒子组成的导电性流体，整体保持电中性，被称之为除固态、液态和气态以外的第四态[12]。可以通过多种气体放电的方法（脉冲电晕放电和介质阻挡放电等），产生非平衡态等离子体，利用不均匀电场，形成电晕放电，产生等离子体，在电场梯的作用下，与空气中的微粒发生非弹性碰撞，从而附着在微粒上面，使之成为荷电离子，在外加电场力的作用下，被集尘极所收集，另外，非平衡态等离子体几乎可以使所有的分子激发、电离和自由基化、产生大量的活性基团和高能电子，可以将绝大部分的有机污染物清除；在产生等离子体的同时，还可以产生大量的负离子。等离子体净化器既可以除尘，又可以清除气态污染物，还可以调节离子平衡，是一种很有发展前景的净化装置，但是该类净化器一般费用较高，产生臭氧。

4. 臭氧空气净化器

臭氧由于其强氧化性，被广泛应用与空气和水净化，臭氧是广谱、高效、快速的杀菌剂、它可以快速杀灭使人和动物致病的病菌、病毒及微生物。它可以在极短的时间内破坏细菌、病毒和其他微生物的生物结构，使其失去生存能力。和其他氧化剂（氯气、漂白粉、高锰酸钾等）相比，臭氧的杀菌速度快，是普通氧化剂的几百倍，甚至上千倍，而且多余的臭氧可以很快分解为氧气；同时还可以消除有臭味和腐败味的氨气、硫化氢、甲硫醇、二甲硫化物等，对甲醛和苯等有害气体也具有一定的净化效果。臭氧氧化效果好，氧化彻底，有机物一般被分解为二氧化碳和水，反应速度快，可以用于多种场合，但是臭氧净化成本较高，而且臭氧本身也是一种污染物，浓度过高，也会对室内环境造成二次污染。

5. 光催化空气净化器

光催化净化技术是近几年来发展较快的一项技术，光和催化剂是光催化反应必备条件。二氧化钛因其自身特性是最为常见的一种催化剂。当能量大于 TiO_2 禁带宽度的光照射半导体时，光激发电子跃迁到导带，形成导带电子（e^-），同时在价带留下空穴阶（h^+），由于半导体能带的不连续性，电子和空穴的寿命较长，它们能够在电场作用下或通过扩散的方式运动，与吸附在半导体催化剂粒子表面上的物质发生氧化还原反应。空穴和电子在催化剂粒子内部或表面也能直接复合。空穴能够同吸附在催化剂粒子表面的 OH 一或 H_2O 发生作用生成羟基自由基 HO·，HO· 是一种活性很高的粒子，是光催化氧化的主要氧化剂，能够无选择的氧化多种有机物，同时也能杀菌消毒[13]，但是水对光催化影响较大，催化剂有一定的使用寿命，对颗粒物净化效果不佳。

6. 化学溶剂空气净化器

化学溶剂空气净化器的工作原理，是根据需要按一定比例加入各种化学成分形成有机混合物，作为吸附剂，当气体通入吸附剂时，主要的污染成分与吸附剂中的化学物质发生反应被吸收。气体吸收过程是一个化学反应过程，吸收剂需要定期更换。

7. 复合空气净化器

复合空气净化器就是将几种净化元件组合在一起，起到除尘、清除气态污染物和微生物的作用，比如静电式和光催化结合，既能除尘，又能清除有害气体。市面上大多数净化器都是复合式空气净化器。

8.2.2.2 应用要点

室内空气品质的客观评估通过直接测定室内污染物浓度来确定改造后室内存在的污染物种类和浓度。改造后建筑室内空气中的氨、甲醛、苯、总挥发性有机物、氡等污染物浓度应符合现行国家标准《室内空气质量标准》GB/T 18883 的规定。

空气净化可分为机械净化法、物理化学净化法、催化净化法和生物净化法。对于改造工程以采用空气净化器为主，植物法等为辅改善室内空气品质。

1. 植物法

在室内种植花卉植物，有利于人体健康。一些植物花卉具有特殊功能，可以吸收室内空气中的一些有害物质，因此可以用来净化室内空气，被喻为清除装修污染的"清道夫"。居室中的部分污染物质，可通过植物叶片背面的微孔道被吸入植物体内，而且花卉根部共生的微生物也能自动分解污染物，并被根部吸收，有效地清除污染物。有人做过研究，$10m^2$ 的居室中只要有一种抗污染的植物，空气净化程度就会大大提高[14]。

吊兰、黛粉叶、紫尾兰、芦荟、虎尾兰、一叶兰、龟背竹等，对装修后室内残存的甲醛、氯、苯类化合物具有较强吸收能力；芦荟、菊花等可以减少室内苯的污染；雏菊、万年青等可以有效消除三氯乙烯的污染；蔷薇、常青藤、铁树、菊花、金橘、石榴、半支莲、月季花、山茶、石榴、米兰、雏菊、蜡梅、万寿菊等可吸收二氧化硫、氯、苯酚、乙烯、乙醚、一氧化碳、过氧化氮等有害物质[15]。在室内养虎尾兰、龟背竹、一叶兰等叶片硕大的观叶花草植物，能吸收 80％以上的多种有害气体。

2. 化学药剂法

药剂法针对某些污染物效果较好，但是成本较高，治理不彻底，还有可能造成二次污染。市面上这类产品也很多，如地板伴侣、家具伴侣、甲醛覆盖剂、TVOC 清除剂、甲醛清除剂等。

3. 空气净化器的选型原则

（1）根据室内污染物特征选择适宜的净化器

在选择净化器之前，要了解房间内的污染状况或者有没有特殊的要求，如图书馆、档案管理部门就特别关注微生物，家里有小孩和老人，就要注意室内有没有致癌物质或者毒性较大的污染物；另外，还要了解各类净化器的净化原理、适用对象和优缺点，然后再作选择。如静电式净化器对颗粒物的净化效果较好，但是对气态污染物效果不佳，光催化净化器对气态污染物和微生物净化效果较好，但对颗粒物净化效果较差。目前，市场上可以买到的国内外空气净化器品牌很多，应该按照自己的实际需要进行选择。

（2）产品质量认证和权威检测报告

在了解了空气净化器的作用范围后，还应该关注空气净化器的产品质量。我国对于此类产品没有强制性检测标准，造成市场上空气净化器的质量良莠不齐，用户选择时有一定的困难。通常空气净化器在上市之前，都需要出具检测报告。目前空气净化器国内检测机构有很多，但是很多单位并不是专门的空气净化器检测机构，缺乏必要的检测设备，所出的测试报告质量也大打折扣。所以在选择净化器前，一定要仔细辨别检测报告是否带有"CMA"、"CANS"和"CAL"等印章，是否出于权威的检测机构，如国家空调设备质量监督检验中心和中国疾病预防控制中心等。检测报告的内容仔细看清，如有些报告中称甲醛净化效率达到 95％以上，但并没有指明具体的运行环境，如风量大小、净化时间长短、测试舱的体积大小。只有具有认证检验资格的机构依据国家标准和相应的技术要求对产品质量进行检验、评定后的检测报告才是真实可信的。目前对于空气净化器的产品认证只有中国建筑科学研究院的节能环保产品认证是国家认证认可监督管理委员会授权的。

（3）技术指标

每台空气净化器的说明书都会标明其工作原理、净化效率、风量、功率等，工作原理和洁净空气量一般从空气净化器的型号上就会标明。比如 KJGT20 型空气净化器，KJ 是空气净化器的缩写，GT 是净化原理和系列代码，20 就是指设备的洁净空气量为 20m³/h，也就是说每小时该设备可以提供 20m³ 的洁净空气。通过这些信息，用户可以依据实际应用的居室面积来选择空气净化器的型号，如果有节能考虑，还可以关注空气净化器的功率。

8.2.3 工程案例

以中新天津生态城建筑的室内空气品质检测及改善措施[16]为例。天津生态城内的 2 栋办公建筑的空调系统均为普通装修，采用风机盘管加新风系统。

8.2.3.1 室内空气质量改善策略——通风

以某一新购置办公桌的办公室为对象来分析自然通风去除室内甲醛的效果。每天开窗时间为 9：00～17：00，在开窗前检测室内甲醛浓度，并在开窗 8h 后再次检测，连续监测 7d。在此过程中，室内平均温度约为 26℃。监测结果表明，甲醛浓度基本呈下降趋势，且第七天室内甲醛浓度比第一天下降约 13％。同时，每天开窗 8h 后，室内甲醛浓度比开窗前降低 45％，由此可见，在室内甲醛浓度较高的情况下，加强自然通风可有效降低室内甲醛浓度。但是，自然通风是依靠热压或风压为动力来实现，其室内气流组织与建筑体型、外窗位置与可通风面积有着密切的联系。因此，自然通风量很不稳定，是否采用自然通风来去除室内甲醛还应结合房间的自然通风条件、室外空气流动等因素来综合考虑。同时，通风只能去除部分游离在室内空气中的甲醛，而室内家具中甲醛的挥发具有持续性，一般持续 3～15 年，其挥发过程可分三个阶段：快速挥发期（一般 3～5 个月），稳定挥发期，缓慢挥发期。因此，还可通过高温熏蒸法，加快家具及装饰材料中甲醛的挥发，并配合光触媒氧化法、活性炭吸附法、绿色植物法等综合治理措施来去除室内甲醛。

8.2.3.2 室内空气质量改善措施——空气净化

以某一面积约为 13m² 的办公室为例说明空气净化器去除 PM$_{2.5}$ 的性能。采用送风量为 5.2m³/min 的空气净化器，保证 8ACH 的换气次数。开启空气净化器 20min 后室内 PM$_{2.5}$ 浓度下降了约 35μg/m³，约 30min 后室内 PM$_{2.5}$ 浓度降至标准值，说明空气净化器能有效去除室内空气中的甲醛。

参 考 文 献

[1] 刘健君. 一种新颖的中央空调系统方案——独立新风系统 [J]. 制冷与空调，2003，3（6）.

[2] 赵丽华等. 办公建筑空调采暖能耗射入分析 [J]. 第九届全国建筑物理学术会议论文集. 北京：中国建筑工业出版社，2004. 201-204.

[3] 孙涛. 置换通风与混合通风系统的比较研究 [J]. 节能，2006（8）.

[4] 任乃鑫，阮帆，赵宇洲. 夏热冬冷地区既有办公建筑围护结构节能改造 [J]. 沈阳建筑大学学报（自然科学版），2012，28（4）.

[5] 张赟，刘永刚等. 华东地区既有办公建筑绿色化改造技术研究与实践 [J]. 建设科技，2013（17）.

[6] 朱唯，狄育慧，王万江等. 室内环境与自然通风 [J]. 建筑科学与工程学报，2006，23（1）：90-94.

[7]　段双平，张国强，彭建国等. 自然通风技术研究进展 [J]. 暖通空调，2004，34 (3)：22-27.

[8]　王志超，邓高峰，王志勇等. 建筑室内污染物控制技术研究 [J]. 建筑科学，2013，29 (10)：63-70.

[9]　周文生，耿世斌，韩旭. 多功能空气净化器性能试验研究 [J]. 洁净与空调技术，2011 (2)：65-68.

[10]　张寅平. 中国室内环境与健康研究进展报告 [M]. 北京：中国建筑工业出版社，2012.

[11]　杨瑞，李洪欣. 室内空气品质及其控制 [J]. 山西建筑，2009，35 (30)：344-359.

[12]　吴忠标，赵伟荣. 室内空气污染及净化技术 [M]. 北京：化学工业出版社，2005.

[13]　孙爱贵. 纳米二氧化钛整理织物光催化降解甲醛的研究 [D] 西安，西安工程科技学院硕士学位论文，2004.

[14]　国家质量监督检验检疫总局. 室内空气质量标准 GB/T 18883—2002 [S]. 北京：中国标准出版社，2002.

[15]　王智超，吴智勇. 住宅通风效果评价方法的研究 [C]. 全国暖通空调制冷 2008 年学术年会论文集，2008.

[16]　闫静静，陈晨，杨彩霞等. 天津生态城建筑室内空气质量监测及改善措施研究 [J]. 建设科技，2013 (20)：90-91.

第9章 可再生能源应用

可再生能源包括太阳能、地热能、风能、水能、生物质能和海洋能等，我国可再生能源资源潜力大，尤其是太阳能、浅层地热能等资源十分丰富，在建筑中的应用前景十分广阔。

目前，在建筑应用的可再生能源形式主要有太阳能光热系统、太阳能光伏系统和地源热泵系统、空气源热泵热水系统等。在既有办公建筑改造过程中，可以根据改造项目的具体情况，适当地采用合适的可再生能源系统，办公建筑的生活热水需求较少，可以用太阳能热水系统和空气源热泵热水系统解决；可以结合围护结构改造，考虑采用太阳能供热制冷系统解决采暖空调需求，也可以考虑采用光伏发电技术；项目周边有合适的地下水、地表水或者有可以利用的地下空间，可以考虑采用地源热泵系统来解决采暖空调需求。

9.1 太阳能热水系统

太阳能热水系统是目前太阳能建筑应用最为广泛的太阳能热利用系统之一。太阳能热水系统在居住建筑和公共建筑中已经大量使用。办公建筑中热水用量相对较少，仅有盥洗间洗手、部分洗浴需求，有的办公楼带有食堂，也有一定量的热水需求，可以考虑采用太阳能热水。

既有办公建筑改造时，热水负荷较大时，可以考虑采用集中式太阳能系统；热水负荷较小时（如盥洗间洗手），可以考虑采用分散的小型家用太阳能热水系统。

9.1.1 技术概述

9.1.1.1 集中式太阳能热水系统

集中式太阳能热水系统一般集热器集中安装在屋面，集中式系统可以分为单水箱系统和双水箱系统，双水箱集中式热水系统由于需要两个水箱，占地面积相对较大，在既有建筑改造过程中不宜采用。常见的单水箱系统原理图见图9.1。可以根据办公建筑在改造过程中结合具体情况选择相应的系统形式。

水箱在屋面的集中式太阳能热水系统（图9.1a）的特点如下：

1. 水箱可放置在阁楼或技术夹层，可以在较大规模的太阳能热水系统中应用。
2. 系统一般依靠自来水水压顶水供水，水箱位置没有限制，供水压力有保障。
3. 热水供水质量有保障，太阳能集热系统运行效率较高。
4. 由于水箱放置在屋面，需要对建筑结构的负载进行校核，确定是否需要采取加固措施。集热系统需要循环水泵，投资和运行费用较高。
5. 热水供应系统没有循环管路，不利节水和进一步提高供水质量。

6. 适用于建筑空间紧凑无法设置管道井的办公建筑。

水箱在设备间屋面的集中式太阳能热水系统（图 9.1b）的特点如下：

1. 水箱放置在地下机房，不影响建筑外观设计，可以在较大规模的太阳能热水系统中应用。

2. 热水供水质量有保障，太能阳集热系统运行效率较高。

3. 热水供应系统采用了干管和立管循环的方式，热水供应质量进一步提高，但竣工前需调试以防短路。

4. 热水供应系统依靠自来水水压顶水供水，水箱位置没有限制，供水压力有保障。

5. 系统需要循环水泵，投资和运行费用较高，且需占用部分机房面积。

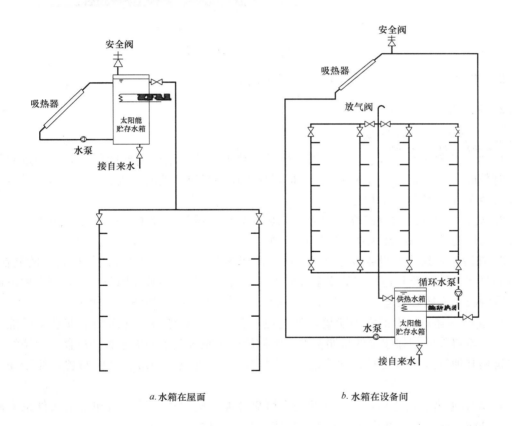

a. 水箱在屋面　　　　　　　　b. 水箱在设备间

图 9.1　集中式太阳能热水系统原理图

9.1.1.2　分散式太阳能热水系统

热水用量小的既有办公建筑可采用分散式太阳能热水系统，系统中一般一个太阳能集热器连接一个储热水箱，储热水箱中一般设置辅助电加热装置，单个系统满足一个盥洗间用水需求量，控制系统放置在盥洗间，循环装置与其他辅助设备可放置在管道井。该系统常常用于住宅建筑中，系统及工作原理图见图 9.2。其特点：

1. 该系统相对简单，规模小，投资低。

a. 屋面安装　　　　　　　　　　　　　　　　b. 墙面安装

图 9.2　分散式太阳能热水器

2. 辅助加热系统易于操作，辅助能源效率高。

9.1.2　应用要点

9.1.2.1　集中式太阳能热水系统

1. 办公建筑进行能改造时，应根据建筑的热水负荷，结合当地的年太阳辐照量和年日照时数确定太阳能热水系统的形式，同时应考虑项目所在地的气候、业主要求、投资规模及安装条件等因素综合确定。

2. 既有办公建筑增设或改造的太阳能热水系统，设计、施工和调试可按照现行国家标准《民用建筑太阳能热水系统应用技术规范》GB 50364 的规定进行。

3. 在既有建筑上增设或改造已安装的太阳能热水系统，必须经建筑结构安全的复核，并应满足建筑结构及其他相应的安全性要求。安装时应尽量不破坏原防水层，可在原屋面上设置混凝土支座，支座预埋螺栓与太阳能热水器支架连接，如图 9.3 所示。

4. 安装在建筑物上的太阳能集热器应规则有序、排列整齐。建筑物上安装太阳能热水系统，不得降低相邻建筑的日照标准。太阳能热水系统配备的输水管和电器、电缆线应与建筑物其他管线统筹安排、同步设计、同步施工，安全、隐蔽、集中布置，便于安装维护。

5. 太阳能热水系统必须有良好的安全可靠性能，应根据不同地区和使用条件采取防冻、防结露、防过热、防电击、防雷、抗雹、抗风、抗震等技术措施。

9.1.2.2　分散式太阳能热水系统

1. 分散式太阳能系统应用时注意设备的选型与热水负荷的匹配。

2. 由于储热水箱容积小，一般小于 600L，存在管道中冷水的放空等问题。

3. 在严寒寒冷地区使用上下水管道应有较好的冬季防冻措施，应尽量设置在专门的管道井内。

9.1.3　工程案例

项目为江苏省人大综合楼改造工程，热水需求有盥洗间洗手热水。士兵洗浴、厨房生

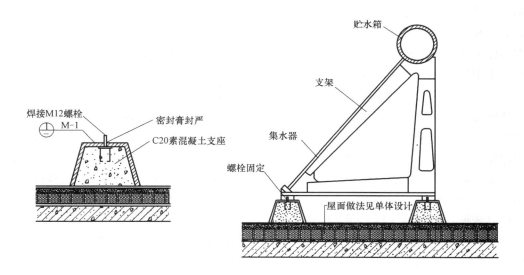

图 9.3　太阳能热水器在既有建筑屋面上安装示意图

活热水等。改造时采用集中式太阳能热水系统。该项目屋顶设置 8t 热水箱及 160m² 太阳能集热板，图 9.4 为屋面安装的集热器和水箱的实景照片。太阳能热水用于办公用生活热水及士兵住宿部分建筑厨房、淋浴用，热水锅炉辅助加热，厨房、淋浴用热水偏重于春夏秋季，太阳能保证率取 50%。当热水温度高于 60℃时，直接供厨房及淋浴使用，当热水温度低于 60℃时，采用热水锅炉加热升温后供给热水末端。

图 9.4　江苏省人大综合楼太阳能热水节能改造项目

9.2　太阳能供热采暖空调系统

太阳能供热采暖方式可分为主动式和被动式两大类。主动式是以太阳能集热器、管道、风机或泵、末端散热设备及储热装置等组成的强制循环太阳能采暖系统；被动式则是通过建筑朝向和周围环境的合理布置，内部空间和外部形体的巧妙处理，以及建筑材料和结构、构造的恰当选择，使房屋在冬季能集取、保持、储存、分布太阳热能，适度解决建筑物的采暖问题。运用被动式太阳能采暖原理建造的房屋称之为被动式采暖太阳房。主动式太阳能采暖系统由暖通工程师设计，被动式采暖太阳房则主要由建筑师设计。既有建筑在进行太阳能采暖系统改造时，应注意将主被动式太阳能技术相结合。

太阳能空调系统是一种利用太阳能实现制冷空调的系统。太阳能作为一种辐射能，不涉及任何化学反应和燃烧过程，是最洁净、最可靠的能源。太阳能的广泛应用可以减轻环境污染和化石能源的过度使用等问题，减轻城市热岛效应，实现能源的可持续利用。利用太阳能作为能源来驱动建筑制冷空调，其优势在于建筑制冷空调负荷越大的时候，太阳能辐射越强烈，环境温度越高，太阳能热利用装置工作效率也越高。太阳能制冷空调系统的供给和需求基本同步，是太阳能建筑应用最有前途的发展方向之一。但是，由于太阳能的能流密度较低，能源供应具有间歇性和不确定性，为确保建筑室内环境的舒适，太阳能制冷空调系统一般需要与供能可靠的常规能源系统联合运行，导致该系统造价较高，这也是阻碍太阳能制冷空调系统大面积推广的主要原因。

9.2.1 技术概述

9.2.1.1 被动太阳能采暖技术

按照太阳热量进入建筑的方式，被动式太阳能采暖可分为两大类，即直接受益式和间接受益式。直接受益式是太阳辐射能直接穿过建筑物的透光面进入室内，间接受益式是通过一个接收部件集取太阳热量，再通过热能传输，间接加热房间空气；间接受益的这种接收部件实际上是建筑组成的一部分或在屋面或在墙面，而太阳辐射能在接收部件中转换成热能再经由不同传热方式对建筑供暖。

1. 直接受益式

直接受益式是利用建筑南向透光窗进行直接采暖的方式，也是被动式太阳房中最简单、高效的一种形式。其特点是在房屋的向阳立面设置较大面积的透光窗，或增设高侧窗、天窗，让阳光直接射入室内加热房间；为防止冷风渗透，窗框的密封性要好，并应配置可移动的保温窗帘或保温窗扇（板），以防止夜间从窗户向外的热损失。

直接受益式的工作原理是：白天，阳光通过南向的窗（门）透过玻璃直接照射到室内的墙壁、地板和家具上，使它们的温度升高，并被用来贮存热量；夜间，当室外和房间温度都下降时，墙和地储存的热量，通过辐射、对流和传导被释放出来；同时，在窗（门）上加设保温窗帘或保温窗扇（板），有效阻止夜间热量向室外环境的散失，使室温维持在一定的水平。

增加南侧透光面积可以在有日照时获得较多的太阳辐射热，但如果处理不好，则向外的散热损失亦增加，导致昼夜的室温波动较大。

2. 间接受益式

间接受益式被动太阳能采暖技术根据集热部件的不同可以分为集热蓄热墙式、集热墙式、附加阳光间式、屋顶集热蓄热式及组合式太阳房。由上述两种或两种以上的基本类型组合而成的被动式太阳房称之为组合式太阳房。针对不同地区和不同需要，可采用不同的被动太阳能采暖方式。几种采暖方式的结合使用，可以形成互为补充的、更为有效的被动式太阳能采暖设计，所以实际建成的太阳房大多为组合式。

通过各地的工程实践和测试资料表明：与同类非节能建筑相比，被动式太阳能采暖建筑可达到的节能率在 60% 以上。它不仅节约能源，而且改善了人们的生活条件。

9.2.1.2　主动太阳能采暖系统

主动太阳能采暖技术是一种技术成熟、经济性好、市场化程度高的热利用技术。按热媒种类的不同，太阳能采暖系统可分为空气加热系统及水加热系统；按集热系统与蓄热系统的换热方式不同，太阳能采暖系统可分为直接式系统和间接式系统；按蓄热系统的蓄热能力不同，太阳能采暖系统可分为短期蓄热系统与季节蓄热系统。

1. 空气介质太阳能采暖系统

图 9.5 是以空气为集热介质的太阳能采暖系统图。风机 1 驱动空气在集热器与贮热器之间不断地循环。让空气与集热器中的采暖板发生热接触，将集热器所吸收的太阳热量通过空气传送到贮热器存放起来，或者直接送往建筑物。风机 2 的作用是驱动建筑物内空气的循环，建筑物内冷空气通过风机 2 输送到贮热器中与贮热介质进行热交换，加热空气。然后将暖空气送往建筑物中进行采暖。若空气温度太低，需使用辅助加热装置。一般来说，锅炉及电加热器可作为辅助加热装置。此外，也可以让建筑物中的冷空气不通过贮热器，而直接通往集热器加热以后，送入建筑物内。但是一日 24h 内太阳辐射能量变化很大，尤其是晚上，集热器不但得不到热量，还要消耗热量。另外，阴天或其他原因都影响太阳能的收集。若不利用贮热器保存一部分热量，辅助加热装置就要增加常规能源的消耗。因此贮热装置是不可缺少的部分。使用时根据具体情况，适当控制各阀门的位置就能有效地进行采暖。

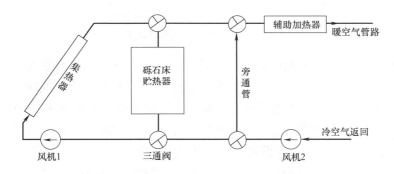

图 9.5　太阳能空气加热系统原理图

集热器是太阳能采暖的关键部件。应用空气作为集热介质时，首先需有一个能通过容积流量较大的结构。空气的容积比热较小（0.3kcal/m³ · ℃），而水的容积比热较大（1000kcal/m³ · ℃）。其次空气与集热器中采热板的换热系数，要比水与采暖板的换热系数小得多。因此，集热器的体积和传热面积都必须较大。此外，在制作集热器时应注意密封，防止使用时空气渗漏。如果改变风机 1 的安装位置，是集热器处于负压区也能防止热空气漏出。

当集热介质为空气时，贮热器一般使用砾石固定床。砾石堆有巨大的表面积及曲折的缝隙。当热空气流通时，砾石堆就贮存了由热空气所放出的热量。然后通入冷空气就能把贮存的热量带走。这种直接换热器具有换热面积大、空气流通阻力小及换热效率高的特点，而且对容器的密封要求不高，镀锌铁板制成的大桶、地下室、水泥涵管等都适合于装砾石。砾石的粒径以 2~2.5cm 较为理想，用卵石更为合适。但装进容器以前，必须仔细刷洗干净，否则灰尘会随暖空气进入建筑物内。在这里砾石固定床既是贮热器又是换热器，因而降低了系统的造价。

这种系统的优点是集热器不会出现冻坏和过热情况，可直接用于热风采暖，控制使用方便。缺点是所需集热器面积大。

2. 液体介质太阳能采暖系统

图 9.6 是以水为集热介质的太阳能采暖系统图。此系统以贮热水箱与辅助加热装置作为采暖热源。当有太阳能可采集时开动水泵 1，使水在集热器与水箱之间循环，吸收太阳能来提高水温。该系统的集热器—贮热器部分及贮热部分—辅助加热—负荷部分可以分别控制。水泵 2 是保证负荷部分采暖热水的循环，旁通管的作用是避免用辅助能量去加热贮热热水箱。

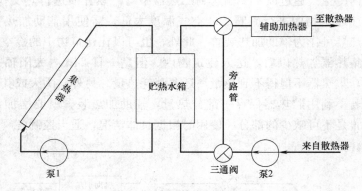

图 9.6　太阳能水加热系统图

根据设计要求，在合理操作每个阀门的情况下，一般有三种工作状态：假设采暖热媒温度为 40℃、回水温度为 25℃时，收集温度超过 40℃，辅助加热装置就不工作；收集温度介于 40~25℃之间，循环仍然通过贮热水箱，辅助加热器只起补充作用，把水温提高到 40℃；当收集温度降到 25℃以下时，系统中全部水量只通过旁通管进入辅助加热装置，采暖所需热量都由辅助加热装置提供，暂不利用太阳能。

此系统贮热介质一般采用水，水的比热较大，因此大大缩小了贮热装置的体积，从而降低造价。水加热系统应该特别注意防止集热器冻结。晚上或天气非常寒冷时，可用棉帘、草帘覆盖集热器进行保温。在不使用时可用系统排干方法将集热器内存水排干。

9.2.1.3　太阳能空调系统

目前研究和应用较多的太阳能光热制冷方式有太阳能吸收式制冷、太阳能吸附式制冷、太阳能喷射式制冷以及在这 3 种方式的基础上延伸出来的新的制冷方式；以太阳能作为除湿剂再生能源的太阳能除湿冷却系统在建筑中也得到了越来越广泛的应用。

太阳能制冷空调系统往往包含以稳定可靠的化石能源驱动的辅助能源系统。辅助能源系统可以提供热能，如使用锅炉或直接采用燃烧器，在太阳能不足时确保热力制冷机组的运行，提供稳定的冷量输出以使供冷需求得到可靠保障；辅助能源系统也可以直接提供冷冻水，如使用备用的电制冷机组，在热力制冷机组出力不够时电制冷机组启动提供系统所需的冷冻水。

太阳能吸收式制冷空调能够取得最广泛的商业化应用，不仅与其拥有一般太阳能空调的季节匹配性好、环境友好等优点相关，也由于其可与商业化的大型溴化锂吸收式制冷机组配套，大幅降低投资运行费用且运行稳定性好。目前，国内投入运行的太阳能制冷空调工程中太阳能吸收式制冷占了绝大多数。由于吸收式制冷机组小型化比较困难，太阳能吸收式制冷主要用于大中型公共建筑中。

对太阳能吸收式制冷系统，应用广泛的工质对有溴化锂—水和氨—水，其中溴化锂—水以其 COP 高、对热源温度要求低、无毒和对环境友好等特点，占据了太阳能吸收式制冷研究和应用的主流地位。目前太阳能吸收式制冷中技术最成熟、应用最广泛是单效溴化锂吸收式制冷循环。

太阳能单效溴化锂吸收式制冷系统主要由太阳能集热器和单效溴化锂吸收式制冷机组组成，驱动热源可采用表压力为 0.03～0.15MPa 的低压蒸汽或温度为 80℃ 以上的热水。适用于该系统的太阳能集热器类型有平板型太阳能集热器、真空管型太阳能集热器和复合抛物面聚焦型太阳能集热器，目前国内应用最多的形式为前两种。

在冷却水温度为 30℃，制备 9℃ 冷冻水的情况下，制冷机热源温度在 80℃ 时，系统的 COP 值可达 0.7，在 85℃ 后即使再增加热源温度，制冷机的 COP 值也不会有明显的变化。在冷却水和冷冻水温度分别相同的条件下，当热源温度低于 65℃ 后，相同的 COP 会急剧下降。虽然太阳能单效溴化锂吸收式制冷系统的 COP 不高，但其可采用低温太阳能集热器，充分利用低品位能源，具有较好的节能性和经济性，因此太阳能单效溴化锂吸收式制冷空调系统在国内和国外都有较多的实际应用。

9.2.2　应用要点

9.2.2.1　被动太阳能采暖技术

被动太阳房在选择确定太阳能供暖的类型和方式时，既要考虑当地的气候条件和太阳能资源，又要考虑太阳房本身的建筑功能要求并兼顾太阳房建址的地形地貌，综合各项因素优化选择（图 9.7、图 9.8）。

图 9.7　直接受益窗　　　　　　　　　　　　图 9.8　集热墙

1. 直接受益式

南窗对被动太阳能采暖建筑来说，具有双重功能，一是作为采光部件，二是作为直接受益式的太阳能集热部件，因此，直接受益式是任何一栋被动太阳能采暖建筑必须采用的方式。直接受益式的房屋本身成了一个包括有太阳能集热器、蓄热器和分配器的集合体，这种太阳能采暖方式最直接、简单、效率也较高，但是当夜间无日照时而建筑保温和蓄热性能又较差时，室温降温快，温度波幅大。这种采暖方式对于仅在白天使用、早上需要尽快提高房间温度的建筑，如办公室、学校、小商铺等比较适用。无病床的乡镇卫生院且夜间急诊有辅助热源采暖时也属于适用范畴（图 9.9、图 9.10）。

图 9.9　阳光间　　　　　　　　　　　　图 9.10　组合式太阳房

2. 间接受益式

集热墙也是比较适宜于在白天使用、早上需要尽快提高房间温度的建筑类型，这种太阳能供暖方式在早晨能使房间很快升温，并且在整个白天一直保持较高的供热量。如果夜间无人居住，那么即使昼夜室温波动过大也没有问题，只要满足白天的房间热舒适度就可以了。

集热蓄热墙和阳光间对住宅类和设有病床的乡镇卫生院等比较适宜，蓄热墙在夜间可以通过墙体缓慢释放热量，减少室温波动，阳光间可以给住户和住院病人提供一个阳光和煦的温暖活动空间，尤其是老人、儿童和已转入康复期的病人；冬季气候寒冷，老人、儿童和病人体质较弱，不宜室外活动，而在阳光间内既能晒太阳，又能适当作些活动，对老人、儿童的健康和病人的康复是十分有利的。但如果是无病床乡镇卫生院的诊室，阳光间就不太适宜，因为诊室外面设了阳光间后，直接照射到诊室内的阳光较少，大部分阳光是落在阳光间内，阳光间内温度很高，诊室内反而温度较低，不如用直接受益式更能提高诊室在白天的舒适度。

此外，对同一栋太阳房中的不同功能房间，应根据其使用特点合理确定被动太阳能采暖的形式，以更好发挥太阳能采暖的作用。仅白天有人活动的房间，夜间蓄热、供热是次要问题，首先应重视白天的温升速度和舒适度；反之，应重视夜间蓄热和供热的能力。

9.2.2.2　主动太阳能采暖系统

主动式太阳能供热采暖系统应根据不同地区和使用条件采取相应的防冻、防结露、防过热、防雷、防雹、抗风、抗震和保证电气安全等技术措施。系统应满足安全、可靠、经济、适用、美观的原则，并应便于安装、清洁、操作使用、运行管理、维护和局部更换。

设计完成后，应进行系统节能、环保效益预评估。

主动式太阳能供热采暖系统选用的设备、部件及产品必须符合国家相关产品标准的规定，必须有产品合格证和安装使用说明书；应有国家授权的质量检验机构出具的性能参数检测报告。在选用时，宜优先采用通过认证的产品。系统所配置的其他辅助能源及其加热/换热设备，需做到因地制宜、经济适用。具体的技术要求如下：

1. 空气介质太阳能采暖系统

采用空气集热器的太阳能供热采暖系统的工质为空气，系统的末端供暖装置与常规采暖空调系统中通常采用的热风采暖装置相同。部分新风加回风循环的风管送风系统中，应由太阳能提供新风部分的热负荷，从而提高系统效率，得到更好的节能效益。

该系统主要用于建筑物内需要局部热风采暖的部位，有风管、风机等系统设备，占据较大空间，而且，目前空气集热器的热性能相对较差，为减少热损失，提高系统效益，空气集热器离送热风点的距离不能太远，所以，空气集热器太阳能供热采暖系统不适宜用于多层和高层建筑。

当采用热风集中采暖时，最小平均风速不小于 0.15m/s；送风口的出口风速宜为 5～15m/s；送风口的高度不宜低于 3.5m，回风口下缘至地面的距离宜采用 0.2～0.5m；送风温度不宜低于 35℃且不得高于 70℃。

2. 液体介质太阳能采暖系统

采用液体工质集热器的太阳能采暖系统中的末端设备和装置，均是常规的采暖、空调系统的末端设备和装置，包括低温地面辐射供暖、散热器和水－空气处理设备等，选用时须根据具体工程的条件确定。只设置采暖系统的建筑，应优先选用低温地板辐射供暖装置；在温和地区只设置采暖系统时，也可选用散热器采暖；在设置集中空调系统的建筑，应选用水－空气处理设备，以降低工程初投资，提高系统效益。

采用液体工质集热器的太阳能供暖系统的热媒为水时，系统的末端设备和装置与地面辐射供暖、散热器采暖和空气调节系统采暖的热媒相同，所以，其对于末端设备和装置的技术要求应满足国家标准《采暖通风与空气调节设计规范》GB 50019 中的规定。主要规定如下：

（1）低温热水地板辐射

低温热水地板辐射采暖系统要符合正在修订的行业标准《辐射供暖供冷技术规程》JGJ 142（原标准名称《地面辐射供暖技术规程》）中的要求，修订 JGJ 142 标准报批稿中具体要求如下：

热水地面辐射供暖系统的供、回水温度应由计算确定，供水温度不应大于 60℃，供回水温差不宜大于 10℃且不宜小于 5℃。民用建筑供水温度宜采用 35～50℃。

辐射供暖表面平均温度宜符合表 9.1 的规定。

辐射供暖表面平均温度（℃） 　　　　　　　　　　　　　　　　　表 9.1

设置位置		宜采用的平均温度/℃	平均温度上限值/℃
地面	人员经常停留	25～27	29
	人员短期停留	28～30	32
	无人停留	35～40	42

续表

设置位置		宜采用的平均温度/℃	平均温度上限值/℃
顶棚	房间高度 2.5～3.0m	28～30	—
	房间高度 3.1～4.0m	33～36	—
墙面	距地面 1m 以下	35	—
	距地面 1m 以上 3.5m 以下	45	—

低温热水地板辐射供暖系统的工作压力，不宜大于 0.8MPa；建筑物高度超过 50m 时，宜竖向分区设置。

无论采用何种热源，低温热水地面辐射供暖热媒的温度、流量和资用压差等参数，都应和热源系统相匹配；同时热源系统应设置相应的控制装置，满足低温热水地面辐射供暖系统运行与调节的需要。

（2）采暖散热器

系统的供回水温度、工作压力和水质对采暖散热器的选用有一定的要求，应根据情况选择相应的产品。由于太阳能供热采暖工程中，供回水温度要低于常规采暖的供回水温度，所以一般情况下应采用辐射式散热器。为了延长散热器使用寿命，其工作时热媒中溶解氧不应大于 0.1mg/L，工作环境条件不能满足上述要求时应对系统的补水或循环水进行适当的处理；对于采用薄壁流道钢制散热器的工作采暖系统应为闭式系统，非采暖季应满水保养。

（3）水—空气处理设备

建筑中集中设置空调系统，选用的水—空调处理设备括风机盘管机组及组合式空调机组两大类。

（4）风机盘管机组

风机盘管的性能指标应满足《风机盘管机组》GB/T 19232 的要求。

风机盘管在选用时应满足设计热负荷的需求；其安装位置可根据室内装修的需要选择明装或暗装；种类上可以选用卧式、立式、卡式及壁挂式等。

（5）组合式空调机组

组合式空调机组的性能指标应满足《组合式空调机组》GB/T 14294 的要求。

组合式空调机组在设计选用时应满足各功能段的热负荷、湿负荷、风量及机外余压等参数要求；其安装位置宜设置在独立的空调机房内，以便于维护管理，降低噪声对空调房间的影响，种类上可以选用立式、卧式等；条件不允许时可以选用吊顶式空气处理机组，设置在顶板下，但应处理好机组的噪声和振动问题。

9.2.2.3 太阳能空调系统

太阳能制冷空调系统的应用设计应符合国家标准《民用建筑供暖通风与空气调节设计规范》GB 50736 的相关要求。系统的设计方案应根据建筑物的用途、规模、使用特点、负荷变化情况与参数要求、所在地区气象条件与能源状况等，通过技术与经济比较来确定。应根据热水温度、制冷机组的制冷量、制冷性能系数等参数对太阳能空调系统性能进行分析计算，必要时通过蓄热和蓄冷手段来减少系统装机容量，提高系统经济性。

由于太阳能制冷空调系统主要设备的选型以及系统负荷与其所服务建筑的空调冷负荷

和空调耗冷量密切相关，因此，在进行太阳能制冷空调系统设计之前，应确定其服务建筑的冷负荷，并对建筑物空调耗冷量进行模拟计算。

对于常规的建筑空调冷负荷，应按设计日逐时冷负荷的最大值选取，在项目方案阶段可采用冷负荷面积指标法估算。而对于具有蓄冷系统的空调冷负荷来说，其计算方法与常规空调系统是不同的，必须以一个供冷周期（一般为一个典型设计日 24h 的逐时负荷）为依据，以确定集热系统、制冷机、蓄能装置、换热器等设备的容量。

太阳能制冷空调系统中太阳能集热系统集热面积的确定是太阳能热利用系统中最为关键的一个步骤，关系着热力制冷机组等后续设备选型和最终系统的技术经济性好坏。

在采用 GB 50787—2012 中提供的计算方法计算集热系统太阳能集热面积时，设计太阳能空调负荷率 r 的选用对系统的技术经济性影响很大。当 $r=100\%$ 时，意味着太阳能集热系统集热面积是对应建筑物空调系统冷负荷来选型的，而空调系统冷负荷对应的是峰值负荷，一年中出现的时间很短，这就意味着太阳能集热系统在空调季的大部分时间将会部分闲置，从而系统的经济性会变差。一般情况下，太阳能集热系统的容量最好与空调系统的基本负荷对应，从而使太阳能集热系统能够在绝大部分时间满负荷工作。因此，在确定设计太阳能空调负荷率 r 之前，应对空调系统的运行情况进行分析，确定其运行频率最高的基本负荷与峰值负荷的比值以确定 r 的取值，太阳能集热系统未覆盖的峰值负荷部分一般通过辅助能源系统来供应。

一般情况下，由于太阳能制冷空调系统所需集热面积较大，建筑围护结构往往不能满足计算得出的集热系统的安装需求，在技术经济条件允许的情况下，往往采用在围护结构条件允许的情况下尽可能多地安装太阳能集热系统的方式来确定太阳能集热系统集热面积，在办公建筑改造过程中这一点尤其重要。

9.2.3　工程案例

该项目建筑主体为北京市顺义区某小型办公建筑，建筑面积为 1850m^2，分为上下两层，共有 15 个房间。建筑的原供暖系统为市政热网与散热器相结合的方式，改造后采用太阳能供热空调系统满足建筑的供热空调需求（图 9.11）。

项目选用真空管型太阳能集热器，轮廓采光面积 457m^2，贮热水箱 15m^3，贮冷水箱 8m^3，低温热源溴化锂吸收式空调机组容量 176kW，辅助能源采用生物质锅炉，末端设备选用风机盘管进行供暖及空调。

经国家太阳能热水器质量监督检验中心（北京）的系统测试，该项目制冷工况运行期间太阳能保证率 $f=83\%$，集热系统

图 9.11　北京某办公楼太阳能供
热空调系统项目实景图

效率 $\eta=50\%$，制冷机组 $COP=0.75$，太阳能制冷性能系数 $COP_r=0.38$，常规能源替代量 $Q_{tr}=16.7\text{t/kgce}$，二氧化碳减排量 $Q_{rco2}=41.3\text{t}$，二氧化硫减排量 $Q_{rso2}=334.1\text{kg}$，粉

尘减排量 Q_{rfc}＝167.0kg，实现了太阳能空调系统高效运行。按照北京地区的常规能源系统及价格计算，系统投资回收期约为 6 年。

9.3 太阳能光伏发电系统

太阳能光伏电池发明之初多用于航空领域，20 世纪 70 年代末开始大量应用于地面及日常生活，最常见的应用是向手表、计算器提供电能，具有代表性的地面应用是欧美、日本大规模安装的建筑光伏、大型光伏电站、我国的村落集中光伏供电系统和发展中国家农牧民使用的光伏户用系统等。

随着化石能源危机和环境恶化问题日渐明显，太阳能光伏发电技术在全球快速发展，建筑应用太阳能光伏发电系统就是其中的一个领域。在建筑物上安装太阳能光伏发电系统的初衷是利用建筑物的光照面积发电，既不影响建筑物的使用功能，又能获得电力供应；由于光伏系统安装在电网的用户终端，无须额外输电投资，而且光照强度与负荷强度通常是吻合的，可谓一举多得。

9.3.1 技术概述

建筑应用光伏发电系统可分为建筑附加光伏（BAPV）和建筑集成光伏（BIPV）两种。

1. 建筑附加光伏

建筑附加光伏（BAPV）是把光伏系统安装在建筑物的屋顶或者外墙上，建筑物作为光伏组件的载体，起支承作用。光伏系统本身并不作为建筑的构成，换句话说，如果拆除光伏系统后，建筑物仍能够正常使用。当然建筑附加光伏不仅要保证自身系统的安全可靠，同时也要确保建筑的安全可靠，适合于在办公建筑应用。

2. 建筑集成光伏

建筑集成光伏（BIPV）是指将光伏系统与建筑物集成一体，光伏组件成为建筑结构不可分割的一部分，如光伏屋顶、光伏幕墙、光伏瓦和光伏遮阳装置等；如果拆除光伏系统则建筑本身不能正常使用。建筑集成光伏是光伏建筑一体化的更高级应用，光伏组件既作为建材又能够发电，一举两得，可以部分抵消光伏系统的高成本。建筑光伏的几种应用形式如下：

（1）光伏系统与建筑屋顶相结合

将建筑屋顶作为光伏阵列的安装位置有其特有的优势，日照条件好，不易受到遮挡，可以充分接收太阳辐射，光伏系统可以紧贴建筑屋顶结构安装，减少风力的不利影响。并且，太阳光伏组件可替代保温隔热层遮挡屋面。此外，与建筑屋顶一体化的大面积光伏组件由于综合使用材料，不但节约了成本，单位面积上的太阳能转换设施的价格也可以大大降低，有效地利用了屋面的复合功能。图 9.12 是太阳能光伏阵列及太阳能瓦与建筑屋顶结合的实例。

（2）光伏与墙体相结合

对于多、高层建筑来说，外墙是与太阳光接触面积最大的外表面。为了合理地利用墙

图 9.12　光伏系统与建筑屋顶相结合的建筑实例

面收集太阳能，可采用各种墙体构造和材料，将光伏系统布置于建筑物的外墙上。这样，可以利用太阳能产生电力，满足建筑的需求，而且还能有效降低建筑墙体的温度，从而降低建筑物室内空调冷负荷。

（3）光伏幕墙

将光伏组件同玻璃幕墙集成化的光伏幕墙将光伏技术融入了玻璃幕墙，突破了传统玻璃幕墙单一的围护功能，把以前被当作有害因素而屏蔽在建筑物表面的太阳光，转化为能被人们利用的电能，同时这种复合材料不多占用建筑面积，而且优美的外观具有特殊的装饰效果，更赋予建筑物鲜明的现代科技和时代特色（图 9.13）。

图 9.13　光伏外墙与光伏幕墙

（4）光伏组件与遮阳装置相结合

将太阳能电池组件与遮阳装置构成多功能建筑构件，一物多用，既可有效地利用空间，又可以提供能源，在美学与功能两方面都达到了完美的统一，如停车棚等（图 9.14）。

9.3.2　应用要点

建筑光伏的光伏系统与光伏电站的系统设计不同，光伏电站一般是根据负载或功率要求来设计光伏方阵大小并配套系统，光伏阵列的布置要求获得能量最大。建筑光伏要求根

图 9.14　光伏发电系统与车棚结合实例

据光伏阵列大小与建筑采光要求来确定光伏系统的功率并配套系统。对于某一具体位置的建筑来说，与光伏阵列结合或集成的屋顶和墙面，所能接收的太阳辐射是一定的。为获得更多的太阳辐射，光伏阵列的布置应尽可能地朝向太阳光入射的方向，如建筑的南面、西南面、东南面等。在与建筑墙面结合或集成时，还要考虑建筑效果，如颜色与板块大小。具体要求如下：

1. 建筑附加光伏（BAPV）中的光伏组件要与整座建筑颜色与质感协调、和谐统一。

2. 光伏组件的力学性能要符合建筑装饰材料的性能，光伏组件作为建筑玻璃幕墙或采光顶使用时，要具有一定的抗风压能力和韧性，满足建筑的安全性与可靠性需要，还要注意光伏组件热胀冷缩产生的应力，避免因此造成建筑结构荷组件本身的损坏。

3. 光伏组件要有隔热隔声的特点，满足建筑对隔热隔声的要求。

4. 光伏组件的透光率应满足建筑物室内的采光要求。

5. 光伏组件安装方便且可靠，建筑光伏上的光伏组件的安装要比普通组件的安装难度大，安装位置较高、安装空间较小。可以将光伏组件和结构做成单元式结构，方便安装以提高安装精度。

6. 光伏组件寿命问题，国内建筑物的使用寿命一般在 50 年以上，光伏组件使用寿命为 20～30 年。光伏组件使用寿命需提高，抗老化性能需加强，以满足建筑物的要求。

此外，建筑光伏发电系统的设计要考虑作为分布式电源的"孤岛效应"、系统电压波动、谐波、无功平衡等问题，还要考虑控制器、逆变器等的选型，防雷、系统综合布线、感应与显示等环节要求。当然，光污染也是建筑光伏设计必须注意的一个因素。

9.3.3　工程案例

项目为威海市某公司办公楼的光伏系统改造工程。建筑主体建造于 1993 年 4 月，总建筑面积 2034m²，主要建筑工程用途为办公场所及待客场所，在建筑改造时增设光伏发电系统，并于 2009 年 9 月投入使用。

项目装机总功率 28.96kWp，安装光电面积 845m²，采用非晶硅光伏组件，项目采用德国 KACO 新能源有限公司生产的逆变器，其中 powador 4501xi 2 台，powador3501xi 2 台，powador 1501xi 9 台。该逆变器附带 powador-monitor 软件，可以实现远程光伏发电系统的采集监控。

项目将部分屋顶由彩钢瓦结构用非晶硅组件替代。非晶硅光伏系统部分价增量成本约为 100 万，考虑采用钢结构作为组件的支架，增加屋顶的负载，相应增加了造价，合计增量成本约为 120 万。光伏发电系统与建筑结合的部分节点做法如图 9.15。

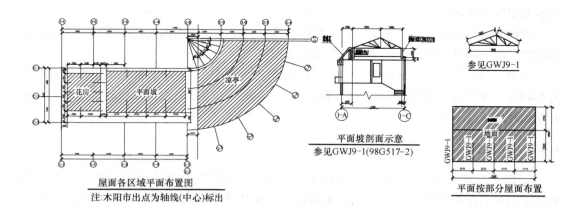

图 9.15　威海某办公楼光伏系统与建筑结合的部分节点做法

通过为期一年的监测，该工程的光伏发电系统效率在 3.5%～4% 之间，且发出电能的相关电能质量参数满足国家标准要求。项目年实际发电量 22000kWh，按 1kWh 发电需要 342g 标准煤计算，标准煤二氧化碳排放因子为 2.47，则项目每年节约标准煤 7.524t，减排二氧化碳 18.58t。

9.4　地埋管地源热泵系统

地源热泵系统（浅地层热泵系统）是利用地下浅层地热资源［也称地能，包括岩土体（土壤）、地下水或地表水等］为低温热源，以水或添加防冻剂的水溶液为传热介质，采用热泵技术既可供热又可供冷的高效节能空调系统。地源热泵系统通过输入少量的高品位能源，实现低温位热能向高温位转移。地能分别在冬季作为热泵供暖的热源和夏季空调的冷源。

地源热泵系统按照浅层地热资源的种类主要分为地埋管地源热泵系统、地下水地源热泵系统和地表水（含污水源）地源热泵系统。我国大部分地区为缺少地区，地下水常常限制开采，因此采用地下水的地源热泵系统较少；对既有办公建筑，能够利用地表水的也很少，因此这里重点介绍在办公建筑改造过程中如何采用地埋管地源热泵系统。

9.4.1　技术概述

土壤源热泵系统一般由电力驱动，通过深埋于地下的管路系统，与地下相对恒定的温度进行热量交换，从而为室内空调、地暖提供冷热量。地下 20～100m 深度的土壤温度一年四季恒定为 18℃左右，堪称天然的恒温能量库。在冬季，地下 18℃左右的温度与室外温度相比可称为高温。埋在地下的封闭管道从大地收集热量，管道中的循环水把热量带给地源热泵主机，主机将大地的能量提取出来并集中，再以较高的温度释放到室内，提供空调制热和地暖供暖。在夏季，地下 18℃左右的温度与室外温度相比可称为低温。地源热泵主机收集室内多余的热量，通过循环水将热量排入环路而为大地吸收，同时吸收大地的较低温度再排到室内，使房屋得到供冷。地源热泵机组可利用的大地土壤常年恒温（长江流域地下土壤温度约 17～19℃）的特点，将 35℃和 10℃的水同土壤进行换热。热泵循环的蒸发温度不受环境温度限制，提高了能效比。

因此对既有办公建筑，土壤源热泵系统是其可再生能源应用的主要方式。土壤源热泵系统除了能采暖和空调外，还能提供生活热水需求。

土壤源热泵系统通过地埋管换热器与岩土体进行热交换。地埋管换热器根据埋设方式的不同分为水平地埋管和竖直地埋管两种。水平地埋管由于占地面积较大较少采用，对既有办公建筑，尤其如此。

9.4.2 应用要点

1. 既有建筑的冷热源改造为地源热泵系统前，应对建筑物所在地的工程场地及浅层地热能资源状况进行勘察，并应从技术可行性、可实施性和经济性等三方面进行综合分析，确定是否采用地源热泵系统。

2. 地源热泵系统的工程勘察、设计、施工及验收应符合现行国家标准《地源热泵系统工程技术规范》GB 50366 的规定。

3. 冷热源改造为地源热泵系统时，宜保留原有系统中与地源热泵系统相适合的设备和装置，构成复合式系统；设计时，地源热泵系统宜承担基础负荷，原有设备宜作为调峰或备用措施。

4. 地源热泵系统供回水温度，应能保证原有输配系统和空调末端系统的设计要求。建筑物有生活热水需求时，地源热泵系统宜采用热泵热回收技术提供或预热生活热水。

5. 当地源热泵系统地埋管换热器的出水温度、地下水或地表水的温度满足末端进水温度需求时，应设置直接利用的管路和装置。

6. 地源热泵系统效果的好坏可利用可再生能源建筑应用示范项目的测评来评判。评判依据主要有《可再生能源建筑应用示范项目测评导则》、《地源热泵系统工程技术规程》GB 50366—2009 等。测评的主要指标包括机组性能系数（COP）（夏/冬）以及系统能效比（EER）（夏/冬）。

具体应用要点表现在以下方面。

9.4.2.1 地埋管换热器的适用条件

竖直地埋管换热器主要有单 U、双 U 和套管三种形式。双 U 形地埋管换热器又分为串联式（W 形）和并联式两种，其结构如图 9.16 所示。

以单 U 形和双 U 形地埋管换热器应用最为广泛，双 U 形地埋管换热器的换热性能一般优于单 U 形。当钻孔深度大于 60m 时，宜采用并联式；当钻孔深度小于 60m 时，宜采

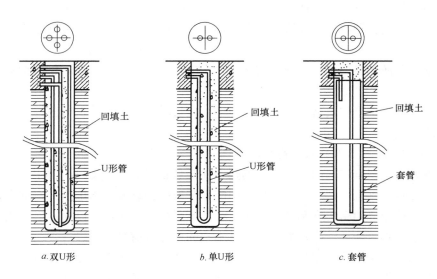

图 9.16　竖直地埋管换热器主要形式

用串联式。在实际设计中，应综合考虑场地条件、换热性能、钻孔价格、管材价格等因素选择合适的地埋管换热器类型。

对既有办公建筑，地埋管换热器可埋设于建筑室外绿化及空地内。

9.4.2.2　全年动态负荷计算

地埋管系统能否可靠运行取决于埋管区域岩土体温度能否长期稳定。吸、释热量不平衡，造成岩土体温度的持续升高或降低，导致进入热泵机组的传热介质温度变化很大，该温度的提高或降低，都会带来热泵机组性能系数的降低，不仅影响地源热泵系统的供冷供热效果，也降低了地源热泵系统的整体节能性。为此，《地源热泵系统工程技术规程》DGJ 32/TJ 89—2009 明确规定："地埋管换热系统设计应进行全年动态负荷计算，最小计算周期宜为 1 年。计算周期内，地源热泵系统总释热量宜与其总吸热量相平衡。"

9.4.2.3　岩土热响应测试

岩土体热物性的确定是竖直埋管设计的关键。在《地源热泵系统工程技术规范》GB 50366—2005 和《地源热泵系统工程技术规程》DGJ 32/TJ89—2009 中对岩土热响应试验均进行了要求。当地埋管地源热泵系统的应用建筑面积在 $3000\sim5000\text{m}^2$ 时，宜进行岩土热响应试验，当应用建筑面积不小于 5000m^2 时，应进行岩土热响应试验。对地埋管地源热泵系统中的地埋管换热系统而言，土壤的热物理性能主要反映土壤的初始温度、导热系数、比热容几个参数。

岩土体热物性可以通过现场测试，以扰动—响应方式获得，即在拟埋管区域安装同规格同深度的竖直埋管，通过水环路，将一定热量（扰动）加给竖直埋管，记录热响应数据。岩土体热物性测试要求测试时间为 36～48h，供热量应为 50～80W/m，流量应满足供回水温差 11～22℃的需要，被测竖直埋管安装完成后，根据导热系数不同，需要 3～5d 的等待期，此外对测量精度等也有具体要求。

9.4.2.4　地埋管换热器设计

地埋管换热器设计是地埋管系统设计的核心内容。由于地埋管换热器换热效果不仅受

275

岩土体导热性能及地下水流动情况等地质条件的影响，同时建筑物全年动态负荷、岩土体温度的变化、地埋管管材、地埋管形式及传热介质特性等因素，都会影响地埋管换热器的换热效果。

竖直地埋管换热器的设计计算可参照 DGJ 32/TJ 89—2009《地源热泵系统工程技术规程》。

当冬季负荷小于夏季负荷时，在计算地埋管数量时宜按照冬季负荷进行，夏季不足部分由冷却塔承担。

9.4.2.5　地埋管地源热泵的热平衡解决措施

若地埋管换热器全年内向土壤释放的热量比吸收的热量多，如不采取优化设计措施，长期运行会导致土壤温度持续上升，从而引起系统效率的衰减。土壤热平衡解决方法在于减少地埋管换热器群的密集度和减少冷热负荷的不平衡率，前者可以通过增大地埋管换热器布置的间距、减少地埋管换热器单位深度承担的设计负荷等措施进行，而后者可以通过设置系统调峰、采用热泵机组热回收技术减少夏季热等措施实现。相比较而言，减少地埋管换热器群的密集度需要增加地埋管换热器布置面积，因而实施受实际情况限制，但对于系统持久安全运行更有用。采用系统调峰等措施可以将土壤温升控制在一定范围内，并获得较好的经济性，但合理的调峰比例需要根据空调负荷情况作技术经济分析确定。

有调峰的复合式系统对运行的经济性帮助很大。由于空调的尖峰负荷出现的时间比较少，采用调峰系统可以减少部分地埋管换热器昂贵的初投资，系统的整体经济性更好，因此条件具备时应该优先考虑作为解决土壤热失衡的主要措施。但应该注意到，调峰系统同时也提高了剩余地埋管换热器的使用频率，因此调峰后土壤承担的冬夏负荷不宜相差过大。利用带热回收功能的热泵机组提供生活热水，在冬季增加了热泵系统的取热负荷，在夏季回收了热泵机组向地下的冷凝排热，在过渡季节部分带有全热回收功能的热泵机组还可以作为热水机使用，从地下取热，对缓解土壤热平衡非常有益，同时还可以提供廉价的生活热水，对有生活热需要的项目而言是个非常合适的技术手段。

除以上几点外，条件适合时还可采用以下技术手段缓解土壤热平衡问题：1. 将地埋管换热器与热泵机组对应设置成多个回路轮流使用，部分负荷时优先使用地埋管换热器布置的周边回路，以延长地埋管换热器的温度自然恢复时间，避免中心局部过热。2. 在地埋管换热器布置场地中心位置布置温度传感器，对空调季土壤温度变化进行实时检测，当土壤温升超过规定数值后，启动调峰系统运行。条件合适的地源热泵机房还可以设置自动控制和管理系统，以确保地埋管地源热泵系统处于较好的控制和调节状态运行。3. 地埋管地源热泵即使不采用复合式系统，也可以预留冷却塔位置和接口，以保证当持续运行出现土壤热温升超出控制范围时启动冷却塔辅助冷却。4. 对冬夏季节土壤热负荷差异较大的项目，可以采用夏季冷却塔优先开启运行的复合式系统，或者在空调不运行的夜间将冷却塔和地埋管换热器串联使用，以冷却地下土壤，可以很好地解决热平衡问题，并不影响系统经济性。由于地埋管地源热泵系统在夏热冬冷地区的主要节能优势在于冬季，夏季常规冷水机组的效率提升并不明显，因此在夏季灵活运行冷却塔并不降低系统的效率和经济性，却可以很好地改善土壤热失衡状况。

设计时应考虑全年岩土体内的吸热量和放热量相差在 15% 以内。为保证地埋管地源热泵系统长期运行稳定可靠，地下岩土温度常年保持稳定，在设计结束后，应对所设计的系统进行校核计算，预测在使用寿命内地下岩土温度的变化。

9.4.3　工程案例

9.4.3.1　江苏省建科院会议室地源热泵系统改造

图 9.17 为会议室空调系统地源热泵系统改造现场。地源热泵空调系统：会议室空调面积 112.6m²。建成后，会议室不仅提供院内会议，同时还承担节能中心地源热泵系统的展示厅。会议室空调末端形式：夏季采用风机盘管加新风形式，冬季采用地板辐射采暖形式。打井位置结合建筑周围土地情况，并做了相关的勘测后，确定在西侧约 100m² 面积的空地上打井 4 口，井间距 4~5m。技术经济指标：系统制冷时能效比 EER 分别为 5.47 和 5.36，制热时能效比 COP 为 4.45 和 4.28。达到节能 65.2%，年节约用电 2000kWh（与参照建筑相比），回收期 8 年。

图 9.17　既有建筑地源热泵改造现场施工

9.4.3.2　镇江西津渡展示大厅

镇江西津渡展示大厅是镇江市西津渡文化街重点改造项目之一，系利用旧厂房改造而成，以展示西津古渡历史文化发展变迁。如图 9.18 所示，整个大厅长 36m，宽 16m，高 9.4m，其中斜屋面高 4m。空调面积为 576 m²。该建筑改造后用于办公和展览。

工程室内空调部分以地板辐射为主，地板辐射空调的室内设计温度可比其他空调形式高 2~3℃，是一种较为节能的空调形式。整个室内地板共分为 27 个小区，每区面积约为 21m²，辐射管平均管长为 105m，管材选用 DN20 的 PEX 管。靠墙侧辐射管离墙间距为 150mm，其余管间距为 200mm。夏季室内辐射地板设计供水温度为 14℃，回水温度为 18℃。冬季设计供水温度 45℃，回水温度 35℃。此外，考虑到本工程不设新风系统，采用自然通风，室内空气的湿度可能会无法满足人员的要求，所以在室内另设了六台风机盘管，以降低室内空气的湿度，同时提供少量冷量（图 9.19）。

9.4.3.3　南京市某既有办公楼改造工程

南京市某既有办公楼总建筑面积 6463.11m²，原有建筑面积地 3800.5m²，新建建筑

图 9.18 西津渡展示大厅

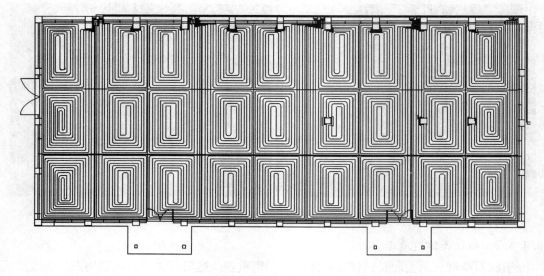

图 9.19 室内埋管布置图

面积 2649.5m²，地上 7 层，地下 1 层，大楼为综合性办公大楼，含办公、设计、会议用房等。本次综合改造工程是对原有办公楼开展的改造出新工程项目。在节能方面，除使用双层真空玻璃替换原单层外窗玻璃，加装室外遮阳系统外，在可再生能源利用方面主要使用了地源热泵中央空调系统替换原先的空气源热泵空调系统，见图 9.20、图 9.21。

项目建筑夏季设计计算冷负荷 611kW，冬季设计计算热负荷 451kW，设计采用二台水源热泵机组。机组总供冷量 591kW，冬季供热量 634kW。水源热泵机组夏季能效比5.14，冬季能效比为 4.63。空调系统夏季综合能效比达到 3.99，冬季综合能效比 3.86。

项目采用垂直并联双 U 管地耦式换热井，换热井总孔数为 106 口，单孔深度 81m（有效深度 79.5m），孔间间距大于 4m。换热井布置在建筑物四周，共分三个区域，每个区域设单独集分水调节站。系统考虑了土壤热平衡措施，预留冷却塔管道接口。

　　室内末端空调系统采用新风机组加风机盘管系统。夏季水源热泵机组提供 7℃冷水、冬季提供 45℃以上的热水个风机盘管和新风机组处理室内空气冷（热）负荷和室外新风负荷。

　　系统水源侧水泵设计为变频控制。提供进出机组水温差控制水源侧水流量，可降低水泵的运行电能（特别是冬天）。

　　项目设计安装了用能分项计量装置（冷热计量表），实现能耗分项计量，集中控制，远程传输。

　　技术经济分析表明，采用的可再生能源成本增量较传统空调增加 53 万元，较传统空调形式相比，每年可节约电量为 111713kWh，减少一次能源 45.2t 标准煤。按照当地电价 0.97 元/kWh 计算，每年可节省运行费用 10.836 万元，项目增量投资静态投资回收期约为 5 年。

图 9.20　改造后的建筑外观图

图 9.21　地源热泵机组

9.5　空气源热泵热水系统

9.5.1　技术概况

　　热泵热水器的原理与制冷原理一样，都是利用逆卡诺原理，通过制冷剂，把热量从低温物体传递到高温的水里，制取的热水通过水循环系统送给用户使用。空气源热泵热水系统在居住建筑、宾馆和游泳馆等有稳定热水需求的场所应用较广。办公建筑中热水用量相对较少，主要用于盥洗间洗手、部分洗浴等用途，采用空气源热泵热水系统比较容易实现。

　　国家相继出台了《家用和类似用途热泵热水器》GB/T 23137—2008、《家用和类似用途热泵热水器用全封闭型电动机－压缩机》GB/T 29780—2013 等国家标准，有效规范市场上的热泵热水器产品，提升了整机的性能。江苏还出台了《空气源热泵热水器安装》苏 J/T 26—2006 的推荐标准，以规范空气源热泵热水系统在建筑中的应用，确保系统运行效果。

　　空气源热泵热水系统按照用户使用方式的不同分为分体式和集中式，其中分体式一般用于居住建筑，以家庭为单位，每户设置一台热泵热水器；集中式则多用于具有热水需求的公共建筑。

空气源热泵热水系统按照制热方式的不同可以将空气源热泵热水器分为循环式和直热式：

1. 循环式空气源热泵热水系统：初始冷水流过热泵热水器内部的热交换器循环加热以达到用户设定温度，进入保温水箱储存，以供用户使用。该系统在使用的时候能够大量快速提供热水，因此可以采用较小功率的热泵机组，而需要的水箱体积相对较大，通常根据热水使用量和使用高峰期时间的长短来设计水箱的体积和热泵的容量。原理见图 9.22。

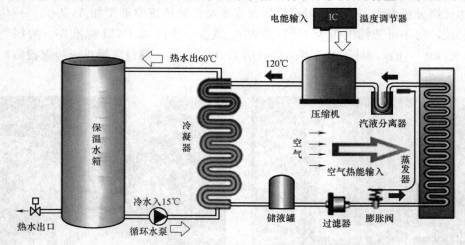

图 9.22 循环式集中空气源热泵热水系统原理图

2. 直热式空气源热泵热水系统：初始冷水流过热泵热水器内部的热交换器一次就达到用户设定温度，以供用户使用。直热式热水器无须配较大体积的水箱，即开即用，但需要较大功率的热泵机组。原理见图 9.23。

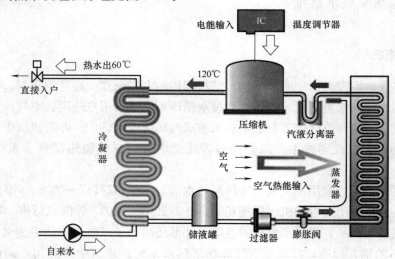

图 9.23 直热式空气源热泵热水系统原理图

空气源热泵热水器 COP 一般在 3.0 左右，与电加热系统相比，能耗可降低 60% 左右。运行安全可靠、噪声小、无污染排放，系统寿命一般可达 15～20 年，此外还可利用晚间低谷电价电"移峰填谷"运行。

与太阳能热水器相比，空气源热泵热水器适用范围更广，适用温度范围在－10～40℃，一年四季全天候使用，不受阴、雨、雪等恶劣天气和冬季夜晚的影响；可连续加热，阴雨天和夜晚，热效率远远高于太阳能的电辅助加热；安装方便，占地空间较小，位置不受限制，适用性强。

9.5.2　应用要点

1. 进行建筑热水系统改造时，应根据当地气象参数、热水需求特点、使用功能、业主需求，确定空气源热泵系统设计。

系统形式及负荷：计算系统的总冷负荷时，应根据用户的要求及使用性质考虑不同的使用系数。确定总冷热负荷之后根据本地区的气象条件和能源供应状况进行合理的设备选择，如空气源冷热水机组、空气源单冷机组＋热水炉、空气源单冷机组＋城市热源等。

水系统设计时，应该校对计算系统水容量是否满足系统热稳定性要求。当系统水容量不能满足要求时，应增设蓄能循环水箱或采取加大系统水管管径的措施。

2. 既有办公建筑增设或改造热水系统采用空气源热泵热水系统，设计、施工和调试可参照《空气源热泵热水器》（国家标准）、《热泵热水系统选用与安装》（图集）、《热泵热水机能效标准》等国家标准。

3. 空气源热泵热水系统的应用受气候条件的影响较大，目前指导工程设计的各种文献将冬季室外计算温度 $Tw＝-3℃$ 定做最低线，适宜在长江中下游及以南地区使用。

4. 既有办公建筑热水使用集中，多用于建筑厨房热水或更衣室洗浴热水等，宜采用集中循环式空气源热泵热水系统。

5. 既有办公建筑改造时，空气源热泵热水机组室外布置及设计应充分考虑到温度分布、气流分布、检修、安全性等方面的事项，并应与建筑物配合得当。一般机组安装位置要进风通畅，风速控制在 3～4m/s，排风不受阻挡，尤其是出风口的上方不应有阻挡物，否则会引起排风气流短路，机组因热保护动作而停机。

6. 条件允许时，可将太阳能热水系统与和空气源热泵热水系统结合应用，扬长补短，既达到节能，又能保证全年全日连续热水供应。太阳能与热泵的集成有两种模式：一种是建筑有足够的面积放置太阳能集热板，应以太阳能热水系统为主，以热泵加热为其辅助热源；另一种是以热泵供热为主，太阳能为辅，为了使空气源热泵在低温环境下还能高效、稳定、可靠地运行，用太阳能作为其辅助热源（助推作用），或直接加热水箱内的水，或预热上水。根据实例计算，太阳能与热泵结合的供热系统，节能效果更加明显，节能可达 85%。

9.5.3　工程案例

江苏省人民检察院办公楼建于 1992 年，2012 年进行了建筑节能改造，热水系统采用了空气源热泵热水机组与太阳能光热耦合系统，为建筑提供高效的热水，用于洗手、食堂、厨房等热水需要。

采用集中热水供应系统，为提高效率，热源采用太阳能加热泵机组，不足部分采用空气源热泵系统。即在天气状况较差时，当太阳能达不到使用温度时，由空气源热泵进行补足。将水加热至 60℃ 左右由屋顶热水箱供水。

空气源热泵热水系统，总热量为 124.74kW，热水总量为 20m³。

2012 年底项目投入使用，应用表明，节能改造效果明显（图 9.24）。

图 9.24 江苏省人民检察院大楼太阳能＋空气源热泵热水系统

参 考 文 献

[1] 薛志峰. 既有建筑节能诊断与改造 [M]. 北京：中国建筑工业出版社，2007.

[2] 徐邦裕等. 热泵 [M]. 北京：中国建筑工业出版社，2009.

[3] 刘晓华，江亿. 温湿度独立控制空调系统 [M]. 北京：中国建筑工业出版社，2006.

[4] 王寒栋，李敏. 泵与风机 [M]. 北京：机械工业出版社，2009.

[5] 蔡增基. 流体力学泵与风机（第五版）[M]. 北京：中国建筑工业出版社，2009.

［6］　季柳金等. 能耗监测系统及分项计量技术的应用与研究 ［J］. 建筑节能，2009，37（8）：65-67.

［7］　付祥钊. 可再生能源在建筑中的应用 ［M］. 北京：中国建筑工业出版社，2009.

［8］　徐伟. 中国地源热泵发展研究报告（2008）［M］. 北京：中国建筑工业出版社，2008.

［9］　孙强. 浅谈水源热泵技术的国内外发展现状及趋势 ［J］. 佳木斯大学学报（自然科学版），2007，25（3）：433-434.

［10］　刘辉. 太阳热水器与住宅建筑一体化设计探讨 ［C］. 中华人民共和国建设部. 中国建设动态. 北京：科学出版社，2004（8）：32-34.

［11］　霍志臣. 太阳能在住宅建筑中的应用 ［C］. 中华人民共和国建设部. 中国建设动态. 北京：科学出版社，2004（6）：51-53.

［12］　张佩芳. 大力发展地源热泵产业 ［J］. 工程质量，2003（3）：20-21.

［13］　孙博，王坚飞，何荒震，郝玉龙. 地源热泵空调技术及其在杭州的应用 ［J］. 浙江建筑，2008，25（1）：51-55.

［14］　徐伟译. 地源热泵工程技术指南 ［M］. 北京：中国建筑工业出版社，2001.

［15］　马最良. 地源热泵系统设计与应用 ［M］. 北京：机械工业出版社，2006.

［16］　徐伟. 中国太阳能建筑应用发展研究报告 ［F］. 北京：中国建筑工业出版社，2009.

［17］　郑瑞澄. 太阳能供热采暖工程应用技术手册 ［F］. 北京：中国建筑工业出版社，2012.

［18］　可再生能源建筑应用工程评价标准 GB/T 50801—2013. 北京：中国建筑工业出版社，2012.

［19］　可再生能源与建筑集成示范工程课题组. 可再生能源与建筑集成示范工程案例图集 ［B］. 北京：中国建筑工业出版社，2013.

［20］　既有建筑绿色改造评价标准 GB/T 511141—2015. 北京：中国建筑工业出版社，2015.

［21］　地源热泵工程技术规范 GB 50366—2005（2009 版）. 北京：中国建筑工业出版社，2009.

［22］　民用建筑太阳能热水系统工程技术规范 GB 50364—2005. 北京：中国建筑工业出版社，2005.

第四篇　给 水 排 水

第 10 章　节水器具及设备

　　节水器具及设备即满足相同的盥洗、洗浴、洁厕、室外灌溉等用水功能，较同类常规产品能减少用水量的器件、用具及设备。随着国内卫生器具节水技术的发展，越来越多节水性能更高的节水器具开始得到普及和应用，我国在近年来也陆续颁布了《水嘴用水效率限定值及用水效率等级》GB 25501、《坐便器用水效率限定值及用水效率等级》GB 25502、《小便器用水效率限定值及用水效率等级》GB 28377、《淋浴器用水效率限定值及用水效率等级》GB 28378、《便器冲洗阀用水效率限定值及用水效率等级》GB 28379 等一系列标准，卫生器具节水性能的差异性已不可忽略。

　　既有办公建筑节水改造应以"节流"为先。办公建筑常用的用水器具及设备主要包括卫生间的用水水嘴、便器、公共浴室淋浴喷头、公共厨房水嘴、绿化灌溉设备等。既有办公建筑绿色改造时，采用节水型卫生器具及用水设备替代原有的普通卫生器具及用水设备，是最为直接有效的"节流"措施。

　　本章主要介绍分析节水水嘴、节水淋浴喷头、节水便器、节水绿化灌溉设备等办公建筑节水改造常涉及的节水器具及设备。

10.1　节水器具

10.1.1　节水水嘴

10.1.1.1　技术概述

　　当水嘴在水压 0.1MPa 和管径 15mm 情况下，最大流量为 9L/min 时，其在 0.04MPa 水压下的流量达 5L/min，基本不影响用水，即能保证低水压下用水。当水嘴在水压 0.1MPa 和管径 15mm 下，最大流量为 9L/min 时，其在 0.3MPa 水压下的流量已达 15L/min，从节水的角度讲这个流量已经比较大了，但是由于在现有的水嘴生产技术下，水嘴头的流量与其阀芯的水流面积成正比，因此无法在保证"低水压下用水"的同时再保证高水压下有适合的流量。两者相权，选择牺牲高水压下节水效率而保证低水压下用水。

　　节水龙头（水嘴）是指具有手动或自动启闭和控制出水口水流量功能，使用中能实现节水效果的阀类产品。《节水型生活用水器具》CJ 164-220 规定节水龙头的流量标准是：在水压 0.1MPa 和 DN15 管径情况下，最大流量不大于 0.15L/s，即不大于 9L/min。

　　节水龙头普遍分为加气节水龙头和限流水龙头两类。加气节水龙头和限流水龙头都是通过加气或者减小过流面积来降低通过水量的。这样在同样的使用时间里，就减少了用水量，达到节约用水的目的。

10.1.1.2 应用要点

加气节水龙头是目前国外使用较广泛的节水龙头，在水龙头上开有充气孔，由于吸进空气，体积增大，速度减小，既防溅水又可节约水量，可节约水量 25% 左右。

限流水龙头大多为陶瓷阀芯水龙头。这种水龙头密闭性好、启闭迅速、使用寿命长，而且在同一静水压力下，其出流量均小于普通水龙头的出流量，具有较好的节水效果，节水量为 20%～30%。

节水龙头相对于传统的铸铁螺旋升降式水龙头节水效果十分明显，同时也具有一定的缺陷和进一步的节水空间：

1. 牺牲高水压下节水效率而保证低水压下用水。当供水压力较高（0.2MPa 以上）时，实际流量大于适合的用水流量，仍然存在着超压出流现象。

2. 开关角度一般为 60°～90° 的陶瓷阀芯水龙头在实际使用中难以做到一次转动开关手柄就能得到适合的出水量，而是往往需要调整 1～3 次。因此，开启过程中的节水效果是不能保证的。

3. 长时间使用后陶瓷密封减少滴漏能力减弱。质量合格的这类节水龙头新投用时密封效果确实很好，但由于陶瓷密封面对水中沙、石等硬质杂质敏感，密封面容易磨损、划伤，密封面磨损、划伤后容易产生滴漏。

10.1.2 节水淋浴喷头

10.1.2.1 技术概述

节水淋浴喷头是指采用接触或非接触控制方式启闭，并有水温调节和流量限制功能的淋浴器产品。淋浴器喷头应在水压 0.1MPa 和管径 15mm 下，最大流量不大于 0.15L/s。

常用的节水淋浴喷头同节水龙头一样是在出水口部进行改进，通过加气或者减小过流面积来降低通过水量，不仅减少了过流量，还使水流富含氧气（图 10.1）。

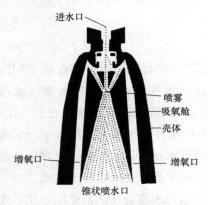

进水口

喷雾
吸氧舱
壳体

增氧口　　　　增氧口

锥状喷水口

图 10.1　节水型淋浴喷头结构示意

10.1.2.2 应用要点

淋浴阀体的耐压强度应达到该产品公称压力的 1.5 倍下保压 30s，不变形、不开裂、不渗漏。淋浴阀自然关闭时，通入该产品公称压力 1.1 倍的水，出水口、阀杆密封处不应出现渗漏。封住出水口，由入水口通入压力 0.1MPa 的水，阀杆密封处也不应出现渗漏。

10.1.3 节水便器

10.1.3.1 技术概述

节水便器，就是能够在冲洗干净、不返味、不堵塞的前提下，有限地节约用水的便器。

便器主要有直排式和虹吸式。直排式的特点是结构简单、节水，主要缺点是便器密封不好和返味；虹吸式采用 S 型水密封，卫生和密封性能好，并经过长期的优化，其节约用水量也基本达到极限（3L/6L）。目前国内外使用的传统便器多为虹吸式，随着对节水要求的不断提高，迫切需要更为节水的器具，随着新技术与新材料的应用，节水能力尚具有提升空间的直排式节水便器得到了广泛应用。

10.1.3.2　应用要点

市场出现的节水便器类型，大致可分为压力流防臭节水坐便器、压力流冲击式节水坐便器、脚踏型高效节水坐便器、感应式节水坐便器和双按钮节水坐便器，都属于是直排式的节水便器（表 10.1）。

不同类型节水便器在节水性能上的比较　表 10.1

便器类别	一次冲洗水量(L)		水箱	排水方式	控制方式
	大便	小便			
压力流防臭式	3	1	无	直排式	按钮
压力流冲击式	3	3	有	虹吸式或直排式	按钮
脚踏式	1	1	无	直排式	脚踏
感应式	6	3	有	虹吸式	感应
双按钮式	6	3	有	虹吸式	按钮
传统虹吸式	6	6	有	虹吸式	按钮

直排式节水便器相对于虹吸式节水大便器节水效果十分明显。

目前直排式节水便器针对传统直排便器的缺点，常采取的措施主要有：

1. 采用磁脱离排污阀门密封，密封效果好，而且池内常存少量清水，洁净且无异味回返，可以有效阻止各种气体、液体逆流，保证室内免受下水道内传染病毒的侵入，解决了直排式便器密封和返味的难题。

2. 采用联动式进水阀门，水量准确，使用方便，不漏水。

3. 大小便用水自动分档，大便冲洗少于 3L，小便冲洗少于 1L。

4. 取消水箱，采用无动力等压管直接与自来水管连接，安装方便、简洁、节省空间。

直排式节水坐便器取消了存水弯，不存在堵塞现象，为了防止臭味，需采取必要的密封措施。

10.2　节水灌溉设备

10.2.1　喷灌

10.2.1.1　技术概述

传统的浇灌多采用直接浇灌（漫灌）方式，不但会浪费大量的水，还会出现跑水现象，使水流到人行道、街道或车行道上，影响周边环境。传统灌溉过程中的水量浪费主要是由四个方面导致：高水压导致的雾化；土壤密实、坡度和过量灌溉所导致的径流损失；天气和季节变化导致的过量灌溉；不同植物种类和环境条件所导致的过量灌溉。

采用节水方式和设备，如喷灌、滴灌以及干旱地区使用的更加高效的微灌，都是管道化灌溉系统的一种行之有效的高效节水灌溉技术。

喷灌是充分利用市政给水、中水的压力通过管道输送将水通过架空喷头进行喷洒灌溉，或采用雨水以水泵加压供应喷灌用水。喷灌比地面灌溉可省水 30%～50%（图 10.2）。

图 10.2　喷灌

10.2.1.2　应用要点

当采用再生水灌溉时，喷灌方式易形成气溶胶。景观灌溉导致的病原体危害，主要通过气溶胶传播。气溶胶可能通过呼吸途径进入人体造成感染，也可能沉淀在食物、皮肤和衣服上，造成间接感染。一般再生水经过消毒处理，细菌量显著减少对健康影响不大。世界卫生组织推荐的绿化灌溉标准是粪便大肠杆菌 100（CFU/100mL）。选择世界卫生组织推荐的微生物指标比较适合我国的现实情况。另外从我国的污水治理发展状况看，消毒、过滤是切实可行的去除病原体工艺，平均病毒灭活效率可达 99.99%，可以充分保证再生水满足健康要求。若具体项目工程中作为灌溉水源的再生水水质指标无法达到世界卫生组织推荐的绿化灌溉标准，则应避免使用喷灌。

使用中将喷灌时间安排在早晨而不是中午，还可以将喷灌时间集中在 2～3 个短周期中，这种简单的变化可以很好地减少因蒸发和径流造成的水资源浪费。另外，安装雨天关闭系统，也可以保证喷灌系统在雨天或降雨后关闭，在系统中添加一个雨天关闭系统，可节水 15%～20%。同时喷灌要在风力小时进行，避免水过量蒸发和飘散。

10.2.2　滴灌与微灌

10.2.2.1　技术概述

滴灌是经管道输送将水通过滴头直接滴到植物根部；微灌是高效的节水灌溉技术，它可以缓慢而均匀地直接向植物地根部输送计量精确的水量，从而避免水的浪费。

滴灌除具有喷灌的主要优点外，比喷灌更节水（约 40%）、节能（50%～70%）。目前国外干旱地区常用的节水灌溉方式主要是微灌。微喷头可以防止径流和超范围喷洒到道路、便道，比地面漫灌省水 50%～70%，比喷灌省水 15%～20%（图 10.3、图 10.4）。

图 10.3　滴灌

图 10.4　微灌

10.2.2.2　应用要点

滴灌、微灌用于非草坪类的植物灌溉。采用微灌时进水处需设置过滤器，喷洒头宜选用灌水均匀度高、铺设长度长、布置形式灵活且具有压力补偿性能和自冲洗抗堵塞的喷洒头，并应有防虫措施。采用滴灌时除设必要的过滤、防虫设施外，还需具备防止空气倒吸功能。

参 考 文 献

[1]　魏娜，程晓如，刘宇鹏. 建筑给排水中的节水节能问题初探 [J]. 四川建筑，2006，26（2）：118-120.

[2]　中华人民共和国建设部. 节水型生活用水器具 CJ164-2002，[S]. 北京：中国建筑工业出版社，2002.

[3]　岳邦仁. 谈便器排污功能及便器节水 [J]. 陶瓷，2001（5）：24-27.

[4]　张胜，申曙光，许吉现. 城市绿化节水灌溉技术探讨 [J]. 河北林业科技，2002（3）：52-54.

[5]　王智阳，王玉钰. 城市绿化与节水问题研究 [J]. 黄河水利职业技术学院学报，2003，15（3）：9-12.

[6]　王瑛，范宗良，冯辉霞，陈明义. 干旱地区城市绿化带的回用水微灌技术 [J]. 中国给水排水，2002，18（2）：82-83.

[7]　郑耀泉，李光永，党平. 喷灌与微灌设备 [M]. 中国水利水电出版社，1998.

第 11 章　给排水系统

在通过更换节水器具及设备减少用水末端用水量的同时，既有办公建筑节水改造还可以通过改造给排水系统减少"无用水"的产生、减少供水能耗及实现污水的达标排放和再利用。

办公建筑给水系统用水点超压出流、管网漏损、热水系统无效冷水等，均属于因系统设置不合理而产生的"无用水"，采取改造措施减少这部分水量能够进一步扩大"节流"成果。更换节能供水设备及增加排水处理设施，可以使办公建筑降低运行能耗、实现对建筑排水的有效处理，在减轻环境负荷的同时，也为进一步的中水回用提供了可能。

本章主要从给水系统减压限流、降低管网漏损率、热水系统减少无效冷水、节能供水设备、建筑排水处理等几个方面出发，介绍分析既有办公建筑给排水系统的节水改造技术。

11.1　给水系统

11.1.1　减压限流

11.1.1.1　技术概述

超压出流是指卫生器具配水点前的静水压大于流出水头，其流量大于额定流量的现象。超压出流量并不产生正常的使用效益，是浪费的水量。由于这部分水量是在使用过程中流失的，不易被人们察觉和认识，属"隐形"水量浪费。这种"隐形"的水量流失并不亚于"显形"的漏水量。《建筑给水排水设计规范》GB 50015 中明确"各分区最低卫生器具配水点处的静水压力不宜大于 0.45MPa，特殊情况下不宜大于 0.55MPa；水压大于0.35MPa 的入户管（或配水横管），宜设减压或调压设施"。上述条款，主要是防止给水配件压力过高造成损坏，并使高层建筑分区比较经济合理；对防止超压出流具有积极作用，但也存在一定的问题：一是要求对水压超过 0.35MPa 的入户管，"宜设"减压或调压设施，并没有做出"必须设置"或"应设置"的严格要求；二是根据目前的研究结果，水压大于 0.35 MPa 的入户管才设减压设施过于宽松，仍会造成水量的较大浪费。

不同压力状况下水龙头的出水量分析见图 11.1、图 11.2。

实测中，普通水龙头半开和全开时最大流量分别为 0.42L/s 和 0.72L/s 对应的实测动压值 0.24MPa 和 0.5MPa，静压值均为 0.37MPa；节水龙头半开和全开时最大流量分别为 0.29L/S 和 0.46L/S，对应的实测动压值分别为 0.17MPa 和 0.22MPa，静压值分别为 0.3MPa 和 0.37MPa。两种水龙头，在半开状态时，最大出流量约为额定流量的 2倍；在全开状态时，最大出流量为额定流量的 3 倍以上。

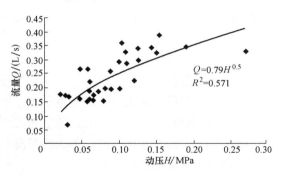

图 11.1　普通水龙头半开时的动压—流量曲线

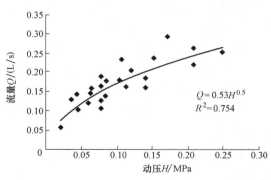

图 11.2　节水龙头半开时的动压—流量曲线

从上述分析可以看出，普通水龙头和节水龙头在半开状态下的超压出流率分别为 55％和 61％。实际上水龙头出流量的超标率要大于以上数值。由此看来，建筑给水系统超压出流的现象是普遍存在而且是比较严重的。建筑给水系统超压出流的防治对策为减少超压出流造成的"隐形"水量浪费，应从给水系统合理进行压力分区、设置减压设施等多方面采取对策。

11.1.1.2　应用要点

给水系统合理压力分区应满足以下几点：

1. 首先应充分利用市政供水压力。掌握执行准确的供水水压、水量等可靠资料：随着城市市政建设的发展，市政管网的供水情况是在不断变化的；城市供水管网的压力也是不尽相同的。因此只有掌握了准确的资料，才能使给水系统分区尽量合理。

2. 要满足卫生器具配水点的水压要求：随着节水器具的不断开发、使用，器具配水点所需压力有新的要求；对一些高档办公建筑，大量使用进口卫生器具，其配水点的供水压力也应满足产品要求。

3. 高层办公建筑分区供水压力应满足《建筑给水排水设计规范》GB 50015 中第 3.3.5 条的要求。

减压设施的合理配置和有效使用，是控制超压出流的技术保障：

1. 减压阀

当给水管网压力超出配水点允许的最高使用压力时，应设置减压阀。在减压阀设置中应做到：

（1）用于给水分区的减压阀应可以同时减动压和静压。

（2）宜采用可调式减压阀。

（3）减压阀前的水压宜保持稳定，阀前管道不宜兼做配水管。

（4）减压阀出口端连接的管道管径不应缩小，且管道直线长度不应小于 5 倍的公称直径。

2. 减压孔板

减压孔板是一种构造简单的节流装置，可用于消除给水龙头和消火栓前的剩余水头，以保证给水系统均衡供水，达到节水目的。

减压孔板相对于减压阀来说，系统比较简单，投资较少，管理方便，但只能减动压，不能减静压,且下游的压力随上游压力和流量而变,不够稳定。另外,供水水质不好时,减压孔板容易堵塞。可以在水质较好和供水压力较稳定的情况下采用。

减压孔板选用时应注意以下几点:

(1) 采用不锈钢板材制作孔板。

(2) 孔板前后均应留有直管段,管段长度不宜小于 5 倍管径。

办公建筑给水系统减压限流改造后,应实现给水系统无超压出流现象。用水点供水压力不大于 0.20MPa。当选用了恒定出流的用水器具时,该部分管线的工作压力满足相关设计规范的要求即可。当建筑因功能需要,选用特殊水压要求的用水器具时,如大流量淋浴喷头,可根据产品要求采用适当的工作压力,但应选用用水效率高的产品。

11.1.1.3 工程案例

北京某办公楼 1～3 层由外网供水,4～18 层由变频调速泵供水,节水改造时在 4～13 层支管上设减压阀。运行后测试,由于入户支管上设置了减压阀,各楼层出水量明显较小,且各层配水点水压、流量较均匀,在所测 9 个楼层中,平均出流量为 0.17L/s,最大流量为 0.22L/s,没有一层处于超压出流状态。可见,减压阀具有较好的减压效果,可使出流量大为降低。

上海某办公楼节水改造时,用钢板自制 5 mm 减压孔板,用于员工浴室出水管减压,使同量的水用于洗澡的时间由原来的 4h 增加为现在的 7h,节水率达 43 %,节水效果相当明显。

11.1.2 降低管网漏损率

11.1.2.1 技术概述

管网漏水是建筑给水系统普遍存在的问题,管道漏损既浪费宝贵的淡水资源,又给建筑运行带来了巨大的经济损失,有必要采取切实有效措施加以控制。管网漏损率是指管网漏水量与供水总量之比。这是衡量一个供水系统供水效率的指标。加强办公建筑内部给水管网漏损控制,既要尽量防止漏损发生,也要及时发现漏损。

管网漏损包括管道系统漏损和储水设施漏损,主要是由以下几点原因造成:

1. 管材、管件选择不合理。

2. 管材、管件及储水设施在运输、施工等环节中磨损或者安装施工不规范。

3. 运行环境较差或者运行时间久导致的管网老化腐蚀。

4. 缺乏管网检漏手段,无法及时发现管网漏损现象并采取补救措施。

综合上述原因,降低既有办公建筑管网漏损率的主要措施为:

1. 更换并合理设置性能更加优秀的管材、管件及储水设施,严把运输施工环节质量。

2. 按水平衡测试要求设置水表,为管网检漏提供更方便、可靠途径。

11.1.2.2 应用要点

更换管材、管件及储水设施时,应选用密闭性能好的阀门、设备,使用耐腐蚀、耐久性能好的管材、管件,使用的管材、管件,必须符合现行产品行业标准的要求。施工时做好管道基础处理和覆土施工,控制管道埋深,加强管道工程施工监督。

水平衡测试是对项目用水进行科学管理的有效方法,也是进一步做好城市节约用水工作的基础。它的意义在于，通过水平衡测试能够全面了解用水项目管网状况，各部位（单元）用水现状，画出水平衡图，依据测定的水量数据，找出水量平衡关系和合理用水程度，采取相应的措施，挖掘用水潜力，达到加强用水管理，提高合理用水水平的目的。

水平衡测试是加强用水科学管理，最大限度地节约用水和合理用水的一项基础工作。它涉及用水项目管理的各个方面，同时也表现出较强的综合性、技术性。通过水平衡测试应达到以下目的：

1. 掌握项目用水现状。如水系管网分布情况，各类用水设备、设施、仪器、仪表分布及运转状态，用水总量和各用水单元之间的定量关系，获取准确的实测数据。

2. 对项目用水现状进行合理化分析。依据掌握的资料和获取的数据进行计算、分析、评价有关用水技术经济指标，找出薄弱环节和节水潜力，制订出切实可行的技术、管理措施和规划。

3. 找出项目用水管网和设施的泄漏点，并采取修复措施，堵塞跑冒滴漏。

4. 健全项目用水三级计量仪表。既能保证水平衡测试量化指标的准确性，又为今后的用水计量和考核提供技术保障。

5. 可以较准确地把用水指标层层分解下达到各用水单元，把计划用水纳入各级承包责任制或目标管理计划，定期考核，调动各方面的节水积极性。

6. 建立用水档案，在水平衡测试工作中，搜集的有关资料，原始记录和实测数据，按照有关要求，进行处理、分析和计算，形成一套完整翔实的包括有图、表、文字材料在内的用水档案。

7. 通过水平衡测试提高单位管理人员的节水意识，单位节水管理节水水平和业务技术素质。

8. 为制定用水定额和计划用水量指标提供了较准确的基础数据。

按水平衡测试要求设置水表关键在于分级设置水表计量、分项设置水表计量。分级设置水表计量，保证每一级所有水表的计量范围总和等于上一级的所有水表计量范围，同时保证计量范围涵盖整个项目的所有用水单元；分项设置水表计量，在分级设置水表的基础上，按空间关系、缴费单元、供水用途等因素，逐级分解细化计量各用水单元。分级越多、分项越细，水平衡测试的结果越精确。

11.2　热水系统

11.2.1　用水点压力平衡

11.2.1.1　技术概述

建筑内有热水供应的用水点由冷热水系统同时供水，保证配水点冷热水压力平衡，便于水温的调节，可以减少因调节水温时间长造成的水量浪费。

11.2.1.2 应用要点

保证配水点冷热水压力平衡的常用措施如下：

1. 高层办公建筑的冷热水分区应一致，各供水区域的水加热器应由对应区域的冷水系统供给；

2. 同一供水区域的冷热水管路系统应采用相同的布置形式，建议采用上行下给方式；

3. 选用水加热器的被加热水侧阻力损失不应大于 0.01MPa。

11.2.2 循环系统改造

11.2.2.1 技术概述

据调查，大多数集中热水供应系统存在严重的浪费现象，主要体现在开启热水配水装置后，不能及时获得满足使用温度的热水，而是要放掉部分冷水之后才能正常使用。这部分冷水未产生效益，因此称之为无效冷水。无效冷水浪费现象是多方面原因造成的。合理设置回水管路是有效避免无效冷水浪费的主要方法。

11.2.2.2 应用要点

办公建筑热水系统改造中，热水用水量较小且用水点分散时，宜采用局部热水供应系统；热水用水量较大、用水点比较集中时，应采用集中热水供应系统，并应设置完善的热水循环系统，保证配水点出水温度不低于 45℃ 的时间不得大于 10s。

《建筑给水排水设计规范》中提出了建筑集中热水供应系统的三种循环方式：干管循环（仅干管设对应的回水管）、立管循环（立管、干管均设对应的回水管）和干管、立管、支管循环（干管、立管、支管均设对应的回水管）。同一座建筑的热水供应系统，选用不同的循环方式，其无效冷水的出流量是不同的。

同一建筑采用各种循环方式的节水效果，其优劣依次为支管循环、立管循环、干管循环，而按此顺序各回水系统的工程成本却是由高到低。因此，办公建筑改造集中热水供应系统在选择循环方式时需综合考虑节水效果与工程成本。

无循环热水系统的理论无效冷水量最大，水量浪费极其严重，在集中热水供应系统中应避免采用。

干管循环方式的水量浪费严重，而且办公建筑的层数越多，无效冷水管段长度会因立管的增长、支管的增加而增加，因而理论无效冷水量也将随之增大，远大于支管循环和立管循环，且与其他循环方式相比，其经济优势并不明显。因而，办公建筑集中热水供应系统改造应避免选用干管循环方式。

支管循环方式理论上不产生无效冷水，针对我国水资源紧缺、需尽可能降低无效冷水量的状况，从长期发展的角度讲，热水系统采用支管循环方式是最佳选择。

立管循环方式与干管循环和无循环相比节水效果显著，工程成本明显低于支管循环方式。根据我国目前的经济状况，立管循环方式在一定的时期内可以作为集中热水供应系统循环方式的另一选择方案。

综上所述，办公建筑的集中热水供应系统改造应根据建筑性质、建筑标准、地区经济条件等具体情况选用支管循环方式或立管循环方式，避免采用无循环和干管循环方式。

11.3　节能与环保

11.3.1　节能供水

11.3.1.1　技术概述

既有办公建筑给排水系统改造不仅注重节水效益，也应重视节能效益。供水设备是建筑给排水系统中的主要耗能设备，采用节能高效的供水设备，可以进一步降低建筑运行能耗。常用节能供水设备主要包括变频供水设备和管网叠压供水设备。

变频供水设备由于使用了变频技术及微机控制，因此可以使水泵运行的转速随流量的变化而变化，最终达到节能的目的。实践证明，使用变频设备可使水泵运行平均转速比工频转速降低 20%，从而大大降低能耗，节能率可达 20%～40%（图 11.3）。

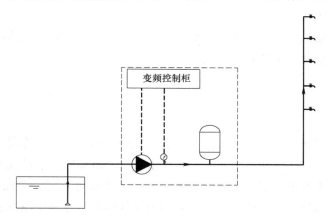

图 11.3　变频供水示意图

管网叠压供水设备充分利用了市政管网的供水余压，从而降低水泵的设计扬程达到节能目的（图 11.4）。

11.3.1.2　应用要点

1. 变频供水设备

变频供水有两种基本运行方式：变频泵固定方式和变频泵循环方式。变频泵固定方式最多可以控制 7 台泵，可选择"先开先关"和"先开后关" 2 种水泵关闭顺序。变频泵循环方式最多可以控制 4 台泵，系统以

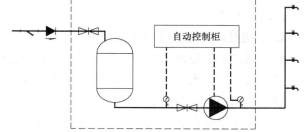

图 11.4　管网叠压供水示意图

"先开先关"的顺序关泵。灵活配置常规泵、休眠泵，便于实现供水泵房全面自动化，此种运行方式工作泵与备用泵不固死，可自动定时轮换，可以有效地防止因为备用泵长期不用时发生的锈死现象，提高了设备的综合利用率，降低了维护费用。

夜间小流量工作模式在夜间供水量急剧减少时，可方便指定每日休眠工作的起始/停

止时刻，并可设定休眠时的压力给定值。休眠期间，只有休眠水泵工作，变频器只监测管网压力，当压力低于设定压力时，系统自动唤醒。变频泵投入工作，当压力高于设定值时，系统再次进入休眠状态，只有休眠水泵运行。这样能最大限度地节水节电功效。

变频泵选用应注意以下问题：

（1）建筑给水系统变频泵流量按设计秒流量确定。

（2）水泵调速范围宜在 0.7～1.0 范围内。

（3）额定转速时，水泵的工作点宜位于高效段右侧的末端。

（4）宜配置适用于小流量工况的水泵，其流量可为 1/3～1/2 单台主泵的流量。

2. 管网叠压供水设备

在市政供水范围内，给水系统采用管网叠压供水时，应经当地供水行政主管部门及供水部门同意。同时管网叠压供水设备应具备以下功能：

（1）当设备进口处的压力降至限定压力时，30s 内设备应自动停止运行或减速运作，或转换至从水箱吸水。

（2）当供水干管的供水量小于设备的工作流量时，防负压装置启动；当供水量大于设备的工作流量时，防负压装置自动关闭。

11.3.2 排水处理

11.3.1.1 技术概述

办公建筑排水系统改造时，应设置完善的污水收集和污水排放等设施，有市政排水管网服务地区的建筑，其生活污水可排入市政污水管网，由城市污水系统集中处理；远离或不能接入市政排水系统的污水，应自行设置完善的污水处理设施，单独处理（分散处理）后排放至附近受纳水体，其水质应达到国家相关排放标准，并满足地方主管部门对排放的水质水量的要求。技术经济分析合理时，可考虑污废水的回收再利用，自行设置完善的污水收集和处理设施。污水处理率应达到 100%，达标排放率必须达到 100%。

目前，常用的水处理工艺主要分为三种：二级处理工艺、三级处理工艺和 MBR 处理工艺。

11.3.1.2 应用要点

1. 二级处理工艺特点（图 11.5）

（1）属传统的处理形式，工艺成熟、污泥产量小、设备投资较少。

（2）以生活污水（不含粪便）作为水源，要求排水实行粪污分流。

（3）原水的时、季流量变化较大，水量平衡困难。

（4）出水水质只能达到冲厕和绿化的要求。

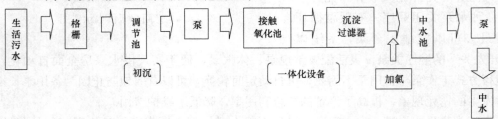

图 11.5 二级处理工艺流程图

2. 三级处理工艺特点（图 11.6）

（1）属传统的处理形式，工艺成熟、污泥产量大、设备投资较多。

（2）以生活污水（含粪便）作为水源，无须粪污分流，减少了管网的初投资。

（3）原水的时、季流量变化较小，水源充足。

（4）出水水质只能达到冲厕和绿化的要求。

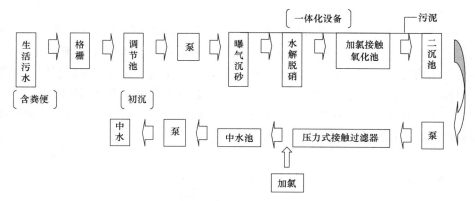

图 11.6　三级处理工艺流程图

3. MBR 处理工艺特点（图 11.7）

（1）属新型处理工艺，污泥产量极小且采用 PLC 自控，操作方便但设备投资多。

（2）膜的更新将增加运行费用。

（3）以生活污水（含粪便）作为水源，无须粪污分流，减少了管网的初投资。

（4）原水的时、季流量变化较小，水源充足。

（5）出水水质好，除满足冲厕和绿化的要求外，也能用于洗车。

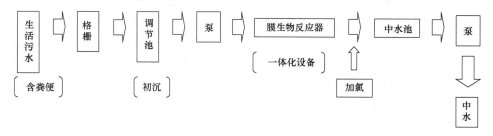

图 11.7　MBR 处理工艺流程图

参 考 文 献

[1] 付婉霞，刘剑琼，王玉明. 建筑给水系统超压出流现状及防治对策 [J]. 给水排水，2002，28（10）：48-51.

[2] 冯萃敏，付婉霞. 集中热水供应系统的循环方式与节水 [J]. 中国给水排水，2001，17（9）：46-48.

[3] 何昱. 集中热水系统的节水改造及分析 [J]. 工程建设与设计，2003（7）：11-17.

[4] 王秀艳，王启山，耿安锋. 绿色建筑水量安全保障策略研究报告 [R]. 国家"十五"攻关项目.

[5] 钱正英，张光斗. 中国可持续发展水资源战略报告 [R]. 北京：中国水利水电出版社，2001. 52.

[6] 宋琪，王彦. 浅析水资源的合理回收与利用 [J]. 设计理念与实践，2006，34（1）：63-64.

第12章 非传统水源利用

在最大限度挖掘"节流"潜力的前提下，对原水、雨水丰富或市政中水甚至海水利用条件完备的既有办公建筑，也可以通过经济技术比较，选择合理的非传统水源利用措施，从"开源"角度进一步节约可饮用水的消耗。既有办公建筑改造时，可以利用的非传统水源包括自建中水、市政中水、雨水及沿海缺水城市近年来开始考虑利用的海水。

本章从中水利用、雨水利用、海水利用三个方面出发，介绍分析既有办公建筑在非传统水源利用改造方面可供选择的主要技术。

12.1 中水利用

12.1.1 自建中水

12.1.1.1 技术概述

自建中水指建筑在自身红线范围内设置中水处理站，收集红线内或红线外建筑排水，经处理后代替自来水满足建筑杂用水（非饮用水）部门用水需求。

中水处理工艺是包括预处理单元、主体处理单元、深度处理单元在内的几种或多种单元污水处理工艺的高效集成，单元处理工艺的正确选择与合理组合对于中水系统的正常运行及处理效果有着至关重要的意义见表12.1。

建筑中水处理工艺一览 表 12.1

序号	工艺名称	工艺流程	适用原水	优 缺 点
1	混凝过滤	格栅→调节池→混凝→沉淀/气浮→过滤→活性炭→消毒	优质杂排水	工艺简单，占地少，但需要定期反冲洗，产水率不高
2	微絮凝过滤	格栅→调节池→微絮凝过滤→活性炭→消毒	优质杂排水	工艺简单，占地少，设备化程度高，出水水质优于混凝过滤，但需要定期反冲洗，产水率不高，活性炭易饱和
3	混凝过滤—臭氧氧化	格栅→调节池→混凝沉淀→过滤→臭氧→消毒	优质杂排水	过滤效果好，水质有保障具备物理化学的优点，但臭氧发生器损耗较大。实际应用较少
4	生物转盘	格栅→调节池→生物转盘→沉淀→过滤→（活性炭）→消毒	优质杂排水	部分盘面暴露在空气中，给周围环境带来较大气味。实际应用较少
5	一级生物接触氧化	格栅→调节池→生物接触氧化→沉淀→过滤→活性炭→消毒	优质杂排水	耐冲击负荷，造价低，但后续过滤单元需要定期反冲洗。实际应用较多
6	二级生物接触氧化	格栅→调节池→混凝→一级生物接触氧化→二级生物接触氧化→沉淀→过滤→活性炭→消毒	优质杂排水及生活污水	耐冲击负荷，造价低，但后续过滤单元需定期反冲洗，占地大，维护管理复杂。实际应用较多
7	水解酸化—生物接触氧化	格栅→水解酸化调节池→生物接触氧化→沉淀→过滤→消毒	生活污水	造价低，但流程较长，占地较大，出水水质不稳定

续表

序号	工艺名称	工艺流程	适用原水	优　缺　点
8	暴气生物滤池(BAF)	格栅→调节池→BAF→过滤→消毒	含洗浴排水的优质杂排水及生活污水	造价及运行成本低,占地很省,有机物及氮、磷去除率高,但需要定期反冲洗,系统产水率不高
9	膜—生物反应器(MBR)	格栅→调节池→MBR→消毒	含洗浴排水的优质杂排水及生活污水	出水水质优良稳定,对病原微生物去除率高,占地紧凑,剩余污泥排放少,耐冲击负荷,易于实现全自动无人看管运行,但造价较高
10	氧化沟	格栅→氧化沟→混凝沉淀/气浮→消毒	生活污水	建设、运行费用低,有机物及氮、磷去除率高,运行管理简单,但占地较大
11	内循环三相好氧生物流化床	格栅→调节池→生物流化床→过滤→消毒	生活污水	占地很省,耐冲击负荷,运行费用低
12	自然处理	格栅→预处理(水解酸化或生物接触氧化)→自然处理(土地处理系统、人工湿地、稳定塘、水生植物塘等)	生活污水	投资及运行费用最省,处理效果稳定,对病原微生物去除率高,但占地很大

目前以生物接触氧化法与混凝沉淀的组合工艺较为普遍,而消毒工艺则绝大部分采用以计量泵投加次氯酸钠溶液的加氯消毒方式,投加设备多为进口电磁计量泵故障率低,后期维护少。

12.1.1.2　应用要点

中水水源可取自生活污水和冷却水,一般可按下列顺序取舍:

冷却水→淋浴排水→盥洗排水→洗衣排水→厨房排水→厕所排水。

中水水源可分为 3 类:不含厨、厕排水,以冷却水、雨水、洗浴水为主的优质杂排水;含厨房排水的杂排水;杂排水＋厕所排水。中水用途:优先用于冲厕,其后为冷却、绿化、道路浇洒等。

使用中水时,应保证中水的使用安全,设置防止误接、误用、误饮的措施。中水在储存、输配等过程中要有足够的消毒杀菌能力,且水质不会被污染,以保障水质安全;供水系统应设有备用水源、溢流装置及相关切换设施等,以保障水量安全。中水在处理、储存、输配等环节中要采取安全防护和监(检)测控制措施,要符合《污水再生利用工程设计规范》GB 50335 及《建筑中水设计规范》GB 50336 的相关规定和要求,以保证中水在处理、储存、输配和使用过程中的卫生安全,不对人体健康和周围环境产生影响。

12.1.2　非自建中水

12.1.2.1　技术概述

非自建中水指由市政中水厂或区域中水处理站提供的中水。当办公建筑周边具备市政中水或区域中水使用条件时,可在改造过程中增设中水供水管道系统,引入市政或区域中水代替自来水满足建筑杂用水(非饮用水)部门用水需求。

12.1.2.2　应用要点

办公建筑周边具备市政中水或区域中水利用条件时,中水的获取更容易、水质更安全,水量更稳定。因此办公建筑在进行中水利用改造时,应优先充分利用非自建中水。

在利用非自建中水时,同样应保证中水的使用安全,设置防止误接、误用、误饮的措施。中水在储存、输配等过程中要有足够的消毒杀菌能力，要符合《建筑中水设计规范》GB 50336 的相关规定和要求，不对人体健康和周围环境产生影响。

12.1.3 工程案例

广东东莞某办公楼进行节水改造时，自建中水处理站，收集建筑排水经处理后代替自来水，回用做室内冲厕、车库冲洗、道路浇洒及绿化灌溉等杂用水，改造后节约自来水比例达 30%。

12.2 雨水利用

12.2.1 雨水入渗

12.2.1.1 技术概述

雨水渗透是一种间接的雨水利用技术，是合理利用和管理雨水资源，改善生态环境的有效方法之一。与传统的城区雨水直接排放和雨水集中收集、储存、处理与利用的技术方案相比，它具有技术简单、设计灵活、易于施工、运行方便、适用范围大、投资少、环境效益显著等优点。雨水渗透的目的包括将雨水回灌地下，补充涵养地下水资源，改善生态环境，缓解地面沉降、减少水涝等。

在地下水位高、土壤渗透能力差或雨水水质污染严重等条件下雨水渗透应受到限制。相对来讲，我国北方地区降雨量相对少而集中、蒸发量大、地下水利用比例较大，雨水渗透技术的优点比较突出。

雨水渗透利用不仅是设计方法问题，更是对传统雨水直接排放设计思想的变革。

12.2.1.2 应用要点

根据方式不同，雨水渗透可分为分散式和集中式两大类。可以是自然渗透，也可以是人工渗透（表 12.2）。

雨水渗透设施分类　　　　　　　　　　　　　　　　表 12.2

种类	渗透设施名称	优　点	缺　点
分散式	渗透检查井	占地面积和所需地下空间小,便于集中控制管理	净化功能低,水质要求高,不能含过多的悬浮固体,需要预处理
	渗透管	占地面积小,便于设置,可以与雨水管系结合使用,有调蓄能力	堵塞后难清理恢复,不能利用表层土壤的净化功能,对预处理有较高要求
	渗透沟	施工简单,费用低,可利用表层土壤的净化功能	受地面条件限制
	渗透池(坑)	渗透和储水容量大,净化能力强,对水质和预处理要求低,管理方便,可有渗透、调节、净化、改善景观等多重功能	占地面积大,在拥挤的城区应用受到限制;设计管理不当会水质恶化和滋生蚊蝇,干燥缺水地区,蒸发损失大
	透水地面	能利用表层土壤对雨水的净化能力,对预处理要求相对较低;技术简单,便于管理;城区有大量的地面,如停车场、步行道、广场等可以利用	渗透能力受土质限制,需要较大的透水面积,无调蓄能力

续表

种类	渗透设施名称	优　　点	缺　　点
分散式	绿地渗透	透水性好；节省投资；可减少绿化用水并改善城市环境；对雨水中的一些污染物具有较强的截流和净化作用	渗透流量受土质限制，雨水中含有较多的杂质和悬浮物会影响绿地的质量和渗透性能
集中式	干式深井回灌	回灌容量大可直接向地下深层回灌雨水	对地下水位、雨水水质有更高的要求，在受污染的环境中有污染地下水的潜在威胁
	湿式深井回灌		

　　建筑中常采用的是渗透管设施，是在传统雨水排放的基础上，将雨水管改为渗透管（穿孔管），周围回填砾石，雨水通过埋设于地下的多孔管材向土壤层渗透（图 12.1）。

　　其优点是占地面积小，便于在城区设置，可以与雨水管系、渗透池、渗透井等综合使用，也可以单独使用。缺点是一旦发生堵塞或渗透能力下降，地下管沟很难清理恢复，而且由于不能充分利用表层土壤的净化功能，对雨水的水质有要求，应采取适当的预处理，不含悬浮固体。在用地紧张的城区，表层土渗透性很差而下层有透水性良好的土层、旧排水管系的改造利用、雨水水质较好、狭窄地带等条件下较适用。一般要求土壤的渗透系数 K 明显大于 $10^{-6}\,\mathrm{m/s}$，距地下水位应有 1m 以上的保护层（图 12.2）。

图 12.1　雨水渗透管　　　　　　　　　　图 12.2　渗透式雨水井

　　中心渗透管一般采用 PVC 穿孔管、钢筋混凝土管等制成，开孔率不少于 2%。管四周填充砾石或其他多孔材料；砾石外包土工布，防止土粒进入砾石孔隙发生堵塞，以保证渗透顺利；土工布搭接宽度不少于 150mm。中心管也可用无砂混凝土管等材料制成。为弥补地下渗透管不便管理的缺点，可采用地面敞开式渗沟或带有盖板的渗透暗渠。渗沟可采用多孔材料制作或做成自然的带植物浅沟，底部铺设透水性较好的碎石层，特别适于沿道路或建筑物四周设置（图 12.3）。

12.2.2　雨水回用

12.2.2.1　技术概述

　　一般而言，雨水是相当干净的水源，除非是空气污染严重地区，否则建筑物均可以规

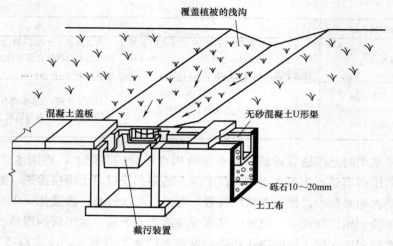

图 12.3 雨水渗透植被潜沟示意

划及利用屋顶作为雨水收集面积，再把雨水适当处理与贮存。并设置二元供水系统（即自来水及雨水分别使用之管线），将雨水作为杂用水，如冲厕所、浇灌、补充空调用水或景观池及生态池之补充水源等（图 12.4、图 12.5）。

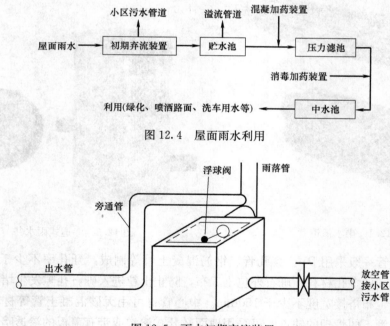

图 12.4 屋面雨水利用

图 12.5 雨水初期弃流装置

12.2.2.2 应用要点

雨水处理工艺流程应根据收集雨水的水量、水质以及雨水回用的水质要求等因素，经技术经济比较后确定。雨水收集回用系统应优先收集屋面雨水，不宜收集机动车道路等污染严重的下垫面上的雨水。雨水回用的处理工艺可采用物理法、化学法或多种工艺组合处理。

屋面雨水处理可根据原水水质选择以下处理工艺：

1. 屋面雨水→初期径流弃流→景观水体
2. 屋面雨水→初期径流弃流→雨水蓄水沉淀池→消毒→清水池
3. 屋面雨水→初期径流弃流→雨水蓄水沉淀池→过滤→消毒→清水池

如用户对水质有更高要求时，应增加相应的深度处理措施。

设计雨水收集系统及处理设施时，应遵循以下原则：

1. 回用系统的最高日设计用水量不宜小于集水面日雨水设计径流总量的 40%。
2. 雨水可回用量宜按雨水设计径流总量的 90% 计。
3. 雨水蓄水池宜设在室外，其有效储水容积不宜小于集水面重新期 1～2 年的日雨水设计径流量减初期径流弃流量的差值。

4. 雨水清水池的有效容积应根据产水曲线、供水曲线确定，并应满足消毒接触时间要求。在缺乏上述资料时，可按雨水回用系统最高日设计用水量的 25%～35% 计算。

5. 回用雨水供水管道上不得装设取水龙头，并应有防止误接、误用、误饮的措施。

12.2.3　工程案例

上海申都大厦项目进行改造时，设置雨水处理站收集屋面雨水经处理后代替自来水，回用做绿化灌溉、道路浇洒、车库冲洗及水景补水，改造后节约自来水比例达 22%。

12.3　海水利用

12.3.1　技术概述

在世界上的总水量中，海水占 97.2%，淡水只占 2.8%，而可以开发利用的淡水资源仅为 0.64%。为了充分、合理地调配一切水资源，世界上许多拥有海水资源的国家都大量采用海水替代宝贵的淡水资源。海水除被广泛应用在工业生产中外，在生活用水中也是城市供水的补充水源之一，据国外有关资料统计，一些发达国家生活用水量的 15%～40% 用于冲厕（表 12.3）。

英、美、日、韩各国生活用水分类统计表（%）　　　　　　表 12.3

构成	饮用水	非饮用水		
用途	饮用洗碗等	洗衣洗车等	冲厕	小计
英国威尔士	48.4	36.1	15.5	51.6
美国	48	11	41	52
日本	38	46	16	62
韩国	46	34	20	54

大量的自来水用于冲厕与水资源严重短缺的现实情况不相符，将经过多级处理工艺生产出来的自来水用于冲洗厕所本身也是极大的浪费。充分利用取之不尽、用之不竭的海水资源，是解决淡水资源不足的主要措施之一。

12.3.2 应用要点

开展海水利用要解决的主要问题是海水的净化技术、防生物附着技术、设备及管道的防腐蚀技术和利用后的海水的处理技术。对于绿色建筑的给排水设计来说，涉及的主要是设备及管道的防腐蚀技术，其余三者都属于市政水处理和管网输配问题。

由于海水中的氯化物和硫酸盐含量甚高，是强电解质溶液，对金属有较强的腐蚀作用，海水冲厕供应系统的每个部分（包括调蓄水池），均需以适用于海水的材料制造。在内部供水设施方面，常采用球墨铸铁管及低塑性聚氯乙烯水管，或者在凡流经海水的管道内敷贴衬里，衬里名目繁多，其性能也有不同，最常用的衬里有橡胶衬里、焦油环氧基树脂涂层和聚乙烯衬里。

冲厕用海水处理从进水口开始工艺流程如下：

1. 筛分离。海水先经过设于进水口处的不锈钢格栅，通过 12mm² 的网孔截留并去除大颗粒杂质，为保证格栅正常工作，通常一周冲洗一次。

2. 曝气（在取水点水质达标的条件下一般不设）。格栅分离悬浮杂质后，在溶解氧缺乏的情况下，可能会产生异臭怪味。因此，可在供水站加设曝气装置，进行曝气充氧。

3. 加氯处理。在供水站根据水质状况加氯 3～6 mg/L，以保证管网末梢能有 1 mg/L 的余氯，这样可避免供水系统中因细菌和生物繁殖对水质造成的不良影响，并可防止因生物繁衍沉积使供水能力降低。以往加氯一般采用液氯，但水厂（站）往往因液氯瓶贮存场地有限，运送稍一滞缓即造成加氯处理的中断。为此，现在采用海水电解分离的方法直接在现场制取次氯酸钠产生氯气，这种产氯的方法比以往采用液氯减少了运输瓶罐贮存空间。

在海水利用方面，持续、充分加氯以保证余氯浓度，对于抑制供水系统内海生物等的沉积是很有必要的，但对于一些无盖水池，因加氯效果较难维持而使藻类繁殖较难抑制，为此采用投加适量的硫酸铜或建成加盖的水池，并定期去除有机沉积物以提高这方面处理的效果。

利用海水时，除与利用中水、雨水一样需要保证使用安全外，由于海水盐分含量较高，还要考虑管材和设备的防腐问题，以及后排放问题。

参 考 文 献

[1] 北京汇佳汉青中水科技有限公司. 京津地区建筑中水设施 [R]. 水利部水利水电规划设计总院，2005.
[2] 北京汇佳汉青中水科技有限公司. 探索适合中国国情的中水道系统新模式 [R]. 水利部水利水电规划设计总院，2005.
[3] 汪良珠. 大型公共建筑中水回用 [J]. 中国资源综合利用，2002 (12)：14-16.
[4] 赵玉军，陈奎章，师培. 生活污水中水回用工程设计 [J]. 江苏环境科技，2006 (2)：23-24.
[5] 侯瑞波，陈晔. 中水回用的处理工艺 [J]. 建筑技术开发，2002，29 (10)：39-40.
[6] 曹秀芹，车伍. 城市屋面雨水收集利用系统方案设计分析 [J]. 给水排水，2002，28 (1)：13-15.
[7] 张书函，丁跃元，陈建刚. 德国的雨水收集利用与调控技术 [J]. 北京水利，2002 (3)：39-41.
[8] 车伍，李俊奇. 城市雨水利用技术与管理 [M]. 北京：中国建筑工业出版社，2006.
[9] 陈艳英. 海水利用中的几个问题探讨 [J]. 工业水处理，2003，23 (1)：47-49.

［10］　张雨山，王静，成玉，单科，姜天翔. 大生活用海水水质标准研究［J］. 海洋技术，2005，24（3）：124-127.

［11］　张国辉，王为强，于欣. 建立青岛市海水冲厕试验小区的探讨［J］. 海岸工程，2000，19（1）：69-72.

［12］　耿安锋，王启山，王秀艳. 绿色建筑海水冲厕初探［J］. 住宅科技，2005（8）：27-30.

［13］　董立新. 浅谈天津市的海水利用［J］. 天津科技，2004（4）：46-47.

［14］　武周虎，张国辉，武桂芝. 香港利用海水冲厕的实践［J］. 中国给水排水，2000，16（11）：49-50.

［15］　郭培章，宋群. 中外节水技术与政策案例研究［M］. 北京：中国计划出版社，2003.

第五篇　电气与智能化

第 13 章　电气与照明系统

　　办公建筑的电气照明属于低压配电系统，之所以将电气与照明分开讨论，主要是基于建筑用能的特点考虑。照明系统是电气部分最主要的负荷，照明系统的节能是从负荷需求侧降低能耗，与设备选型和运行方式有着密切的关系；而电气系统的节能则是在能源供应侧的角度，从电力的输配层面考虑节能。同时，电气系统为整个建筑运行提供电能，电耗数据反映了建筑中各类系统的运行情况，是制定改造方案的基础，也为改造后节能效果提供数据支撑。

13.1　电气系统

　　办公建筑的电气系统主要指低压配电部分，而低压配电设计时常会按末端设备使用性质照明和动力来分设变压器，有些还会将空调系统单独设置变压器，以便在非空调季节停用该系统，采用多台变压器时针对负荷需求设计多种运行方式，实现变配电系统节能运行目的。办公建筑绿色化改造中应重点关注建筑变配电系统的节能改造，其改造技术体现在以下几个方面：1. 降低建筑变配电系统损耗；2. 采用高效节能电器设备；3. 设置合理的用电分项计量系统；4. 调整运行方式，实现经济运行。

13.1.1　降低建筑变配电系统损耗改造技术

13.1.1.1　技术概述

　　降低建筑变配电系统的损耗的技术措施包括减少配电回路线损、降低变压器损耗和谐波损耗以及进行功率因数补偿等。

　　在现有建筑电力系统中，10kV 及 380/220V 电压等级是变配电系统的主体。电能通过变配电回路的线缆、开关、变压器等设备进行传输的过程中，会产生功率损失（有功、无功功率），并在相应的时间内产生能量损失（有功、无功电量）。发热是线损造成的最突出问题。发热的过程就是把电能转化为热能的过程，造成了电能的损失；发热使导体温度升高，促使绝缘材料加速老化，寿命缩短，绝缘程度降低，出现热击穿，引发建筑配电系统事故。一般建筑配电网的线损率约为 6%，严重者可达到 10% 甚至更高。这不仅意味着电能的损失，更表现在一次能源的大量浪费以及对环境造成更多的污染。

13.1.1.2　应用要点

　　变压器损耗分为固定损耗和负载损耗两种。固定损耗由变压器自身材料结构等因素决定，因此在设计选型时要特别关注变压器的阻抗百分比参数；负载损耗主要由负载特性和运行规律决定，因此要合理规划变压器的运行，使其运行在合理的经济区间，达到其高效运行目的。合理选择配电变压器的容量是变压器经济运行的要求。变压器容量太小，会引

311

起过负荷运行，负载损耗增加；变压器容量太大，变压器不能被充分利用，空载损耗增加。因此，根据实际负荷情况确定配电变压器的容量，可确保变压器运行在最佳负载状态。同时选择节能型变压器，并应根据不同的用电特点选择灵活的接线方式，并能随各变压器的负载率及时进行负荷调整。另外，变压器的三相负载力求平衡，不平衡运行不仅降低出力，而且增加损耗。

谐波损耗也是造成配电网损耗的主要因素。办公建筑中大量使用节能灯及变频器是产生高次谐波的主要原因。谐波会造成配电网线缆、元器件和用电设备发热，增加无功损耗，从而造成能量的浪费。在建筑中除了常见的荧光灯、电梯、变频水泵等非线性用电设备外，还存在大量的用电设备（如复印机、打印机、电脑等），给建筑配电系统的各个环节带来严重的谐波问题。谐波使电能的利用效率降低，使建筑中的各种电器设备因电流中高频成分的增加所产生的涡流损耗增加，从而引起设备过热，并使绝缘老化，使用寿命缩短，甚至发生故障或烧毁。同时，谐波还会引发配电系统局部谐振，使谐波含量放大，造成补偿电容等设备的烧毁。谐波还会引起自动装置误动作，使电能计量出现混乱，对各种设备产生扰动。因此，消除谐波不但能提高设备使用寿命，同时也可减少电能损耗。

功率因数补偿分为配电系统的集中补偿和设备就地补偿2种方式，一般办公建筑大多采用集中补偿的方式，当用电设备不多造成负荷偏低时，如果未采用自动补偿的方式时容易造成功率因数的过补偿，从而使配电系统震荡，因此在改造时需要特别关注。建筑配电系统如果无功电源不足，会使配电系统功率因数和电压质量下降，致使电气设备容量得不到充分利用，导致电流的增大和视在功率的增加，供配电设备及线路损耗增加，变压器及线路的电压降增大，使供电网电压产生波动。无功功率补偿的作用就是要尽量减少无功功率对电网的影响，其作用主要有：提高建筑配电系统及负载的功率因数，降低线路及用电设备的容量和负荷，减少功率消耗；稳定电网的电压，提高供电质量，增加系统的稳定性；平衡三相负荷，减少无功功率对电网的冲击。对建筑配电网的电容器进行无功补偿，通常采取集中、分散、就地结合的方式。电容器自动投切的方式可按母线电压的高低、无功功率的方向、功率因数的大小、负载电流的大小、昼夜时间进行划分，具体选择要根据负荷用电特征来确定。如果楼层的单相负载所占比例较大，应考虑分层单相无功补偿或自动分相无功补偿，以避免由一相采样信号作无功补偿时可能造成其他两相过补偿或欠补偿，这样都会增加配网损耗，达不到补偿的目的。装设并联电容器后，系统的谐波阻抗发生了变化，对特定频率的谐波会起放大作用，不仅对电容器寿命产生影响，而且会使系统谐波干扰更加严重。因此，有较大谐波干扰而又需补偿无功的地点，应考虑增加调谐电抗器以避免谐振。

13.1.2　节能产品应用

采用高能效等级的电气设备可以极大节约电能，国家陆续出台了一系列产品的能效等级标准，如《房间空气调节器能源效率限定值及能效等级》GB 12021.3—2010、《中小型三相异步电动机能效限定值及能效等级》GB 18613—2012、《打印机、传真机能效限定值及能效等级》GB 25956—2010 等，这些产品的应用直接产生客观的节能量，尤其是持续运行的用电设备，其节能效果更加明显，在办公建筑的绿色化改造中，应尽量选择能效等级较高的产品，因为随着电器设备的技术提高，标准中推荐的节能评价值很快就会被更高的标准值所取代。

13.1.3　用电分项计量系统改造技术

13.1.3.1　技术概述

建筑能耗包含电力、燃气、冷热量、水等，其中最大的消耗是电力消耗，用电分项计量是将计量技术、网络技术综合应用到建筑能耗分析平台中，它与传统供配电设计中的计量有较大的区别，传统的供配电计量一是作为电能结算的依据，二是对大功率用电设备和回路进行电流监测，其目的是出于安全的考虑；而用电分项计量出于对能耗监测的需要，对各类用电设备进行监测，用于能效测评，但不直接用于电能结算。2008 年 7 月 23 日国务院第十八次常务会议通过中华人民共和国国务院令第 530 号令《民用建筑节能条例》中第二章　新建建筑节能第十八条，要求"公共建筑还应当安装用电分项计量装置"，明确提出了用电分项计量的要求，住房和城乡建设部 2008 年 6 月颁布了国家机关办公建筑和大型公共建筑能耗监测系统系列导则及规范共 5 本，对分项计量从能耗数据采集、传输、设计安装、信息中心建设及验收程序作出了规定。

13.1.3.2　应用要点

一般建筑电气专业在设计电工测量时是按照《民用电气设计规范》中对电气测量的要求进行设计的，其中规定应设置测量交流电流的回路包括：1）配电变压器回路；2）无功补偿回路；3）10（6）kV 和 1kV 及以下的供电干线；4）母线联络和母线分段断路器回路；5）55kW 及以上的电动机；6）根据使用要求，需监测交流电流的其他回路。以上监测回路设置原则是根据《电能计量装置技术管理规程》、《电能计量柜》和《供用电营业规则》等，是为了保证电能计量量值的准确、统一和电能计量装置运行的安全可靠。而用电分项计量的目的，是为了将不同种类用电设备的耗电量实时数据进行分类归纳，通过大量长时间的数据积累，建立统一的用电数据模型和分析指标，进而对某一地区的建筑用电能耗进行合理分析，建立一个合理的用电指标，为政府的节能决策提供支持；对于安装了分项计量的业主，可以随时了解自己的电能消耗情况，还可以开展横向与纵向对比，如与其他同类匿名建筑的分项耗电进行比较，如果是拥有多处建筑的集团公司，即可以对比本集团内同地区同类建筑，也可以对比不同地区同类建筑的分项耗电差异；对本建筑进行过去几年与今年的分项耗电对比，清楚地了解自己的优势和差距，激励节能管理；对于节能服务公司来说，用电分项计量可以为节能改造的实际效果提供公正的评估，特别是能定量地区分每一项节能技术或管理措施的效果，作为节能服务公司与业主之间核定节能量的依据。

用电分项计量安装完成后的采集数据校核很重要，如果不进行采集数据的校核，容易造成耗电数据不准确，无法准确得知建筑改造前后节能量，也无法进行建筑耗电分析等工作。有功最大需量是衡量建筑内用电设备在需量周期内的最大平均有功负荷，一般电力公司取 15min 为需量周期，有功最大需量的测量是为了进行节能分析，可以将它与气象参数进行对比分析。

安装分项计量电能回路应该全部检验，校核时应采用 0.2 级标准三相或单相电能表作为标准电能表；标准电能表的采样时间应与分项计量安装的电能表采样时间一致，且累计采样时间不应小于 1h。标准电能表与分项计量安装的电能表时间一致的条件下，同一时刻开始数据采集，累计时间≥1h 后，两者测量值的测量误差应小于 1%，有功最大需量检测应与当地电力公司测量方法相一致。

13.1.4　变压器经济运行

13.1.4.1　技术概述

近几年来，降低变压器损耗已经成为变压器制造厂商、发、供用电部门共同关注的问题。变压器的节电可从两方面考虑：一是选用节能型变压器，减少损耗；二是注重运行管理，实现变压器高效经济运行。

在电力系统中，往往存在着各种型号及容量互不相同的变压器。同一变电所内，在变压器台数多、有备用的情况下，对于同一负载，便会存在着多种运行方式，其中必然有一种方式损耗最小，即经济的运行方式。

13.1.4.2　应用要点

变压器经济运行是指通过择优选取最佳的运行方式和调整各台变压器负载分配的方法，在传输电量不变的条件下使变压器的电能损耗达到最低。具体措施就是在确保变压器安全运行、传输电量和满足使用要求的基础上，以现有的设备不变为前提，通过优化调整负载的分配、择优选取变压器的最佳运行方式以及不断地完善变压器的运行环境及工作条件等技术措施，最大限度地降低变压器的电能损耗。

为了提高变压器的运行效率，降耗节能，可采取下述措施：

1. 合理选择变压器型号。即使变压器的效率很高，但总损耗依然很大，最多时能占到线路总损耗的 20%～25%，所以，选择合理的变压器型号非常重要，可以进一步提高变压器工作效率，起到低损耗节能的作用。

2. 同变电站内变压器保持一致，并满足并列条件。变电站内主变技术参数要尽可能地保持一致，还要满足并列运行条件，这样就可以防止变压器之间出现较大的环流，从而对设备造成损坏。容量比一般不超过 3：1，尽可能地降低变压器的额外损耗，使变压器经济运行。

3. 提高负荷预测精确度，利用现有电力实时数据采集系统，搜集和积累有关负荷资料，加强对历史数据的分析和统计工作，掌握变压器在不同季节、不同时段的负荷变化规律，指导和改进变压器的经济运行工作。

4. 借助调度自动化系统测量实时的母线电压、开关潮流、功率因数等，来监视变压器的运行状态，通过对这些数据的了解，指导运行人员及时改变主变分接头、投退电容器、开停机组等，从而提高系统电压，改善用户电能质量，满足总体经济运行的要求。

5. 在运行方式的选择上，要考虑运行一台变压器还是运行两台或者多台变压器；如果运行两台或者多台变压器，则需要对变压器的组合方式与投切时机作出选择。目前采用最多的是临界点划分法与临界区间划分法，用于分析变压器经济运行。通过求取不同变压器的损耗随负载变化曲线的交点，可以获得负荷临界点，根据临界点即可划分变压器运行方式的经济运行区间，每个区间对应的运行方式就是损耗最小的运行方式。也用多个连续点值来代替临界点划分法中的一个点值，这多个连续点值可以构成一个区间，即经济运行区。

13.1.5　工程案例

13.1.5.1　现状分析

某学校办公楼为 20 世纪 50 年代建筑，经过几十年的使用和局部改造，电气系统老化，且不能满足现有办公不断增加的用电负荷需求。经过调研，发现存在以下问题：

1. 经过几十年的使用及局部改造，原有的电气线路已面目全非，并存在线路老化、临时线路众多、布线方法不规范等问题。这不仅给维护和使用带来不便，也带来了一定的安全隐患。

2. 电器设备陈旧，能效不高。原有的配电箱、箱内的闸刀开关和保险控制回路等设备老化，且无接地端子，无漏电保护，导线也大多老化。

3. 普遍存在动力、照明回路共用的情况，功率因数低，谐波较大，电能质量较差。办公楼的照明控制与教室共用且无分项计量设备，造成管理上的混乱，

电气系统的改造，不仅是建筑节能的需要，同时也是安全用电的要求，同时为后续的运行和管理节能奠定了基础。

13.1.5.2　改造方案

在对各个用电单位负荷了解清楚的情况下，制定有针对性改造方案。采用的主要措施如下：

1. 照明、插座回路分开，全楼公共区域的照明设置控制总开关。照明系统的用电单独计量。

2. 走廊及公共空间采用声光控制开关控制，走廊及出口加装应急照明灯及指示灯。

3. 考虑到各用电单位的灵活性，在每层设置多用户组合式电表计量，单相用户最多可带 36 户，每户负载为 8kW。实验室计算机房和电教中心采用容量较大的三相电表。各层用户表通过 RS485 总线和公共电话网与总控室内计算机连接起来，完成数据接收和发送，实现远程控制。

4. 因该办公楼无配电竖井，设计施工时采用全封闭桥架，并避免影响走廊交通，横向干线桥架距地不小于 2.5m，走廊吊顶处设置检查口。

5. 对楼内闭路电视、电话及网络系统进行弱点改造，合理设置信息点，采用封闭电缆桥架及封闭线槽方式敷设。弱电线路和强电线路采用不同的桥架和线槽，平行设置。

6. 每层配电箱将教室配电、办公配电和公共区域照明控制回路开关集中设置在一个配电箱内，尽量少占用走廊空间。每个房间在进户处设用户配电箱，根据功能确定控制回路数量。

改造后消除了用电系统的安全隐患，提高了用能效率，并为今后的管理及检修提供了便利条件。

13.2　采用高效照明产品

13.2.1　光源与镇流器

13.2.1.1　技术概述

办公建筑中最常用的照明光源是荧光灯，包括直管形荧光灯和紧凑型荧光灯。在一些

高大空间，如大堂或门厅等场所，也可采用金属卤化物灯等高强气体放电光源。目前，常用的紧凑型荧光灯光效为 50～70lm/W，寿命为 5000～8000h，三基色的 T5 荧光灯光效可达到 90～110lm/W，寿命为 8000～12000h，一般显色指数在 80 以上。另外，目前市场上也有高频 T8 荧光灯的产品，光效可达到 100lm/W 以上，与三基色 T5 荧光灯的性能相当。

在选择光源时，不单是比较光源价格，更应进行全寿命期的综合经济分析比较，因为一些高效、长寿命光源，虽价格较高，但使用数量减少，运行维护费用降低，经济上和技术上是合理的。这是在办公建筑照明系统绿色化改造时选择光源的一般原则。

在进行照明改造时，采用高效的照明光源是行之有效的一项措施。如对于一些老旧的办公建筑，原有照度不满足标准要求，在不增加照明电耗的情况下，直接采用高效光源替换原有低效产品，就能够达到提高照明水平、改善光环境效果、实现绿色化改造的目标。但是，只是简单替换光源有时候并不能有效解决问题，这时需要与其他的技术措施相结合。

13.2.1.2　应用要点

既有办公建筑照明系统的绿色化改造，首先应满足照明质量的要求。因此，选择光源及镇流器时应遵循《建筑照明设计标准》GB 50034—2013 等标准的有关规定：

1. 选用的光源应达到《单端荧光灯能效限定值及节能评价值》GB 19415 和《普通照明用双端荧光灯能效限定值及能效等级》GB 19043 等现行国家标准中规定节能评价值的要求。选用的 LED 灯应满足《LED 室内照明应用技术要求》GB/T 31831—2015 中的相关规定。

2. 灯具安装高度较低的房间，如一般的办公室、会议室等，宜采用细管直管形三基色荧光灯。

3. 灯具安装高度较高的场所，如大堂等，应按照使用要求，采用金属卤化物灯、高频大功率细管直管荧光灯或 LED 灯。

4. 走廊、卫生间等场所，可选用 LED 灯或紧凑型荧光灯，并配合节能的控制方式。

5. 一般情况下不应采用普通照明白炽灯，对电磁干扰有严格要求，且其他光源无法满足的特殊场所除外。

6. 光源替换时应注意光源尺寸和电器附件的差异以及相应的安全问题，比如 T5 替换 T8 荧光灯，可能需要增加灯脚转换架，并调整内部线路等。

7. 镇流器的选择应符合下列要求：

（1）荧光灯应配用电子镇流器或节能型电感镇流器。

（2）对频闪有严格要求的办公室，应采用高频电子镇流器。

（3）镇流器的谐波、电磁兼容应符合现行国家标准《电磁兼容　限值　谐波电流发射限值（设备每相输入电流≤16 A）》GB 17625.1 和《电气照明和类似设备的无线电骚扰特性的限值和测量方法》GB 17743 的规定。

13.2.2　灯具

13.2.2.1　技术概述

根据国际照明委员会（CIE）的定义，灯具是透光、分配和改变光源光分布的器具，包括除光源外，所有用于固定和保护光源所需的全部零、部件以及与电源连接所必需的线路附件。灯具具有保护光源、控光、安全以及装饰作用等。其中，灯具的安全性能，包括机械和电气的安全性，是使用的前提，在工程中选择的照明灯具、镇流器必须通过国家强制性产品认证。

灯具最重要的是光学性能，对于光环境和照明节能具有决定性的影响。灯具的光学性能主要由以下三方面参数决定：

1. 光强分布或（配光）

不同灯具的配光各不相同，通常可用曲线或表格的形式表示。根据配光，可以进行照度、亮度、利用系数、眩光等照明计算，是照明设计的基础资料（图 13.1）。

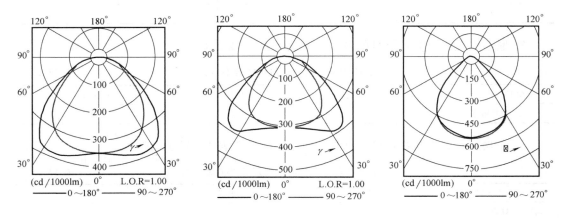

图 13.1　常见的灯具配光曲线图

2. 遮光角

为限制视野内过高亮度或亮度对比引起的直接眩光，规定了直接型灯具的遮光角，其角度值参照 CIE 标准《室内工作场所照明》S 008/E-2001 的规定制定的。遮光角示意如下图所示，其中 γ 角为遮光角（图 13.2）。

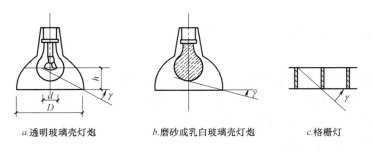

a.透明玻璃壳灯炮　　　b.磨砂或乳白玻璃壳灯炮　　　c.格栅灯

图 13.2　遮光角示意图

3. 灯具效率

在规定条件下，发出的总光通量与灯具内所有光源发出的总光通量的百分比，称为灯具效率。灯具的效率越高说明灯具发出的光通量越多，越节约能源。但是，在提高灯具效率的同时还需要注意配光和眩光是否满足照明的要求，节能的同时还要保证视觉的舒适性。

13.2.2.2 应用要点

选择灯具的选择首先要考虑其安全性能，严禁采用触电防护的类别为 0 类的灯具，灯具的安全性能满足 GB 7000.1 的要求。

在满足眩光限制和配光要求条件下，应选用效率或效能高的灯具，并符合 GB 50034-2013 的相关规定：

1. 直管型荧光灯灯具的效率不应低于表 13.1 的规定。

直管型荧光灯灯具的效率（%）

表 13.1

灯具出光口形式	开敞式	保护罩（玻璃或塑料）		格栅
		透明	棱镜	
灯具效率	75	70	55	65

2. 紧凑型荧光灯筒灯灯具的效率不应低于表 13.2 的规定。

紧凑型荧光灯筒灯灯具的效率（%）

表 13.2

灯具出光口形式	开敞式	保护罩	格栅
灯具效率	55	50	45

3. 小功率金属卤化物灯筒灯灯具的效率不应低于表 13.3 的规定。

小功率金属卤化物灯筒灯灯具的效率（%）

表 13.3

灯具出光口形式	开敞式	保护罩	格栅
灯具效率	60	55	50

4. 高强度气体放电灯灯具的效率不应低于表 13.4 的规定。

高强度气体放电灯灯具的效率（%）

表 13.4

灯具出光口形式	开 敞 式	格栅或透光罩
灯具效率	75	60

13.3 充分利用天然采光

天然光是取之不尽、用之不竭的绿色能源。我国大部分地区处于温带，天然光充足，为利用天然光提供了有利条件。建筑的天然采光设计必须采用成熟并行之有效的先进技术，经济上也是合理的，并能提高工作效率，改善工作、学习和生活的环境质量，调节人的生理节律，有益于身心健康。

13.3.1 侧面采光

13.3.1.1 技术概述

侧面采光是办公建筑最主要的采光方式，采光设计时应综合考虑采光和热工的要求，按不同地区选择光热比合适、透射比高的材料作为窗材料，并控制合理的房间进深。对于层高较大、单侧采光的场所，侧窗的上半部宜设置定向型玻璃砖或反光板，可有效改善房间内部的采光并提高均匀性。

对于有日光直射的房间，宜选择百叶卷帘作为窗帘，通过调节百叶的角度，将日光反射至房间内进深较大的区域，而又避免了直射眩光。

13.3.1.2　应用要点

采光设计应考虑光和热的平衡，不同地区的光热性能应满足表 13.5 的要求。

不同地区的光热比要求　　　　　　　　　　　　　表 13.5

地区	光热比要求	太阳能总透射比
严寒地区	$r \geqslant 1.1$	$\leqslant 0.75$
寒冷地区	$r \geqslant 1.2$	$\leqslant 0.45$
夏热冬冷地区	$r \geqslant 1.3$	$\leqslant 0.40$
温和地区	$r \geqslant 1.4$	$\leqslant 0.35$
夏热冬暖地区	$r \geqslant 1.4$	$\leqslant 0.30$

对于办公建筑中的不同场所，其侧窗的透光折减系数应满足表 13.6 的要求。

不同场所的透光折减系数要求（侧面采光）　　　　　　表 13.6

采光等级	透光折减系数 T_r	采光等级	透光折减系数 T_r
Ⅱ	$\geqslant 0.55$	Ⅳ	$\geqslant 0.40$
Ⅲ	$\geqslant 0.50$	Ⅴ	$\geqslant 0.30$

为了保证采光的均匀性，房间的进深需要控制在合理的范围内，应参照《建筑采光设计标准》中的相关要求，符合表 13.7 的规定。

不同采光等级下的采光有效进深要求　　　　　　表 13.7

采光等级	侧面采光	
	窗地面积比	采光有效进深
Ⅱ	1/4	2.0
Ⅲ	1/5	2.5
Ⅳ	1/6	3.0
Ⅴ	1/10	4.0

反光板的设置高度和尺寸应进行精心设计，同时可起到遮阳的作用，图 13.3 是应用实例。

光环境效果如图 13.4 所示。

13.3.2　顶部采光

13.3.2.1　技术概述

办公建筑的顶层房间可采用顶部采光的方式。为避免夏季室内过热，需控制合理的开窗面积，并按不同地区选择光热比合适、透射比高的材料作为窗材料。有条件的场所，可采用导光管采光系统，但是，导光管采光系统用于既有建筑改造时，其开洞的位置和尺寸需要经结构复核，并且要特别注意屋面防水的处理，不影响建筑正常的使用功能。

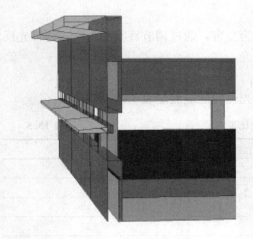 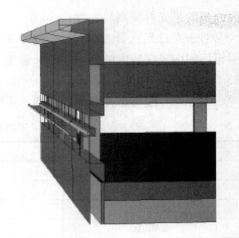

a. 方案1   *b.* 方案2

图 13.3 反光板应用实例

a. 方案1   *b.* 方案2

图 13.4 反光板的使用效果模拟

13.3.2.2 应用要点

对于办公建筑中的不同场所，其窗地面积比可参照《建筑采光设计标准》进行估算，如表 13.8 所示。

不同采光等级下的窗地面积比推荐值   表 13.8

采光等级	窗地面积比	采光等级	窗地面积比
Ⅱ	1/8	Ⅳ	1/13
Ⅲ	1/10	Ⅴ	1/23

天窗的透光折减系数应满足表 13.9 的要求。

不同场所的透光折减系数要求（顶部采光）   表 13.9

采光等级	透光折减系数 T_r	采光等级	透光折减系数 T_r
Ⅱ	≥0.50	Ⅳ	≥0.30
Ⅲ	≥0.40	Ⅴ	≥0.25

导光管系统选型时应选择系统效率高的产品，一般情况下，系统的采光效率不应低于 0.50，太阳得热系数不高于 0.35。这里以直径 530mm 管径的导光管系统为例，给出了其

在达到同样照明效果时的天然光可利用时数，如表 13.10 所示。

导光管采光系统的应用效果分析　　　　　　　　　　　　　**表 13.10**

光气候区	典型城市	照明效果	天然光利用时数（h）	
			全年	每天
Ⅰ	拉萨	40W 荧光灯 3200lm	3410	9.3
Ⅱ	呼和浩特		2894	7.9
Ⅲ	北京		2689	7.4
Ⅳ	上海		2345	6.4
Ⅴ	重庆		1834	5.0

注：导光管采光系统的系统效率为 0.65。

在直射日光特别强烈的地区或时段内，为避免室内过亮造成强烈的对比，可在导光管采光系统的末端增加光线调节装置，或者在集光器顶部的内侧设置棱镜，以抵挡夏季正午时接近天顶的直射日光，将室内照度维持在相对稳定的水平，如图 13.5 所示。

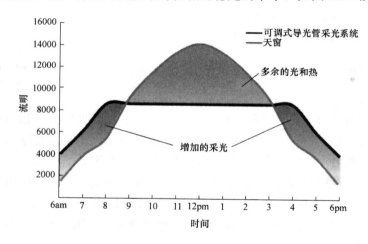

图 13.5　导光管采光系统的调节性能

13.4　照明控制与优化设计

13.4.1　照明控制

13.4.1.1　技术概述

照明控制是照明系统的重要组成部分，其主要功能除了调节或改变光环境外，也是照明节能的重要措施。在过去的几十年里，随着照明器具能效的不断提高，在满足照明标准的情况下，照明安装功率也不断降低，照明控制将逐渐成为照明节能的主要手段，是降低照明能耗的重要措施。

照明控制可分为手动和自动控制两类。从控制方式上看，照明自动控制技术可分为三类：基于天然采光的控制系统，基于时间控制的系统，基于人行为的控制系统等。从控制策略来看，有开关、调光、场景控制、时间控制和人感应控制等。

13.4.1.2 应用要点

1. 地下车库、机房和走廊等区域，人员只是通过但不长期停留，这类场所的照明改造，宜采取"部分空间、部分时间"的"按需照明"方式。通过红外、动静或超声等方式，探测到无人或无车时，灯具低功耗输出或关闭，减少不必要的照明，节电率可达到30%～60%。

2. 门厅等公共场所应采用集中控制，并按需要采取调光或降低照度的控制措施。

3. 会议室的照明应设置多种控制模式，以适应会议、演讲和投影等不同作业的需要。

4. 办公室的照明宜采用光感调光和人体感应关灯的控制方式。

5. 办公建筑中所采用的自动（含智能控制）照明控制系统，宜具备下列功能：

（1）宜具备信息采集功能和多种控制方式，并可设置不同场景的控制模式；

（2）控制照明装置时，宜具备相适应的接口；

（3）可实时显示和记录所控照明系统的各种相关信息并可自动生成分析和统计报表；

（4）宜具备良好的中文人机交互界面；

（5）宜预留与其他系统的联动接口。

13.4.2 LED 照明

13.4.2.1 技术概述

近年来半导体照明技术快速发展，并已开始全面进入一般照明领域。LED 球泡灯的光效已超过 60lm/W，是传统白炽灯的 6 倍左右；某些 LED 灯具的系统效能已超过 100lm/W。目前，除了学校等特殊场所外，各类公共建筑场所均可选用高效的 LED 灯具产品。

由于 LED 照明产品具有能效高，使用寿命长、易于控制等特点，使用其替换传统照明具有良好的节能效果。同时，LED 有其特殊性，选用 LED 照明产品时，需要特别关注视觉安全与舒适性，应重点考虑蓝光危害限制、色温和显色指数、频闪等指标。

13.4.2.2 应用要点

1. 在一些场合，LED 照明产品可直接替换传统照明产品，特别是目前较为成熟的LED 球泡灯、LED 筒灯、LED 线形灯、LED 平面灯等，已越来越多地应用于室内照明。这些产品替换传统照明产品时宜符合以下要求：

（1）LED 光源替换传统照明产品宜符合表 13.11 的规定。

LED 光源产品替换建议　　　　　　　　　　　　　表 13.11

		额定光通量(lm)	最大功率(W)	替 换 产 品
非定向LED光源	球泡灯	150	3	15W 白炽灯
		250	4	25W 白炽灯/5W 普通照明用自镇流荧光灯
		500	8	40W 白炽灯/9W 普通照明用自镇流荧光灯
		800	13	60W 白炽灯/11W 普通照明用自镇流荧光灯
		1000	16	28～32W 单端荧光灯
	直管型	600	8	8W T5 管
		800	11	13W T5 管
		900	12	13W T5 管
		1000	13	18W T8 管（卤粉）
		1200	16	18W T5 管/18W T8 管（卤粉）

322

续表

		额定光通量（lm）	最大功率（W）	替换产品
非定向LED光源	直管型	1300	18	14W T5 管/18W T5 管
		1500	20	23W T8 管（卤粉）
		1600	22	20W T5 管/23W T8 管（卤粉）
		2000	27	21W T5 管/30W T8 管（卤粉）
		2500	34	28W T5 管/38W T8 管（卤粉）
定向LED光源	PAR16	250	5	20W 卤钨灯
		400	8	35W 卤钨灯
	PAR20	400	8	35W 卤钨灯
		700	14	50W 卤钨灯
	PAR30/PAR38	700	14	50W 卤钨灯
		1100	20	75W 卤钨灯

（2）LED 筒灯替换传统照明产品宜符合表 13.12 的规定。

LED 筒灯产品替换建议　　　　　　表 13.12

额定光通量（lm）	最大功率（W）	替换产品 （紧凑型荧光灯筒灯）
300	5	9～10W
400	7	11～13W
600	11	18W
800	13	24～27W
1100	18	28～32W
1500	26	36～40W
2000	36	55W
2500	42	80W

（3）LED 线形灯具替换传统照明产品宜符合表 13.13 的规定。

LED 线形灯具产品替换建议　　　　　　表 13.13

额定光通量（lm）	最大功率（W）	替换产品（支架灯）
1000	13	18W T8 管（卤粉）
1500	20	30W T8 管（卤粉）
2000	27	36W T8 管（卤粉）
2500	35	
3250	42	58W T8 管（卤粉）

（4）LED 平面灯具替换传统照明产品宜符合表 13.14 的规定。

（5）LED 高天棚灯具替换传统照明产品宜符合表 13.15 的规定。

LED 平面灯具产品替换建议　　　　　　　　表 13.14

额定光通量(lm)	最大功率(W)		替换产品
600	10	吸顶灯	16W 方形荧光灯
800	13	吸顶灯	21W 方形荧光灯/22W 环形荧光灯
1100	18	吸顶灯	28W 方形荧光灯
		格栅灯	30W 直管(卤粉)
1500	25	吸顶灯	38W 方形荧光灯/40W 环形荧光灯
		格栅灯	36W 直管(卤粉)
2000	35	吸顶灯	60W 环形荧光灯
2500	42	格栅灯	30W 直管(卤粉双管) 58W 直管(卤粉)
3000	50	格栅灯	36W 直管(卤粉双管)

LED 高天棚灯具产品替换建议　　　　　　　　表 13.15

额定光通量(lm)	最大功率(W)	替换产品
2500	30	80W 高压汞灯/50W 金卤灯
3000	36	100W 高压汞灯/50W 金卤灯
4000	50	125W 高压汞灯/70W 金卤灯
6000	70	100W 金卤灯
9000	110	250W 高压汞灯
12000	150	400W 高压汞灯
18000	200	250W 金卤灯
24000	300	400W 金卤灯

（6）对于会议厅、报告厅等场所，采用舞台专业照明 LED 灯替换传统大功率卤素灯，这对于照明节能、降低空调负荷、降低对演播人员的影响、延长光源寿命上都有很好的实际效果。

2. 用于人员长期停留场所的一般照明的 LED 灯，其光输出波形的波动深度应符合以下规定：

（1）光输出波形频率≤9Hz，波动深度≤0.288%；

（2）9Hz＜光输出波形频率≤3125Hz，波动深度≤光输出波形频率×0.08/2.5（%）；

（3）光输出波形频率＞3125Hz，无限制。

3. LED 灯的颜色性能宜满足以下规定：

（1）在不同方向上的色品坐标与其加权平均值偏差在 GB/T 7921 规定的 CIE 1976 均匀色度标尺图中，不应超过 0.004。

（2）LED 灯点燃 3000h 后的色品坐标与初始值的偏差在 GB/T 7921 规定的 CIE 1976 均匀色度标尺图中，不应超过 0.007。

（3）用于人员长期停留场所的一般照明的 LED 灯，一般显色指数不宜小于 80，特殊显色指数 R9 应大于 0，色温不宜高于 4000K。

（4）LED 灯的色容差应符合以下规定：

1）一般情况下，不应高于 5SDCM；

2）用于人员不长期停留的场所时不应高于 7SDCM；

3）用于室内洗墙照明时不宜大于 3SDCM。

13.4.3 照明优化设计

13.4.3.1 技术概述

在选用高效产品的同时，还应重视照明设计。照明设计时应确定合理的设计标准，选择适宜的照明方式，按天然采光的状况和照明系统实际的运行情况进行分区等。

13.4.3.2 应用要点

1. 照明设计时应严格按照《建筑照明设计标准》的规定，确定合理的照明标准，贯彻该高则高、该低则低的原则，不宜追求或攀比高照度水平。照明节能改造时应考虑相应的维护系数（表 13.16）。

办公建筑照明标准值　　　　　　　　　　　　　　表 13.16

房间或场所	参考平面及其高度	照度标准值(lx)	UGR	U_0	R_a
普通办公室	0.75m 水平面	300	19	0.60	80
高档办公室	0.75m 水平面	500	19	0.60	80
会议室	0.75m 水平面	300	19	0.60	80
视频会议室	0.75m 水平面	750	19	0.60	80
接待室、前台	0.75m 水平面	200	—	0.40	80
服务大厅、营业厅	0.75m 水平面	300	22	0.40	80
设计室	实际工作面	500	19	0.60	80
文件整理、复印、发行室	0.75m 水平面	300	—	0.40	80
资料、档案存放室	0.75m 水平面	200	—	0.40	80

2. 一般照明设计时应根据不同区域的工作特点进行合理的划分，作业面邻近周围的照度可比作业面照度低一级，作业面背景区域的照度值不低于作业面邻近周围照度值的 1/3。

3. 照明节能改造后的照明功率密度应低于《建筑照明设计标准》中规定的现行值，如表 13.17 所示。

办公建筑照明功率密度限值　　　　　　　　　　　表 13.17

房间或场所	照度标准值(lx)	照明功率密度限制(W/m²)	
		现行值	目标值
普通办公室	300	9.0	8.0
高档办公室、设计室	500	15.0	13.5
会议室	300	9.0	8.0
服务大厅	300	11.0	10.0

4. 照明控制不宜过于集中，房间内应设置多个照明开关，并进行合理分组。对于有采光的房间，照明回路的布置应与窗户平行垂直，如图 13.6 所示。

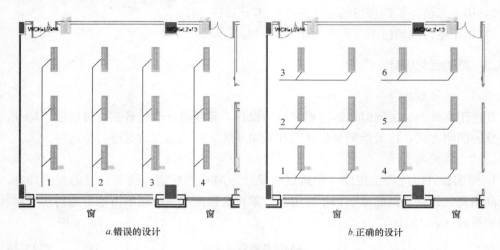

图 13.6　照明回路布置

13.5　工程案例

人民大会堂位于天安门广场西侧，建于 1958 年，1959 年竣工。万人大礼堂是人民大会堂的主体建筑，东西进深 60m，南北宽 76m，高 32m，主席台台面宽 32m，高 18m。万人大礼堂平面呈扇形，共分 3 层，设有近万个软席座位。礼堂顶棚呈穹隆形与墙壁圆曲相接，体现出"水天一色"的设计思想。顶部中央是红宝石般的巨大五角星灯，周围有镏金的 70 道光芒线和 40 个葵花瓣，与顶棚 500 盏满天星灯交相辉映。

图 13.7 为万人大礼堂改造前后的照明效果对比。

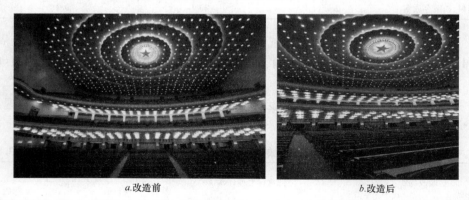

图 13.7　人民大会堂照明节能改造效果

表 13.18 是改造后所用灯具情况。

利用 LED 替换原有的大功率白炽灯，取得了良好的节能效果。改造前后的照明指标和节能情况对比如表 13.19。

人民大会堂照明节能改造灯具列表　　　　　　　　　　表 13.18

序号	灯具名称	灯具形式及附件	灯具数量	光源类型	光源功率(W)	光源数量
1	满天星灯	下照式投光灯,灯孔 44cm	360 盏	LED	210	360
			92 盏		100	92
2	葵花瓣		89 盏		60	89
3	三圈灯	安装于圈槽内,泛光,E27 座灯头	260 盏	LED	15	260
			480 盏		10	480
			1000 盏		8	1000
4	五星灯	灯具形状为五角星,红色有机玻璃,内装 125 个 LED 灯,E27 灯头	1 组			125
5	光芒线	泛光,E27 座灯头	150 盏			150
6	23 号群灯	每组灯具装 16 个 LED 灯,乳白色玻璃灯罩,E27 灯头	161 组	LED	15	2576
7	鱼眼灯	每组灯具装 4 个 LED 灯,磨砂玻璃灯罩,E27 灯头	88 组			352
8	壁灯	每组壁灯装 3 个 LED 灯,3 个刻花玻璃灯罩,E27 灯头	30 组			90
9	后槽灯	E27 座灯头	280 支	LED	12	280
10	后槽扣盆灯	每组灯具装 8 个 LED 灯,乳白色灯罩,E27 灯头	10 组			80
11	26 号灯	每组灯具装 8 个 LED 灯,刻花玻璃灯罩,E27 灯头	11 组	LED	15	88
12	吸顶灯	每组装 10 个 LED 灯,磨砂玻璃灯罩,E27 灯头	4 组			40
13	小花灯	乳白色灯罩,E27 灯头	9 盏			36
14	11 号灯	乳白色灯罩,E27 灯头	3 盏			90

人民大会堂照明改造前后检测结果对比　　　　　　　　　　表 13.19

场所		水平照度(lx)		垂直照度(lx)		照明功率(kW)			显色指数(R_a)		色温(K)	
		改造前	改造后	改造前	改造后	改造前	改造后	节电率(%)	改造前	改造后	改造前	改造后
主席台		731.0	1049.5	218.0	392.5	142.0	23.22	83.7 (90.3)	96.2	84.0	2802	2814
观众席	一层	286.0	554.5	101.2	203.2	616.0	147.4	76.1 (87.5)	91.8	86.0	2653	3014
	二层	289.3	430.5	139.0	228.5				85.8	83.6	2729	2862
	三层	239.8	531.1	80.1	183.6				88.2	86.1	2782	3006

参 考 文 献

[1]　于里安·范米尔. 欧洲办公建筑——办公建筑设计与国家文脉 [M]. 李春青,朱霭敏,徐怡芳,黄莉译,北京:知识产权出版社,中国水利水电出版社,2005.

[2]　Marie-Claude Dubois, Ake Blomsterberg. Energy saving potential and strategies for electric lighting in future [C]

North European，low energy office buildings：A literature review. Energy and Buildings 43 (2011)：2572-2582.

[3]　中华人民共和国住房和城乡建设部. 建筑采光设计标准 GB 50033—2013 ［S］. 北京：中国建筑工业出版社，2013.

[4]　中华人民共和国住房和城乡建设部. 建筑照明设计标准 GB 50034—2013 ［S］. 北京：中国建筑工业出版社，2013.

[5]　The iesna lighting handbook (10th edition). Illuminating engineering society of north America.

第14章 智 能 化

智能建筑将建筑技术和信息技术相结合，以建筑物为平台，兼备信息设施系统、信息化应用系统、建筑设备管理系统、公共安全系统等，集结构、系统、服务、管理及其优化组合于一体，向人们提供安全、高效、便捷、节能、环保、健康的建筑环境。建筑是智能建筑的平台，在节能环保的大背景下，建筑这一平台向绿色、生态方向发展，建筑智能化的内容、技术以及内涵均要随之扩展。

当今，绿色建筑、智能建筑已经成为建筑的发展方向，"绿色"已经成为一种理念，"智能"已经成为一种手段，因而智能建筑规划、设计应采用绿色的观念和方式，而且智能化技术的应用也应扩大到对绿色生态设施、新能源的监控与管理；而对于绿色建筑来说，智能技术是其应用要点之一，采用该技术满足用户功能性、安全性、舒适性和高效率需求。

14.1 安全防范系统

14.1.1 技术概述

安全防范系统的绿色化改造包括节能产品的应用，简化施工过程和安装工艺的绿色施工，节省人力物力的智能联动控制和减少管理成本、提高工作效率的智能化信息管理等。

完善的安防系统可以实现对非法闯入的盗窃、抢劫行为和突发事件进行及时报警，抢救和保护的功能。从功能上细分，可分为可视对讲、周界防范、展柜安全、紧急求助、无线报警、声光报警、防挟持报警等。

目前对于绿色安防大多数人还只是停留在概念理念上，到底怎样的安防系统可以称之为"绿色"？实际上只要采用节能环保的设备产品，在施工过程中减少有害气体、粉尘排放，减少废弃物及循环利用，减少资源的占用，施工工艺简单、工程质量可靠，就可以称之为绿色安防系统。例如过去采用模拟摄像头时，设计需要预留视频线和电源线两条管线，而现在采用数字摄像头仅需敷设一根网线，不仅线路简化了，而且节省还节省管材，这种技术进步具有节能减排效果。

借助于3G、4G应用，未来绿色安防会朝全数字化探测器、全数字化网络平台、多角度控制手段的技术发展，与门禁系统、对讲系统、监控系统进行大融合，且最终是与电脑整合为一体的综合安防系统，即将所有的安防子系统都集成到电脑管理平台下的综合报警系统。

14.1.2 应用要点

14.1.2.1 节能产品选择

采用低功耗、高分辨率的产品，如网络摄像机。一般来说，摄像机的功耗在5.5～

12W，而低功耗网络摄像机的功率则小于 3.6W。超低功耗，不仅减小了相应电子器件的发热量，提升设备的使用寿命，并可极大程度节省用电量。低照度，图像更明亮。具有 3D 降噪功能，在低照情况下 3D 降噪开启后，图像清晰度更高，对于细节等表现更好，让画面更加通透干净，噪点更小，图像更明亮。低码流，画质更高清。采用高性能视频压缩技术，压缩比更高，在低码流下可以保持较高的图像质量，并减少运动物体的拖影，还可以极大节省带宽及存储空间，在相同画质下，只占原来 1/4 存储，可存储更多高质量录像。

14.1.2.2　绿色施工

简化施工过程和安装工艺，相对于传统的模拟安防系统，网络型安防系统能更简单地实现监控特别是远程监控、更简单的施工和维护、更好的支持音频、更好的支持报警联动、更灵活的录像存储、更丰富的产品选择、更高清的视频效果和更完美的监控管理。另外，网络安防系统的产品支持 WIFI 无线接入、3G 甚至 4G 接入、POE 供电（网络供电）和光纤接入。传统安防系统的施工一般需要布放很多线缆，而网络系统只需要布放几根光纤，在不具备布线的区域可以采用无线局域网的型式，大大降低施工过程中的废弃物数量，减少人工投入，并具有更高的施工质量。

14.1.2.3　联动控制

联动控制分为安防系统内部联动与其他智能化子系统的联动控制，安防系统内部的联动控制，如防盗报警与门禁联动控制，与其他智能化子系统的联动控制，如安防系统与火灾报警系统的联动控制，与灯光照明的联动控制，等等。优良的联动控制可以在报警发生的第一时间控制突发事件和故障的发生，具有比人防更可靠的安全性。

14.1.2.4　智能化信息管理

安防系统与其他智能化系统的信息集成管理，更高效地利用信息为企业服务，如实时统计参观人数，利用读取门票系统出入信息，统计展馆参观人员数量，预测展馆负荷进而对空调系统进行动态调节；空调系统的故障报警信息、负荷预测及控制决策信息等均可在智能化管理平台上显示，随着智能手机的广泛应用，这些信息均可通过手机 APP 发送给管理人员，使管理人员随时随地掌握与管理系统，减少管理成本，提高工作效率。

14.2　综合布线系统

14.2.1　技术概述

对于当今世界而言，任何等级的办公建筑，其网络系统的应用已经成为必不可少的条件之一，而综合布线系统是实现计算机网络的基础条件，在进行改造时或多或少要对其进行升级改造，对于绿色化改造主要涉及产品应用、施工、维护三个方面。

14.2.2　应用要点

14.2.2.1　节能产品选择

综合布线系统中与节能直接相关的产品主要集中在非屏蔽双绞线、屏蔽双绞线和光缆三个方面。

非屏蔽与屏蔽的节能效果主要来自电磁干扰的影响。随着双绞线传输能力的增强，电磁干扰所引发的误码率和信号整形电路功耗对于屏蔽双绞线而言会优于非屏蔽双绞线。

从资源角度来看，双绞线的线芯是铜而光纤的线芯是石英玻璃，矿资源总有一天会被用完；而石英玻璃的来源广泛。从制造的角度来看，铜在原始社会已经使用，而光纤则需要对石英玻璃提纯制造，制造工艺相对复杂。

从耐久性角度来看，双绞线的铜芯不易损坏；但光纤则会因氢氧根离子的作用，逐渐出现细微裂缝，最终导致光纤的内部破损。

14.2.2.2　施工

好的施工工艺能够降低施工成本，而成本的降低符合低碳、节能、环保的理念。综合布线的施工工艺包括穿线、理线、模块端接、光纤敷设、光纤熔接、性能测试。穿线推荐使用"一步法"，从人力计算看，一步法比两步法节省一半的人工，而且还省去了工程师配盘的时间和打印纸张。理线推荐线缆捆扎平行的线束，再将线束平行放在桥架中，既达到美观的要求，又在方便施工量及维护。模块端接一定要对施工人员上岗前进行培训，以避免端接质量问题，如果质量不合格，需要剪掉原模块，这样浪费人力物力和时间。光纤敷设需要注意其脆而易断的特性，施工时都要轻拿轻放、敷设在双绞线的上面、不与双绞线同管穿线等。光纤熔接要求操作规范，施工人员的素质、耐心和技能是核心要素。

14.2.2.3　维护

在全生命周期的节能分析中，长达 20 年以上的综合布线系统使用和维护所产生的代价是无法忽略的。对于不同的产品、设计和施工而言，工程维护所花的代价有着很大的差异。

光和铜各有优势，光的最大优势在于高速、长距离的信息传输，缺点是易断、怕灰、测试和排除故障困难；铜的最大优势在于"皮实"，不易折断、灰尘几乎不产生危害、测试和排除故障容易。在维护期间，维护人员会因某些原因打开机柜的门来接触其中的缆线，从理论上就有发生人为故障的可能，而这些故障多数是因为不小心而产生。所以所用材料是否能够在偶尔碰一下时保证更高概率的完好，将会导致维护人员的工作量发生非常大的差异。从广义的节能含义来看，不能不说，维护的成本将是节能的重要组成部分。

在维护期间的布线工程测试时，除了对所维护的缆线进行测试外，还要对可能接触过的缆线进行测试，以防修复了一根缆线而导致其他缆线发生故障。这时，建设所用布线产品能够尽量具有单一性，彼此之间的相互关联越少，维护时的测试成本也就越低。另外，对于维护时大多数因人为原因而产生的布线故障，对使用电子配线架进行监视并不会带来帮助，而采用网管软件能够反映出故障的大致位置。至于 RJ45 插座的方向等可能会在使用几年后才出现问题，而这些属于产品选型问题，而不是工程维护问题。

14.3　信息通信系统

信息通信系统节能减排技术体系可分为网络级、网元级。网络级节能减排技术的发展以优化性能、降低能耗、减少网络设备数量、支持网络平滑演进为目的，网元级又可分为设备级（包括主设备级、单板级、电路级、芯片级）、配套能源系统（主要包括配套供电技术、新能源技术等）、空间散热系统（主要包括机房散热技术、设备散热技术等）。

常用的机房空调节能技术包括直接引进室外新风（如空调机加通风系统和一体式基站节能空调机）、热交换新风系统（如热管空调技术、显热换热器、乙二醇换热器和自由节能机组）、电子膨胀阀技术，以及水泵和压缩机变频技术等。这些技术配合机房设备模块自身的优化改造，可以在一定范围内大幅度降低整个机房的运行能耗，而制约机房空调能效的关键在于自然冷源的应用和压缩机启停的优化控制。

目前移动网络技术的发展使办公建筑内的无线网络应用得到迅速的发展，尤其是在进行网络的升级改造时，移动网络覆盖成为省时、省力、省材的好方法，这里所介绍的常用技术并不包括移动互联网的核心技术，只是介绍办公建筑在进行改造时需要采用哪些常用的移动互联网技术。

对于网络级的节能主要体现在网络的优化以及新型网络技术研究方面，而网元级的节能体现在设备制造商的节能产品和对环境空调系统新技术和优化运行。由于节能设备的研发制造技术属于工业制造领域，为此我们着重论述维持其环境空调系统的节能技术。

在办公建筑中信息通信系统是业务开展的基础，其便利、快捷、高效的运行决定着各种业务的发展，而信息通信系统的提升改造除了拥有完善的综合布线系统外，还有一个关键是如何合理地提高信息机房的运行效率，即在保证合理用能的前提下实施有效节能。

信息机房的设备发热量非常大，而且考虑到机房隔热、隔湿及清净度的要求，往往设计为全封闭式，再加之很多机房围护结构保温性能良好，导致其空调能耗非常高，平均占到了整个机房设备总耗电量的 40%。因此，如何在确保机房设备安全运行的前提下，最大限度地降低空调能耗，是实现信息机房节能的关键。

14.3.1 机房常规空调通风控制

14.3.1.1 技术概述

一般小型信息机房多采用机房专用洁净空调系统，其控制系统已集成在机房专用空调机组内，一般不再单独设置控制系统。

大型信息机房会单独设计恒温恒湿洁净空调系统，往往会设置与其配套的空调自控系统，其控制策略与传统方式无根本区别，主要差别是控制精度和反应速度。

14.3.1.2 应用要点

根据《电子计算机机房设计规范》中对环境条件的要求，主机房内电子设备开机时温湿度要满足 A 级条件，基本工作间和辅助工作间可按工艺要求按 A 或 B 级执行（表14.1）。

开机时电子计算机机房的温湿度　　　　　　　　　　　　　　表 14.1

项目 \ 级别	A 级		B 级
	夏季	冬季	全年
温度	23±2℃	20±2℃	18～28℃
相对湿度	45%～65%		40%～70%
温度变化率	<5℃/h 并不得结露		<10℃/h 并不得结露

如果机房温度控制要求为±2℃，则温度传感器应选择±1℃及以上，湿度控制要求为45％～65％，则选择±5％的湿度传感器即可。

14.3.2　机房热管空调控制

14.3.2.1　技术概述

热管是一种新型、高效的传热元件，它可以将大量热量通过很小的截面面积高效传输且无需外加动力。分离式热管结构简单、传热温差小，具有较强的工程适应性。图 14.1给出了强迫对流型分离式热管换热机组的系统图，由于热管换热机组无压缩机，其耗能部件仅为室内、外机组的变频风机，独立运行能耗普遍比同等制冷量的压缩式空调机组降低3/4 左右。机房节能改造的主要目的有两个方面：一是充分提高自然冷源的利用价值，二是降低机房的能耗。热管空调系统正是利用了冬季、春季和秋季室外较低的自然环境温度进行热交换，最大限度降低机房的空调用电量。机房传统空调设备和热管换热设备互为补充使用，减少了机房空调的工作时间，不仅大大延长了空调的使用寿命及维修周期，减少了空调的运行维护投入，同时也为维持机房运行环境的稳定性提供了保障。

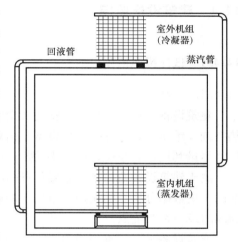

图 14.1　强迫对流型分离式热管换热机组示意图

14.3.2.2　应用要点

信息机房热管空调系统由空调机组和热管换热机组联动运行，对应不同的室内、外空气温度，该系统有不同的工作模式（图 14.2）。由于在相同制冷量下，热管换热机组的运行电耗远低于空调机组，所以尽可能减小热管换热机组的启动和工作温差可以有效延长热管机组全年可用时间，增大经济收益。

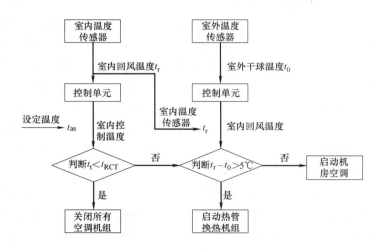

图 14.2　热管空调系统逻辑控制框图

14.3.3　室内移动通信覆盖系统

很多既有办公建筑在进行绿色化改造时要特别注意室内移动通信系统的信号问题，例如在进行外保温工程时，外挂石材需要在外墙搭建金属搁架以使外墙石材固定，这样就会造成对移动信号的屏蔽，使得室内信号减弱甚至有些区域完全没有信号，给工作造成很大的麻烦，因此在改造时一定要提前考虑移动设备的放置空间和信号放大器的路由，应在弱电设计时整体考虑，提前与移动运营商接洽，并纳入施工的监理范围，这样才能保证绿色化改造后的办公建筑正常使用，否则因遗漏了该系统造成二次设计施工，即费时费力又影响工作，也不符合绿色化改造的要求。

14.4　建筑设备监控

14.4.1　低压配电监测

14.4.1.1　技术概述

建筑设备监控系统包含除安防和消防系统以外的所有设备子系统，包括低压配电、供热空调、给排水、电梯、厨房设备、信息中心、特殊区域等，其绿色化改造的基本原则应该是尽量利用原有系统，以最小的投资办最多的事情。

由于建筑设备监控系统主要任务是配合楼宇设备进行运行管理，其常用技术包括改造前的历史数据分析、优化控制策略、能耗计量、故障诊断与分析、节能效果评估等。

14.4.1.2　应用要点

建筑设备监控系统的作用主要是为合理制定运行策略、提高管理水平而设置的，具有对建筑内所有用电设备的实现自动控制或自动监测，积累运行数据、故障及时报警等功能。办公建筑中能耗大户是电耗，而用电设备的种类繁多，变配电系统往往在设计之初已基本定型，因此节约电能的重点应放在合理规划运行和分析电耗数据上。各个建筑使用功能的差异造成运行规律千差万别，也就造成了巨大的能耗差距，节能应在保证合理用能的基础上最大限度地挖掘能耗潜力，而不是一味压低运行能耗使刚性需求得不到保障，这样就违背了节能的初衷。能耗分析平台正是在此背景下应运而生，它使制定办公建筑能耗指标成为可能。根据北京市部分办公建筑电耗的跟踪分析，其电耗指标平均值为 $23.35kWh/m^2/年$，最大值为 $70.73kWh/m^2/年$，最小值为 $4.44kWh/m^2/年$，指标差距非常大，这与办公建筑的等级、规模、办公人数、商铺业态、信息中心、空调系统等密切相关，因此单纯采用直接电耗值计算指标无任何实际意义，必须将办公建筑按等级分类并引入修正系数，才能使其指标具有可比性，这也是能耗监测平台中内嵌指标模型的原因。

在用电分项计量改造时，应注重顶层设计将变配电系统的在用回路全部纳入监测数据范围，如果低压配电系统已经设置了参数监测系统，则应通过集成数据接口的方式，将其回路参数纳入监测平台中；如果无此系统，则应按照相关导则要求，在低压配电系统设置用电分项监测系统，例如在低压配电室的出线回路设置电表，系统总电表、空调系统或设备分电表、信息中心设备及环境保障系统分电表、厨房餐厅分电表等，总之我们通过监测低压配电系统用电参数，能够随时得到该建筑（或建筑群）的总耗电量、各个大型用电设备或系统耗电量，但需要注意有些系统的设备不是每天常规运行的，例如消防系统水泵等，只有在火灾发生时才启动的设备不应纳入能耗监测平台，这主要是考虑投资回收问题。

14.4.2 供热空调监控

14.4.2.1 技术概述

尽量在原控制系统上实施改造，第一种方法在原控制系统基础上添加控制器、传感器，这种方法简单、方便，但需要得到原实施方的配合，包括开放高级密码等；第二种在原控制系统上嵌入其他控制系统，也需要得到原实施方的配合，包括不同控制系统的接口处理等；第三种是废弃原控制系统，增加新控制系统，此种情况为无法得到原实施方的配合，但原控制系统的传感器、执行器等标准信号设备应尽量保留，只更换控制器和控制软件部分，减少造价。

14.4.2.2 应用要点

常用的节能控制策略见表 14.2.

节能控制策略　　　　　　　　　　　　　　　　　　　表 14.2

分类	控制对象	节能控制策略及说明
冷冻站房	冷水机组	1. 冷水机组变频运行:选用变频驱动式冷水机组; 2. 变水温控制:根据空调末端负荷需求,提高冷冻供水温度。BAS 系统(即监测与控制系统)可根据所有空调末端表冷阀的开度状态进行空调负荷判断,通过与冷水机组自带控制器进行通信的方式实现冷冻供水温度再设定功能
	冷冻水系统化	1. 尽量避免二次泵系统设计或运行; 2. 变流量控制:根据末端环路压差控制法、温差控制法等方法对冷冻水泵进行变频控制。变流量控制应保证冷水机组的最低流量限制; 3. ΔT 恒定控制:尽量避免冷冻供回水直接混合,保证冷冻供回水温差 $\Delta T \geqslant 5℃$
	冷却水系统	1. 最佳冷却水温控制:根据冷水机组最高效率下的冷却水温范围对冷却塔风机进行启停控制; 2. 变流量控制:根据最佳冷却水温范围、冷水机组和冷却水泵的综合能耗对冷却水泵进行变频控制
	冷冻站群控	根据空调侧负荷需求,启停冷水机组及辅联设备的台数,以保证冷水机组在最高效率所对应的负荷状态下运行
	安全联锁运行	以上各节能运行策略应考虑冷冻站房各设备之间的安全连锁运行
热力站房	热交换站(城市热网集中供热)	根据二次侧供水温度需求(如 60℃)对一次侧高温热水(或蒸汽)流量进行自动调节
	锅炉(蒸汽或热水)	1. 台数群控:根据末端负荷需求,对锅炉运行台数进行群控,保证每台锅炉在最高效率下工作; 2. 对供水(汽)压力、温度进行优化控制
	循环水泵	根据末端负荷需求对循环水泵进行变频(变流量)控制,方法同冷冻水泵
	蒸汽凝结水热回收系统	根据蒸汽凝结水热回收系统的工艺特点(如开式系统、闭式系统),对系统上各装置的压力、温度进行优化控制

续表

分类	控制对象	节能控制策略及说明
空调末端设备	空气处理机组新风机组	1. 变室温设定值控制(新风补偿控制):根据室外温度的变化相应调整室内温度设定值,避免过大的室内外温差导致人体的不适感,同时因提高室内温度设定值带来节能效果; 2. 串级控制:外部调节回路为室温调节,根据回风温度调整 AHU 送风温度设定值;内部调节回路为空气处理过程,根据 AHU 送风温度调节水阀开度。 3. 温湿度独立控制:根据回风温度控制高温冷冻水阀门开度以控制房间温度;根据回风湿度控制溶液流量以控制房间湿度。 4. 等效温度(ET)舒适控制法:根据室内影响人体舒适度的温度、相对湿度、风速、辐射温度等组成的综合等效温度(ET)或 PMV 舒适指标对室内热环境进行调节,追求舒适与节能的最佳搭配; 5. 全年多工况节能控制(最大限度利用新风冷源):根据室外气象条件和空气处理机组的组合形式,将全年划分成若干个工况区域,优化空气热湿处理过程,最大限度利用室外新风冷源,避免冷热抵消现象; 6. 最佳启停控制:根据季节、节假日时间、建筑物的蓄冷蓄热效果,合理制定出设备启动和停止运行的最佳时间; 7. 室内空气品质控制:根据室内(或回风)的 CO_2 浓度或 VOC 浓度控制室外新风量; 8. 变风量控制:根据室内热负荷变化或送风静压要求对风机进行变频节能控制;新风机组一般不采用变风量控制; 9. 过滤器压差监测:空调机组应配置过滤效率至少不低于 G4(欧洲标准)的过滤器,以便对空调自身的换热盘管、BAS 系统传感器进行保护;过滤器阻力到达上限时,BAS 应提醒维护人员及时清洗或更换过滤器,节省风机运行能耗。 10. 空调生态段(AEP)监控:根据植物培养基含水量自动对植物喷水,实时检测室内空气温度、湿度和 CO_2 浓度。通过检测控制空调机组新风量和新回风比,机组的风速等,达到节能效果
	风机盘管	1. 各房间配置独立的温控器和三速开关; 2. 在风机盘管供回水管道上配置二通调节阀; 3. 在无人值守的公共区域(如大堂、会议室)可配超声波人员探测器与风机盘管启停进行联动;或选择具有网络通信能力的温控器,由 BAS 系统集中管理
	VAV 末端装置	1. 就地设置 VAV 控制器,VAV 控制器应具备网络通信能力,集成至 BAS 系统; 2. 通过定静压、变静压等多种方式对 VAV 末端装置所对应的空气处理机组进行变风量调节
	新排风热回收装置	根据新排风焓值合理使用热回收装置,冬夏季最大限度发挥热回收效率,过渡季节调节旁通阀或转轮转速(转轮式热交换器),最大限度利用新风冷源
能源管理	能耗计量	BAS 系统应对建筑物内的水、电、(蒸)汽、(煤、天然)气、油等耗量进行计量监测和统计,配置相应的电表、流量计、热量计等。按年、月、日进行统计,建立数据库、曲线趋势图等
	能耗分析	BAS 系统应根据监测的原始能耗数据,对建筑物的能耗状态和运行费用进行分析、报表打印。和正常(标准)值、往年同期值相比,判断是否节能、节能效率以及改进方向等。举例如下: 1.(年、月、日)单位建筑平方米的能耗指标(或运行费用); 2.(年)供冷期间(如 150 天)每吨(m³)冷冻水流量空调系统所花费的用电量; 3.(年)供暖期间(如 150 天)每吨(m³)热水空调系统所花费的用电量; 4.(年、月、日)冷冻站房的总 *COP* 值(Total *COP*); 5.(年)新风冷源的节能率,等等

1. 空调系统优化节能控制及效果校准化评估

合适的节能改造技术能够带来可观的节能量,而节能改造效果的优劣需要依靠节能量来进行定量评价。节能量越大,越能推动投资方支持节能改造,促进节能技术的应用与发展;即使节能效果不理想,依然可以督促工程技术人员改进节能技术,进而推动节能技术的发展。可见既有建筑节能改造需要合适的节能改造技术和科学合理的节能量评估方法的完美结合。

国际性能测试与验证协议（International Performance Measurement and verification，IPMVP）的节能量测量和评估方法（"M&V"）中要求测量和计算节能量的基准期应该是能够体现系统用能特点变化的一个完整周期，例如要计算空调系统节能改造的节能量，基准期应为一个完整的供冷季。

基准期的设定会直接影响到节能量的计算结果，仍以空调系统为例，假设对空调水系统进行了水泵变频的节能改造，在供冷季初期，空调系统负荷相对较小，节能潜力大，水泵变频可达到的节能效果好，但是到了供冷高峰期，空调负荷大，水泵变频的潜力小，节能效果也相对要小。因此，如果在考核水泵变频的节能效果时，只以供冷季初期作为基准期来推算整个供冷季的节能效果，计算结果显然是偏大的，也是不合理的。

2. 获取运行数据方法

对于空调控制系统而言，被控对象众多，空调设备生产厂家各自定义其数据通信方式，自有协议互不兼容，而空调自控系统进行节能控制的关键是需要全面掌握设备的运行参数，并应能通过与空调设备或其他系统的数据共享实现最优控制和节能效果校准评估，而能够实现数据共享的方式只能通过数据接口装置，因此成功开发数据接口装置是实现最优控制和校准评估的必要条件。

目前大多数国内生产的设备数据通信均提供串行接口并支持 Modbus 协议，因此可以采用读取制冷机数据通信接口的方式获得数据，而控制系统如何接收这些符合 Modbus 协议的数据，需要根据控制系统提供的集成功能采用不同的方式。一种为文本交互方式，其优点是适用性强，可以适用于任何提供开放协议的冷机接口和控制系统，缺点是数据需要中间过渡，实时性稍逊。另外一种是直接读写式，其优点是实时性优于前者，缺点是通用性稍差。

3. 节能量计算方法

目前国际上通用的节能量计算方法主要是测量与验证方法（Measurement and Verification，M&V）。为了规范合同能源管理市场，美国能源部从 1994 年开始与工业界合作，寻求一个大家都能接受的方法来计算和验证节能投资的效益[1]。1996 年 3 月，发布了第 1 版《北美能源测量和验证规程》，并于 1997 年 12 月修订后更名为《国际能效测量和验证规程》（International Performance Measurement and Verification Protocol，IPMVP）。

IPMVP 的核心内容是根据测量的数据来计算和评估节能项目的节能效果。节能效果表示的是未使用的能源和负荷，因此节能量或负荷的减少量是无法直接测量得到的，但可以通过比较项目实施前后测得的能耗或负荷来确定。目前，IPMVP 已被国际上广泛接受。

节能项目实施后，节能量可用式（14-1）计算，其节能量计算方法原理如图 14.3 所示。

$$E_{节约} = E_{基准} - E_{当前} + E_{校准量} \tag{14-1}$$

式中，$E_{节约}$ 为节能措施的节能量；$E_{基准}$ 为基准能耗；$E_{当前}$ 为当前能耗，即改造后的能耗；$E_{校准量}$ 为校准化调整量。

图 14.3 所示 "校准化调整量" 的产生是因为在测量基准能耗和当前能耗时，二者的外部条件不同所造成的。外部条件包括天气、入住率、设备容量或运行时间等，这些因素

的变化和节能措施无关，但却会影响建筑的能耗。

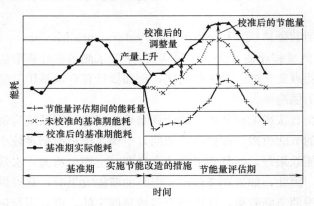

图 14.3　节能效果校准化评估方法原理图

14.5　建筑能耗监测管理平台

办公建筑能耗监测管理平台主要功能包括对能耗进行自动或手动采集，对累计的历史数据进行分析，根据运行数据建立预测模型，对异常能耗进行报警，进行各种纬度的能耗展示、对比，有些平台还根据管理需要增加了能源统计、审计功能，还有一些增加了业务流程的管理和政策法规宣传等功能，大大提升建筑运行管理的智能化水平。

14.5.1　技术概述

建筑能耗监测管理平台常用技术包括数据采集、传输技术，信息集成技术，大数据处理及数据挖掘技术，面向服务的数据应用技术，信息编码技术等。

国内外的建筑能耗监测平台有 2 种形式，一种是在线填报系统，主要采用业主网上自行填报能源消耗，经过大量业主的填报，监测软件经过模型算法等工具，给出本地区相同或相似行业的能耗指标供业主参考，此种方法不需要实时监测，上报时间间隔为逐月，其特点是无楼宇设备，造价低易于管理（表 14.3）。

各国各地建筑能源消耗监测平台一览　　　　　　　　　　　　　　　　表 14.3

国家	澳大利亚	欧盟	新加坡	中国香港	美国、加拿大
平台名称	NABERS	Energy Concept Adviser	Energy Smart Tool	Benchmarking Tool for Buildings	Energy Star Portfolio Manager（Benchmarking Tool）
开始时间	2008	2004	2005	2008	1990s
建筑类型	办公，住宅，酒店，零售	教育建筑	商用办公建筑，酒店建筑，工业单层厂房	私人办公室 & 商业奥特莱斯，酒店和餐馆，大学，进修学院，学校，医院，诊所	银行/金融机构，法院，数据中心，医院（急救和儿童），酒店，教堂，学校，医疗办公室，城市污水处理，办公，公馆/宿舍，零售店超市，仓库（冷冻和不冻冻）
提交流程	在线评估，计算	在线计算	在线登录，计算，管理	在线计算	在线登录，计算，管理

目前国内已实施的在线监测平台包括大型公共建筑能耗监测平台和大学节约型校园能耗监测管理平台，还有部分企业根据自身需要所建立的能耗监测平台。

各省市自治区的国家机关办公建筑与大型公共建筑能耗监测系统，它的特点是自动采集传输能耗，但需要楼宇设备，造价较高，需要专业人员进行分析和管理；大学节约型校园能耗监测管理平台，目前已通过验收的共 45 个，其特点是能源种类齐全，并根据学校的管理要求量身定制，既有能耗实时采集又有手工填报，包括学生宿舍用电、用水管理，水资源消耗和雨水中水利用，可再生能源，部分学校的能耗监测可以具体到二级学院或高耗能实验室等，并通过监测平台实现了节能、节水等量化指标，提升管理水平（表 14.4）。

我国各个省市建筑能源消耗监测平台一览 表 14.4

建 设 单 位	项 目 名 称	平 台 名 称
北京市建筑节能与建筑材料管理办公室	北京市既有建筑节能监管体系	北京市建筑能耗监测系统
北京市发改委	北京市机关办公建筑能耗监测平台	同项目名称
天津市墙体材料革新和建筑节能管理中心	天津市重点公共建筑能耗监测系统	天津市国家机关及大型公建能耗监测平台
深圳市住建委	深圳市机关办公建筑及大型公建能耗监测平台	同项目名称
重庆市住建委	重庆市机关办公建筑和大型公建能耗监管平台	同项目名称
山东省住建厅	山东省建筑节能监管体系建设	公共建筑节能监测平台
上海市建交	上海市国家机关办公建筑和大型公共建筑能耗监测平台	同项目名称
江苏省住建厅	江苏省国家机关办公建筑和大型公共建筑能耗监管平台	同项目名称

14.5.2 应用要点

建筑能耗监测管理平台建设的关键要素在于建筑信息采集、设计原则和方法、软件架构和功能设计、施工调试及验收方法、数据挖掘及处理、能耗分析、运行维护等方面。

1. 建筑信息采集

在进行能耗监测平台方案设计时需要明确建筑需要采集那些信息，这些作为平台分析能耗、数据处理、模型建立、运行维护等方面的重要信息。

一般按单体建筑和建筑群分别采集建筑基本信息，单体建筑包括建筑名称，地址，建设年代，地下、地上层数，高度，类型，建筑总面积，空调面积，采暖面积，空调系统形式，采暖系统形式，体型系数，结构形式，外墙形式，外墙保温，外窗类型，玻璃类型，窗框材料类型，附加项。建筑群信息采集除包括上述内容外，还应增加公共地下空间和公共裙房以及辅助用房信息。

建筑类型一直是建筑能耗比对的基本条件，只有同类建筑能耗比较才有意义，因此需要对建筑类型的划分规定统一的方法。理论上建筑类型应按照其能源消耗最大值所对应的功能定义建筑类型，但实际操作中无法事先确定，但某些能源消耗与建筑某项功能的区域面积间接相关，因此可以采用主要功能区域面积占总建筑面积百分比的方法，确定建筑类型。建筑群中地上公共裙房可以单独进行类型划分，裙房以外的地上部分往往功能比较单一，可以按照单体建筑类型划分的方法进行划分。

除以上信息外，还应采集低压配电系统基本信息、空调系统基本信息、供暖系统基本信息以及可再生能源等基本信息。

2. 数据挖掘及处理

对于能耗监测平台中监测的能耗数据，需要专业人员定期对能耗数据进行分析，这就涉及数据挖掘及整理技术，能耗监测数据是依靠各种计量表计实时上传到平台，因此肯定会有一些表计出现故障、通信网络中断等问题，造成出现不合理数据现象，这些错误数据需要平台设置边界条件或模型算法，将其剔除，以免影响能耗数据的分析。

3. 能耗分析、展示及对比

数据展示功能应包括以下内容：

显示每栋建筑的基本信息，显示每栋建筑逐时、逐天、逐月总能耗、各分项逐月能耗、总能耗、各分项能耗、单位面积总能耗、单位面积分项能耗情况。显示每栋建筑近三年逐月总能耗、各分项逐月能耗、总能耗、各分项能耗、单位面积总能耗和单位面积分项能耗情况。显示监测区域内建筑类型构成图。显示监测区域内相同类型建筑总能耗、各分项能耗、单位面积总能耗和单位面积分项能耗最大值、最小值和平均值情况，显示当前被选建筑能耗在同类建筑能耗排名位置。显示监测区域内同类建筑能耗排名分布情况。显示每栋建筑能耗排名结果及同类标杆建筑能耗对比结果。形成各类信息报表，信息报表应包括建筑基本信息、建筑能耗信息以及建筑能耗分析、对比结果。

分析、对比功能包括以下内容：

应具有分析每栋建筑近三年总能耗、各分项能耗、单位面积总能耗和单位面积分项能耗趋势的功能。应具有分析监测区域内不同类型建筑能耗趋势的功能。应具有分析监测区域内同类建筑能耗趋势功能。

报警应包括以下内容：

应能接收数据采集器上传的报警信息。应能区分网络传输故障、电表和采集器故障、数据畸变等报警信息。应具有报警通知功能，通过邮件、短信等方式将报警信息分发给对应的责任人员的功能。应能区分实际采样值报警上下限并能够自动上传报警信号。应具有对采样数据采集、接收、发送异常的报警功能。

4. 运行维护

运行维护首先需要配置足够的专业人员对其进行日常管理，建立各种保障制度，包括信息安全管理制度、监测平台日常维护和监管制度、监测设备和网络设备管理制度等。

楼宇内设备运行维护应包括应定期巡视各种表计及采集器工作状况，有无报警信息；制定计划定期对表计进行比对，核对采集数据的准确性；对于被监测的支路功能发生变化、建筑功能发生改变等情况及时上报有关单位管理人员；故障表计更换时需向相关负责人员及时汇报，并将故障表计累计量作为新表的基数值。

能耗监测平台的运行维护应包括定期检查路由器、防火墙、服务器等硬件和网络设备工作情况；对操作系统、数据库、入侵检测、杀毒软件等定期进行升级维护，数据库定期进行备份；订制系统维护计划，定期完成系统维护报告，对系统中出现的故障及解决方案、解决过程及时整理为事件报告；及时查看各个楼宇的设备报警信息，并及时与各楼宇负责管理人员进行沟通核实；数据出现不合理的激增或数据长时间没有变化时应及时与楼宇负责管理人员沟通，核实出现问题的原因。

14.5.3　监测平台软件架构及功能

1. 能耗监测平台软件技术架构（图 14.4）

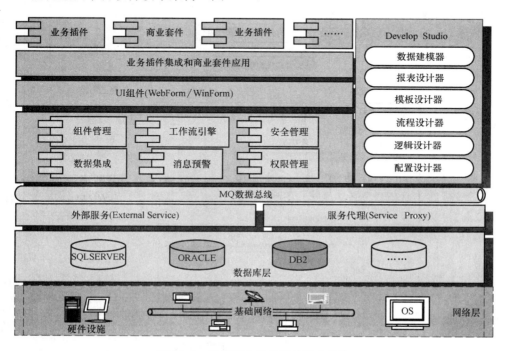

图 14.4　监管平台软件设计技术架构

2. 能耗监测系统架构及软件平台部署（图 14.5）

3. 建筑能耗监测系统能源结构（图 14.6）

一般办公建筑的能源资源主要为电、燃气、热、油、水等，监测分析平台可定期自动生成各类能耗总耗量、分类耗量、分区耗量、对应费用的报表、指标报表；可查看任意时段各区域能耗比对、任意设置能耗对比基准参数；对超能耗限值进行报警、对分类、分项及各用电支路用电量异常报警；可查看任意支路运行参数的历史数据。

应具备设备运行及故障诊断功能，对空调机组、变风量末端及冷热源的运行存在的问题自动进行诊断提示，如空调机组开机过早或关机过晚、空调机组冷热水旁通阀开启、空调机组同时制冷制热、空调机组冷冻水供水温度过高、空调机组风机短时启停、风机故障或静压传感器故障、送风温度与设定值偏差较大、各类传感器异常、冰蓄冷系统不节省运行费用、冷水机组能效系数过低、冷源末端供回水温差过低等。

平台中还可嵌入能源审计的内容，建筑运行管理部门可定期对能源资源消耗量、费用等进行审计，审计数据可直接调用平台的累计运行数据，自动生成审计报告，为改造前后总能耗的变化提供依据。

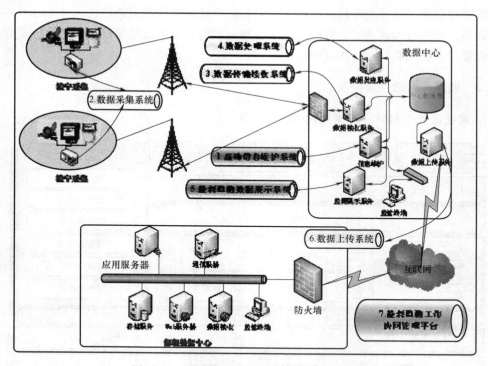

图 14.5　能耗监测系统架构及软件平台部署

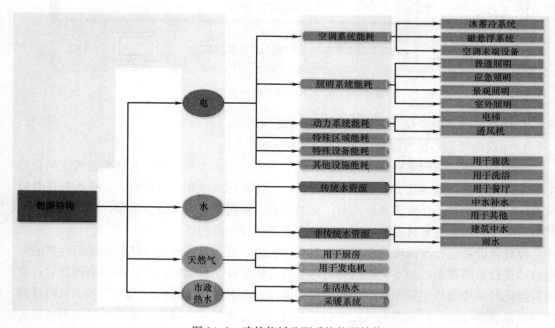

图 14.6　建筑能耗监测系统能源结构

4. 能耗监测管理平台评价

1）平台软件的技术先进性

采用的平台软件框架要先进合理，支持当前多种操作系统和当前先进技术。

2）平台软件的兼容性和扩展性

平台要能支持能耗监测的多个层级，比如省市级能耗监测、各个区县能耗监测、单个建筑楼宇的能耗监测，针对每个层级，平台要支持业务的扩展性。

3）楼宇设备设置合理及可靠性

4）在采集能耗数据时，要合理配置计量仪表，比如用电回路设置电表应设置在常用回路，一些偶尔使用或长期不用的回路一般不需设置，如消防的用电回路。另外采集设备的精度和可靠性也至关重要，尤其是水表，由于其安装位置的环境比较恶劣，因此其密封性要好。

5）数据采集及传输可靠性

6）在能耗监测数据采集和传输方面，需要考虑大数据量传输问题，最好采用异步传输，以免数据堵塞。

在接收能耗数据包处理时，最好采用具备异步处理功能的中间件，在完成数据合法性校验后，针对数据包同时进行多个层面的处理，比如监测数据包里的数据，发现数据异常则给出预警，针对部分能耗数据进行拆分处理，针对能耗数据接收信息进行展示等。

7）能耗监测平台具备多种数据接口，能接收其他能耗平台的数据，也能把本系统的数据发布给其他能耗监测平台。

8）平台维护和应用

从技术的角度来看平台的建设并不难，难的是如何用好平台和使其能持续有效地发挥作用，需要有专业的人员分析运行数据，制定合理的节能运行方案，配备一定数量的人员维护设备和系统，并需要有持续的资金投入。

14.5.4 工程案例

某大厦坐落于北京市东城区东二环北段西侧，建设用地面积 2.2519 万 m^2，建筑面积 20.0838 万 m^2，其中地上建筑面积 14.4959 万 m^2，地下建筑面积 5.5879 万 m^2；地上 22 层，地下 4 层，建筑高度约 90m，地面分为 A、B、C、D 四栋办公楼。该大厦为某天然气集团公司总部办公大楼。

大厦设有集中冷源系统，采用冰蓄冷技术，设有三台离心式双蒸发器制冷机组和两台多机头磁悬浮式冷水机组。蓄冰系统根据峰谷时段电价不同和空调负荷的需求分为四种运行工况：蓄冰工况、主机单独供冷工况、冰槽单独供冷工况、主机与融冰联合制冷工况。根据负荷预测和峰谷电价情况，自动调整运行策略，达到节省运行费用的最优状态。

大厦空调机组采用全空气系统的变风量技术，根据室内实际温度需求自动调节变风量末端送风量，根据总的需求风量调整空调机组送风机转速，减少不必要的机组运行能耗。

大厦原智能化集成系统采用 Tridium 公司的 Niagara 平台，其中建筑设备监控系统共有监控点 14000 余点，包含冷源系统、热源系统、变配电系统、空调系统、照明系统等

23 个子系统。能源平台通过 obix 的方式定期读取 Niagara 平台相关数据。

1. 平台功能

能源平台为用户提供大厦能源消耗的统计与展示，对各种能源消耗的整体与分项分类情况进行汇总比对分析，并将能耗折算为标准煤用量，便于进行能耗审计；对超过能耗指标的事件及时报警，对各区域各项用电回路的异常用电情况进行报警；同时为用户提供空调系统、变风量末端及冷源系统设备运行期间的故障及异常诊断功能。

2. 软件功能

能源主要分为电、水、气、热四大类，软件定期自动生成各类能耗总耗量、分类耗量、分区耗量、对应费用的报表、KPI 指标报表；可轻松查看任意时段各区域能耗比对、任意设置能耗对比基准参数；对超能耗限值进行报警、对分类、分项及各用电支路用电量异常报警；可查看任意支路运行参数的历史数据。

对空调机组、变风量末端及冷热源的运行存在的问题自动进行诊断提示，如空调机组开机过早或关机过晚、空调机组冷热水旁通阀开启、空调机组同时制冷制热、空调机组冷冻水供水温度过高、空调机组风机短时启停、风机故障或静压传感器故障、送风温度与设定值偏差较大、各类传感器异常、冰蓄冷系统不节省运行费用、冷水机组能效系数过低、冷源末端供回水温差过低等。

软件模型共建立站点 27 个，设备 2157 个，测点 10947 个，43598 个 rec 记录，规则函数共 323 条，数据报表 249 个，数据连接器 155 个，软件自动定期从 Niagara 平台读取相应数据。

3. 能耗展示及分析报警

KPI 中展示了峰谷平各时段用电量及电费、总耗电量及电费、总水量及水费、人均年耗电量、单位面积年耗电量、单位面积年耗电量与北京市办公建筑单位面积年耗电量均值比较、单位面积年耗电量与美国办公建筑单位面积年耗电量均值比较，每个指标均按照分区域及整个建筑汇总情况进行展示。

• 大厦各区域峰谷平时段耗电量、电费及耗电量指标对比（图 14.7）。

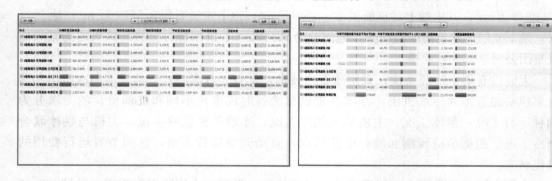

图 14.7 KPI—大厦各区域峰谷平时段耗电量、电费及指标对比

• 对大楼各区域总能耗、各区域分类能耗及建筑总能耗进行展示（图 14.8、图 14.9）。
• 能耗数据事件报警（图 14.10、图 14.11）
• 对空调机组、变风量末端及冷热源的设备运行进行故障诊断（图 14.12～图 14.16）。

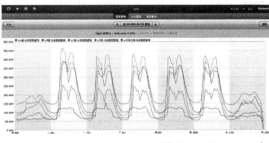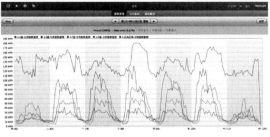

图 14.8　Energy—各区域分类能耗趋势展示

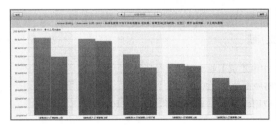

图 14.9　Energy—建筑各区域能耗对比展示

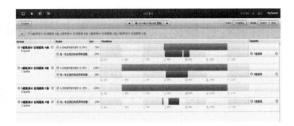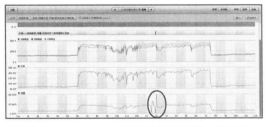

图 14.10　Spark—区域能耗异常及超标提示　　　图 14.11　Spark—用电量异常事件（激增）

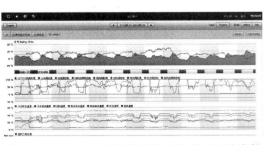

图 14.12　Spark—空调机组异常事件　　　图 14.13　Spark—空调机开机过早/关机过晚事件

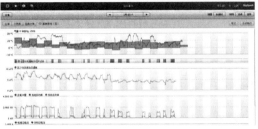

图 14.14　Spark—冷源系统故障诊断　　　图 14.15　Spark—冷源系统能效系数过低提示

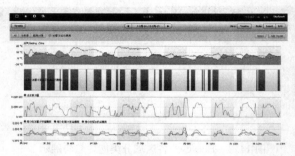

图 14.16　Spark—冰蓄冷系统不省运行费用提示

参 考 文 献

[1]　徐伟，邹瑜. 公共建筑节能改造技术指南 [M]. 北京：中国建筑工业出版社，2010.

[2]　曾松鹤. 综合布线系统节能的广义分析 [J]. 智能建筑与城市信息，2014 (1).

[3]　田浩，李振震，刘晓华，江亿. 信息机房热管空调系统应用研究 [J] 建筑科学，2012 (10).

第六篇　施　工　管　理

第15章 绿色施工

绿色施工是指工程建设中，在保证质量、安全等基本要求的前提下，通过科学管理和技术进步，最大限度地节约资源与减少对环境负面影响的施工活动，实现"四节一环保"（节能、节地、节水、节材和环境保护）。

绿色施工总体框架由施工管理、环境保护、节材与材料资源利用、节水与水资源利用、节能与能源利用、节地与施工用地保护六个方面组成（图 15.1）。每一个方面包含了各阶段指标的子集，涵盖了绿色施工的基本指标。绿色施工管理主要包括组织管理、规划管理、实施管理、评价管理和人员安全与健康管理五个方面，与"四节一环保"共同组成了绿色施工的全部内容。

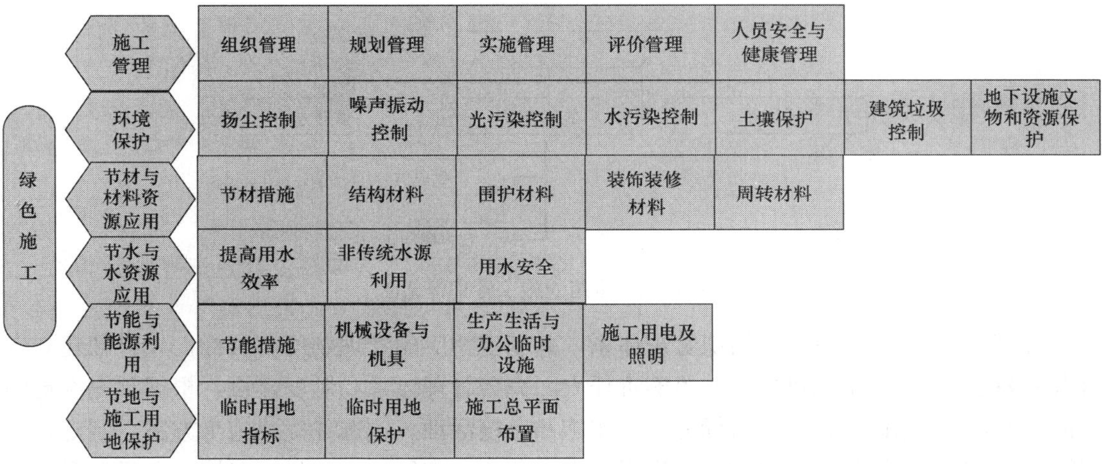

图 15.1　绿色施工总体框架

既有建筑改造的绿色施工分为既有建筑的拆除阶段和新建建筑的建造阶段。因此，既有建筑改造施工除了具备常规施工的特点以外，还具有以下特点：

1. 增加了对旧有建筑拆除的施工；

2. 拆除过程中，产生的大量灰尘、固体悬浮物污染，以及运输车辆排放的尾气会对环境形成污染；

3. 建筑物拆除后，存在建筑材料回收利用及降解的问题；

4. 拆除前对相关构筑物及设施的防护措施；

5. 改造施工过程中管理模式及体系的完善问题；

6. 改造过程中的成本控制问题。

虽然既有建筑改造工程区别于新建建筑施工，但在改造工程中仍应以"四节一环保"为指导并结合既有建筑改造工程的特点，实现绿色施工。

15.1　施工管理

依据《绿色施工导则》，施工管理的内容分为组织管理、规划管理、实施管理、评价管理及人员安全与健康管理五个方面，既有建筑改造的绿色施工管理也遵循这一主线展开。

15.1.1　组织管理

在改造工程项目建设过程中，绿色施工管理活动的参与方主要有政府相关部门、业主方、设计方、监理方、施工方、供应方和废弃物回收方等。全面绿色施工管理则要求进行全组织的管理，即明确各个参与方的责任，相互配合，进行协同的绿色施工管理，并设置一个专门的绿色施工管理小组，通过项目参与各方的不断努力，实现管理目标。全组织施工管理模式见图 15.2。

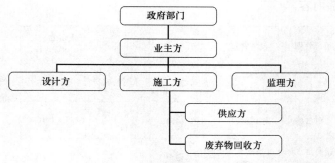

图 15.2　全组织施工管理框架图

因此，应建立绿色施工组织管理体系，并制定相应的管理制度与目标。项目部建立专门的绿色施工管理组织机构，并落实责任人。完善管理体系和制度建设，根据预先设定的绿色建筑施工总目标，进行目标分解、实施和考核活动。比选并优化施工方案，制定相应施工计划并严格执行，要求措施、进度和人员落实，实行过程和目标双控。项目经理为绿色施工第一责任人，负责绿色施工的组织实施及目标实现，指定绿色建筑施工各级管理人员和监督人员，并在施工前进行绿色施工重点内容的专项交底。

15.1.2　规划管理

绿色施工方案应在施工组织设计中独立成章，并按有关规定进行审批。绿色施工方案应包括以下内容：

1. 环境保护措施：制定环境管理计划及应急救援预案，采取有效措施，降低环境负荷，保护地下设施和文物等资源。

2. 节材措施：在保证工程安全与质量的前提下，制定节材措施。如进行施工方案的节材优化，建筑垃圾减量化，尽量利用可循环材料等。

3. 节水措施：根据工程所在地的水资源状况，制定节水措施。

4. 节能措施：进行施工节能策划，确定目标，制定节能措施。

5. 节地与施工用地保护措施：制定临时用地指标、施工总平面布置规划及临时用地节地措施等。

15.1.3　实施管理

绿色施工应对整个施工过程实施动态管理，加强对施工策划、施工准备、材料采购、现场施工、工程验收等各阶段的管理和监督。

15.1.3.1　施工策划

1. 目标策划

采取绿色施工的建设项目，期望达到何种效果，满足何种标准，目标策划是毋庸置疑的重点。全过程绿色施工管理要求：确定绿色施工总目标；完成绿色目标分解工作，将总目标细分为各个不同内容的分目标，该分目标须涵盖绿色施工方案的目标、绿色施工技术的目标、绿色施工管控要点的目标及其施工现场的过程控制目标等；根据各个分目标制定具体操作内容的详细绿色指标，依据施工内容的不同将详细指标的限值作为实际操作中的目标值，有利于实际监督管理。

2. 方案策划

施工方案直接影响到施工方法、施工机具选用、施工顺序安排、作业组织形式等后续的施工内容，按照《绿色施工导则》的规定，要求编写绿色施工方案，在施工组织设计中独立成章，并按有关规定进行审批。尤其需要细化与绿色施工有关的事项。在确定施工方案前，需要对各种施工方案进行比选与优化，这样才能获得一个相对满意的绿色施工方案。

（1）定性分析

凭借以往积累的施工和管理的经验与教训，综合评估绿色施工方案，例如绿色施工的工期合理性、绿色施工的技术可行性、绿色施工的复杂性、绿色施工的安全可靠性、建筑工人的胜任力、绿色施工中的相关施工设备达标与否等。

（2）定量分析

主要是经济技术指标，如造价指标（总造价、直接工程费用、措施费、规费和税金）、分部分项工程费（土石方工程量、砌筑工程量等）、措施项目费指标（临时设施、模板及支架等）、主要工机料消耗指标（人力、机械、水泥、钢材等）等。

（3）绿色施工方案的审核

施工方案是绿色建筑实体形成的起点，施工阶段各过程的控制要点和方法均形成于此。施工前应进行设计文件中绿色重点内容的专项会审，重点审核的内容包括：

1）绿色建筑目标规划是否满足要求。应根据本项目的绿色建筑的专项设计要求，制定符合设计意图和本项目实际情况的绿色建筑目标。

2）建造绿色建筑所需要的施工手段、方法、措施是否明确。

3）绿色建筑任务分解是否清晰，并将建造任务下达到各施工分包单位并应明确各个分项、分部工程的绿色建筑相关工程的要求。

15.1.3.2　施工准备

与新建建筑相同，既有建筑节能改造过程中的施工准备非常重要。任何技术的差错或隐患都可能引起人身安全和质量事故，造成生命、财产和经济的巨大损失。因此必须认真地做好施工准备工作。此外，根据既有建筑改造过程中的特别性，施工准备中要特别注意以下方面：

1. 既有建筑的改造工程，很大的特点就是施工场地受限，与周边生活区或工作区接邻，人员流动较大，环境保护尤其重要。扬尘控制措施、噪声控制措施、光污染控制措施、水污染控制措施、土壤保护和建筑垃圾处理等预控措施必须得到高度重视。

2. 对相关构筑物和设施的防护工作。

3. 既有建筑改造工程突出特点之一就是工期往往较短，面临的突发问题繁多、涉及的材料种类繁杂，在拆除废弃材料的同时也在不断地购进添加新的材料，这个过程中的节材措施也应引起高度重视。包括拆除、废弃材料的合理再利用，新进材料的选择和进场安排，现场材料堆放，材料施工技术选择，建筑垃圾处理等，严格控制好材料应用的每个环节是实现既有建筑改造工程绿色施工的关键。

施工准备工作是工程施工管理的重要组成部分，它不仅是组织施工的前提条件，而且也是工程建设任务完成顺利与否的关键。总体而言，施工准备工作包括物资准备、技术准备、施工现场准备、组织准备。

1. 物资准备

在物资准备时应以"绿色"为理念进行安排，其中包括建筑材料准备、施工机具的准备、运输机械准备等诸多内容。建筑材料准备要求采用"绿色建材"和当地材料，可以选用其本身是原建筑物由废弃材料再造而成的绿色建材，也可以选用在使用过程中有利于环保与节能的绿色建材，如不用有机溶剂作为稀释剂或在满足结构要求的前提下使用碳排放量低的水泥等；施工机具的选择上同样讲求绿色，应该采用对周围环境和操作人员均影响小的机具，如低噪声且安全保障性高的钢筋锻轧机等；运输机械准备时要求采用安全保障性强、废气排放少、噪声低的机械，出入施工现场的运输机械还需要关注其对路面的影响程度。

材料、构（配）件、制品、机具和设备是保证施工顺利进行的物质基础，这些物资的准备工作必须在工程开工之前完成。根据各种物资的需要量计划，分别落实货源，安排运输和储备，使其满足连续施工的要求。

2. 技术准备

强化绿色建筑建造施工过程的技术管理，审核分包单位的施工作业计划，并且督促检查承包单位按照绿色建筑设计文件和施工方案进行施工。技术准备的内容包括：

强化绿色建筑的进度管理，提供所有与工期及进度相关之时间安排，并及时提供工期调整说明报告；

增加对改造工程改造过程中的难点技术及重点技术的交底与风险识别工作；

绿色施工过程，对分包单位的施工方案进行绿色指导和审核，尽量减少粉尘、噪声、光、污水等直接对环境或人员的污染，以及尽量减少混凝土、砂浆、砖、瓦、砂、石等固体建筑垃圾，对已经形成的固体建筑垃圾应通过分类加以回收利用和再加工综合利用等手段，减少固体废弃物对环境的污染；

在绿色建筑施工过程中，隐蔽验收工作要加强管理，并依据资料表格中的隐蔽验收单做好记录工作，使其具有可追溯性。对绿色建筑施工过程的隐蔽工程、下道工序施工完成后难以检查的重点部位进行拍照、现场检查并留下影像资料。

3. 施工现场准备

施工现场的准备工作，主要是为了给拟建工程的施工创造有利的施工条件和物资保证。除了按新建建筑的准备工作及程序进行以外，需要特别注意的是对已有构筑物和设施的防护措施。以中科院高能物理研究所某办公楼改造工程为例，因为此建筑内有多位前任国家领导人的题词，需要在改造前的施工现场做特别的防护工作，以达到历史保护及教育宣传的目的。所做防护工作如图 15.3 所示。

图 15.3　原有设施的特别防护措施

此外，拆除物的处理及回收再利用工作也要进行提前安排。如拆除物的放置处理、管理及运输，要尽可能做到拆除物的再利用及分类回收工作。如中科院高能物理研究所某办公楼拆除下来的墙砖即用来砌筑化粪池和管道井（图 15.4）。

可再利用材料的回收　　　　　　　　拆除的墙砖再利用为管道井的砌筑物

图 15.4　拆除物再利用

4. 劳动组织准备

建立拟建工程项目的领导机构、建立精干的施工队组，集结施工力量，组织劳动力进场，向施工队组、工人进行施工组织设计、计划和技术交底。施工组织设计、计划和技术交底的内容有：工程的施工进度计划、月（旬）作业计划；施工组织设计，尤其是施工工艺；质量标准、安全技术措施、降低成本措施和施工验收规范的要求；新结构、新材料、新技术和新工艺的实施方案和保障措施；图纸会审中所确定的有关部位的设计变更和技术核定等事项。交底工作应该按照管理系统逐级进行，由上而下直到工人队组。交底的方式有书面形式、口头形式和现场示范形式等。队组、工人接受施工组织设计、计划和技术交底后，要组织其成员进行认真的分析研究，弄清关键部位、质量标准、安全措施和操作要领。必要时应该进行示范，并明确任务及做好分工协作，同时建立健全岗位责任制和保证措施。

建立健全各项管理制度：工地的各项管理制度是否建立、健全，直接影响其各项施工活动的顺利进行。有章不循其后果是严重的，而无章可循更是危险的。为此必须建立、健全工地的各项管理制度。内容包括：工程质量检查与验收制度；工程技术档案管理制度；建筑材料（构件、配件、制品）的检查验收制度；技术责任制度；施工图纸学习与会审制度；技术交底制度；职工考勤、考核制度；工地及班组经济核算制度；材料出入库制度；安全操作制度；机具使用保养制度。

5. 施工的场外准备

场外准备的内容主要是材料的加工和订货；做好分包工作和签订分包合同，向上级提交开工申请报告，本部分内容不再赘述。

15.1.3.3 材料采购及再利用

除了材料的一般采购控制方法外，绿色建筑的采购主要注重材料的环保性和本地化两个方面的控制。

1. 材料的环保性

从绿色建筑的角度严把材料关，所用的材料不仅要保证其常规意义的质量指标，而且要严格检验建筑材料的绿色指标，如饰面石材中的放射性元素指标，涂料中的甲醛、氨、苯、氡的含量指标等。对施工过程中使用的绿色建材（包括但不限于本地化材料利用、固废装饰装修材料、可再循环材料和可再利用材料等）利用情况进行监督与质量查验。按照合同约定及绿色建筑标准规定，对相关材料设备和系统进行进场检验、取样、送样检测或验收测试。

首先，尽量选择节能环保的材料。如采用高强度的钢材、高性能混凝土；在选模板时，为提高其利用率，尽量选用钢模板或者木模板；周转材料和设备机具的选用标准是耐用、维护与拆卸方便；装饰装修材料在选择时应采用经法定检测单位检测合格的材料，并按国家有关规范、标准的要求，对其进行有害物质评定检查。

其次是对材料的节约利用。在使用材料时，应尽量采取有效的措施减少材料的浪费，提高材料的利用率，并且尽量选用本地建材，缩短材料的运输距离，直接减少运输过程中对材料的损耗从而降低环境污染，提高本地材料使用率也有助于当地的经济发展。同时采用适宜的材料运输工具、得当的装卸方法，可减少材料的损坏和遗撒。

2. 材料的妥善保管

首先，材料的保管制度要健全，并且实行实名负责制，加强工程物资与仓库管理；其次现场材料要堆放有序，储存环境适宜，措施得当；同时，应尽量降低竣工后的建筑材料剩余率。对可以循环再利用的材料要避免损坏。

3. 减少无功能作用的装饰性构件的使用

减少装饰性构件的使用不仅可以节约材料，还可以降低施工难度及工作量，避免片面追求美观和以巨大的能量消耗为代价。

4. 回收再利用

（1）废弃物分类存放措施

施工现场，对在拆除、建造和场地清理各施工阶段产生的废弃物分类存放，设立专门的废弃物临时贮存场地；单独储存那些有可能造成二次污染的废弃物，并设置较醒目安全防范的标识；对废弃物的运输也应分类运输，并选择有废弃物处理资质的单位或场所进行处理。

（2）废弃物的回收利用

在对废弃物进行分类收集存放之后，应在施工现场建立废弃物的回收系统，这是对建筑固体垃圾处理的主要途径。有些直接回收利用的材料可以重新用于生产，如粉碎混凝土后可用于一般道路的路基。

（3）现场生活垃圾处理

现场生活垃圾主要是由项目部管理人员和工人在日常生活所产生的，一般是不可回收的。对现场生活垃圾的运输、处置过程进行合理安排。

15.1.3.4　现场施工

除了按新建建筑的程序及管理进行施工外，既有建筑绿色化改造的施工方案还要特别注意以下几方面：

1. 资源节约方案及记录

制定并实施施工全过程用能和节能方案，设定建造每平方米建筑面积能耗目标值，监测并记录施工能耗。在满足建造能耗目标值的前提下：制定并实施施工全过程用能和节能方案；监测并记录施工过程中施工区、生活区的能耗；监测记录主要建筑材料、设备从供货商提供的货源地到施工现场运输的能耗，监测并记录建筑施工废弃物从施工现场到废弃物处理/回收中心运输的能耗。具体如下：

（1）制定并实施施工节水和用水方案，设定建造每平方米建筑面积水耗目标值，监测并记录施工水耗。在满足水耗控制目标值的前提下，制定并实施施工节水和用水方案；监测并记录施工区、生活区的水耗数据。

（2）提高块材、板材、卷材等装饰、防水、节能工程材料及部品的工厂化加工比例和现场排版设计比例。

（3）土建装修一体化施工。

2. 保护环境控制

为避免重复，此部分内容参照 15.2 节的内容。

15.1.3.5　过程管理

绿色施工对施工过程的要求较高，需要把"四节一环保"的理念融入施工的各个环节中。达到降低能耗、提高使用效率的目的。降低能耗的方法有：改善能源使用结构、合理组织施工、积极推广节能新技术、新工艺；制定合理的施工能耗指标、确保施工设备满负荷运转，减少无用功，禁止不合格临时设施用电以免造成损失。过程管理即是要以达成"四节一环保"的标准进行衡量。为确保上述目标的实现，在施工的过程管理中，施工单位要特别注意以下方面：

1. 施工单位开展绿色施工知识宣传，定期组织培训及实施监督，建立合理的奖惩制度。

（1）制定绿色施工知识宣传培训制度及奖惩制度；

（2）落实绿色施工知识宣传培训及实施监督，并落实奖惩。

为将绿色化改造的理念融入施工过程中的各个阶段，有必要开展绿色施工知识的宣传，定期组织对单位职工和相关人员培训，并进行监督；建立激励制度，保证绿色施工的顺利实施。

2. 严格控制设计文件变更，避免出现降低建筑绿色性能的重大变更。

因为改造建筑本身的复杂性，绿色建筑设计文件经审查后，在建造过程中往往可能需要进行变更，这样有可能使建筑的相关绿色指标发生变化。若在施工过程中出于整体建筑功能要求，对设计文件进行变更，但不显著影响该建筑绿色性能，其变更可按照正常的程序进行。设计变更应存留完整的资料档案，作为后续管理及进行绿色建筑改造评价的依据。

3. 工程施工中采用信息化技术。

信息化施工是利用信息化技术在施工过程中进行数据采集、处理、存储和共享的高效施工方式。随着计算机技术和网络的不断进步及其与施工过程的不断融合，信息化技术已经越来越广泛地应用到改造施工中。信息技术广泛应用，如绿色施工的虚拟现实技术、三维建筑模型的工程量自动统计、绿色施工组织设计数据库建立与应用系统、数字化工地、基于电子商务的建筑工程材料、设备与物流管理系统等。通过应用信息技术，进行精密规划、设计、精心建造和优化集成，实现与提高绿色施工的各项指标。

15.1.3.6 工程验收

每个环节的控制效果成功与否，应当通过一系列的检查验收工作来鉴定。验收的控制好坏，直接关系到所建造的实体是否成能为绿色建筑。这些验收包括：

1. 对施工方案的评审并批准实施。

2. 对建筑材料的选择，包括对样板材料的确认和资料的审批。

3. 对进场材料的验收，不仅是数量和价格方面的验收，更主要的是对其各项技术参数（尤其是环保因素指标）的检查、验收。

4. 对各工艺过程施工质量中涉及环保指标的检查、验收。

5. 对完工工程的整体验收等。

对于以上每一个验收阶段，都要对绿色建筑实施情况汇总与审核建议，并对施工的效果进行动态评价及出具评估意见。

15.1.4 评价管理

绿色建筑的改造评价管理首先要建立评价体系，评价体系的核心内容就是选择和确定绿色施工评价指标。评价指标是衡量整个评估体系是否合理、科学、全面的重要标准，也是检测评价的精度和结果的重要标尺。绿色施工评价指标的设置应遵循以下原则：

1. 科学性和实践性相结合原则

在选择评价指标过程中，要能科学合理地体现绿色施工以下五个方面：节能、节地、节水、节材和环境保护。评价指标体系不要过于简洁或是过于细致，要繁简得当以避免影响最终的评价结果。

2. 完备性原则

绿色施工评价是对施工过程系统的、较全面的技术评价。完备性也就是系统性，主要是指标的信息量既必要又充分，指标的数量构成一个完备群，缺一个就不完整，多一个就造成信息重叠和浪费。

3. 可操作性原则

评价指标体系的设置应力求使各指标项简单明了、可量化，有关数据可查，可以获取，在较长的时期和较大的范围内能适用，可以为绿色施工管理提供依据，每个指标应概念清晰、意义明确，指标之间有独立的内涵，即操作起来方便。

4. 客观性原则

绿色施工评价必须保证公正性，这是一条很重要的原则。公正性表示在评价施工时，以实事求是为准则，以客观和负责任的态度对待绿色施工的评价工作。

5. 指标动态性原则

把绿色施工评价看作一个动态的过程。对施工阶段的控制包括事前控制、事中控制以及事后控制。所以制定评价指标是要考虑这个动态性原则。

6. 可比可量原则

在不同施工过程中，应保证评价指标的统计口径、含义、适用范围应尽量相同，这样才有可比性；对定量指标直接量化，对定性指标可以间接赋值量化，计算起来比较便捷，这就是可量化原则。

在实际评价过程中，要结合具体工程的特点，对绿色施工的效果及采用的新技术、新设备、新材料与新工艺进行自评估。建议成立专家评估小组，对绿色施工方案、实施过程至项目竣工，进行综合评估。

15.1.5　人员安全与健康管理

根据改造工程现场的实际状况及特点，制订有针对性的职业健康、安全与环境管理计划，落实各项管理措施。对改造过程中可能出现的风险进行分析与评价，制定事故预防措施，配置合理资源，把危险降低到尽可能低的程度。

1. 制订施工防尘、防毒、防辐射等职业危害的措施，保障施工人员的长期职业健康。

2. 合理布置施工场地，保护生活及办公区不受施工活动的有害影响。施工现场建立卫生急救、保健防疫制度，在安全事故和疾病疫情出现时提供及时救助。

3. 提供卫生、健康的工作与生活环境，加强对施工人员的住宿、膳食、饮用水等生活与环境卫生等管理，明显改善施工人员的生活条件。

15.2　环境保护

环境保护的内容包括扬尘控制、噪声控制、光污染控制、水污染控制、土壤保护、建筑垃圾控制和地下设施文物和资源保护。工程施工中产生的大量灰尘、噪声、有毒有害气体、废物等会对环境品质造成严重的影响，会有损于现场工作人员、使用者以及公众的健康。因此，减少环境污染、提高环境品质也是绿色施工的基本原则。

对于既有建筑改造工程而言，拆除旧有设施产生的扬尘、噪声及垃圾较之常规新建建筑多，因此，环境保护是既有建筑改造的一项重要内容，环境保护的理念要贯穿于改造施工的全过程。以上海电气总部大楼的改造为例，为实现业主绿色建筑认证的目标，确实做好绿色建筑认证对项目施工的管理要求，确保"绿色施工"贯穿整个施工过程，项目在施工过程中考虑采取相应的措施对环境进行保护，避免由于施工引起的空气污染、水污染与土壤污染；在施工阶段对各项环保措施进行照片记录，留存；特别建立了绿色月报制度，总包每月递交绿色月报。绿色月报内容包括：

1. 现场记录照片；
2. 水土流失、扬尘控制方面措施、数据以及照片；
3. 施工废弃物管理方面措施、数据记录及照片；
4. 材料采购记录；
5. 施工期间室内空气品质管理措施、数据及照片；
6. 采购材料 VOC 产品说明书。

15.2.1　扬尘控制

施工过程中，扰动建筑材料和系统所产生的灰尘，从材料、产品、施工设备或施工过程中散发出来的挥发性有机化合物或微粒均会引起室内外空气品质问题。许多挥发性有机化合物或微粒会对健康构成潜在的威胁和损害，需要特殊的安全防护。这些威胁和损伤有些是长期的，甚至是致命的，而且在改造过程中，这些空气污染物也可能渗入邻近的建筑物，并在施工结束后继续留在建筑物内。这种影响尤其对那些需要在房屋使用者在场的情况下进行施工的改建项目更需引起重视。常用的提高施工场地空气品质的绿色施工技术措施可能有：制定有关室内外空气品质的施工管理计划；使用低挥发性的材料或产品；安装局部临时排风或局部净化和过滤设备；进行必要的绿化，经常洒水清扫，防止建筑垃圾堆积在建筑物内，储存好可能造成污染的材料；采用更安全、健康的建筑机械或生产方式，如采用商品混凝土、预拌砂浆等；合理安排施工顺序，尽量减少一些建筑材料，如地毯、顶棚饰面等对污染物的吸收；对于施工时仍在使用的建筑物而言，应将有毒的工作安排在非工作时间进行，并与通风措施相结合，在进行有毒工作时以及工作完成以后，用室外新鲜空气对现场通风；对于施工时仍在使用的建筑物而言，将施工区域保持负压或升高使用区域的气压会有助于防止空气污染物污染使用区域。

具体控制扬尘的措施主要有以下几点：

1. 运送土方、垃圾、设备及建筑材料等，不污损场外道路。运输容易散落、飞扬、流漏的物料的车辆，必须采取措施封闭严密，保证车辆清洁。施工现场出口应设置洗车槽。
2. 土方作业阶段，采取洒水、覆盖等措施，达到作业区目测扬尘高度小于 1.5m，不扩散到场区外。

3. 对易产生扬尘的堆放材料应采取覆盖措施；对粉末状材料应封闭存放；场区内可能引起扬尘的材料及建筑垃圾搬运应有降尘措施，如覆盖、洒水等；浇筑混凝土前清理灰尘和垃圾时尽量使用吸尘器，避免使用吹风器等易产生扬尘的设备；机械剔凿作业时可用局部遮挡、掩盖、水淋等防护措施；高层或多层建筑清理垃圾应搭设封闭性临时专用道或采用容器吊运。

4. 对现场易飞扬物质采取有效措施，如洒水、地面硬化、围挡、密网覆盖、封闭等，防止扬尘产生。

5. 构筑物机械拆除前，做好扬尘控制计划。可采取清理积尘、拆除体洒水、设置隔挡等措施。

6. 构筑物爆破拆除前，做好扬尘控制计划。可采用清理积尘、淋湿地面、预湿墙体、屋面敷水袋、楼面蓄水、建筑外设高压喷雾状水系统、搭设防尘排栅和直升机投水弹等综合降尘。选择风力小的天气进行爆破作业。

15.2.2　噪声与振动控制

对于噪声的控制也是防止环境污染、提高环境品质的一个方面。当前我国已经出台了一些相应的规定对施工噪声进行限制。绿色施工也强调对施工噪声的控制，以防止施工扰民。合理安排施工时间，实施封闭式施工，采用现代化的隔离防护设备，采用低噪声、低振动的建筑机械如无声振捣设备等是控制施工噪声的有效手段。

1. 现场噪声排放和施工场界对噪声进行实时监测与控制按国家标准《建筑施工场界环境噪声排放标准》GB 12523 的规定执行。

2. 使用低噪声、低振动的机具，采取隔声与隔振措施，避免或减少施工噪声和振动。

15.2.3　光污染控制

1. 尽量避免或减少施工过程中的光污染。夜间室外照明灯加设灯罩，透光方向集中在施工范围。

2. 电焊作业采取遮挡措施，避免电焊弧光外泄。

15.2.4　水污染控制

1. 施工现场污水排放应达到国家标准《污水综合排放标准》GB 8978 的要求。

2. 在施工现场应针对不同的污水，设置相应的处理设施，如沉淀池、隔油池、化粪池等。

3. 污水排放应委托有资质的单位进行废水水质检测，提供相应的污水检测报告。

4. 保护地下水环境。采用隔水性能好的边坡支护技术。在缺水地区或地下水位持续下降的地区，基坑降水尽可能少地抽取地下水；当基坑开挖抽水量大于 50 万 m³ 时，应进行地下水回灌，并避免地下水被污染。

5. 对于化学品等有毒材料、油料的储存地，应有严格的隔水层设计，做好渗漏液收集和处理。

15.2.5　土壤保护

1. 保护地表环境，防止土壤侵蚀、流失。因施工造成的裸土，及时覆盖砂石或种植速生草种，以减少土壤侵蚀；因施工造成容易发生地表径流土壤流失的情况，应采取设置地表排水系统、稳定斜坡、植被覆盖等措施，减少土壤流失。

2. 沉淀池、隔油池、化粪池等不发生堵塞、渗漏、溢出等现象。及时清掏各类池内沉淀物，并委托由有资质的单位清运。

3. 对于有毒有害废弃物如电池、墨盒、油漆、涂料等应回收后交由有资质的单位处理，不能作为建筑垃圾外运，避免污染土壤和地下水。

4. 施工后应恢复施工活动破坏的植被（一般指临时占地内）。与当地园林、环保部门或当地植物研究机构进行合作，在先前开发地区种植当地或其他合适的植物，以恢复剩余空地地貌或科学绿化，补救施工活动中人为破坏植被和地貌造成的土壤侵蚀。

15.2.6　建筑垃圾控制

1. 制定建筑垃圾减量化计划。

2. 加强建筑垃圾的回收再利用，力争建筑垃圾的再利用和回收率达到30%，建筑物拆除产生的废弃物的再利用和回收率大于40%。对于碎石类、土石方类建筑垃圾，可采用地基填埋、铺路等方式提高再利用率，力争再利用率大于50%。

3. 施工现场生活区设置封闭式垃圾容器，施工场地生活垃圾实行袋装化，及时清运。对建筑垃圾进行分类，并收集到现场封闭式垃圾站，集中运出。

15.2.7　地下设施、文物和资源保护

1. 施工前应调查清楚地下各种设施，做好保护计划，保证施工场地周边的各类管道、管线、建筑物、构筑物的安全运行。

2. 施工过程中一旦发现文物，立即停止施工，保护现场并通报文物部门并协助做好工作。

3. 避让、保护施工场区及周边的古树名木。

4. 逐步开展统计分析施工项目的CO_2排放量，以及各种不同植被和树种的CO_2固定量的工作。

15.3　节约资源

绿色施工中的节约资源即"四节"中的节材、节水、节能、节地的行为，现分别介绍。

15.3.1　节材措施

15.3.1.1 节材技术应用要点

1. 图纸会审时，应审核节材与材料资源利用的相关内容，达到材料损耗率比定额损

耗率降低 30%。

2. 根据施工进度、库存情况等合理安排材料的采购、进场时间和批次，减少库存。

3. 现场材料堆放有序。储存环境适宜，措施得当。保管制度健全，责任落实。

4. 材料运输工具适宜，装卸方法得当，防止损坏和遗洒。根据现场平面布置情况就近卸载，避免和减少二次搬运。

5. 采取技术和管理措施提高模板、脚手架等的周转次数。

6. 优化安装工程的预留、预埋、管线路径等方案。

7. 应就地取材，施工现场 500km 以内生产的建筑材料用量占建筑材料总重量的 70% 以上。

15.3.1.2　结构材料利用

1. 推广使用预拌混凝土和商品砂浆。准确计算采购数量、供应频率、施工速度等，在施工过程中动态控制。结构工程使用散装水泥。

2. 推广使用高强钢筋和高性能混凝土，减少资源消耗。

3. 推广钢筋专业化加工和配送。

4. 优化钢筋配料和钢构件下料方案。钢筋及钢结构制作前应对下料单及样品进行复核，无误后方可批量下料。

5. 优化钢结构制作和安装方法。

6. 采取数字化技术。

15.3.1.3　围护材料利用

1. 门窗、屋面、外墙等围护结构选用耐候性及耐久性良好的材料，施工确保密封性、防水性和保温隔热性。

2. 门窗采用密封性、保温隔热性能、隔声性能良好的型材和玻璃等材料。

3. 屋面材料、外墙材料具有良好的防水性能和保温隔热性能。

4. 当屋面或墙体等部位采用基层加设保温隔热系统的方式施工时，应选择高效节能、耐久性好的保温隔热材料，以减小保温隔热层的厚度及材料用量。

5. 屋面或墙体等部位的保温隔热系统采用专用的配套材料，以加强各层次之间的黏结或连接强度，确保系统的安全性和耐久性。

6. 根据建筑物的实际特点，优选屋面或外墙的保温隔热材料系统和施工方式，例如保温板粘贴、保温板干挂、聚氨酯硬泡喷涂、保温浆料涂抹等，以保证保温隔热效果，并减少材料浪费。

7. 加强保温隔热系统与围护结构的节点处理，尽量降低热桥效应。针对建筑物的不同部位保温隔热特点，选用不同的保温隔热材料及系统，以做到经济适用。

15.3.1.4　装饰装修材料利用

1. 贴面类材料在施工前，应进行总体排版策划，减少非整块材的数量。

2. 采用非木质的新材料或人造板材代替木质板材。

3. 防水卷材、壁纸、油漆及各类涂料基层必须符合要求，避免起皮、脱落。各类油漆及胶粘剂应随用随开启，不用时及时封闭。

4. 幕墙及各类预留预埋应与结构施工同步。

5. 木制品及木装饰用料、玻璃等各类板材等宜在工厂采购或定制。

6. 采用自粘类片材，减少现场液态胶粘剂的使用量。

15.3.1.5 周转材料利用

1. 应选用耐用、维护与拆卸方便的周转材料和机具。

2. 优先选用制作、安装、拆除一体化的专业队伍进行模板工程施工。

3. 模板应以节约自然资源为原则，推广使用定型钢模、钢框竹模、竹胶板。

4. 施工前应对模板工程的方案进行优化。多层、高层建筑使用可重复利用的模板体系，模板支撑宜采用工具式支撑。

5. 优化高层建筑的外脚手架方案，采用整体提升、分段悬挑等方案。

6. 推广采用外墙保温板替代混凝土施工模板的技术。

7. 现场办公和生活用房采用周转式活动房。现场围挡应最大限度地利用已有围墙，或采用装配式可重复使用围挡封闭。力争工地临房、临时围挡材料的可重复使用率达到 70%。

15.3.2 节水与水资源利用

15.3.2.1 提高用水效率

1. 施工中采用先进的节水施工工艺。

2. 施工现场喷洒路面、绿化浇灌不宜使用市政自来水。现场搅拌用水、养护用水应采取有效的节水措施，严禁无措施浇水养护混凝土。

3. 施工现场供水管网应根据用水量设计布置，管径合理、管路简捷，采取有效措施减少管网和用水器具的漏损。

4. 现场机具、设备、车辆冲洗用水必须设立循环用水装置。施工现场办公区、生活区的生活用水采用节水系统和节水器具，提高节水器具配置比率。项目临时用水应使用节水型产品，安装计量装置，采取针对性的节水措施。

5. 施工现场建立可再利用水的收集处理系统，使水资源得到梯级循环利用。

6. 施工现场分别对生活用水与工程用水确定用水定额指标，并分别计量管理。

7. 大型工程的不同单项工程、不同标段、不同分包生活区，凡具备条件的应分别计量用水量。在签订不同标段分包或劳务合同时，将节水定额指标纳入合同条款，进行计量考核。

8. 对混凝土搅拌站点等用水集中的区域和工艺点进行专项计量考核。施工现场建立雨水、中水或可再利用水的搜集利用系统。

15.3.2.2 非传统水源利用

1. 优先采用中水搅拌、中水养护，有条件的地区和工程应收集雨水养护。

2. 处于基坑降水阶段的工地，宜优先采用地下水作为混凝土搅拌用水、养护用水、冲洗用水和部分生活用水。

3. 现场机具、设备、车辆冲洗、喷洒路面、绿化浇灌等用水，优先采用非传统水源，尽量不使用市政自来水。

4. 大型施工现场，尤其是雨量充沛地区的大型施工现场建立雨水收集利用系统，充分收集自然降水用于施工和生活中适宜的部位。

5. 力争施工中非传统水源和循环水的再利用量大于30%。

15.3.2.3 用水安全

在非传统水源和现场循环再利用水的使用过程中，应制定有效的水质检测与卫生保障措施，确保避免对人体健康、工程质量以及周围环境产生不良影响。

以上海电气总部大楼的改造为例，上海地区年均降雨量在1200mm左右，1km² 可蓄水 1 万 m³。每年 7 月、8 月台风季节雨水比较集中。为充分利用降雨资源，节约淡水资源，屋面设计了雨水收集系统，雨水通过滤水层有组织排入建筑立面落水管，再集中到一层机房水箱，水箱内设置隔离层，分离大颗粒垃圾，再设置过滤砂缸过滤雨水到清水箱，通过增压泵用于屋面绿化浇灌。上海地区单日降雨量一般在 20～30mm，所以雨水收集水箱设计容量为 11m³。雨季连日暴雨水量再通过溢水口排出。

15.3.3 节能与能源利用

15.3.3.1 节能措施

1. 制订合理施工能耗指标，提高施工能源利用率。

2. 优先使用国家、行业推荐的节能、高效、环保的施工设备和机具，如选用变频技术的节能施工设备等。

3. 施工现场分别设定生产、生活、办公和施工设备的用电控制指标，定期进行计量、核算、对比分析，并有预防与纠正措施。

4. 在施工组织设计中，合理安排施工顺序、工作面，以减少作业区域的机具数量，相邻作业区充分利用共有的机具资源。安排施工工艺时，应优先考虑耗用电能的或其他能耗较少的施工工艺。避免设备额定功率远大于使用功率或超负荷使用设备的现象。

5. 根据当地气候和自然资源条件，充分利用太阳能、地热等可再生能源。

15.3.3.2 机械设备与机具

1. 建立施工机械设备管理制度，开展用电、用油计量，完善设备档案，及时做好维修保养工作，使机械设备保持低耗、高效的状态。

2. 选择功率与负载相匹配的施工机械设备，避免大功率施工机械设备低负载长时间运行。机电安装可采用节电型机械设备，如逆变式电焊机和能耗低、效率高的手持电动工具等，以利节电。机械设备宜使用节能型油料添加剂，在可能的情况下考虑回收利用，节约油量。

3. 合理安排工序，提高各种机械的使用率和满载率，降低各种设备的单位耗能。屋面材料、外墙材料具有良好的防水性能和保温隔热性能。

15.3.3.3 生产、生活及办公临时措施

1. 利用场地自然条件，合理设计生产、生活及办公临时设施的体形、朝向、间距和窗墙面积比，使其获得良好的日照、通风和采光。南方地区可根据需要在外墙窗设遮阳设施。

2. 临时设施宜采用节能材料，墙体、屋面使用隔热性能好的材料，减少夏天空调、

冬天取暖设备的使用时间及耗能量。

3. 合理配置采暖、空调、风扇数量，规定使用时间，实行分段分时使用，节约用电。

15.3.3.4 施工用电及照明

1. 临时用电优先选用节能电线和节能灯具，临电线路合理设计、布置，临电设备宜采用自动控制装置。采用声控、光控等节能照明灯具。

2. 照明设计以满足最低照度为原则，照度不应超过最低照度的 20%。

15.3.4 节地

15.3.4.1 临时用地指标

1. 根据施工规模及现场条件等因素合理确定临时设施，如临时加工厂、现场作业棚及材料堆场、办公生活设施等的占地指标。临时设施的占地面积应按用地指标所需的最低面积设计。

2. 要求平面布置合理、紧凑，在满足环境、职业健康及安全与文明施工要求的前提下尽可能减少废弃地和死角，临时设施占地面积有效利用率大于 90%。

15.3.4.2 临时用地保护

1. 应对深基坑施工方案进行优化，减少土方开挖和回填量，最大限度地减少对土地的扰动，保护周边自然生态环境。

2. 红线外临时占地应尽量使用荒地、废地，少占用农田和耕地。工程完工后，及时对红线外占地恢复原地形、地貌，使施工活动对周边环境的影响降至最低。

3. 利用和保护施工用地范围内原有绿色植被。对于施工周期较长的现场，可按建筑永久绿化的要求，安排场地新建绿化。

15.3.4.3 施工总平面图布置

1. 施工总平面布置应做到科学、合理，充分利用原有建筑物、构筑物、道路、管线为施工服务。

2. 施工现场搅拌站、仓库、加工厂、作业棚、材料堆场等布置应尽量靠近已有交通线路或即将修建的正式或临时交通线路，缩短运输距离。

3. 临时办公和生活用房应采用经济、美观、占地面积小、对周边地貌环境影响较小，且适合于施工平面布置动态调整的多层轻钢活动板房、钢骨架水泥活动板房等标准化装配式结构。生活区与生产区应分开布置，并设置标准的分隔设施。

4. 施工现场围墙可采用连续封闭的轻钢结构预制装配式活动围挡，减少建筑垃圾，保护土地。

5. 施工现场道路按照永久道路和临时道路相结合的原则布置。施工现场内形成环形道路，减少道路占用土地。

6. 临时设施布置应注意远近结合（本期工程与下期工程），努力减少和避免大量临时建筑拆迁和场地搬迁。

除以上各个方面外，其他措施如建筑用地适度密集，适当提高公共建筑的建筑密度；强调土地的集约化利用，充分利用周边的配套公共建筑设施，合理规划用地；高效利用土地，如开发利用地下空间与屋顶空间，采用新型结构体系与高强轻质结构材料，提高建筑空间的使用率。充分利用尚可使用的旧建筑，也是节地的重要措施。

参 考 文 献

[1] 中华人民共和国建设部. 绿色施工导则 [S]. 2007.

[2] 中华人民共和国建设部, 中华人民共和国科学技术部. 绿色建筑技术导则 [S]. 2005.

[3] 司龙. 西安地区既有建筑改造的绿色施工评价研究 [D]. 长安大学硕士毕业论文, 2011.

[4] 李诚. 既有建筑绿建化节能改造 EPC 模式案例探讨 [J]. 绿色建筑, 2013 (5).

[5] 张琴. 既有建筑改造绿色施工管理与技术研究 [J]. 住宅产业, 2012 (9).

[6] 中华人民共和国建设部. 绿色建筑评价标准 GB/T 50738—2014 [S] 北京: 中国建筑工业出版社, 2014.

[7] 中华人民共和国建设部. 既有建筑绿色改造评价标准 GB/T 51141—2015 [S]. 北京: 中国建筑工业出版社, 2015.

第七篇　运营管理

第16章 管理制度

绿色办公建筑的运营管理,不同于常规的物业管理,重在通过管理制度的建设,体现绿色办公建筑"四节一环保"的技术要求,着眼建筑的全寿命周期,做到最大限度地节约建筑的能源和资源消耗,实现建筑的绿色高效运行。绿色办公建筑的物业管理,不同于传统的物业管理方式,物业管理的人员应具备较高的职业素质,全面了解和掌握绿色建筑所采用的先进技术与设备,为实现物业管理的节能减排奠定基础。概括起来,绿色办公改造的物业管理与传统物业管理的主要区别如表 16.1 所示[1]。

传统物业与绿色物业管理模式比较 表 16.1

项目	传统物业	绿色物业
管理目标	保值增值	保值增值,创造价值
管理范围	维持物业本身完好	在维护物业本身完好的基础上,降低能源消耗,减少二氧化碳排放
管理过程	一般在竣工后提供物业管理	全寿命周期提供物业管理服务
管理方式	劳动密集型,人工劳作,以物业企业为中心,业主处于被动接受地位,参与度低	知识密集型,采用先进技术、科学管理和行为引导等方式,业主处于自主地位,主动参与意识高
管理机制	节能减排无要求,无激励政策	节能减排要求高,有激励政策支持

绿色办公建筑的物业管理机制,主要从人员、设备、能源和环境管理制度方面进行制度建设,突出过程管理,规范管理模式。

16.1 人员管理制度

16.1.1 人员组织架构

物业管理团队的组织架构,直接关系到团队的组成、人员的配置、工作效率的高低和组织执行力的强弱,是完成绿色运行的人员保障。合理设置组织架构既可以提高团队工作效率,形成和谐的工作环境,有序地组织管理层级,又可大大降低行政管理成本和人力资源成本,促进建筑系统合理高效地运行,是一个一举多得、事半功倍、提高经济效益的管理环节和组织程序。

办公建筑的绿色化管理,需要配备合理的人员团队,按照科学的组织构架运行。一般来讲,传统的物业管理人员结构配置应至少包含综合管理人员、安保人员、机电设备管理人员、绿化卫生管理人员和工程维修人员,其中大型的工程改造一般通过物业以外的专业施工队伍完成,日常维修等小型工程项目可通过机电设备管理团队完成。在传统物业管理团队人员的基础上,绿色办公建筑的物业管理团队,应当增加绿色建筑设施相关的管理人员,特别是能源管理团队,制定节能指标,并在日常管理过程中贯彻实施,以增强整个团队的节约意识，确保建筑按照绿色建筑设计的方式运行。

物业管理团队人员主要构成及职责如下：

1. 综合管理人员：主要负责日常管理、检查和协调工作，指导其他物业成员处理日常服务需求，保证楼宇场地合理使用，协调对外事务，如能源资源费用交纳、消耗品采购等。管理处的另一项重要任务是建立和管理团队，维护、保养物业设施设备，做好清洁、绿化等工作，为建筑使用者提供舒适的生活和工作环境。对于建筑面积小于 3 万 m^2 的建筑，应设经理 1 名，每增加 3 万 m^2 增设副经理 1 名；助理每 2 万 m^2 设 1 人；活动中心、场所值班人员另计；行政 1 人；其他人员可以根据需要设置。

2. 能源管理人员：负责能耗水耗等数据的收集与分析，找出建筑系统可能存在的运营问题，定期制定节能节水目标并制定节能节水方案，指导其他管理团队予以实施。

3. 机电设备管理人员：高层写字楼要增设空调通风系统，其他类型设备的数量也较高层住宅有所增加，所以对工程技术人员的配备相对要求高且数量多，一般每 1 万 m^2 配 4～5 人。

4. 卫生、绿化人员：建筑面积每 2500m^2 配 1 人。

5. 安保人员：建筑面积每 2000m^2 左右设置 1 人。

建筑物业管理团队的人员参考组织架构如图 16.1 所示。

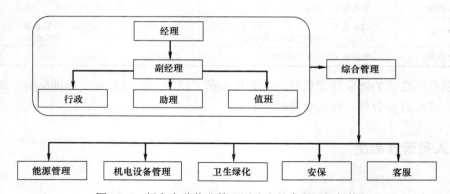

图 16.1 绿色办公物业管理团队人员参考组织架构

各团队在组织构架的基础上，根据实际需要设置相关组织人员，具体的人员设置可参考常规物业管理细则。对于绿色办公建筑，其管理主要突出建筑的绿色化运营，具体表现在室外环境的围护、建筑自然通风、自然采光等被动式方式的最大化运用，以及主动空调、照明等系统的安全高效运行。因此，在上述组织构架的基础上，对于各团队的管理人员，应在专业背景上作相应的要求。对于能源管理团队和机电设备管理团队，其人员应有工民建及机械、设备、暖通、给排水等相关专业背景。

除此之外，物业还应通过相关的内部培训和考核，增强各团队对绿色建筑的运行专业知识的了解，使其能够及时发现和处置建筑运行过程中的常见问题。

16.1.2 运行管理人员培训考核

绿色办公的物业管理人员应设立定期培训考核制度，对上述各专业类管理人员进行针对性的培训，旨在加强其专业知识和服务意识，增进内部交流与沟通，以更好地为建筑用户服务。常规的物业运行管理人员的培训参考课程如表 16.2 所示。

物业公司培训课程参考目录 表 16.2

课程级别	课程类别	课 程 名 称
基础	全员通用类	基础礼仪
		客户服务心态及沟通技巧
		企业文化
		物业管理基础知识介绍
		项目处组织结构及部门职能介绍
		新人融入
		员工手册
	工程通用类	岗位仪容仪表
		工程部组织框架级岗位职责
		工程人员使用对讲机的语言规范和注意事项
		工程新进员工基础培训
	工程专业类	二次装修管理流程
		房屋接管验收
		各类机房管理制度
		各类设备操作规程及适用表单
		各类设备维护保养制度及适用表单
		工程人员使用对讲机的语言规范和注意事项
		接报修流程、维修单使用办法及适用表单
		紧急事件处理预案
		进房服务规范
		如何策划大中修项目
		如何根据合同内容及设备情况编制短、中、长期维护保养计划
		如何撰写一份简洁明了的报告
	保安通用类	保安部组织框架及岗位职责
		保安服务沟通技巧
		保安服务意识
		保安新进员工基础培训
		队列操练及仪容仪表规范
	保安专业类	保安业务管理
		车辆管理
		监控中心管理
		交接班管理
		门禁管制管理
		突发事件处理办法
		物品进出及搬运管制
		消防管理
		巡逻管理
		钥匙管理

课程级别	课程类别	课程名称
基础	客服通用类	接听电话之礼仪、仪容仪表要求
		客服新进员工基础培训
		客户服务部组织框架及岗位职责
		业户接待服务
	客服专业类	客户满意度调查
		客户投诉处理
		客户资料管理规范
		了解业户需求
		社区文化建设
		物业管理费的收缴及催缴
	保洁保绿通用类	保洁保绿管理基本内容
		保洁保绿部组织框架级岗位培训
		保洁保绿新进员工基础培训
	保洁保绿专业类	绿化管理中涉及的国家法规
		绿化基本知识
		绿化评价指标
		绿化养护的基本规程
		绿化养护的监督管理
		绿化养护作业的安全要求
		主要机器设备的操作方法及注意事项
		主要树种/花种的养护要点
	行政、人事、其他类	财务管理制度
		仓库管理制度
		档案管理制度
		工伤操作流程
		公司各项用工福利政策
		管理处组织架构及各部门岗位职责
		交收楼管理
		请采购流程
		人事操作手册及表单
		人事法律法规
		物业保险
		物业服务的前期管理
		物业管理法律法规及物业费收缴流程
		物业支付使用流程
		项目预算制作要点
		新接楼盘筹备规划
		装修管理与规定
		资产管理办法

课程级别	课程类别	课程名称
进阶	领班/督导类	沟通技巧
		紧急事件处理预案
		领班管理中常见的实例分析
		团队合作
		团队培训技巧
	部门主管/经理类	沟通技巧
		紧急事件处理预案
		如何处理好客户
		投社区文化建设诉
		团队合作
		团队培训技巧
		招聘培训技质量管理与控制巧
高阶	经理及经理以上类	TTT
		ISO 质量管理体系
		沟通技巧
		激励与指导
		领导力
		目标管理
		人员管理
		如何制定及实施部门培训计划
		时间管理
		授权管理
		团队合作与建设
		问题分析与解决技巧
		压力管理

　　对于改造后的绿色办公建筑，机电设施设备的管理人员，应在传统培训的基础上，开展专项培训，以确保机电设备的安全、节能和高效运行。培训内容应包括而不限于以下内容：基础管理；运行管理；维修管理；安全管理。

　　其中物业设备的基础管理是为实现物业设备及职能服务提供有关资料信息的依据，包括设备的原始资料数据、出厂合格证书、操作说明、验收资料等；运行管理主要指日常运行和使用过程中的各项组织和管理工作，具有日常性、安全性和广泛性的特点和要求。运行管理过程应制定相应的安全操作规程、设备巡视制度、岗位责任制度、记录与报表制度等。维修管理是指对设备维修活动所从事的组织计划与控制，包括设备的保养和定期检查、计划维修、设备更新改造等。安全管理的内容较为宽泛。由于物业设备种类繁多，在操作和维修过程中会存在各种各样的安全隐患，通过合理的使用和安全的操作，可以减少安全事故的发生，减少维修损失，延长设备寿命。安全管理的主要方法包括加强安全教育与宣传、强化设备安全管理措施、落实设备合格证制度及安全责任制定。

对于改造后的绿色办公建筑，除上述机电系统外，还应特别建立绿色建筑相关系统的专项培训考核制度，由专项技术供货商或物业公司组织，对绿建专项系统的工作原理、操作规程、日常维护等知识内容进行普及，确保绿色建筑技术的高效合理运行。对于常规技术培训无法涵盖的内容，包括而不限于如下绿色建筑相关的设施和设备：室外透水地面，包括绿化、植草砖、透水铺装等；屋顶绿化；排风热回收机组；导光筒、采光井等自然采光设施；太阳能热水系统；太阳能光伏发电或风力发电系统；地源/水源热泵；可调节外遮阳；雨水/中水收集回用系统；节水灌溉系统；自然通风设施；弱电和智能化系统。

16.1.3　绿色教育宣传

绿色建筑的运行过程中，建议物业管理部门成立专门的绿色宣传小组，或以其他管理人员兼职的形式，普及绿色建筑知识，宣传绿色运行和行为节能等，以达到更好的经济和社会效果。物业部门可以通过绿色宣讲、建筑小品、展板等多种形式，增进建筑使用者、社会各界以及自身对绿色建筑知识的了解和认识。绿色教育宣传方面，可通过抽调的方式建立宣传教育小组，通过派发传单、公开课、宣讲等多种方式，开展公众宣传，普及绿色建筑的知识和理念。另外在实际的运行过程中，可以编制绿色建筑设施使用手册，指导使用人员正确使用这些设施。一般来说，绿色建筑设施使用手册包括活动外遮阳系统、中/雨水系统、太阳能热水系统、空调系统、智能化系统等，针对每一个系统，应介绍该系统的基本工作管理、技术参数、使用环境、使用步骤、注意事项等。

图16.2是某绿色建筑项目内设立的专门展示区域，通过绿建宣传展板，宣传绿色节能技术在建筑中的使用情况：VVVF电梯和节水设备的使用情况、雨水收集系统和地源热泵系统的工作原理及在建筑上的应用。对于改造后的绿色办公建筑，应在宣传展示方面突出建筑的原有功能，以及结合其建筑特点进行的功能改造，因地制宜采用的绿色建筑技术。

图16.2　某项目绿色建筑技术宣传参考展板

16.2　设备管理制度

绿色办公建筑的暖通空调系统和照明系统，消耗大量宝贵的能源。据统计，上海市办公楼的全年一次能耗量为 $1.8GJ/m^2$。目前在建筑能耗中，采暖空调能耗占 65%[2]，因此建立科学和完善的设备管理制度，是实现绿色办公建筑绿色运行的关键。设备的管理由绿色物业管理人员负责实施，因此，前面提到的完善的人员管理和培训等制度，为设备管理制度的建立提供了扎实的基础。建筑设备管理主要包括日常的设备巡视巡查以及预防性维护措施。

16.2.1　设备巡查

建筑的机电设备是日常运行中与能源资源消耗联系最为密切的元素，因此，为确保绿色建筑的平稳高效运行，绿色办公建筑的物业管理单位应设立完善的设备巡查制度，安排专门的值班巡视人员对建筑机电设备进行定期检查和记录，以便及时发现设备的事故隐患，提前预知设备性能的改变，从而减少设备突发故障的机会，使设备处于良好的运行状态，达到减轻维修工作量、降低维修费用、节约资源能源消耗的目的。

设备巡查的操作流程方面，物业团队应建立标准化的操作流程文件，对于巡视的技术要点进行规定；同时，对于不同的系统和设备，应编制标准化的巡视记录表格，方便设备巡视结果的记录和备案等。

设备巡查制度应根据实际运行需要和具体设施设备的运行需要，对如下内容进行规定：巡查的频率；巡查人员；巡查携带的设备；巡查记录表；巡查路径；巡查点；巡查的内容；应急问题处理流程。

设备巡查制度应根据实际采用的设施设备情况制定。根据实际机电系统的设置情况，常规办公楼的设备巡查范围包括冷热源、循环水泵、冷却塔、空调机组和风机、空调末端设备、给排水系统、变配电系统、照明系统、动力设备如电梯、弱电智能化系统、BA系统等。对于绿色办公建筑，绿建技术设备的采用，区别于常规的机电设备的部分，应特别注意应该包含巡查制度的制定。这些绿色建筑相关的设施设备，额外增加的独立的系统，如可调节外遮阳、导光筒、室内空气质量监控系统等，需要制定其独立的巡查制度；而对于与常规机电系统相关的绿色建筑技术设施设备，如雨水收集利用系统、绿化浇灌系统、地源热泵、排风热回收、节能照明系统和太阳能热水系统等，则需要在常规的巡查制度中加入与该系统相关的部分。

设备巡查过程中的一项重要工作就是对设备的运行参数和状况等信息进行记录和判断，以发现设备运行的异常，并将设备运行的历史数据进行备案。不同项目在制定自身的设备巡查制度时，根据设备特点和实际需要，由设备生产厂商和物业管理单位共同拟定相应巡查制度，制度形式可参照此巡查制度制定。

16.2.2　预防性维护

预防性维护（Preventive Maintenance）是为消除设备失效而制定的周期性维护措施，以确保设备安全地处于最佳的工作状态。预防性维护措施包括理性的检查和保养等工作，例如设备的定期清洗、休整、零部件的更换、润滑等措施。与巡查制度相似，预防性维护制度的建立，主要针对建筑的机电系统和设备，可以减少设备突发故障的机会，使设备处于良好的运行状态，达到减轻维修工作量、降低维修费用、节约资源能源的目的。

除特殊设备外，预防性维护措施的周期通常是以月为单位的，常见的设备预防性维护措施的周期包括月度、季度、半年度、年度等，与设备的性能特点、功能、使用频率等有关，需要由物业运行单位与设备生产厂家制定。

16.3 能源管理制度

16.3.1 能源审计

绿色办公建筑的能耗是关系到其绿色化运行状况的关键因素，因此应建立完善的数据采集分析系统，对其用能数据进行收集分析，以确定其绿色化运行程度。办公建筑绿色化改造后，将建立完善的分项计量系统，成为能源数据采集分析的重要硬件基础。在此基础上，建立完善的能源数据采集分析管理制度和能源审计制度，才能保证能源数据得到及时地收集整理，为建筑的绿色化运行和节能诊断提供依据。

物业中的能源管理团队，主要承担定期的能源审计工作。绿色办公楼的能源审计工作，主要有两方面的工作：1. 对设备运行情况进行摸底、故障排查、更新设备档案清单等；2. 对办公楼的用能情况进行数据采集和分析，以及时发现和解决问题，并为节能目标的制定提供必要的依据。

能源审计工作在绿色办公楼的管理中应该常态化，定期进行一次全面系统的能源审计工作，摸清所有用能设备的运行状况、常规运行时间、更新设备清单档案等；在此基础上，收集和分析能耗水耗等数据，并针对性地制定节能目标。用能用水数据的采集工作包括对逐月的水、电、燃气费用和用量的收集及对各分项计量数据的收集等工作。

能耗水耗的数据分析工作需要能源管理团队的专业人员完成。通常情况下，对于逐月的能耗数据，可在时间轴上表示出建筑的日平均能耗、水耗等数据，以方便对能耗水耗随时间变化的情况进行分析；对于与气象参数相关的数据，可根据数据与相应室外气象参数的对比进行分析，以发现数据的异常，对建筑能源系统的故障进行诊断。图 16.3 中对日平均用电和室外平均气温进行对比，可以分析出电耗与室外平均温度的正相关性，可以初步判断建筑的制冷空调系统正常运行。

能源审计中对于各分项计量数据的统计分析，如图 16.4 所示，有助于发现各分项系统在建筑总能耗中所占比例，并根据经验判断是否有异常情况发生，以及时杜绝可能出现的能源资源浪费。同时，分项能耗水耗的统计，在摸清其所占比例的基础上，方便能源管理团队制定有针对性的节能指标和实施策略。

16.3.2 用能指标管理

绿色办公建筑运营阶段，应通过多种方式对总能耗水耗指标进行控制，在满足建筑功能的条件下，最大限度地实现能源和资源的节约。因此，物业的运行过程中应科学地制定相应的定额管理体系，以使其能控制在合理的范围。用能指标数据与建筑的系统形式、使用人数、使用时间、气候条件等存在密切关系，因此，应当制定合理的能耗指标，作为判断建筑能耗是否合格的依据，以及作为指导下一步节能目标的依据。通常情况下，建筑的

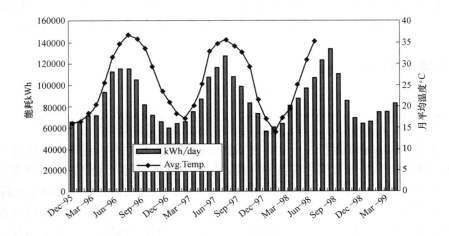

图 16.3　日平均用电和室外平均气温进行对比图

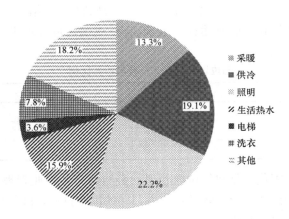

图 16.4　能源审计中各分项计量数据的统计分析

用能指标需要大量收集同类型的建筑运行数据获得，例如，根据调研结果，上海市普通办公类建筑对应的用能定额值为 $60.3kWh/(m^2 \cdot a)$，同类型的办公建筑可在参照此数据的基础上制定能耗管理指标。

　　仅基于总用能定额的判定方法还不够科学，超过定额的绿色办公建筑仅仅通过该定额数据很难发现其问题所在。因此，分系统定额对绿色办公建筑的常规能耗，分解为采暖、通风、空调、照明、插座等，可以更科学、更有效地管理绿色办公建筑的用能，如图 16.5 所示[4]。

　　另外，物业能源管理团队应与机电设备管理团队密切配合，分析系统运行中可能存在的不合理之处，找出可行性的改进措施，制定合理的用能管理目标。能源管理团队应定期制定

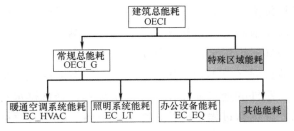

图 16.5　分系统定额对绿色办公建筑的常规能耗分解架构

具体的能耗水耗节约目标，通常在 5% 左右，并制定具体的实施策略，由机电设备团队配合执行；涉及工程改造的方案措施，可考虑通过内部组建或外包的形式予以执行。

16.4 环境管理制度

16.4.1 垃圾分类

绿色办公建筑除了在运行过程中，注重其节能降耗效果之外，在室内外环境方面应该做足工作，维持项目场地及周边的良好环境，建立与绿色建筑相匹配的环境管理制度。建筑场地应严格执行相关的国家和地方标准，确保运行过程中的废气废水等排放达标，以及废弃物的分类回收、及时处理。对于建筑垃圾，物业管理部门应设置专门的场地和清晰的引导措施，指导业主和租户进行废弃物的分类，以充分回收垃圾中的可再生部分。在美国的绿色建筑评价标准 LEED 体系中，明确了对于纸张、纸板、塑料、金属、玻璃等五类垃圾设置单独的回收箱，可以极大地促进垃圾的分类回收。发达国家的经验表明，垃圾分类是实现垃圾回收和资源化的必然途径。表 16.3 是美国垃圾处理中，回收、焚烧和填埋部分在不同时期所占比例。

美国垃圾处理方式及各年所占比例[5]   表 16.3

美国垃圾处理	1980 年	1990 年	1997 年	2010 年
回收/%	10	16	27	50
焚烧/%	9	16	17	10
填埋/%	81	68	56	40

垃圾的资源化和无害化，是建筑垃圾处理的必然趋势，物业管理应设立明确的目标，逐年增加垃圾处理中的回收部分，降低绿色办公楼的固废排放，降低建筑对城市环境的不利影响，为社会提供更多可利用的资源。

16.4.2 区域环境维护

绿色办公建筑对于室外的区域环境提出了特定的要求，例如绿化物种及其维护措施、透水地面的面积比例、室外的风环境和热环境等。针对这些技术要求，需要建立一定的区域环境维护制度，确保办公建筑的绿色运营。

针对室外绿化部分，应针对绿色办公建筑所在地的气候条件和植被要求，定期对植物进行浇灌、修剪、施肥和杀虫等措施，确保绿化的正常生长。对于室外气候环境，应针对大风季节和天气，建立风速和温度监测措施，对于易形成大风的区域，若风速参数超标，则应通过设置绿化，增加上风向乔灌木数量等措施，维持室外风环境的良好；同时，针对气流漩涡区等不利于热量和污染物扩散的区域，也应通过针对性的技术措施加以解决。

室外的透水地面在增加雨水涵养、降低排水对市政管网的压力方面具有不可忽视的效果，在运营过程中应特别注意植草砖、透水砖等铺装地面透水性的维护工作。对于绿色办公建筑其他涉及的与区域环境相关的技术措施，物业管理团队也应制定专门的技术和管理条例，确保技术条项在建筑运行过程中的达标。

参 考 文 献

[1]　王建廷，葛晨. 绿色建筑物业管理模式探索 [J]. 中国房地产，2013 (20).

[2]　唐中华. 空调制冷系统运行管理与节能 [M]. 北京：机械工业出版社，2008.

[3]　国家发展和改革委员会能源研究所，清华大学建筑节能研究中心. 中国大型公共建筑节能管理政策研究 [R]，2007.

[4]　王超，王科社. 城市垃圾处理方法的研究 [J]. 能源环境保护，2005，19 (2)：11-12.

第17章 运行维护

运行维护伴随着整个建筑生命周期而行，是一项长期的工作和活动，不仅需要持续的人力与资金的投入，还需要有周详的策划与有力的执行。建筑设备系统的正确使用和维护保养，是保证设备完好和系统有效运行的两个不可分割的环节，也就是说，要科学地对建筑内所有的设备和系统进行运行维护管理，仅仅靠检修和保养是不够的，还应当为正确使用这些设备制定相应的操作规程和管理制度，并且注重人员的培训。要管理好这些设备，除了配备具有专业技术的技术人员和技术工人外，还应当建立一套严格的管理方法和科学的检验保养计划以及细致周全的岗位责任制和交接班制度。对于设备维修保养，应确定以预防性维修为主的指导思想，根据不同设备的特点，制定不同时限的设备维修保养计划和严格的保养标准，按标准实施设备维修工作。条件允许的，可建立设备维修保养数据库，收集和整理维修图纸、历史记录等文档，通过对设备的积极预防性维护保养，不仅能防患于未然，减少故障维修的工作量，还能使设备长期处于良好的工作状态。

17.1 运维资料管理

17.1.1 运维前技术资料管理

建筑设备系统技术资料是设备档案重要的组成部分，对于后期更好地运行维护设备系统具有重要参考作用。建筑设备系统的设计、施工、试运转及调试、验收、检测、维修和评定等技术资料应齐全并保存完好，应对照系统的实际情况核对相关技术文件，保证技术文件的真实性和准确性。下列为需要备档的技术文件，并作为今后设备系统高效运行、责任分析、管理评定的重要依据：

1. 建筑设备系统的设备明细表：建筑设备系统设备明细表一般包括设备名称、编号、型号、安装位置、购入日期、生产厂家、价格、主要技术性能参数等内容。

2. 主要材料、设备的技术资料、出厂合格证及进场复验报告：设备材料的技术资料包括说明书、设备技术图纸以及型式检验报告等。

3. 仪器仪表的出厂合格证明、使用说明书及校准证书。

4. 图纸会审记录、设计变更通知书和竣工图（含更新改造和维修改造）。

5. 隐蔽部位或内容检查验收记录和必要的影像资料：隐蔽工程验收记录反映了设备系统隐蔽部位的实际情况，为后续分析查找系统原因提供帮助。

6. 设备、风管系统、制冷剂管道系统、水系统安装及检验记录。

7. 管道压力试验记录。

8. 设备单机试运转与调试记录。

9. 系统联合试运转与调试记录。

10. 系统综合能效测定报告：系统综合能效测定报告反映了系统运行中的实际参数，如空调系统综合能效测评报告反映了送回风口空气状态参数、空调机组性能参数、系统运转时室内的噪声情况、室内温湿度分布以及气流组织情况。

传统的技术资料整理和保存存在一定的问题，资料不齐整、损坏较多。随着计算机存储技术的发展，技术资料可以电子版数字化方式储存，以便于查阅。电子资料存储可以通过扫描、手动输入或者直接存储管理系统自动记录的数据。

17.1.2　运行管理手册

标准规范的运行管理手册是指导运维人员按照正确的步骤和方法进行设备管理的重要依据。一般来说，所有设备系统都应该编制运行管理手册。运行管理手册应根据实际使用的需求，可以单个系统单独编制，也可以所有系统一起编制汇总成册。在建筑系统运行中，需要编制运行管理手册的系统主要有暖通空调、给水排水、照明与电气、景观绿化等。其中暖通空调系统一般包括冷水机组、新风机组、空气处理机以及冷却塔等重要设备的运行操作规程；给水排水系统一般包括给水系统、污水系统、太阳能热水系统、中雨水系统的运行操作规程；照明与电气系统包括照明、配电、电梯、智能化等系统的运行操作规程；景观绿化包括景观水体、绿化植物、农药使用、喷雾器等操作规程。

运行管理手册编制过程中，要包括以下内容要点：

1. 明确设备系统运行责任人的任职要求和岗位职责：只有明确了责任人的岗位职责，才能确保管理人员胜任该岗位，并按照岗位职责要求执行相应的工作内容；一般来说，岗位人员任职要求包括性别要求、年龄要求、学历要求以及技能要求。运行责任人的学历和技能是确保今后设备系统节能经济运行的最重要的两个因素，只有具备一定学历和符合工作岗位技能要求的人员才能胜任该岗位，才能更好地驾驭设备系统。

2. 设备系统技术参数：设备系统技术参数反映了设备的性能和特征，如 35kV 开关柜设备技术参数包括额定电压、三相开断容量、额定电流、工作电压、频率等；新风机组技术参数包括总风量、阻力、风机工作频率、功率等。只有了解设备系统的技术参数，才能在实际运行中根据设备技术参数进行调整，确保设备系统运行在其技术参数范围内。

3. 设备系统运行环境要求：任何设备系统都有一定的使用运行环境要求，包括温度、湿度、照度、防尘、防振动、防水、防电磁干扰等，只有保证设备系统运行环境达到要求，才能确保设备系统不会受到环境影响，正常运行；如配电机房中的蓄电池房要求通风良好，环境温度在 0～28℃，相对湿度小于 90%，无强烈震动和冲击，无强烈电磁场干扰，周围无严重灰尘、爆炸危险介质、腐蚀金属和破坏绝缘的有害气体及导电悬浮微粒和严重的霉变等。

4. 设备系统节能经济运行要求：设备系统节能经济运行是实现降低建筑系统运行费用，节能降耗的重要内容。设备系统节能经济运行包括设备运行参数的设定和调整、运行模式及方式。如空调系统经济运行中，可设定室内温度在 26℃ 及以上，间歇运行的冷热源设备，根据实际需要选择合理的运行时间，宜在供冷或供热前 0.5～2h 开启，供冷或供热结束前 0.5～2h 关闭。有条件时，宜采用错峰运行措施，充分利用低谷电价。

5. 设备系统操作步骤：正确的操作步骤是为了保证设备系统的安全有效运行，不会出现超载运行不畅等问题，同时也确保设备系统不会过早老化，延长设备寿命，降低运行维护成本。操作步骤包括开机前的准备工作，系统运行中各个设备的开启顺序以及系统停止运行时各设备的关闭顺序。如中央空调系统的一般开机顺序为制冷主机进水管电动阀—冷却塔进水电动阀—冷却水泵—冷却塔风机—冷冻水泵—冷水机组，停机时则为冷水机组—冷冻水泵—冷却塔风机—冷却水泵—冷却塔进水电动阀—制冷主机进水管电动阀。

6. 设备维护保养要求：设备维护保养包括设备的定期清洁，重要机械部件的润滑，易磨损和易损坏部件的更换等；设备维护保养是确保设备系统运行良好、延长设备系统寿命的重要手段。如中央空调系统中的冷水机组的压缩机需要维护保养的内容包括油槽油位、供油压力、油温及轴承温度、机组振动及异常声音等。

17.2 运维人员技术能力提升

为了提高运维人员的技术素质、质量意识和服务观念，保证运维人员胜任其本职工作，需要定期对运维人员进行及时、足够的培训。一般来说，培训的对象一般为新上岗的人员，对于运维过程中出现的知识更新、新设备新系统建立等，也应对相关人员进行培训。

培训工作一般由综合管理部门或者培训部来实施，并对培训的效果进行评价。培训的内容包括：

1. 岗前培训：一般针对新分配、新调入的人员上岗前应进行法律法规、质量管理体系、标准规范、拟上岗所需的专业知识、实际操作技能、安全等进行培训。当人员的岗位职责变更或者扩大时，要重新进行培训。

2. 在岗培训：指根据物业运维质量管理体系的要求，所有人员应不断提高自身的知识和技能水平，及时了解本专业的技术动态。可由内部技术主管或者邀请外部的技术专家，举办技术交流会、座谈会、标准方法应用研讨会、设备系统经济运行交流会等，传授相关的知识和技能。

3. 待岗培训：指对待岗人员进行的培训。待岗人员是指在内部审核、监督等环节中发现严重不合格，由部门主管建议，公司负责人批准暂停运维工作的人员。待岗人员经培训考核合格，达到规定要求后方可从事有关工作。

运维人员培训一般按照下列步骤进行：

1. 年初一般由部门主管制定本年度部门的人员培训/技术交流计划，包括培训的项目、内容、参加人员、计划实施时间等，培训/技术交流计划应按时提交给综合管理办公室或者培训部。

2. 综合管理办公室或者培训部对各部门提交的年度人员培训/技术交流计划进行汇总编制，交公司负责人批准后以文件形式发布。

3. 培训部负责年度人员培训/技术交流计划的实施。培训可采取集中授课、外出培训、座谈讨论、参观考察、行业技术交流等方式。培训后，可根据实际情况对被培训人员进行书面和实际操作等考核。培训及考核情况应填写在《人员培训记录表》中，培训的组织者或者指定的人员同时要对本次培训活动作出评价。培训资料及相关资料应及时提交综合办公室或者培训部归档。参与培训/技术交流的人员应将有关通知及交流体会等交综合办公室或者培训部存档。

4. 综合管理办公室应对培训/技术交流的实施进行监督,并对年度培训工作和交流进行汇总,作为管理评审的输入。

运维人员上岗审批一般按照下列步骤进行:

1. 各部门应根据本部门工作的需要和公司岗位人员的任职条件,确定上岗人员的要求和数量。增加新人员时,应向公司提出申请,并填写新增人员的《简历表》。

2. 申请资料经公司负责人批准后,相关部门应根据要求进行岗前培训,合格者填写《人员上岗审批表》和《聘用人员个人声明》,连同相关资料一起报综合管理办公室进行资料的完整性审核。

3. 综合管理办公室根据公司负责人批准确定的人员及岗位为上岗人员建立技术档案,同时办理上岗证。

17.3　运维实施

17.3.1　常规性运维

常规性运维是对建筑设备系统进行安全、机械故障、保洁、润滑等所做的维护保养工作,确保建筑设备系统的正常运行,所有运维工作的实施都应在计划的时间内由运维责任人完成,同时要形成相应的记录,后续应半年或者一年进行一次统一归档,作为设备系统运行的档案资料,便于今后调阅。一般来说,需要运维的系统包括暖通空调系统、给水排水系统、照明系统、配电系统、电梯系统、BAS 楼宇自控系统等。

17.3.1.1　暖通空调系统

正确和持续的维护保养是确保空调系统正常运行的重要保证,因此应重视空调系统的维护保养。由于空调系统组成复杂,这里依据空调系统的冷热源、输配系统以及末端的顺序分别进行介绍。

1. 冷水机组的维护保养

(1) 日常运行的维护保养

1) 机组运行中的振动情况是否正常;

2) 机组在运转中的声音是否异常;

3) 运转中压缩机本体温度是否过高或过低;

4) 运转中压缩机本体结霜情况;

5) 能量调节机构的动作是否灵活;

6) 轴封处的泄漏情况及轴封部位的温度是否正常;

7) 润滑油温、油压及油液位是否正常;

8) 电动机与压缩机的同轴度是否在正常范围内;

9) 电动机运转中的温升是否正常;

10）电动机运转中的声音、气味是否有异常；

11）机组中安全保护系统（如安全阀、高压控制器、油压差控制器、压差控制器、温度控制器、压力控制器）是否完好和可靠。

（2）日常停机时的维护保养

1）检查机组的油位高度，油量不足时应立即补充；

2）检查油加热器是否处于"自动"加热状态，油箱内的油温是否控制在规定温度范围，如果达不到要求，应立即查明原因，进行处理；

3）检查制冷剂液位高度，结合机组运行时的情况，如果表明系统内制冷剂不足，应及时予以补充；

4）检查判断系统内是否有空气，如果有，要及时排放；

5）检查电线是否发热，接头是否有松动。

（3）年度停机时的维护保养

1）压缩机的保养

压缩机是机组中最关键的部件，压缩机的好坏直接关系到机组的稳定性。因此每年应由压缩机制造厂家来进行压缩机的维保，以确保其性能的稳定性。

2）冷凝器和蒸发器的清洗

3）更换润滑油

机组在长期使用后，润滑油的油质变差，油内部的杂质和水分增加，所以要定期观察和检查油质，一旦发现问题应及时更换，更换的润滑油牌号必须符合技术资料的规定。

4）更换干燥过滤器

干燥过滤器是制冷剂进行正常循环的重要部件。由于水与制冷剂互不相溶，如含有水分，将大大影响机组的运行效率，因此保持系统内部干燥是十分重要的。干燥过滤器内的干燥剂和滤芯必须定期更换。

5）安全阀的校验

冷水机组上的冷凝器和蒸发器均属于压力容器，根据规定，要在机组的高压端即冷凝器筒体上安装安全阀，一旦机组处于非正常的工作环境下时，安全阀可以自动泄压，以防止高压可能对人体造成的伤害。所以安全阀的定期校验，对于整台机组的安全性是十分重要的。

6）制冷剂的充灌

如没有其他特殊的原因，一般机组不会产生大量的泄漏。如果由于使用不当或在维修保养后，有一定量的制冷剂发生泄漏，就需要重新添加制冷剂。

2. 蒸发器、冷凝器的维护保养

蒸发器、冷凝器是制冷系统的重要组成部件，在其运行中起着重要作用，因此对其进行正确的维护保养是确保制冷系统正常运行的关键步骤。

（1）蒸发器的维护保养

蒸发器的日常维护保养要点如下：

1）对于立管式和螺杆式蒸发器，在系统启动前应先检查搅拌机、冷媒水泵及其他接口处有无泄漏现象，蒸发器水箱内水位是否高出蒸发器上集气管 100mm，否则应及时处理。

2）监视制冷剂的液位。制冷系统在运行过程中，蒸发器内制冷剂的过多或过少，对制冷系统的正常运行都是不利的。保持要求的正确液位，是制冷机组在要求工况下正常运行的重要保证。

3）注意检查和监视蒸发器冷媒水的出水温度。严格保证制冷机组蒸发器冷媒水出水温度是制冷运行的中心任务，应避免蒸发器冷媒水出水温度过高或过低。

4）应随时注意检查冷媒水出水温度与蒸发温度差。制冷系统在正常运行中，一般冷媒水出水温度与蒸发温度之差（对于空调制冷工况）在 5℃左右，如温度差大于 5℃则应进行检查和处理。

5）运行中应随时监视冷媒水量和水质。制冷系统运行中，冷媒水量的保证取决于冷媒水泵和冷媒水管路系统的运行情况，而冷媒水量是否达到要求值，一般是从水泵出口压力的大小、水泵电动机运行电流的大小来判定的。水量的过大或过小，对制冷系统的正常运行都是不利的，应及时进行调整。冷媒水质应按照国家规定的标准执行。由于水质的不纯，会产生换热管水侧的结垢和腐蚀，从而减少机组的制冷量和造成漏水等事故，因而在机组的运行中，应定期对冷媒水系统中的水质进行化验分析。

6）应注意蒸发器中积油的及时排放，以防止油膜对传热系数的影响。

蒸发器长期停止使用时的维护保养内容如下：

若蒸发器长期停止使用，应将蒸发器中的制冷剂抽到储液器中保存，使蒸发器内压力保持 0.05～0.07MPa（表压）即可；立管式蒸发器在水箱中，如蒸发器长期不用，箱内的水位应高出蒸发器上集气管 100mm；若为盐水蒸发器应将盐水放出箱外，将水箱清洗干净，然后灌入自来水保存；对于卧式壳管式蒸发器的清洗除垢与水冷冷凝器相同，表面式蒸发器肋片间的积灰和污垢应及时采用压缩空气吹除，必要时可使用清洁剂进行清洗。

（2）冷凝器维护保养

1）注意检查系统的冷凝压力。制冷系统在正常运行时，冷凝压力应在规定范围内，若冷凝压力过高，则说明制冷系统中存在着故障，如系统中不凝性气体过多，对于离心式制冷系统还可能引起压缩机喘振的发生。

2）应随时注意冷凝器换热冷却水侧结垢和腐蚀程度。一般制冷系统的冷凝温度与冷凝器出水温差（对于空调制冷工况）在 4～5℃，如果温差不在这一范围，且冷凝器进出水温差较小，则说明冷凝器的换热管内有结垢、腐蚀、漏水、空气进入、制冷剂不纯、冷却水量不足等故障，应及时进行排除。

3）风冷式冷凝器的除尘。风冷式冷凝器是以空气作为冷却介质的。混在空气中的积尘随空气流动，黏结在冷凝器外表面上，堵塞肋片的间隙，使空气的流动阻力加大，风量减少，积尘和污垢的热阻较大，降低了冷凝器热交换效率，使冷凝压力升高，制冷量降低，冷间温度下降缓慢。因此，必须对冷凝器的灰尘进行定期清除，常用方法如下：

刷洗法：主要用于冷凝器表面油污较严重的场合。准备 70℃左右的温水，加入清洁剂（也可加入专用清洗剂），用毛刷刷洗。刷洗完毕后，再用水冲淋。目前有一种喷雾型的换热器清洗剂，将清洗剂喷在散热片上，片刻后用水冲洗即可。

吹除法：利用压缩空气或氮气，将冷凝器外表附着物吹除。同时也可用毛刷边刷边吹除。在清洗冷凝器时，应注意保护翅片、换热管等，不要用硬物刮洗或敲击。

4）水冷式冷凝器的除垢。水冷式冷凝器所用的冷却水是自来水、深井水或江河湖泊水。当冷却水在冷却管壁内流动时，水里的一部分杂质沉积在冷却管壁上，同时经与温度较高的制冷剂蒸汽换热后，水温升高，则溶解于水中的盐类就会分解并析出，沉淀在冷却壁上，同时经与温度较高的制冷剂蒸汽换热后，水温升高，则溶解于水中的盐类就会分解并析出，沉淀在冷却管上，黏结成水垢。时间长了，污垢本身具有较大的热阻，因而使热量不能及时排出，冷凝温度升高，影响了制冷机的制冷量，因此要定期清除水垢。

目前对于冷凝器除垢，比较先进的技术有自动在线清洗技术，它是通过一套发球装置将一定数量的特制胶球投入到冷凝器进口的冷却水管道中，胶球随冷却水进入冷凝器的换热管中。胶球挤压通过换热管时，反复擦拭换热管内壁，以阻止水中杂质在换热管内壁沉积形成污垢层。通过在冷凝器冷却水的出水口管道上安装的收球装置将胶球回收，重新回到发球装置形成一个循环。根据冷水主机实际运行状态，通过微电脑控制程序设置清洗频率和次数，达到自动在线清洗功能。与传统清洗方式相比，该清洗方式有如下优点：（1）可保持冷凝器换热管内表面始终洁净，换热效率保持恒定的高效，节能效果显著；（2）避免了传统冷凝器清洗过程中人工捅刷手工操作对换热管造成的损伤；（3）不影响机组的正常运行；（4）消除腐蚀根源，延长冷凝器换热管的使用寿命；（5）减少化学药剂的使用，无清洗废水排放，节能环保（图 17.1）。

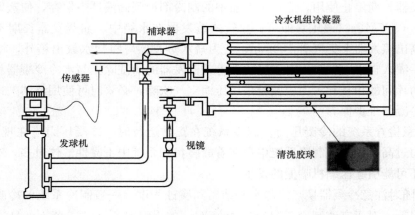

图 17.1　冷凝器在线清洗流程图

3. 风机、水泵的维护保养

（1）风机的维护保养

风机停机不使用可分为日常停机（如白天使用，夜晚停机）或季节性停机（如每年 4～11 月份使用，12～次年 3 月份停机）。从维护保养的角度出发，停机期间应在以下几方面做维护保养工作：

1）风叶每 6 个月要定期清洁，以延长风机使用寿命。

2）皮带每 3 个月要定期调整松紧。

3）风机进风网口要保持通畅。

4）出风口要保证百叶开启度大于 70%。

5）连续使用时间不超过 8～10h。

6）风机电机要注意防水，保持清洁。

7）定期检查风机油座内的油是否足够正常运转，以及定期加油或更换。

（2）水泵的维护保养

为了使水泵能安全、正常运行，为整个制冷系统的正常运行提供基本保证，除了要做好其启动前、启动以及运行中的检查工作，保证水泵有一个良好的工作状态，发现问题能及时解决、出现故障能及时排除以外，还需要定期做好以下几方面的维护保养工作。

1）加油。轴承采用润滑油润滑的，在水泵使用期间，每天都要观察油位是否在油镜标识范围内。油不够就要通过注油杯加油，并且要一年清洗换油一次。轴承采用润滑脂（俗称黄油）润滑的，在水泵使用期间，每工作 2000h 换油一次，润滑脂最好使用钙基脂。

2）更换轴封。由于填料用一段时间就会磨损，当发现漏水量超标时就要考虑是否需要压紧或者更换轴封。

3）解体检修。一般每年应对水泵进行一次解体检修，内容包括清洗和检查。清洗主要是刮去叶轮内外表面的水垢，特别是叶轮流道内的水垢要清除干净，因为它对水泵的流量和效率影响很大。此外还要注意清洗泵壳的内表面以及轴承。在清洗过程中，对水泵的各个部件顺便进行详细认真的检查，以便确定是否需要修理或更换，特别是叶轮、密封环、轴承、填料等部件要重点检查。

4）除锈刷漆。水泵在使用时，通常都处于潮湿的环境中，有些没有进行保温处理的冷媒水泵，在运行时泵体表面更是被水覆盖（结露所致），长期这样，泵体的部分表面就会生锈。为此，每年应对没有进行保温处理的冷媒水泵泵体表面进行一次除锈刷漆作业。

5）放水防冻。水泵停用期间，如果环境温度低于 0℃，就要将泵内的水全部放干净，以免水的冻胀作用胀裂泵体。

4. 冷却塔的维护保养

冷却塔是制冷系统中用来降低冷凝器的进口水温（即冷却水温），在保证制冷系统的正常运行中起着重要的作用。为了使冷却塔能安全正常地使用尽量长一些时间，除了做好启动前检查工作和清洁工作外，还需做好以下几项维护保养工作。

（1）运行中应注意冷却塔配水系统配水的均匀性，并及时进行调整。

（2）管道、喷嘴应根据所使用的水质情况定期或不定期地清洗，以清除上面的脏物及水垢等。

（3）积水盘（槽）应定期清洗，并定期清除百叶窗上的杂物，保持进风口的畅通。

（4）对使用带传动减速装置的，每两周停机检查一次传动带的松紧度，不合适时要调整。如果几根传动带松紧程度不同则要全套更换；如果冷却塔长时间不运行，则最好将传动带取下来保存。

（5）对使用齿轮减速装置的，每一个月停机检查一次齿轮箱中的油位。油量不够时要补加到位。此外，冷却塔每运行 6 个月要检查一次油的颜色和黏度，达不到要求必须全部更换。当冷却塔累计使用时间超过 5000h 后，不论油质情况如何，都必须对齿轮箱做彻底清洗，并更换润滑油。

（6）由于冷却塔风机的电动机长期在热湿环境下工作，为了保证其绝缘性能，不发生电动机烧毁事故，每年必须做一次电动机绝缘情况测试。如果达不到要求，要及时处理或更换电动机。

（7）要注意检查填料是否有损坏，如果有要及时修补或更换。

（8）风机系统所有轴承的润滑油脂一般一年更换一次，不允许有硬化现象。

（9）当采用化学药剂进行水处理时，要注意风机叶片的腐蚀问题。为了减缓腐蚀，每年清除一次叶片上的腐蚀物，均匀涂刷防锈漆和酚醛漆各一道。或者在叶片上涂刷一层0.2mm厚的环氧树脂，其防腐性能一般可维持2～3年。

（10）在冬季冷却塔停止使用期间，有可能因积雪而使风机叶片变形，这时可以采取两种办法避免：一是停机后将叶片旋转到垂直于地面的角度紧固；二是将叶片或连轮毂一起拆下放到室内保存。

（11）在冬季冷却塔停止使用期间，有可能发生冰冻现象时，要将冷却塔积水盘（槽）和室外部分的冷却水系统中的水全部放光，以免冻坏设备和管道。

5. 空调末端的维护保养

空调末端主要指风机盘管系统，其日常维护保养内容如下：

（1）清洁风机盘管外壳、冷凝水盘及畅通冷凝水管；

（2）清洗进回风初效空气过滤网，排除盘管内的空气；

（3）检查风机是否转动灵活、皮带松紧度。如有阻滞现象或皮带过松，则应加注润滑油和调整电机距离，如有异常摩擦响声则应更换风机轴承；

（4）检查各末端温控开关是否完好，如有控制不灵、线盒损坏应及时更换；

（5）清洁风机风叶、盘管、积水盘上的污物；

（6）拧紧所有紧固件。

6. 空气处理机组维护保养

空气处理机组的维护保养包括空调箱体、运转部件等，各部分维护保养要求如表17.1所示。

空气处理机组维护保养内容汇总表 表17.1

部件		维护保养内容
空调箱体		漏风结露检查
		箱体保洁
		连接管线的保温、套管是否完好
运转部件	风机	叶轮、蜗壳及支架固定螺栓是否松动
		轴承温度是否正常（不超过70℃）
		连接运转的设备，每月应加油(润滑油)一次
	电机	运行电流、温升是否正常
		轴承温度是否正常
		扇叶、护罩、底脚螺栓是否牢固
		全密封轴承每年应加油一次,其他轴承每三月加油一次
		停用一段时间后再启动,应检查绝缘情况
其他部件		软连接帆布有否破损,固定螺丝是否松动
		减震器固定螺栓是否松动,弹性能否恢复

续表

部件	维护保养内容
其他部件	皮带、皮带轮是否松动,对其进行调整或更换
	过滤器是否需要清洗或更换
	隔板、消声器、支柱等是否完好,有无变形
	风阀开度是否合适,固定螺丝是否松动
	冷凝水排水是否顺畅

17.3.1.2　给水排水系统

1. 常规给排水系统维护保养

给排水系统主要包括水泵机组系统、水池水箱等,其维护保养要求如下。

(1) 水泵的维护保养

1) 检查水泵轴承是否灵活:如有阻滞现象,应加注润滑油;如有异常摩擦声响,则应更换同型号规格轴承;如有卡住、碰撞现象,则应更换同规格水泵叶轮;如轴键槽损坏严重,则应更换同规格水泵轴;

2) 检查压盘根处是否漏水成线,如是则应加压盘根;

3) 清洁水泵外表,若水泵脱漆或锈蚀严重,则应彻底铲除脱落层油漆,重新刷油漆;

4) 检查电动机与水泵弹性联轴器有无损坏,如损坏则应更换;

5) 检查机组螺栓是否紧固,如松弛则应拧紧。

(2) 控制柜的维修养护

应对控制柜每半年进行一次全面养护,内容主要有:

1) 清洁柜内所有元器件、清洁外壳,务必使柜内无积尘、无污物;

2) 检查、紧固所有的接线头,对于锈蚀严重的接线头应更换;

3) 检查柜内所有的线头的号码管是否清晰,有否脱落,及时整改;

4) 对于交流接触器,应清除灭弧罩内的碳化物和金属颗粒,清除触头表面的污物,不能正常工作的触头应更换;

5) 检查复位弹簧是否正常工作,然后拧紧所有紧固件;

6) 自耦减压启动器的电阻不低于 $0.5M\Omega$,否则应进行干燥处理;

7) 外壳接地可靠,如有松脱或锈蚀则应作除锈处理,然后拧紧接地线;

8) 热继电器的绝缘盖板应完整无损,导线接头有无过热痕迹或烧伤,如有则维修或更换;

9) 自动空气开关电阻应不低于 $100M\Omega$,否则应烘干,在开关闭合或断开过程中,应无卡位现象,触头表面清除干净;

10) 中间继电器、信号继电器应做模拟试验,检查动作是否可靠,信号输出是否正确;

11) 信号灯、指示灯是否指示正常,如有偏差应调整或更换;

12) 运传压力表信号线接头是否腐蚀,如有则重新焊接或更换。

(3) 电机的维修养护

电机是水泵机组的动力来源,其维护保养要点如下:

1) 外观检查应整洁、铭牌完好；

2) 接地线连接良好，用摇表检测绝缘电阻，电阻应不低 0.5MΩ，否则应烘干处理；

3) 电机接线盒内三相导线及连接片应牢固紧密；

4) 电动机轴承有无阻滞或异常声响；

5) 电动机风叶有无碰壳现象；

6) 清洁外壳，外壳是否脱漆严重，若严重应重新油漆。

（4）相关阀门，管道及附件的维修养护

相关阀门、管道及附件的维护内容如下：

1) 闸阀密封胶垫是否漏水，如有则应更换；

2) 黄油麻绳处是否漏水，如漏水则应重新加压黄油麻绳，对阀杆加黄油润滑，锈蚀严重者应重新油漆；

3) 检查止回阀的密封胶垫是否损坏，弹簧弹力是否足够，油漆是否脱落；

4) 检查浮球阀的密封胶垫、连杆、连杆插销；

5) 检查液位控制器的密封圈、密封胶垫是否损坏，如损坏则应更换；

6) 检查控制杆两端螺母是否紧固，紧固所有螺母。

（5）水池、水箱的维修养护

1) 定期清洗水池、水箱。清洗水池、水箱单位必须具备卫生局颁发的许可证，操作人员持有疾病控制中心颁发的体检合格证；清洗水箱的药品必须符合国家规定，清洁工具必须经过消毒，二次供水卫生许可证、水质化验单齐全。

2) 保持水箱间与机房卫生，划分责任区，防止水质二次污染，定期（周）进行卫生检查，并填写记录。

2. 中水系统维护保养

目前办公建筑中应用中水/雨水系统越来越多，做好中水/雨水系统的运行维护工作，对于中水系统和雨水系统持续运行具有重要作用。

中水/雨水系统运行维护包括中水/雨水设备的运行维护和中水/雨水水质的运行管理。中水/雨水处理设备包括水泵、风机、曝气设备、调节池、监控仪表、控制设备、电气设备、消毒设施、调节池、过滤池等。

（1）水泵的日常维护保养

1) 水泵每运行 3000h 对机械密封进行检查，应依据实际情况进行更换；特别是潜水泵，应进行定期检查和维护。主要应检查水泵接地电阻，当电阻小于 0.5MΩ 时，应及时取出检查机械密封状况。如发现有噪声等异常情况也要及时取出进行检查。

2) 备用泵应每月进行一次试运转。环境温度低于 0℃时，必须放掉泵壳内的存水。

3) 应至少半年检查、调整、更换水泵进出水闸阀填料一次。

4) 集水池浮子液位计应定期检修。

（2）鼓风机维护保养

1) 备用风机应每周转动一次。

2) 冷却、润滑系统的机械设备及设施应定期检修与清洗。

（3）曝气设备维护保养

1）定期检查和更换曝气机减速箱齿轮油。定期更换润滑油，新机组运转 300～600h 更换，以后每运转 2000～5000h 更换一次，具体更换时间依实际工作情况而定，最长不宜超过 18 个月。

2）各种射流曝气机和水下曝气机，均应注意堵塞问题，发现堵塞应及时清理。

（4）监控仪表的维护保养

1）各部件应完整、清洁、无锈蚀，表盘标尺刻度清晰，铭牌、标记、铅封完好；中央控制室应整洁；微机系统工作应正常；仪表应清洁，无积水。

2）长期不用的传感器、变送器应妥善管理和保存。

3）应定期检修仪表中各种元件、探头、转换器、计数器以及二次仪表。

4）仪器仪表的维修工作应由专业技术人员负责。引进的精密仪器出现故障无把握排除的，不得自行拆卸。

5）仪表经检定超过允许误差时应修理，现场鉴定发现问题后应换用合格仪表。

（5）控制设备的维护保养

1）控制设备的调试应由专业人员进行。

2）控制设备应在各种元器件规定的工况条件下运行。

3）专业人员应定期对控制设备进行检查维护。

4）各部件应完整、清洁、无锈蚀，标记清晰；微机系统工作应正常；控制柜应整洁。

（6）电气设备的维护保养

电气设备的绝缘电阻，各种接地装置的接地电阻，应按照电业部门的有关规定，定期测定并应对安全用具、保护电器进行检查。

（7）消毒设施的运行管理

1）药剂的选购和保管

① 在使用次氯酸钠溶液消毒时，应经常分析化验其有效氯含量，以便掌握有效氯的衰减情况，确定每次的最佳送货量和送货周期，减少氯的损失；

② 商品次氯酸钠应在 21℃ 左右避光贮存，与易燃、还原性物质分开存放，存放在通风良好处。

2）如无余氯投加自控装置，对于次氯酸钠的投加量设定，必须依据有效氯含量和处理水量水温的变化情况及时调整，以保证投药效果。

3）在加氯计量泵运行中，要注意泵的运行是否正常，有无异常声音，进药管滤头是否有堵塞。有问题应及时处理。

4）消毒液就地发生器的运行管理

① 二氧化氯发生器的运行管理，应严格按出厂说明书进行。

② 次氯酸钠发生器的盐水溶液进入发生器前，应经沉淀、过滤处理，并应经常清洗电极。运行中应经常观察电解电流与电压是否符合规定值，观察盐液及冷却水流通情况，严防污垢堵塞电解槽信道及排放流通管道。

5）紫外线灯管应及时清洗表面，在辐射强度不足时要及时更换。

（8）调节池运行维护

1）调节池应每年至少清洗一次，封闭式调节池清洗前应做好通风换气，避免造成人员伤害。

2）对有空气搅拌装置的应进行定期检修，有生物填料的，应定期对填料进行检查和更换补充。

（9）滤池运行维护

1）滤池内滤料使用年限一般为 5 年左右，届时依据实际情况应进行更换。

2）装有安全附件的过滤器，应实行定期检验制度。安全附件的定期检验按照国家的相关标准要求进行。

3）加强维护保养过滤器的安全泄压装置，使之经常处于完好状态，保持准确可靠，灵敏好用。

4）压力表、温度计等应保持洁净，表盘上的玻璃必须明亮清晰，对表上的数值有怀疑时，应及时用标准表进行校核，不准确时及时更换。

（10）水质检测管理

1）中水水质应定期进行检测。

2）中水水质应委托有检测资质的单位进行检测。

3）中水水质检测报告应按时分析，定期存档。

17.3.1.3 照明系统

办公建筑照明系统包括室内照明、公共照明和景观照明三部分内容，其维护保养内容如下：

1. 灯具和配套设施应定期进行清洁。

2. 照明灯具的清洁方法要正确：一般灯具用干布擦拭，并注意防止潮气入侵。如果灯具为非金属，可用湿布擦，以免灰尘积聚，妨碍照明效果。

3. 灯具的金属部分不能随意使用擦亮粉等化学剂。

4. 宜按照光源的寿命或点亮时间、维持平均照度，定期更换光源。

17.3.1.4 配电系统

配电系统维护保养应满足以下要求：

1. 制定相应的维护保养规章制度。

2. 明确维护保养责任人并持证上岗。

变配电系统主要维护对象为变压器，其维护保养内容要点如下：

1. 变压器是否还存在设计、安装缺陷。

2. 检查变压器的负荷电流、运行电压是否正常。

3. 检查变压器有无渗漏油的现象，油位、油色、温度否超过允许值，油浸自冷变压器上层油温一般在 85℃以下，强油风冷和强油水冷变压器应在 75℃以下。

4. 检查变压器的高、低压瓷套管是否清洁，有无裂纹、破损及闪络放电痕迹。

5. 检查变压器的接线端子有无接触不良、过热现象；

6. 检查变压器的运行声音是否正常；正常运行时有均匀的嗡嗡电磁声，如内部有噼啪的放电声则可能是绕组绝缘的击穿现象，如出现不均匀的电磁声，可能是铁芯的穿芯螺栓或螺母有松动。

7. 检查变压器的吸湿剂是否达到饱和状态。

8. 检查变压器的油截门是否正常，通向气体继电器的截门和散热器的截门是否处于打开状态。

9. 检查变压器的防爆管隔膜是否完整，隔膜玻璃是否刻划有"十"字。

10. 检查变压器的冷却装置是否运行正常，散热管温度是否均匀，有无油管堵塞现象。

11. 检查变压器的外壳接地是否良好。

12. 检查瓦斯继电器内是否充满油，无气体存在。

13. 对室外变压器，重点检查基础是否良好，有无基础下沉，对变台杆，检查电杆是否牢固，木杆、杆根有无腐朽现象。

14. 对室内变压器，重点检查门窗是否完好，检查百叶窗铁丝纱是否完整。

17.3.1.5 电梯系统

为了确保电梯安全、可靠、舒适地运行，维护人员除加强日常维护保养工作外，还应根据电梯使用的频繁程度，按随机技术文件的要求，制定切实可行的日常维护保养和预检修计划。制定预检修计划时一般可按每周、月、季、年或 3～5 年等为周期，并根据随机技术文件的要求和本大楼特点，确定各阶段的维修保养内容，进行轮番维护保养和预检修，维护保养和检修中应做好记录。

1. 每周的维护保养工作

每周应按照维护保养周期表的要求，检查曳引机减速箱及电机两端轴承贮油槽内的油位是否符合要求，各机件中的滚动、转动、滑动摩擦部位的润滑情况是否良好，并进行清扫和补油、注油。检查两端站的限位装置、极限开关、门锁装置、门保护装置（安全触板开关或其他保护设施）等主要电气安全设施的作用是否正常。清扫各机件和机房的油垢和积灰，确保机件和环境的卫生。

2. 每月的维护保养工作

每月应按照维护保养周期表的要求，检查有关部位的润滑情况，并进行补油、注油或拆卸清洗换油，检查限速器、安全钳、制动器等主要机械安全设施的作用是否正常、工作是否可靠，检查电气控制系统中各主要电器元件的动作是否灵活，继电器和接触器吸合和复位时有无异常的噪声，机械连锁的动作是否灵活可靠，主要接点被电弧烧蚀的程度，严重者应进行必要的修理。

3. 每季的主要维护保养工作

按照维护保养周期的要求，检查有关部位的润滑情况，并进行补油注油或拆卸清洗换油。较详细地检查机电安全设施的作用是否正常，工作是否可靠，紧固螺钉有无松动。检查各主要机件的运行情况是否正常。电气控制系统中各主要电器元件的接点被电弧烧蚀的程度，电气元件的紧固螺钉有无松动，各种引出和引入线的压紧螺钉和焊点有无松动。检查门刀与门锁、隔磁板与传感器，打板与限位装置，打板与开关调速、断电开关，绳头拉手与安全钳开关，限速器张紧与限速器断绳开关，安全触板与微动开关等存在相对运动和机电配合部位的参数尺寸有无变化，各机件的紧固螺钉有无松动，作用是否可靠。

4. 每年的主要维护保养工作

每年按照维修保养周期要求，对有关部件进行拆卸、清洗，换油或检查各机件的滚动、转动、滑动部位的磨损情况，严重者应进行修复或更换。

17.3.1.6 BAS楼宇自控系统

自动控制系统在运行时要保持良好的工作状态，就不能忽视传感器、变送器、调节器和执行器等基本元器件的维护保养。对于继电器控制系统、可编程控制系统和微机控制系统，由于系统的组成形式不同，维护保养的工作内容也不同。

1. 控制元件

常用的控制元器件有传感器、变送器、调节器和执行器，其作用不同，种类繁多，以下主要以常用的、典型的或有共性的元器件为例，介绍其维护保养的工作内容。

（1）传感器的维护保养

传感器是自控系统的重要组成部分，它与被测对象放在一起并直接发生联系。传感器的好坏直接影响自控系统工作的精度。因此对传感器维护保养十分重要。

1）温度传感器的维护保养

温度是集中空调系统中最重要的调控参数，自控系统要达到调控温度的目的，首先必须对空气温度进行准确检测。常用的温度传感器有热电阻式和热电耦式两种，其中热电阻传感器又分为金属热电阻温度传感器和半导体热敏电阻温度传感器两类。

① 热电阻温度传感器需定期对电阻温度特性进行校验和修正，对于严重偏离并且无法进行修正的传感器，应进行更换。

② 热电耦传感器应防止受到强烈的机械撞击，经常检查冷端温度自动补偿装置的工作情况，如工作不正常，应及时进行更换。

2）空气湿度传感器的维护保养

空气相对湿度与温度是两个相关联的参数，在空调系统中具有同样重要的地位，需要经常进行监控。对于湿球式湿度传感器，应经常检查湿球探头附近贮水瓶内的贮水情况，发现水少应及时添加，不然湿度传感器无法正常工作；对于氯化锂湿度传感器主要检查梳状金属箔表面氯化锂溶液的情况，防止结晶，一旦结晶必须立即更换；对于电容式湿度传感器主要检查其电容探头的清洁情况，因为保护电容的陶瓷保护套上的小孔孔径很小，周围空气中的尘埃易将小孔堵塞，一旦小孔堵塞传感器将不能正常工作。

3）水流开关传感器的维护保养

在冷水机组控制系统中，水流开关起着重要的保护作用，冷水机组在确认冷却水回路和冷冻水回路水流动起来的情况下才能开机，水流开关起着监视冷却水和冷冻水流动状态的作用。水流开关的维护保养主要是检查两个金属片的情况是否有弯曲，是否表面被污染，触电接触是否可靠等，如果已经损坏应及时更换。

（2）变送器的维护保养

变送器是把传感器输出的信号进行放大、整形、转换等，使之变成规格化的电流或电压信号传给调节器的装置，变送器往往和传感器组合在一起，因此其维护保养要求同传感器。

（3）调节器维护保养

调节器的作用是把由变送器传来的格式化的电信号与调节器内部设定的设定值进行比较，根据预先给定的逻辑关系和控制规律输出一定值去控制执行器的动作。调节器中，由

CPU、贮存器、定时器、输出输入接口及键盘、显示器等组成调节控制单元。调节器的维护保养方法同一般计算机系统。

（4）执行器的维护保养

在自控系统中，执行器担负着把调节器送来的控制信号转变成水阀或风阀进行开/关动作和开关行程控制的任务。执行器的维护保养主要是执行器的外观检查和动作检查。通过手动机构的转动检查执行器的动作是否正确有效。当把执行器从最小转到最大时，看阀门是否从全开变为全关（或相反），运转是否灵活，中间是否有卡位现象。阀门不能全开/全关或中间有卡位现象时应及时查明原因予以修复。

2. 控制系统

控制系统的维护保养内容要点如下：

（1）定期对控制系统中的传感器、变送器进行检查和校验，对于接线、连线有断开、脱焊、松焊、松动者应及时处理。

（2）检查控制系统中的有关仪表指示（或显示）是否正确，其误差是否在允许范围内，如发现异常应及时处理。

（3）检查微机控制系统对指令的执行情况。

（4）检查微机控制系统的供电电源是否合适，如果微机控制系统的供电电源发生故障，则系统无法工作，如果电压过高、负载过大将会造成某些元件的烧毁和短路。

3. BAS 系统

BAS 系统日常维护内容如下。

（1）BAS 系统的各个电脑主机，打印机清洁除尘。

（2）中央控制室内线路接驳检查、紧固。

（3）中央控制室内设备的电源检查。

（4）输入、输出设备功能检查（鼠标、键盘、打印进等）。

（5）电脑设置文件检查。

（6）BAS 系统及中央操作平台软件的检查。

（7）检查 BAS 网络控制器（NCU）各个子系统主控制器设定存档。

（8）检查每个系统在中央主控制平台上的反馈。

（9）系统集成所用控制器、放大器检查线路接头。控制器、放大器清洁除尘。

（10）通信信号检查。

（11）网络控制管理设备内清洁除尘，电源电池检查。

（12）网络控制器子系统主控制器复位自检。箱内设备状况及通信信号检查，连接线路检查，紧固线路。

（13）操作软件的备份。

（14）图形软件的备份。

（15）DDC 箱内的清洁除尘。

（16）DDC 箱电源检查。

（17）DDC 电脑设置文件检查。

（18）DDC 箱内接线的检查及紧固。

（19）DDC箱上传数据的检查。

17.3.2　节能运行管理

节能行管理是在保证室内舒适度水平的条件下，对建筑设备系统提出节能降耗的要求，以达到降低运行费用的目的。一般来说，不同的建筑设备系统有不同的节能运行管理策略，下面针对暖通空调系统、给水排水系统、照明系统、配电系统、电梯系统以及BAS楼宇自控系统等提出节能运行管理策略。所有节能运行管理工作应在设备系统运行管理作业指导书的指导下由运维责任人实施完成，并形成手写或者电子记录，后续应半年或者一年进行一次统一归档，作为设备系统运行管理档案的一部分进行存档，便于今后调阅。

17.3.2.1　暖通空调系统

办公建筑空调系统节能运行管理包括节能运行参数的确定，冷热源、输配系统以及末端的节能运行策略的选择等。

1. 节能运行合理参数确定

办公建筑空调房间的运行设定温度，冬季不得高于设计值，夏季不得低于设计值。室内环境的主要控制参数不应超过表17.2所规定的范围。

空调房间设定参数汇总表　　　　　　　　　　　　　　　　　　　　　表 17.2

房间类型	冬季（℃）	夏季（℃）	新风量[m³/(h·p)]
特定房间	≤21	≥24	≤50
一般间房	≤20	≥26	10～30
大堂、过厅	≤18	26～28	≤10

2. 冷热源节能运行策略

（1）空调用冷水机组

空调用冷水机组，不论其压缩机型式为离心式、螺杆式还是活塞式，为满足空调工况的要求，均应具有相同的运行参数。弄清这些运行参数的特点及其规律性，对于冷水机组的安全、经济和无故障运行具有重要意义。

1）蒸发压力与蒸发温度

蒸发器内制冷剂具有的压力和温度，是制冷剂的饱和压力和饱和温度，可以通过设置在蒸发器上的相应仪器或仪表测出。这两个参数中，测得其中一个，可以通过相应制冷剂的热力性质表查到另外一个。当这两个参数都能检测到，但与查表值不相同时，有可能是制冷剂中混入了过多的杂质或传感器及仪表损坏。

蒸发压力、蒸发温度与冷冻水带入蒸发器的热量有密切关系。空调冷负荷大时，蒸发器冷冻水的回水温度升高，引起蒸发温度升高，对应的蒸发压力也升高。相反，当空调冷负荷减少时，冷冻水回水温度降低，其蒸发温度和蒸发压力均降低。实际运行中，空调房间的冷负荷是经常变化的，为了使冷水机组的工作性能适应这种变化，一般采用自动控制装置对冷水机组实行能量调节，来维持蒸发器内的压力和温度相对稳定在一个很小的波动范围内。蒸发器内压力和温度波动范围的大小，完全取决于空调冷负荷变化的频率和机组本身的自控调节性能。一般情况下，冷水机组的制冷量必须略大于其负担的空调设计冷负荷量，否则将无法在运行中得到满意的空调效果。

根据我国《蒸汽压缩循环冷水（热泵）机组标准》GB/T 18430.1—2007（制冷和空调设备名义工况一般规定）的规定，冷水机组的名义工况为冷冻水出水温度 7℃，冷却水回水温度 30℃，其相应的参数为冷冻水回水温度 12℃，冷却水出水温度 35℃。冷水机组在出厂时，若订货方不作特殊要求，冷水机组的自动控制及保护元器件的整定值将使冷水机组保持在名义工况下运行。由于提高冷冻水的出水温度对冷水机组的经济性十分有利，运行中在满足空调使用要求的情况下，应尽可能提高冷冻水出水温度和降低冷却水回水温度。

一般情况下，蒸发温度控制在 3~5℃，较冷冻水出水温度低 2~4℃。过低的蒸发温度，增加冷水机组的能量消耗，还容易造成蒸发器内管道冻裂。运行中，可根据负荷变化和气候情况，适当提高蒸发温度以节能。

2）冷凝压力与冷凝温度

由于冷凝器内的制冷剂通常也是处于饱和状态的，因此其压力和温度也可以通过相应制冷剂的热力性质表互相查找。冷凝器所使用的冷却介质，对冷水机组冷凝温度和冷凝压力的高低有重要影响。冷水机组冷凝温度的高低随冷却介质温度的高低而变化。水冷式机组的冷凝温度一般要高于冷却水出水温度 2~4℃，如果高于 4℃，则应检查冷凝器内的铜管是否结垢需要清洗；空冷式机组的冷凝温度一般要高于出风温度 4~8℃，在蒸发温度不变的情况下，冷凝温度的高低对于冷水机组功率消耗有决定意义。冷凝温度升高，功耗增大，此外，离心式冷水机组冷凝压力升高会引起压缩机喘振；反之，冷凝温度降低，功耗随之降低。当空气存在于冷凝器中时，冷凝温度与冷却水出口温差增大，而冷却水进、出口温差反而减小，这时冷凝器的传热效果不好，冷凝器外壳有烫手感。除此之外，冷凝器水侧结垢和淤泥对传热的效果也有着相当大的影响。因此，在冷水机组运行时，应注意保证冷却水温度、水量、水质等指标在合格范围内。

3）冷冻水的压力与温度

空调用冷水机组一般是在名义工况所规定的冷冻水回水温度 12℃，供水温度 7℃，温差 5℃的条件下运行的。对于同一台冷水机组来说，如果其运行条件不变，在外界负荷一定的情况下，冷水机组的制冷量是一定的。此时，由 $Q=W×\Delta t$ 可知：通过蒸发器的冷冻水流量与供、回水温度差成反比，即冷冻水流量越大，温差越小；反之，流量越小，温差越大。所以，冷水机组名义工况规定冷冻水供、回水温差为 5℃，这实际上就限定了冷水机组的冷冻水流量，该流量可以通过控制冷冻水经过蒸发器的压力降来实现。蒸发器额定压力降可查阅产品检测报告或说明书，一般为 0.05MPa 左右。如实测数据偏离额定值，应通过更换配置水泵、水泵变频或调整水泵叶轮来实现，传统方法调节冷冻水泵出口阀门的开度和蒸发器供、回水阀门的开度节能性较差。

调节的原则是蒸发器出水有足够的压力来克服冷冻水循环管路中的阻力；冷水机组在设计负荷的情况下蒸发器进、出水温差为 5℃。应当注意，加大冷冻水流量，减少进、出水温差的做法是不可取的，这样做虽然会使蒸发器的蒸发温度提高，冷水机组的输出冷量有所增加，但水泵功耗也因此而提高，两相比较得不偿失。所以，蒸发器冷冻水侧进、出水压降控制在设计额定值为宜。

为了冷水机组的运行安全，蒸发器出水温度一般都不低于3℃。此外，冷冻水系统虽然是封闭的，蒸发器水管内的结垢和腐蚀不会像冷凝器那样严重，但从设备检查维修的要求出发，应每3年对蒸发器的管道和冷冻水系统的其他管道清洗一次。

4）冷却水的压力与温度

冷水机组在名义工况下运行，其冷凝器进水温度为30℃，出水温度为35℃，温差5℃。对于一台已经在运行的冷水机组，环境条件、负荷和制冷量都为定值时，冷凝热负荷无疑也为定值，冷却水流量必然也为定值，而且该流量与进出水温差成反比。这个流量通常用进出冷凝器的冷却水的压力降来控制。在名义工况下，冷凝器进出水压力降一般为0.07MPa左右。压力降调定方法同样是通过更换配置水泵、水泵变频或调整水泵叶轮来实现。所遵循的原则也是两个：一是冷凝器的出水应有足够的压力来克服冷却水管路中的阻力；二是冷水机组在设计负荷下运行时，进、出冷凝器的冷却水温差为5℃。同样应该注意的是，随意增大冷却水量借以降低冷凝压力，试图降低能耗的做法，只能事与愿违，适得其反。

为了降低冷水机组的功率消耗，应当尽可能降低其冷凝温度。可采取的措施有两个：一是降低冷凝器的进水温度；二是加大冷却水量。但是，冷凝器的进水温度取决于大气温度和相对湿度，受自然条件变化的影响和限制；加大冷却水流量虽然简单易行，但流量无法无限制加大，要受到冷却水泵容量的限制。此外，过分加大冷却水流量，往往会引起冷却水泵功率消耗急剧上升，也得不到理想的结果。所以冷水机组冷却水量的选择，以名义工况下，冷却水进、出冷凝器压降为0.07MPa为宜。对于离心式冷水机组来说，冷凝压力过高或过低都会引起"喘振"。冷凝器的进水温度一般不能低于20℃，不同厂家的产品要求不一样。既不能过低，过低会影响机器寿命，但也要尽可能低以实现节能运行。所以，当离心式冷水机组在气温较低的春、秋季节运行时，应适当减少投入运行的冷却塔台数或其风机台数，以便提高冷凝器的进水温度。也可以采用将一部分从冷凝器出来的冷却水旁通进水管中的办法，达到提高冷凝器进水温度的效果。采用减小冷却水量，加大进、出水温差的办法也可以有同样的作用，但进、出水压降应适当调小。在气温较低的季节，运行螺杆式冷水机组比较有利，因为这时冷凝压力较低，所以功率消耗大大降低。

在冷水机组节能运行过程中，应遵循以下原则：

① 当室外干球温度≥15℃时，禁止开启供暖系统的热源设备；当室外干球温度≤26℃时，禁止开启空调系统的冷源设备。

② 对多台机组（2台以上）构成的集中冷热源设备系统，应根据季节、使用时段、室外环境温度变化、负荷变化等因素，及时调配冷热源机组的运行台数，使运行的台数为最少。

③ 处于过渡季时段，应直接采用通风换气的方式，空调系统加大新风量或全新风运行。

④ 冷热源设备的冷水、热水出口温度的设置，应根据天气变化、负荷的减少情况，及时提高冷水出口温度和降低热水出口温度的设定值。

⑤ 根据系统的冷（热）负荷大小，随时观察记录冷热源机组的运行参数，并及时调

整和修正运行参数的设定值，使机组始终处于高效、节能、经济的运行状态。

（2）风冷热泵机组节能运行

风冷热泵机组进行运行管理时，相对于水冷冷机组，应增加如下重点内容：

1）日常开机前要检查与室外空气进行热交换的空气换热器上不能有树叶、纸片、塑料袋等障碍物。

2）压缩机启动前要确认对应的空气盘管的风机已正常运行，通常二者是连锁的，机组启动阶段风机是先于压缩机启动的。

3）空气-水热泵机组都有自动除霜系统，在冬季供热时，会根据情况自动进行除去空气盘管上的霜或冰的操作。除霜时间的设定范围为 1～6min，推荐值为 3min；除霜温度可以设定在 3～9℃，推荐值为 5℃。此外，自动除霜能否取得良好效果还与温度传感器的安放位置有关。温度传感器的原装位置一般是在理论分析和标准测试条件下不易除霜的地点，当机组安装后，应注意由于安装现场气流条件的原因，可能要根据实际情况将温度传感器改装到实际上霜或冰最易积结而又不易融化的地方。平时注意对空气盘管肋片的清洁和风机轴承的润滑。

（3）燃气锅炉节能运行

燃气锅炉是集燃烧器、换热设备、自动控制系统于一体的一种供暖设备，其与供暖、供热水管路系统是否正确联结、安装、调试、使用以及维护保养等将影响其安全性能与使用寿命。

在实际运行过程中，需要控制以下参数实现锅炉的节能运行：

1）出水水温

锅炉的出水温度是热水锅炉运行中应严格监视和控制的指标，出水温度过高会引起锅水汽化，锅水大量汽化会造成超压以致损坏锅炉。出水温度超过最高允许温度值就要立即紧急停炉。一般锅炉出水温度应低于锅炉出口压力对应的饱和温度 20℃ 以下。出水温度过低则要调节燃烧，将其提高到规定值。

2）压力

正常运行时，热水锅炉的压力应当是恒定的，要严格控制运行压力在允许的范围内，超过或低于允许压力值都会影响热水锅炉及其供暖系统的正常运行。除了锅炉进出口压力外，还应随时监视循环水泵入口的压力，使其保持稳定，一旦发现压力波动较大，应查明原因，及时进行处理。

3）炉膛负压

对于负压燃烧的锅炉，其正常运行时，炉膛负压一般应控制在 20～50Pa。炉膛压力偏高，火焰就可能喷出，损坏燃烧设备或烧伤人员；而炉膛负压过大，则会吸入过多冷空气，致使炉膛温度降低，增加热损失。

4）经常排气

运行中随着水温升高会不断有溶解的气体析出，当补给水进入锅炉时，也会有空气带入，因此要经常检查放气阀排气情况，否则会使管道内积聚空气，甚至形成气塞，影响水的正常循环和供暖效果。

5）减少补水量

热水供暖系统应最大限度地减少系统补水量，因为补水量的增加不仅会提高运行费用，还会因水质处理不易进行而造成锅炉和管路的结垢和腐蚀。要加强锅炉及管路系统的检查和管理，发现漏水及时处理，禁止随意放取热水供作他用。

6）防止汽化

热水锅炉在运行中一旦发生汽化现象，轻者会引起水击，重者使锅炉压力迅速升高，以致发生爆炸等重大事故。为了避免汽化，应使炉膛放出的热量及时被循环水带走。在正常运行中，除了必须严密监视锅炉出口水温，使水温与沸点之间有 20℃ 的温度裕度，并保持锅炉内的压力恒定外，还应使锅炉各部位的循环水流量均匀。

7）燃烧调节

燃气的燃烧速度与燃烧的完全程度取决于气体燃料与空气的混合，混合越好，燃烧越迅速、完全，火焰也越短。燃气锅炉只需调节燃气量与送风量即可。燃气的种类很多，发热值也相差悬殊，不同发热值的燃气，其配风比例也不同。如果燃气供给压力偏高，则会引起脱火，并可能发出很大的噪声，这时必须对管网燃气调压，保证向燃烧器提供与设计要求一致的供气压力。如果燃气供给压力波动太大，可能引起回火或脱火，甚至引起锅炉爆炸事故，因此必须确保调压站工作正常。

8）运行调节

锅炉的运行调节是指根据负荷情况改变锅炉对管网的供水温度或流量，以满足供暖质量和安全运行的要求。主要调节方式有：

① 质调节：在流量不变的情况下，改变锅炉对管网的供水温度；

② 量调节：在供水温度不变的情况下，改变锅炉对管网的供水流量；

③ 间歇调节：改变每天供热时间的长短，即改变锅炉运行时间。

在初运行时，首先进行量调节。调节方法可用超声波流量计测试调节各管网环路的运行流量，亦可用测试回水温度的方法调节其流量。各环路流量调节平衡后，在运行中应根据室外温度的变化进行质调节及间歇调节。其调节原则是：根据使用要求在确定供暖与间歇时间的基础上进行质调节。锅炉操作人员应当根据终端用户蒸汽量或用户热水量、热负荷的变化，及时调度、调节锅炉的运行数量和锅炉出力，有条件的锅炉房可安装锅炉负荷自动调节装置。禁止锅炉在负荷匹配不合理状态下低效率运行。

（4）直燃型冷热水机组

直燃机是采用燃气产生的热量为热源，利用吸收式制冷原理，生产空调用冷热水和洗浴用卫生热水。直燃机可平衡城市燃气和电力的季节耗量，有利于城市季节能源的合理使用。如夏季是城市用电高峰及用气低谷的季节，空调冷源的燃气化可起到削用电高峰填用气低谷的作用。机组在部分负荷下制冷能效较高，适合于选择较少的机组台数，大量时间在部分负荷下运行。

机组运行参数设置合理范围如下：

1）空调水出口温度：设置范围 5～25℃，一般设置为 7℃。当外界温度低时可适当提高该温度，有利于节能，但太高会影响末端空调效果。当外界温度高时可适当降低出水温度，但出水温度过低会大大增加能耗。

2）冷却水入口温度：设置范围 22～34℃，一般设置为 32℃。适当降低设置值，有利于提高机组出力。

主机节能运行策略有：

1）选择合适的能源：选用废热、废蒸汽、烟气等，实现废热利用，节省燃料费用。

2）降低冷却水出口温度：在确保主机稳定运行的情况下，冷却水温度可控制在 26～28℃。冷却水入口温度每降低 1℃，主机制冷效率提高 5%～6%。

3）连续开机：如不用空调时间小于 3h，可以不必停机而采用连续开机，机组长期处于部分负荷运行状态，运行更加安全可靠，能源利用效率更高，燃烧机火力更稳定。

4）科学调整空调水出口温度：在保证室内舒适度的前提下，提高夏季冷水出口温度，降低冬季温水出口温度。冷水出口温度高或冬季温水出口温度低可提高主机效率。

3. 水泵节能运行策略

办公建筑中水系统能耗在采暖、空调系统的运行能耗中所占比例为 30% 左右，因此对水泵系统实施节能运行控制显得十分必要。对于水泵系统节能运行应注意遵循以下原则：

（1）供暖与空调水系统配置的冷（热）水泵、空调冷却水系统配置的冷却水泵，应满足国家现行标准《公共建筑节能设计标准》GB 50189 和《清水离心泵能效限值及节能评价值》GB 19762 的规定，不能满足节能规定的设备、系统，应进行改造或者更换。

（2）水系统配置的冷（热）水泵、冷却水泵的特性应与管网总特性相匹配，同时，应使水泵的运行工况点处于性能曲线的高效率段区间。

（3）水系统配置的冷（热）水泵，应采取变频方式实行节能运行；在保证系统运行安全的前提下，变频的方式宜采用一次泵变频系统；对采用定频方式运转的水泵，应进行水泵变频改造。

（4）对冷（热）水或冷却水配置两台以上水泵的系统，应根据季节、使用时段、环境温度变化、负荷变化等因素，及时调配水泵的运行台数，使运行的台数为最少。

（5）在部分末端不满足环境控制要求时，应通过对末端水系统的平衡调节来改善该部分末端的空调效果，而不能盲目地增加循环水泵开启的台数。

（6）有变频控制的水系统，冷却水的总供回水温差不应小于 5℃；冷冻水的总供回水温差不应小于 4℃。

（7）采用二次泵系统时，应采取措施使冷冻水供回水温差不小于 4℃。

（8）冬季供暖工况下，热水供回水温差不应小于设计工况的 80%。

（9）安装有动态平衡阀的水系统，应检查有没有使用必要，如没有必要，且阻力过大应予以拆除。

水泵系统节能运行策略有：

（1）并联水泵运行台数调节

对不能调速的多台并联水泵来说，可以采用投入使用的水泵台数组合来配合风机盘管系统的供水量变化。由于是用开停台数来调节流量，所以调节的梯次很少、梯间很大，与风机盘管系统的供水量变化适应性比较差。无调速的多台水泵并联形式是目前使用最广泛的一种形式，虽然改变水泵运行台数来调节流量的方式操作起来不太方便，适应性也比较差，但应用得好，其节能效果还是很明显的。相对于调速方式来说，这种调节方式对运行管理人员技术水平和操作技能的要求要更高一些。

（2）变频调速

水泵的性能参数都是相对某一转速而言的，当转速改变时，水泵的性能参数也会改变。变速调节与节流调节相比，除了没有节流损失外，还由于在相似工况下水泵功耗的减少是流量减少倍数的三次方关系，而使得节能效果显著，并且调节的稳定性好。

以变频调速为例，冷冻水系统变频调速常采用的控制方式有温差控制和压差控制两种。

1）温差控制

温差控制的主要原理是在分、集水器干管处分别设置温度传感器，实时监测供、回水温度，并将信号传输给中央控制设备，中央控制器将实时温差值与设定温差值（通常为5℃）进行对比，如果实时温差小于设定温差，说明末端负荷降低水量过大，这时控制系统自动向水泵变频器输出准确的变频信号，通过降低频率减小水泵转速，达到节能目的。反之，则输出升频信号，提高水泵转速以增大流量。

温差控制的优点是系统简单，投资较低，只需在机房内布置传感器和传输导线即可，特别适用于原有空调系统变流量节能改造，或末端大多装设电动二通开关阀且负荷变化较为一致的宾馆客房部、办公等建筑中。系统采取这种控制方式反应较慢，存在一定的滞后性。

2）压差控制

压差控制有末端定压差控制、末端变压差控制、干管定压差控制三种形式。

①末端定压差控制。当空调各区域负荷变化不一致，个性化要求较高时，不宜采用温差控制，在这种情况下，比较理想的控制方法即采取最小阻力控制法。实际工程中，多采取最不利末端环路上的压差控制法，通过在最不利末端设置电动调节阀和压差变送器，提取压差信号，并与设定压差值比较，进而控制电机频率和水泵转速。当负荷减小时，末端电动二通阀开度减小，瞬时压差增大，如该压差超过设定值，则控制水泵降低转速；反之，当负荷增大时阀门开度增大，压差减小，则控制水泵提高转速，使最不利末端压差值始终稳定在设定值附近。

该种控制方法实时性好，反应迅速，各空调支路不易产生水力失调，但也存在一些缺点，如布线较长施工不太方便，在实际工程中尤其是针对同程式水系统而言，确定最不利末端环路较为困难，末端必须安装有电动二通调节阀等。

②末端变压差控制。末端定压差控制流量调节余地较大，能从容面对扰动，但是调节余地大也意味着在电动调节阀上的压差较大，造成不必要的能量浪费。为了进一步提高变流量节能效果，也可采用末端变压差控制方式，即根据末端负荷变化情况及时调整压差设定值，在满足末端流量需求的基础上尽可能地降低压差设定值，实现水泵的最小频率运行。由于空调系统时动态变化的复杂系统，各点压力值时刻在变化，不利于压差值的确定，且控制系统复杂，因此，该控制方式在实际工程中应用较少。

③干管定压差控制：和末端定压差控制方式原理相似，干管定压差控制则是将压差变送器布置在机房分集水器处，通过对实时干管压差值和设定压差值进行比较，控制水泵

提高或降低转速，实现干管压差的近似恒定。该种控制方法由于线路仅局限在机房内，施工方便且具有控制实时性强、水力平衡性好等优点，在实际工程中也得到了普遍应用，但是和温差控制，末端压差控制相比，节能效果较差。

和末端变压差控制一样，为了提高干管压差控制的节能效果，也可采用干管变压差控制方式，即根据建筑负荷变化及时调整干管压差设定值，最大程度地实现节能运行。

冷却水系统变频调速通常采用的控制方式有定温差控制和冷凝温度控制两种。

1）定温差控制方法

定温差控制即在机组冷却水进、出水管上分别布置温度传感器，控制器将实时进、出水温差和设定温差（通常为5℃）进行对比，进而控制水泵转速和流量。当系统负荷降低时，进出水温差减小，控制器控制水泵降低转速，降低流量，进而维持设定温差。

2）冷凝温度控制法

由于冷冻水系统出水温度与室内除湿效果相关，蒸发器出水温度不能太高，且考虑到机组效率的原因也不太低，故其可变范围有限。而冷却水系统则与舒适度无关，在室外温度降低的部分负荷下，冷凝器进水温度降低，如果保持出水温度恒定（如37℃），则可利用温差增大，水泵能耗进一步降低，此种方法即冷凝温度控制法，它以冷凝器出水温度作为控制变量，间接地控制冷凝温度。

常规空调系统是固定冷却水流量，定温差变流量系统是固定冷凝器进出水温差，而冷凝温度控制变流量则是固定冷凝器出水温度。定温差控制时冷却水流量与负荷呈线性变化，冷凝温度控制其流量不再与负荷等比变化，负荷越小时，室外温度可能越低，两种控制方式的流量差异将增大。在某一部分负荷下，与定温差控制相比，冷凝温度控制时机组冷凝温度稍高，能耗较大，而水泵能耗较低，它能充分发挥水泵的节能潜力、冷却塔的换热能力及部分负荷下的室外气候特征，故冷凝温度控制法对于水泵功率权重较高、建筑部分负荷率较高的系统更为适合。在控制方面，定温差控制需要两个温度测点，而冷凝温度控制只需一个测点，其控制精度更高，也更简便易行。对于两种控制方式的节能效果的比较，与其建筑负荷特性、室外气候特性、机组变流量性能、水泵功率相对大小等因素有关，应针对具体工程作具体计算、分析。

应该引起注意的是，变频调速时的最低转速不要小于额定转速的50%，一般控制在70%～100%。否则水泵的运行效率太低，造成功耗过大，可能会抵消降低转速所得到的节能效果，还会影响到电机的安全。

（3）并联水泵运行台数和变速调节相结合

将并联水泵全部配上变频调速器形成的水泵组，在项目一次投资和运行费用比较来看，相对上述第2种调节方式来说都是最理想的。负荷变小时，用调速变流量来适应；负荷变化大时，用水泵启停台数粗调，调速细调来适应。这种调节方式的调节范围大，适应性好，是水泵适应变流量节能的最佳调节方式。

4. 冷却塔的节能运行

冷却塔节能运行应遵循的原则：

（1）应综合考虑冷却塔的性能对冷水机组耗能的影响，使冷却塔出水温度接近室外空气湿球温度。

（2）多台冷却塔并联运行时，应充分利用冷却塔换热面积，开启全部冷却塔，同时冷却塔风机宜用变风量调节；应保持各冷却塔之间水量均匀分配。

（3）多台冷却塔并联运行并采用风机台数启停控制时，应关闭不工作冷却塔的冷却水管路的水阀，防止冷却水通过不开风机的冷却塔旁通。

（4）应保持冷却塔周围通风良好。

冷却塔的运行调节通常主要是调节冷却水流量和冷却水回水温度，可通过以下四种手段实现：

（1）调节冷却塔运行台数。当冷却塔为多台并联配置时，不论每台冷却塔的容量大小是否有差异，都可以通过开启同时运行的冷却塔台数来适应冷却水量和回水温度的变化要求。

（2）调节冷却塔风机运行台数。当所使用的是一台多风机配置的矩形塔时，可以通过调节同时工作的风机台数来改变热湿交换的通风量，在循环水量保持不变的情况下，调节回水温度，使风机的运行台数最少。一塔多风机调节台数时，必须注意各台风机之间安有挡板才行，否则风机之间会形成气流短路，降低冷却效果，反而增加能耗。

（3）调节冷却塔风机转速。采用变频技术或其他电机调速技术，通过改变电机的转速进而改变风机的转速使冷却塔的通风量改变，在循环水量不变的情况下达到控制回水温度的目的。当室外气温比较低，空气又比较干燥时，还可以停止冷却塔风机的运转，利用空气与水的自然热湿交换来达到冷却水降温的要求。当冷却塔风机功率≥5kW时，宜采用变频调节方式，实现节能运行。

（4）调节冷却塔供水量。采用与风机调速相同的原理和方法，改变水泵的转速，使冷却塔的供水量改变，在冷却塔通风量不变的情况下同样能够达到控制回水温度的目的。如果在制冷机冷凝器的进水口处安装温度感应控制器，根据设定的回水温度改变循环冷却水量来适应室外气象条件的变化。

5. 风机盘管系统

风机盘管系统是办公建筑中广泛使用的一种集中空调系统形式。风机盘管属于小型空气热湿处理设备。这种空调系统的末端装置能够根据其所安装的房间或作用范围的温度变化，由使用者灵活进行单机调节，以适应冷热负荷的变化，保证设定的温度稳定在一定范围内，达到控制房间或者作用范围内空气温度的目的。风机盘管运行调节方式主要有风量调节、水量调节和水温调节三种方式。

（1）风量调节

风量调节即改变风机盘管送风量的调节方式，一般通过改变风机的转速来实现，有三速手动调节和无极自动调节等方法。

1）三速手动调节

通过高、中、低三档风量手动调节的方法。一般由空调房间的使用者根据自己的主观感受和愿望来选择或改变风机盘管的送风挡。由于只有三个档的调节级次，因此室内温湿度参数值波动较大，对室内冷热负荷变化的适应性较差。如果操作有误或者调节不及时，还会引起过冷或过热。此种方式属于阶梯形的粗调节方法。

2）无极自动调节

风机盘管的无极自动调节是借助一个电子温控器来完成的。空调房间使用者在启动风机盘管后，根据自己的要求设定一个室温值就可以了。温控器配备的温度传感器会适时检测室内温度，通过与预设室温的比较来自动调节风机盘管的输入电压，对风机的转速进行无极调节。温差越大，风机转速越高，送风量越大，反之则送风量越小，从而实现风机盘管送风量的自动控制和无极调节，使室温控制在设定的波动范围内。无极自动调节对室内冷热负荷变化的适应性较好，能免去空调房间使用者的手动调节操作和不及时调节造成的不舒适感，是一种比较平滑的细调节方法。

风量调节比较简单，操作方便，容易实现，但在风量过小时会使室内的气流分布受影响，造成送风口附近与较远位置产生较大的区域温差。在夏季，如果送风量太小，会造成送风温度过低，还会使风机盘管的外壳表面和金属送风口结露，出现滴水现象。

（2）水量调节

水量调节即通过改变盘管水量的调节方式，一般采用二通或三通调动调节阀调节进入盘管水量的方法实现。由温控器控制的比例式电动二通阀或三通阀，随室内冷热负荷的增大或减小相应改变阀门的开度，以增加或减小进入盘管的冷热水量，以适应室内热负荷的变化，保持室温在设定的波动范围内。

在实际工程中，风机盘管回水管路上大多安装一个二通电磁阀或电动二通温控阀，根据风机盘管是否使用或室温是否达到设定的温度值来相应控制水路的通断。在部分负荷时，随着变水量系统总供水量下降，进入风机盘管的水量也随之减小。风机盘管电磁二通阀关闭，风机盘管中无水流通过时，使得水系统的循环水量过大，回水温度偏低。冷水机组可根据回水温度自动调节制冷量相适应，对于并联运行的水泵组还可适时减少运行台数，变频调速水泵则可相应降速来减少流量运行。

（3）水温调节

在部分负荷时，采用气候补偿的方式，可调整冷热源机组的供水温度，风机盘管进水温度也随之变化。

6. 新风系统

新风是室内空气品质的重要保证。建筑物中空调新风能耗在空调通风系统总负荷中所占比例为 20%～30%。因此，在保证新风质量的前提下，降低新风系统能耗对于空调系统节能具有重要意义。新风系统节能运行策略有：

（1）在夏季、冬季或者不能直接利用室外新风时，可以考虑提高入室的新风质量来调节引入的新风量以减少新风处理能耗。在房间负荷为冷负荷的情况下，当室外新风的焓值低于室内空气的焓值时，新风作为"免费冷源"，不仅可以节省制冷能耗，而且可以改善室内空气品质。

（2）利用热回收装置回收排风中的热能，能取得显著的节能效益、经济效益和环境效益。通过热回收技术的应用，一方面减少了主机的制冷量或加热量，即减少了冷（热）水机组初期投资费用；另一方面，降低了冷却塔、冷冻水泵、冷却水泵等输出功率，更客观地是降低了在运行过程中的运行费用。增加热回收装置，因其系统阻力的增大，相应的通风机的消耗功率也有所增加。

空调系统应对新风的需求量进行合理控制，保证最小新风量的需求，控制措施应遵循下列原则：

（1）宜采用室内 CO_2 浓度值的控制，保证最小新风量的需求，当室内 CO_2 浓度值不大于 1000ppm 时，应关闭或减少新风系统运行。

（2）间歇运行的空气调节系统，宜设自动启停运行装置。当对系统进行预热或预冷运行时，应关闭新风系统。

（3）当采用室外空气进行预冷时，应充分利用新风系统，即新风系统满负荷运行。

（4）在夏季、冬季或者不能直接利用室外新风时，必须考虑提高入室的新风质量来相对减少引入的新风量，以减少新风处理能耗。要减少新风量又要保证室内空气品质就必须提高入室新风空气质量和提高新风利用率，提高送风质量可从新风的处理、风道的维护，回风处理方面努力，提高新风的利用率可以从加强气流组织、改变送风方式入手。

（5）调节新回风比例。过渡季节采用新回风混合或是全新风来供冷，而不开冷冻机。从最小新风量到全新风变化，在春秋季可以节约近 60％ 的能耗，全年累计变新风量所需的供冷量比固定最小新风量所需的供冷量减少约 20％。充分利用低温室外新风实现建筑节能是应该鼓励的，同时又可以改善室内空气质量。

（6）热回收系统运行调节。对使用转轮式和板翅式全热换热器以及热管式和中间冷媒式显热换热器的新风系统。应根据室内外温差或焓差，结合风机、水泵能耗综合确定机组运行时间，在使用热回收系统不经济节能时，停止水泵或排风机等相关设备的运行。

7. 空调机组

空气处理机组是全空气集中空调系统的主要组成装置之一，对空调房间冷热量的需求和冷热源的冷热量供应起着承上启下的作用，同时空调房间的空气参数也要通过它来控制。因此，其运行管理工作至关重要。集中空调系统采用的大型空气处理机组主要是柜式空调机组和组合式空调机组两种。

空调机运行调节方法如下：

（1）由温控器自动根据设定的回风温度值控制压缩机的启停，以适应室内负荷需求。在压缩机停机时，风机照常运转。

（2）当一台空调机配置两台以上压缩机时，手动或自动控制同时工作的压缩机台数，以适应室内负荷的变化。

（3）手动或采用自控装置（如焓差控制器）来调节空调机的新回风阀门开启度，通过调节新回风比来达到适应室内负荷变化和节能的双重目的。

（4）通过改变多速电动机的转速档或调节电动机的变速装置（变频器），来改变空调机中送风机的送风量，以适应室内负荷的变化。

（5）空调机组运行时，检修门一定要关闭严密，发现密封材料老化或由于破损、腐蚀引起漏风时要及时修理或更换。有些空调机组的电缆接线管与机组连接处漏风严重，应及时封堵。

空调通风系统节能运行策略如下：

（1）当空调机组和新风机组的风机功率≥5kW 时，宜采取变频调节方式，实行节能运行；对采用定频方式运转的风机，应进行设备更换或改造；对风机盘管等末端设备的风机，应配置具有高、中、低档的风速调节开关或自动调温开关。

（2）空调风系统运行时，应在不影响系统风量平衡的条件下，采取有效措施加大送回风的温差；当系统的使用功能或负荷分布发生变化造成系统的温度明显不平衡时，应对风系统进行平衡调试。

（3）当系统制冷运行采用大温差送风时，其温差应符合下列规定：

当送风高度≤5m 时，温差不应超过 10℃；但采用高诱导比的散流器时，温差允许超过 10℃。当 5m＜送风高度＜10m，或非散流器顶部送风时，其温差按射流理论计算确定。

（4）系统设置的热回收装置，热回收效率大于 60％。

（5）风机的特性应与管网总特性相匹配，同时应使风机的运行工况点处于性能曲线的高效率区间。

（6）对空调风系统的室内送风气流分布，应根据室内设施布置的变化、人员位置的变化等因素，进行合理调整，避免出现冬季局部过热、夏季局部过冷的现象。

（7）对空气调节区（房间）通向室外的大门，除设计为自动门或有专人开启的门外，应设置隔离用大门空气风幕机，并运转正常。

（8）以排除房间余热为主的通风系统，应采用通风设备的温控装置控制运行。

（9）地下停车库的通风系统，宜根据使用情况对通风机设置定时启停（台数）控制或根据车库内的 CO 浓度进行自动运行控制。

8. 多联机节能运行

多联机运行中存在室内风扇转速不变、制热工况不除霜或一直除霜、制冷剂泄漏或充灌量不当等不节能行为。因此，针对多联机的节能运行应注意以下问题：

（1）合适的制冷剂充灌量

合适的制冷剂充灌量对多联机空调系统的性能有较大的影响。在制冷剂不足且较小的部分负荷率下，系统的能效与合适的充灌量的差别不明显，随着负荷的增大，制冷剂不足条件的性能与正常状态下的性能差别明显，能效与制冷量均比制冷剂充灌量充足时要低。在制冷剂不足的工况下，变频压缩机的频率随着部分负荷率的增加而上升，最高达到 85Hz；重新冲灌制冷剂后，变频压缩机大部分时间处于较低的频率下运转。在负荷不大时，能效相差不大。但是在负荷率大的时候，性能就有了很大的差别，后者在能效和吸、排气压力上都比前者要高。

（2）高效工况下运行

变频多联机空调系统在部分负荷下具有良好的性能。变频空调系统中有一套变频器，变频器作为一个电子器件，其工作时需要消耗电能。在较低的负荷下，变频多联机空调系统消耗的电能较少，但是由变频器消耗的电能并不减少很多，因此在低负荷率时变频多联机空调的能效并不高。变频多联机系统的能效比随着负荷率的降低而升高，一般情况下，当机组的负荷率为 40％～80％时，其效率较高。因此，在负荷率较低时，应统一关闭设备系统，避免系统在极低效率下运行。

（3）定期检查室内风扇转速的变化

如果排气温度传感器、线控器和室内机交流斩波器故障，则会导致室内机风扇转速不变，室内机能耗较高。

（4）定期检查冬季除霜效果

如果蒸发温度传感器、四通阀、室内外控制连线故障，会导致室外机不除霜或一直除霜，影响系统制热效果，系统能耗量增加。

（5）定期检查机器制冷制热能力

膨胀阀故障、毛细管堵塞、过滤器堵塞、空气滤网堵塞等都会影响机器制冷/制热效果，不但影响建筑物内环境品质，也会降低机组效率，增加系统耗能量。

17.3.2.2 给水排水系统

1. 变频调速泵组配小泵＋气压罐组合供水

该方式是目前设计时采用最多的一种供水方式。变频调速泵切换成小泵（恒压泵）＋气压罐工作一般有两种控制方式，即按流量切换和按时间切换。

按流量切换就是当管网流量降到某值时，由小泵＋气压罐工作。采用这种控制方式存在两个问题：其一，小泵与大泵均由一个压力传感器及其相应设定的压力范围内控制工作，这对恒压变量的供水系统，小泵＋气压罐的工作肯定耗能，因为管网小流量时，管道阻力损失要比管网达设计秒流量时的阻力损失小得多，二者按同一压力值控制，很明显小泵＋气压罐供水的压力远高于管网要求的实际压力，会造成耗能的后果。其二，切换成小泵工作流量值的确定如果不合适，将会造成大部分时间均由小泵工作，大泵闲置，而小泵一般只设计 1 台，无备用，容易损坏。因此，选用按切换的控制方式时，宜选用变压变流量的调速泵组，按系统实际工况调好合理的切换流量值，避免泵组严重不均匀运行的状态。这样当小泵工作时，其扬程随管网阻力减小而减小，可起到节能效果。

按时间切换，一般是指晚间小流量时切换成小泵＋气压罐工作。此时，泵组供水实质为变频调速泵组与气压罐供水两种方式。也就是说小泵及气压罐的设计参数应按其小流量的工况来设计计算，否则也会出现上述小泵扬程偏高、运行能耗高的情况。

2. 无负压供水

叠压供水是近年来发展起来的一种新的供水设备，也称为无负压供水。应用这种新型供水设备节能且可消除二次污染，其基本原理如图 17.2 所示。设备由温流罐、真空抑制器、压力传感器、变频供水设备及控制器组成。稳流罐与市政管网相连接，起储水稳压作用；真空抑制器根据补偿内的压力变化自动启闭，起补气作用，平衡补偿器内的压力，使之不产生负压；抑制器则根据管网上的压力、流量信号等进行分析，对真空抑制器及水泵进行控制。

给排水系统节水运行管理基本要求有：

（1）坚持定期巡查，杜绝跑冒滴漏现象。

（2）定期统计用水量，在用水高峰时调整水泵压差，减少流量。

（3）适时调控空调用水，在保证冷水机组正常运行情况下，减少用水量。

（4）合理调整卫生间用水，达到最低用水量。

（5）使用节水型洗浴洁具及龙头，降低洗浴用水。

17.3.2.3 照明系统

照明系统是建筑能耗的大系统，管理好此系统，可以在节能方面有明显的效果。进行照明节能管理时，可以根据各照明区域的特点来编写照明管理程序。根据建筑的运行要求

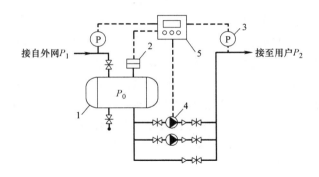

图 17.2　叠压供水原理图

1—稳流罐；2—真空抑制器；3—压力传感器；4—变频供水泵；5—中央控制器

（如工作/非工作时间、景观照明要求、自然日照的影响），实现最佳自动启停控制。控制模式主要有日光和照度控制、定时开关、集中控制、移动侦测控制、场景控制、按钮控制等。对于一些特殊区域（如地下停车场），可以根据车辆进出的流量模式自动调整照明区域的照度，实现能耗的降低。

1. 楼层公共照明（走廊，电梯厅，楼梯）节能运行管理

对于楼层的公共区间可以根据办公时间的照度情况、下班时间、节假日期等情况采用分级控制的办法进行管理。如将楼层公共区间的照明回路设置为全关、33％开、66％开和全开几种状态进行管理。控制可以在中央控制室进行，也可以在本地进行。

2. 办公室照明节能运行管理

办公室的照明管理第一是安装电表，对办公照明用电进行分项计量，除了对能耗费用进行管理外，办公区域的照明用电情况还可以进行前后对比，以此督促节能。二是可以在管理上考虑限电方式，即根据实际情况对每个办公室空间规定照明用电额度，用完了就断电，这个办法在一些高档办公楼使用过，效果不错。其主要的目的也是要强化办公人员的节能意识，尽可能减少不必要的浪费。如无人办公时关灯，在照度良好的情况下少开灯或不开灯等，这需要与今后的运行条例结合起来考虑。

3. 会议室照明节能运行管理

会议室的照明运行管理可以参照会议室的空调运行管理办法。对于集中管理使用的会议室，可以与会议室的管理、使用条例结合起来；会议室的使用预约等与照明的控制与管理结合起来。在会议室不使用的时间可以将主回路关闭，只留些普通的照明回路。

4. 大堂照明运行节能管理

大堂照明运行管理可以参照楼层公共照明的管理模式，只是照明回路的设置（与功能灯有关）及运行方式上有区别，如有重大活动模式、一般使用模式、夜间使用模式、节假日运行模式等。除此之外，还有泛光、内透照明、室外路灯、室外绿化灯、灯箱照明、地下停车库照明等。其运行节能管理大体上也是相同的。

17.3.2.4　配电系统

1. 变压器的经济运行

在广义电力系统中，变压器的电能损耗占发电量的 10%，变压器损耗占电力系统线损的 50%左右。开展变压器经济运行，降低变压器损耗，是实现建筑电气系统经济运行的重要环节，是节约电能的重要手段。在实际运行中，如何做到经济运行？首先要绘制出变压器运行的两种组合方式综合功率损耗的负载特性曲线。经比较两条负载特性曲线确定出组合（含单台）变压器经济运行方式。若两种组合方式综合功率损耗的负载特性曲线无交点时，应选用综合功率空载损耗值较小的变压器组合方式运行。变压器在额定负载条件下运行为经济运行区的上限值，与上限额定综合功率损耗率相当的另一点为经济运行区下限。经济运行区上限负载系数为 1，经济运行区下限负载系数为 βJZ2。

2. 降低输电配电线路损耗

配电线路损耗包括线路和变压器阻抗回路上流过电流时产生的损耗以及变压器、电抗器、电容器等设备上的固定损耗两部分。降低输电配电线损的措施有：（1）建立线损管理体系，制定线损管理制度，进行定期巡查。（2）确定负荷中心的最佳位置，减少或避免超供电半径供电的现象；（3）做好三相负荷平衡。低压电网配电变压器面广量多，运行中三相负荷不平衡，会在线路、配电变压器上增加损耗。

3. 提高系统功率因素

在供电系统中输送的有功功率恒定的情况下，无功功率增大，即供电系统的功率因数就会降低。功率因数降低将增加电网中输电线路上的有功功率损耗和电能损耗和增大线路的电压损耗。提高功率因数的方法有两种方式，一是提高电气设备的自然功率因素，如合理选择变压器容量，合理选择电动机的规格、型号，交流接触器的节电运行；二是人工补偿功率因数，如并联电容器、同步电动机补偿、调相机（仅发无功功率的同步发电机）补偿、动态无功补偿。

17.3.2.5 电梯系统

电梯作为现代建筑不可缺少的频繁使用的垂直交通工具，其能耗在建筑中所占比例较大。对办公建筑的用电情况调查统计中，电梯用电量占总用电量的 17%～25%，仅次于空调用电，高于照明、供水等的用电量。因此，在保证电梯性能和乘客舒适度的前提下，加强节能运行管理，降低电梯能耗，对于建筑节能具有重要的现实意义。

1. 采用改进机械传动和电力拖动系统的电梯

根据在用电梯的实际情况，如果能满足曳引条件及安装工艺尺寸的条件下，可改进电梯的机械传动系统。例如将传统的涡轮蜗杆减速器改为行星齿轮减速器或采用无齿轮传动，机械效率可提高 15%～25%；将电力拖动系统由交流双速拖动系统及交流调压调速系统改为变频调压调速拖动系统，电能损耗可减少 20%以上。

2. 采用再生电能回馈技术的电梯

电梯作为垂直交通运输设备，其向上运送与向下运送的工作量大致相等，驱动电动机通常是工作在拖动耗电或制动发电状态下，当电梯轻载上行及重载下行以及电梯平层前逐步减速时，驱动电动机工作在发电制动状态下，此时是将机械能转化为电能。过去这部分电能要么消耗在电动机的绕组中，要么消耗在外加的能耗电阻上；前者会引起驱动电动机严重发热，后者需要外接大功率制动电阻，不仅浪费了大量的电能，还会产生大量的热量，导致机房升温。利用变频器的工作原理，将机械能产生的交流电（再生电能）转化为直流电，并利用电能回馈器将直流电电能回馈至交流电网，供附近其他用电设备使用，使电力拖动系统在单位时间内消耗电网电能下降，既达到节电目的，又无耗电发热大功率电阻，大大改善系统的运行环境。目前对于将制动发电状态输出的电能回馈至电网的控制技术已经比较成熟，对普通电梯加装电能回馈装置，节能效果明显，可节电 30%～70%。

3. 电梯轿厢照明系统的节能

在电梯轿厢中，采用光效高的 LED 发光二极管更新电梯轿厢常规使用的白炽灯等照明灯具，可节约照明用电 90% 左右，灯具寿命是常规灯具的 30～50 倍。LED 灯具功率一般仅为几瓦，发热量小，而且能实现各种外形设备设计和光学效果。

4. 采用电梯群控策略

采用目前已经成熟的群控技术，如电梯轿厢无人自动关灯技术、驱动器休眠技术、更加完善的智能型电梯群控调度系统（精确调控减少等候时间、电梯就近停靠、控制减少电梯的运行次数及台数），从而大大提高运输效率等，达到较好的节能效果。

17.4　运维信息化管理

信息化管理是实现绿色建筑物业管理定量化、精细化的重要手段，对保障建筑的安全、舒适、高效及节能环保的运行效果，提高物业管理水平和效率，具有重要作用。采用信息化手段建立完善的建筑设备台账、配件档案、设施维修记录及能耗数据是极为重要的。目前市场上物业管理软件较多，依据物业管理的需求，主要包括基础管理子系统、日常管理子系统、收费管理子系统、客户服务子系统、短信平台、电话语音服务、设备管理子系统。各子系统主要功能内容如下所述。

1. 基础管理子系统

（1）系统管理

其主要功能内容如表 17.3 所示。

系统管理主要功能内容　　　　　　　　　　　　　　　表 17.3

功能	具体功能
原始数据导入	按规定的格式,将外部软件的资源档案、客户档案、欠费记录导入本系统
系统参数设置	对本系统系列系统参数进行设置,如对客户档案默认显示页面设置等
运行点切换	各运行点或分公司数据切换
更改密码	更改登录用户密码
数据库年结	将以前年度的业务数据进行按年度结转,且支持切换账套来查询历史数据库数据
综合提醒设置/调用	对各个模块进行综合提醒设置和调用,如进行客户生日提醒
报表管理	支持固定或复杂格式的报表自定义、数据呈现和导出功能,用户可定义成习惯格式并保存,支持导出成 EXCEL
通用查询	用户可按模块,对数据表、数据项、计算项、分组选择、查询条件、结果排序等条件组合构造具体的查询
权限管理	根据用户所在项目、部门及其工作职责,分配项目数据权限,功能模块的操作权限,确保用户使用合法性
数据字典	用户可在数据库中新建数据表或修改原有数据表,并可设置数据表属性和字段属性,并可自定义输入界面
类型设置	用户可根据实际情况设置文档类型,可多级分类。系统按功能模块预设了设备台账、安全管理等 8 类文档
文档生成	公司所有员工都可以根据自己的工作经验和对业务的认识,向文档管理模块中产生新的文档

续表

功能	具体功能
文档发布	发布经过正式流程确认的文档,发布内容包括文档本身、类别、提交人、审批人、发布时间、摘要等内容
文档更新	对文档更新的过程和结果进行管理
文档查询	通过关键字、摘要、发布日期、类别等,迅速找到相应的文档记录,让文档为员工的工作提供指导和帮助
文档作废和删除	对废旧的文档进行作废和删除

（2）物业资源档案管理

其主要功能如表 17.4 所示。

物业资源档案管理主要功能内容　　　　　　　　表 17.4

功能	具体功能
业主入伙登记	进行业主入伙登记办理,并记录业主相关资料和入伙时相关信息
租户入住登记	进行租户入租登记办理,并记录租户相关资料的登记与管理
收费对象	设置客户是否是收费对象和收费起止日期
继承参数	在入伙入租时开放选择性继承旧业主或租户的收费相关参数,如走表读数、收费标准等
详细资料	详细登记业主、租户的详细个人资料
成员资料	登记业主、租户的家庭成员或公司成员资料
客户事件	自动生成客户入伙、入租、退伙、退租、更名记录情况,手动生成其他客户记录
出租合同	管理客户与资源的出租出售合同,详细登记合同内容
客户图片	保存记录业主、租户的图片资料
列项管理	可对客户档案所需要的下拉式列项进行编辑,如成员的政治面貌可有党员、团员等

（3）客户档案管理

其主要功能内容如表 17.5 所示。

客户档案管理主要功能内容　　　　　　　　表 17.5

功能	具体功能
业主入伙登记	进行业主入伙登记办理,并记录业主相关资料和入伙时相关信息
租户入住登记	进行租户入租登记办理,并记录租户相关资料的登记与管理
收费对象	设置客户是否是收费对象和收费起止日期
继承参数	在入伙入租时开放选择性继承旧业主或租户的收费相关参数,如走表读数、收费标准等
详细资料	详细登记业主、租户的详细个人资料
成员资料	登记业主、租户的家庭成员或公司成员资料
客户事件	自动生成客户入伙、入租、退伙、退租、更名记录情况,手动生成其他客户记录
出租合同	管理客户与资源的出租出售合同,详细登记合同内容
客户图片	保存记录业主、租户的图片资料
列项管理	可对客户档案所需要的下拉式列项进行编辑,如成员的政治面貌可有党员、团员等

（4）员工基础资料管理

其具体功能内容如表 17.6 所示。

员工基础资料管理主要功能内容　　　　　　　　表 17.6

功能	具体功能
组织架构	记录部门及人员组成及岗位职责
人事管理	登记员工职能、员工信息、工作简历、培训记录、奖惩记录、岗位变动的信息管理
行政文档	对行政工作的相关文档进行管理

（5）综合查询

用户分别可以按资源、按客户、按电话、按车号对资源、客户档案、收费、出入证、车位、服务情况进行查询。

2. 日常管理子系统

（1）车辆管理

其具体功能内容如表 17.7 所示。

车辆管理主要功能内容　　　　　　　　表 17.7

功能	具体功能
列项管理	可对车辆基础资料所需要的下拉式列项进行编辑,如汽车颜色、汽车类型等
详细资料	记录管理小区内常出入的车辆的车牌号码、汽车型号、汽车类型、车辆对应资源(或客户)等详细资料
车辆记录	主要是对车辆的事故、服务等相关事件的记录

（2）安保管理

其具体功能内容如表 17.8 所示。

安保管理主要功能内容　　　　　　　　表 17.8

功能	具体功能
安全事件管理	登记各时间段内的保安事件、消防演习、火警记录,对发生的重大事件进行详细记录
消防责任区及器材管理	对消防责任区、消防器材、保安器材进行管理
安全月度评估	对保安人员巡查发生情况进行管理,能完整记录事件的发生、整改要求与措施以及完成情况

（3）环境管理

其具体功能内容如表 17.9 所示。

环境管理主要功能内容　　　　　　　　表 17.9

功能	具体功能
区域设置	划分清洁、绿化区域、消杀工作设置,记录清洁区域、绿化种类和消杀基本情况和责任人
突发事件	按年月分类管理环境管理的突发事件,能完整地登记突发事件的详细信息
清洁月度评估	记录保洁工作的检查情况和相关责任人等信息
绿化月度评估	记录绿化工作检查情况和相关责任人等信息
消杀月度评估	记录消杀工作的执行情况和相关责任人等信息

（4）社区文化管理

其具体功能内容如表 17.10 所示。

社区文化管理主要功能内容　　　　　　　　表 17.10

功能	具体功能
社区活动	能详细的记录社区举行活动的资料,以及对应活动的参与资料;对活动参与人所获得成绩与荣誉进行记载
社团管理	管理社区组建的团队,以及对团队基本资料与团队成员进行记载
公共关系管理	记录和小区发生各类关系的机构和经办人的资料,且对关系机构的往来内容相关与频度进行管理
文档管理	对社区活动和社团的文档进行管理

（5）出入证管理

对项目的 IC 卡集中管理，可按资源、客户、卡号对 IC 卡资料进行新增、修改、删除、查看、查询。

3. 收费管理子系统

（1）入住管理

对业主和租户入伙资料进行登记的快速通道，可快速进行客户资料登记和初始化收费数据。

（2）收费管理

其具体功能内容如表 17.11 所示。

收费管理主要功能内容　　　　　　　　　　　　　　　　表 17.11

功能	具体功能
初始设置	收费参数设置、项目标准定义、收费标准选用等
收费数据输入	输入走表类费用及临时手工设定费用的收费数据
费用计算	根据费用的原始读数和计算公式计算出费用金额；包括全部计算、收费参数传递、收费金额计算、收费数据校准、滞纳金校准等
预交管理	对客户预交款进行管理，包括预交方案管理、预交收款管理、预交自动冲抵、预交使用查询、预交凭证管理
收款登记	登记交费金额、交费时间、交款人等信息，并进行收清全部、收清选中、手动收款、费用调整、保存/挂起、本月备注、预交查询、预交收款、单个计算；登记经营收入和一次性收费
收费报表打印	直接打印各种收费报表
收费情况总览	查询整个收费管理模块中的本月及历史月份收费情况
收费月结	对本月收费情况进行月结，系统可以转到下个月的收费周期
凭证管理	对收费凭证进行查看、作废、打印等

（3）走表分摊

可把公共用水用电分摊到各个用户的表中。

4. 客户服务子系统

其具体功能内容如表 17.12 所示。

客户服务子系统主要功能内容　　　　　　　　　　　　　　表 17.12

功能	功能描述
装修管理	从装修申请、审批、装修队情况到完工验收进行全面管理，随时掌握各个房间装修的进展状况
室内维修	收到室内维修服务请求后根据请求内容填写派工单，派工单内容为单号、维修人员、完工时间、维修项目、客户名称、接单时间、记录人员、开工时间、服务费用、物料费用、所需物料、用户验收信息
家政服务	对客户进行的一些需要收取一定费用的服务，主要包括服务费用、中介费用和代办费用等；
客户投诉	记录业主的投诉情况，包含客户房号、登记代码、投诉时间、投诉人、被投诉部门、客户名称、处理单位、处理人、回访人、回访时间、整改意见、投诉类别、投诉方式、投诉内容等信息
本体维修	对小区房产本体的维修情况进行详细的资料管理

5. 短信服务平台

其具体功能内容如表 17.13 所示。

短信服务平台主要功能内容　　　　　　　　　　　　　　表 17.13

功能	具体功能
短信平台后台工具	客户群发短信后台管理工具
预定义短信	用户可基于系统数据自行选择收集的数据类型，系统根据设置自动发送短信，包括客户生日祝福、欠费提醒等
自定义短信	除预定义短信外，系统提供手写短信客户端，客户可自定义短信并与预定义短信一并发送

6. 电话语音服务

其具体功能内容如表 17.14 所示。

电话语音服务主要功能内容　　　　　　　　　　　　　　表 17.14

功能	具体功能
来电识别	系统自动从数据库中检索来电客户主叫号码，并弹出窗口显示客户信息，方便坐席与客户沟通并提供延续性服务
自助语音服务	可以语音菜单方式引导来电客户自助操作，支持查费、报修、投诉等，并可录音留言

7. 设备管理子系统

其具体功能内容如表 17.15 所示。

设备管理子系统主要功能内容　　　　　　　　　　　　表 17.15

功能	具体功能
设备类型	设置设备、设施类型基本情况
设备档案	对各类公共设备、设施的其位置、数量、价格、维修保养等进行全面管理，以及设备、设施的基本信息和技术资料
子设备档案	记录某类设备的子设备的基本信息
故障记录	包括故障发生时间、情况、原因、事件描述、严重级别、维修人、负责人等
保养计划与执行	对主要设施设备的维修和日常保养进行登记，便于随时了解各类设施设备的运行状况和维修保养情况
月度评估	记录每月对设备各项目的检查情况以及处理措施
设备文档	对各类设备的技术文档进行管理

对于建筑运维信息化管理系统，应有专业的人员进行操作和维护，确保系统能正常工作，同时，信息系统所记录的数据应即时进行存档，一般至少 1 个月一次，便于今后调阅。对于建筑运行的用水量、用电量、用气量、用冷热量等导入的数据，不应少于一年的逐月数据。

17.5 停车管理系统

停车场采用感应卡停车场管理系统，在停车场的出入口各设置一套出入口管理设备，使停车场形成一个相对封闭的场所，进出车辆只需将感应卡在读卡箱前轻晃一下，系统即能瞬时完成检验、记录、核算、收费等工作，挡车道闸自动启闭，实现方便快捷的停车场管理。

进场车主和停车场的管理人员均持有一张具有私人标识的感应卡，作为个人的身份识别，只有通过系统检验认可的卡片才能进行操作（管理卡）或进出（停车卡），充分保证系统的安全性、保密性，有效防止车辆失窃，免除车主后顾之忧。

软件管理实行分级权限制。对出口值班员来讲，其登录后可进入收费管理，期间该出口所有收费均自动记入该值班员名下并存入电脑数据库。由于值班员受权限限制，不能进入系统中更高的软件菜单项，所以对电脑所记录的数据无法干涉；上级管理者可以随时查询、核对或打印一个值班段或任何一段时间乃至整个停车场的工作记录。这样就从根本上杜绝了停车费用流失和财务统计的失误，同时系统自动运行，杜绝了人情车、霸王车造成的经济损失。

停车卡可根据需求不同，分别发行月租卡（月票卡）、储值卡、特种卡（免费卡）和时租卡（临时卡）四种类型的卡：月租卡和特种卡以时间为限额；储值卡以余额为限额；临时卡随到随取，简捷方便；另外月租卡与储值卡实行预交费用，使车场管理简明、主动。

系统支持三种车类的不同收费方式，以满足按车类分别收费的要求。电脑自动计时、计费，特殊卡、月卡自动识别，临时卡人工收取现金，服务快捷高效，电脑显示屏及收费显示屏同时显示停车时间与应收费用、卡上余额或有效期限，收费透明度高，票箱显示屏还提示指导住户使用停车场,并以文明语言问候致意,使住户心情舒畅,可以吸引更多使用者,提高使用效益。

系统配套的电动挡车道闸具有防抬杆、防砸车功能;系统的检测装置采用先进的数模转化技术,抗干扰能力强,适应各种恶劣环境,具有灵敏度与可靠性同时提高的独到之处;系统可随时查询车位,车场满位则自动亮起满位字样红灯并自动停止入口进车操作。

系统还可在停车场的出入口各安装 1 台高解像度彩色固定摄像机、固定支架、自动光圈手动对焦镜头,24h 监视车辆出入情况,看清车牌号码。当有车辆驶入车场时,摄像机将信号通过视频电缆传输到停车场管理系统中,存入数据库中;当有车辆驶离车场时,车辆除应交纳必要的管理费用外,驶离车辆的所有资料(车牌、型号、颜色等)都必须与驶入车场时的资料对比相同(默认为人工识别,可加装车牌自动识别系统完成自动识别),闸杆升起,让车辆通过。

第18章 跟踪评估

跟踪评估是一种确保改造效果可持续性的科学管理方法，主要是指实施绿色改造后定期组织人员对改造措施的有效性进行调查、分析、评估，发现未达到预期效果或有明显的不良影响时，及时提出并采取相应的改进措施，确保改造效果的可持续性。

之所以需要进行跟踪评估，主要是因为对目前的改造项目来说，一般前两年的改造效果还可以保证，后续若管理不善则会有所折扣，从而使改造的投入变得不经济。为保证项目的改造效果，除了对节能效果进行科学的量化计算外，还应建立运行管理的跟踪评估机制，对项目进行长期监管并及时修正偏差，以确保改造效果的持续性。

目前来说，改造项目的跟踪评估手段主要有以下几种手段：

1. 能耗分析和能源审计：能耗分析和能源审计是项目跟踪评估的重要手段，通过这些工作可以发现系统运行中存在的问题，并基于改造目标对系统提出一系列优化运行策略，不断提升设备系统的性能，确保建筑物的能效水平。为了确保长期节能运行，应对建筑开展持续的能耗统计和能源审计工作，能耗统计工作应每年开展一次，能源审计工作可三年开展一次。

2. 建筑调试：建筑调试是跟踪评估过程中极其重要的一个环节，调试不限于建筑的竣工验收阶段，而是一项持续性、长期性的工作，项目有必要定期检查、标定、调试设备系统，并根据运行数据，或第三方检测的数据，不断提升设备系统的性能，提高建筑的能效水平。

3. 问卷调查：从使用者的角度考察项目的运行管理水平，设计问卷了解使用者对各项措施及运行管理的满意度，基于使用者不满意之处，采取有效措施进行改善。

简言之，跟踪评估是一个评估改造措施效果持续性和优化运行的过程。下面将对跟踪评估的各项内容进行详细阐述。

18.1 能耗分析

建筑的总能耗及分项能耗对分析各个系统的节能潜力非常关键。好的物业管理可根据各个月的电、气、水总量及主要用能系统的分项数据，通过同比和环比来找出本月的用能差异，然后结合项目的运行记录来分析是合理用能还是不合理用能，并进一步找出不合理用能的原因，提出整改措施确保问题及时解决。

图18.1阐述了基于改造目标的节能潜力分析过程。某办公项目通过计算确定了改造目标，而实际运行过程中建筑的总能耗及各分项能耗均远远超过目标值，则后续运行管理人员需对项目的运行情况进行深入分项，找出不合理用能的原因，并予以解决。

由建筑面积和能耗可方便计算出建筑的总能耗量和能耗强度指标，但要得到各分项的

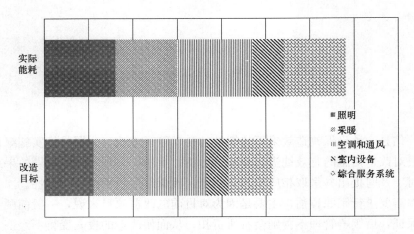

图 18.1 某办公建筑的节能潜力计算

能耗还需要采用一些方法。计算分项能耗一般有以下几种方法：

1. 分项计量方法：从分项计量表上直接读数得到各个系统的全年能耗，该法精度最高。

2. 运行记录方法：没有分项计量，但有详细的逐时功率或电流记录（间隔 1h 或 2h），可对逐时功率进行全年累计或者由记录的电流计算出输入功率，然后进行全年累加即可得到该系统的年电耗，精度与运行记录的质量有关。

3. 估算法：调研或实测得到功率和运行时间，然后计算得到系统的年能耗，这种方法对全年运行较稳定的设备来说可以得到合理的结果，对受季节影响较大的系统来说，得到结果误差较大。

虽然目前大部分新建办公建筑都做了分项计量，但既有办公建筑加装分项计量表也存在一定的困难，因为其中涉及配电线路的改装。对没有详细分项计量的项目来说，可通过后两种方法来计算各系统和设备的能耗。

18.1.1 照明和室内设备

这类设备的能耗全年都较稳定，基本跟季节没有什么关系，因此可以用其功率乘以运行时间来计算其能耗。两个参数可以通过现场调查或测试确定。对照明来说，可分别统计不同用途的灯具数量、功率和照明时间表情况，然后计算得到建筑的照明能耗。照明负荷曲线（时间表）最好是实测得到，如果周末和节假日也有工作的，要分别统计出周末和节假日的负荷曲线。

如一幢办公建筑，上班时间：周一到周五，8：00-18：00；办公区照明总功率为172kW，时间表❶情况为（1，7），（0），（8）（0.5），（9，11）（0.9），（12，13）（0.8），（14，18）（0.9），（19，24）（0），见图 18.2；地下车库照明功率 6kW，照明时间表为（1，24），（1），则一天的照明能耗为：

---

❶ 1（1，7）（0）是指 1～7 点办公区区域的照明灯具是关闭的；（8）（0.5）是指 8 点时，有 50% 的灯具是开的；（9，11）（0.9）是指 9～11 点有 90% 的灯具是开的，等等；车库（1，24）（1）是指车库照明 24 小时运行。

172×（7×0＋1×0.5＋3×0.9＋2×0.8＋5×0.9＋6×0）＋6×24＝172×9.3＋6×24＝1743.6kWh

一年 365 天，除去周末和节假日共 252 天，因此，照明年耗电量为 439387kWh。

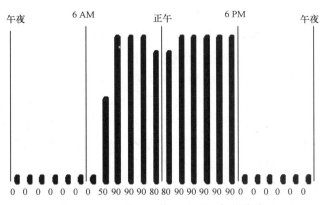

图 18.2　办公区工作日的照明负荷曲线

18.1.2　暖通空调系统和设备

暖通空调系统的部分设备功率基本上不随时间变化（如定速运行的水泵、风机等），只跟台数有关；但有的设备功率随季节变化且随机性较大（如集中空调系统的冷机、分散式空调机组、真正变频运行的风机等），即使采集一周的数据也无法准确描述。这类设备一般单台功率较大，有专门的运行管理人员和自动控制系统，往往还有较为详细的运行记录。各设备的能耗时应针对其不同运行特点采取相应的方法进行计算。

1. 冷水机组

（1）有详细的逐时功率或电流记录（间隔 1h 或 2h）：将逐时功率进行全年累加或由记录的电流按式（18-1）计算出输入功率，然后进行累加即可得冷机的年运行能耗：

$$P＝\sqrt{3}UI\cos\varphi \tag{18-1}$$

（2）没有逐时功率或电流记录，但有逐时的供回水温度和流量：这种情况无法直接计算得到机组电耗，但可以分析得到建筑的负荷分布，这时可根据冷机的性能曲线（负荷率与输入功率之间的关系曲线）来获得机组在各个负荷率下的功率，并将该功率乘以相应的运行时间即可得到该负荷率下的运行能耗，进行累加即可得到冷机整个供冷季的能耗。这样得到的结果精度不如（1）高，因为厂家的数据一般是固定冷冻水供水温度（7℃）和供回水温差（5℃）的情况下测得的，但实际中，供水温度和温差很少保持不变，因此跟实际的运行能耗之间必然存在误差。

（3）运行记录中没有电流和流量，只有供回水温度：这种情况下，无法通过直接或间接计算的方法得到冷机的能耗。

如果可调研得到当地同类建筑的当量满负荷运行小时数❶，也可以估算得到冷机的能

---

❶　当量满负荷运行时间 τ_E 指全年空调冷负荷的总和与制冷机最大出力的比值。当机组满负荷运行时，就是 1h 的当量运行时间，负荷率为 50% 则是 0.5h 当量运行时间。

耗。由于部分负荷和满负荷运行时的性能和效率是不同的，因此用该方法进行估算存在一定的误差，计算结果的精度比有逐时功率运行记录的要差，但在没有逐时电流或功率数据的情况下也是一种可取的方法。

$$E = N_t \times \tau_E \qquad (18\text{-}2)$$

式中：E——冷机的年运行能耗，kWh；N_t——冷机的额定功率（如果有多台冷机，则为额定功率之和）；τ_E——当量满负荷运行小时数，h。

但是如果没有当量满负荷运行小时数，则要进行一些现场实测，主要测试数据包括供回水温度、冷冻水流量、冷机的输入功率或电流、功率因数等，然后根据实测数据及相关的运行记录进行分析估算冷机的能耗。对冷机来说，测量整个供冷季节，不仅花费高，而且工作量大，测量一两天又不能反映实际运行情况，因此需要测试人员对测试的时间和频率作出准确把握才可以比较精确地计算出年能耗。

总之，仅记录供回水温度的情况，属于建筑管理不完善的地方，审计时应对其提出加强运行管理的要求，或者加装分项计量表，或者重新设计运行记录表，完善电流和流量记录。

2. 水泵

（1）对水泵，如果有详细的逐时功率或电流记录，对水泵的全年逐时功率进行累加或者由电流计算得到功率然后累加即得水泵的年运行能耗。

（2）没有逐时功率或电流记录时：

1）对定速水泵来说，最好对水泵进行实测，由于建筑中一般会有多台水泵，比如有三台水泵，有时可能只运行一台，有时运行两台，甚至有的时候会运行三台，这样的话，要实测各个工况下的水泵功率，然后分别乘以各个工况出现的小时数再相加即可得到水泵全年电耗。

2）对变频水泵，实测各水系统在不同启停组合下，工频时水泵的运行能耗，再根据逐时水泵频率的运行记录计算逐时水泵能耗（根据三次方的关系），并进行累加可得变频水泵的年能耗。

3）在既无相关运行记录，也没有条件对设备耗电功率进行实测时，计算方法与方法二类似，只是用额定功率代替实测功率。此方法只适用于定流量水系统。

（3）风机盘管和分体空调

统计风机盘管的数量和功率，估算运行时间，然后相乘即得年电耗；分体空调则是统计数量、功率，估算年平均负荷率，然后相乘即得年电耗。

（4）锅炉

建筑自备锅炉时，可根据燃料费账单统计燃料耗量，或者根据锅炉上装的热量表和锅炉效率来推算燃料消耗量。锅炉辅助设备的耗电量，可以通过测试通风机、给水泵、补水泵等辅助设备的功率，然后乘以其运行时间来得到年耗电量。

采用市政热力采暖时，应将采暖能耗区分出来，如果建筑入口有热量表，则可根据读数来确定整幢建筑的采暖耗量。如若没有热量表，则要通过实测来确定，可以实测换热器二次测的进出口水温或温差或流量来确定耗热量。

18. 2　能源审计

18. 2. 1　能源审计的概念及分类

建筑能源审计是一种建筑节能的科学管理和服务的方法，其主要内容是对既有建筑物的能源消耗水平、利用效率和能源利用的经济效果进行监测、诊断和评价，从而发现建筑节能的潜力。建筑能源审计的内涵包括以下几个方面：

1. 建筑用了多少能？通过审查能源账单可以得到建筑的能耗总量及能耗强度指标，跟同类建筑相比能耗处在什么水平，如果比同类建筑高很多，则需进行研究，找出究竟是设备系统存在技术缺陷还是管理上存在漏洞。

2. 能源用在哪里？能源是用于照明、采暖、通风还是空调？通过审计应尽可能分析得到建筑的各分项能耗。

3. 能源是怎么用掉的？能源是合理使用的还是被浪费掉的？

4. 怎样降低能耗和减少能源费用？有没有可以减少浪费或提高能源利用效率的措施？如改善运行管理、采取节能技术或者更新成高效设备。

5. 节能措施的经济性如何？对节能措施进行经济性评价，筛选出经济有效的节能措施。

6. 怎样改善室内环境品质？节能不能以牺牲室内环境质量为代价，如果存在室内环境质量问题，则应结合节能采取措施一并进行改善，如若没有，应保证采取的节能措施不会影响室内环境质量。

项目的跟踪评估过程中所采用的能源审计主要分为初步能源审计、全面能源审计和专项能源审计三类：

1. 初步能源审计（Preliminary Audit）

初步审计又称为"简单审计（Simple Audit）"或"初级审计（Walk-through Audit）"。这是能源审计中最简单和最快的一种形式。在初步审计中，只与运行管理人员进行简单的交流；对能源账目只作简要的审查；对相关文件资料只作一般的浏览。一般来说，通过初步审计可以发现建筑中明显浪费或不节能的地方。

2. 全面能源审计（General Audit）

它是初步审计的扩大。它要收集更多的各系统的运行数据，进行比较深入的评价。因此，必须收集 12～36 个月的能源费账单和各用能系统的运行数据，才能正确评价建筑物的能源需求结构和能源利用状况。此外，一般审计还需要进行一些现场实测、与运行管理人员进行深入交流。

这种审计基本上可以找出所有的节能措施，并且会对每项措施进行详细的经济分析，包括方案实施费用，节省的费用等。

3. 专项能源审计（Single Purpose Audit）

在初步能源审计的基础上，可以进一步对该方面或系统进行封闭的测试计算和审计分析，查找出具体的浪费原因，提出具体的节能技改项目和措施，并对其进行定量的经济技术评价分析，也可称为专项能源审计。

无论开展上述哪种类型的能源审计，均要求能源审计小组应由熟悉节能法律标准、节能监测相关知识、财会、经济管理、工程技术等方面的人员组成，否则能源审计的作用难以充分发挥出来。

18.2.2　能源审计的实施

有组织有条理地实施能源审计是十分重要的。能源审计一般分为四个阶段：准备阶段，现场调研阶段、数据处理阶段和撰写报告阶段，本节将就这四个阶段对能源审计的一般实施步骤展开详细阐述，审计人员可根据实际项目需要进行相应的调整。

1. 准备阶段

一旦确立审计类型和目标，则应开始着手准备工作。充分的准备工作不仅可以使审计人员对建筑用能水平有个总体把握，还可以使之充分有效地利用现场调研时间，从而缩短调研时间和减少对建筑运行的影响。简言之，准备阶段的工作就是了解建筑的基本情况，主要工作内容如下：

（1）收集一至三年的能源账单❶（以自然年为单位），包括电费、燃气费、燃油费、燃煤费、热网蒸汽（热水）费等，一般将特殊区域❷能耗和按面积收费的城市热网供热消耗量单独列出。对收集的账单数据进行分析，并将数据整理成图表，以便了解建筑的能耗和需求特性。例如，按燃料类型做成的饼图可反映能源结构特点，而从按月份做成的线图中可以分析能耗的季节特点，确定季节负荷和基准负荷，并以此对能耗进行初步分项。一般将照明、设备等能耗看作基准负荷，而扣除掉基准负荷的季节负荷即为空调和采暖系统的能耗。得到分项能耗的目的是分析各项的节能潜力，找出最大节能潜力所在。有条件时，还应对电力需求和能源费率结构进行评价。

图 18.3 是上海某办公建筑的 2010 年的电耗情况，由于上海 4 月和 11 月基本不用空调，因此以这两个月电耗的平均值作为基准电耗，该部分电耗基本不受季节影响，在全年都保持稳定，认为其他月份超出基准电耗的部分即为空调电耗。通过估算得到该建筑的基准电耗为 921.4MWh，而空调电耗为 499.2 MWh。

（2）收集建筑、设备和电力方面的图纸。如果业主没有，那么可以向建筑设计部门索取；如果以前实施过能源审计，那么可以从以前的审计报告中获取。这里要注意，图纸应该是竣工图而不是设计图。否则，审计中所评价的系统会与建筑中实际安装的系统有所不同。

（3）画一个建筑布局草图，最好多复印几张，以便在现场调研中随时作标注。草图中一般需要标注以下信息：建筑的相对位置和大致轮廓、建筑的名称和数目、建造年代、建

---

❶　注：分析账单时，应注意账单的记录日期，自然月是指每月的 1 日 0：00～最末日的 24：00，但实际中每月能耗账单的记录日期往往不确定，因此应统一进行修正，折算成自然月能耗：（公历月的天数/当月实际计费的天数）×（实际计费时间内的能耗）。

❷　特殊区域，是指采用特殊专业设备且终端能耗密度高的区域，如 24 小时空调的计算中心、网络中心、大型通信机房、有大型实验装置（例如大型风洞、极端气候室、P3 实验室）的实验室、工艺过程对室内环境有特殊要求的房间等的能耗。特殊区域设备能耗，是指该区域内的专业设备及其专用辅助设备消耗的能源。

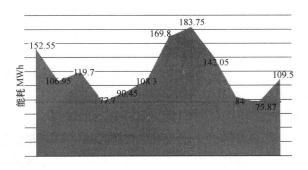

图 18.3　上海某办公楼 2010 年各月电耗

筑面积、计量表的位置及账单编号、每个计量表服务的区域、机房和设备的位置、北向标等，如图 18.4 所示。

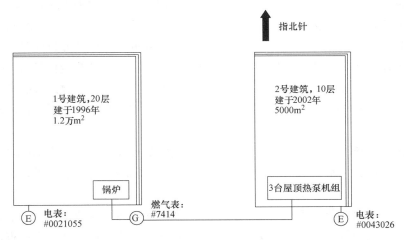

图 18.4　建筑布局草图

（4）从收集的竣工图纸上，根据外墙外边界计算建筑总面积，不同功能交界处取墙的中线。还应计算得到扣除非空调区之后的面积；如果有实验室、通信中心等特殊用途的区域，也应单独列出这些区域的面积。如果没有图纸，可在现场调研时用激光测距仪测量建筑的尺寸并计算面积。

（5）编制审计表格对收集的建筑和设备相关的数据进行整理。审计人员可从相关能源审计导则（如《国家机关办公建筑和大型公共建筑能源审计导则》附录 A 和 B 中包含大量审计表格）或规范中获得，也可根据需要自己编制相应的表格。为了节省调研时间，准备阶段应根据建筑图纸和设备说明书填充尽可能多的信息。

（6）计算能耗指标（Energy Use Intensity，EUI）。最常用的能耗指标是单位面积的能耗，也可另外增加更能反映建筑运行特点的指标，如对国家机关办公楼及写字楼增加一个人均能耗指标。

经过上述一系列的准备工作，审计人员应将现场调研时需特别注意的区域标出，并记下想到的所有问题，包括建筑系统和设备方面以及维护和运行有关的问题，只要发现了就随时记下，并初步提出一些改进措施。这样做便于有针对性地进行现场调研及跟运行人员进行深入交流。准备阶段最好就列出一些可能的节能措施和运行管理方法。

如果审计人员不是大楼的运行管理人员，那么在获得上述提到的资料和数据并进行分析后，应跟建筑管理经理及运行人员核实你的初步观察结果，询问他们是否对某些节能项目感兴趣或者有无对建筑进行改造的打算，尽量将现场调研安排在你打算审计的系统处于正常运行的时候，最好有运行管理人员陪同一起进行。

2. 现场巡视或测试阶段

准备工作完成后，审计人员应对建筑和系统有了初步了解，现场巡视和测试的目的则是要检查实际系统的情况到底如何，而且要回答前一阶段发现的问题。现场调研的时间长短取决于准备工作的完成情况、建筑和系统的复杂程度以及是否需要对设备进行测试等因素。小型建筑可能只需一天，大型建筑可能要两天甚至更长。

这一阶段的工作可按以下步骤开展：

（1）准备可能用到的审计工具和测试仪器，基本的工具包括便签本、计算器、手电筒、激光测距仪、刀子、相机、温度/湿度/二氧化碳浓度/照度等测试仪器或综合测试仪器等设备，其他还有一些专业测试仪器，如功率表、流量计、烟气分析仪等。

（2）巡视建筑前，与关键岗位的物业管理人员一起讨论大楼的能耗特点，分析审计人员无法看到但可能对能耗有影响的因素，如建筑物的运营特点、能源系统的规格、运行和维护的程序、初步的投资范围、预期的设备增加或改造，以及其他与设备运行有关的事宜。

（3）确认建筑布局草图是否跟实际一致，不同之处作出标记。多复印几张布局草图，在上面标注出锅炉、冷水机组、热水器、厨房设备、排风扇等设备的位置，以及各区域的照明类型、照度水平、开关位置、房间温度等。

（4）调阅相关的用能设备原始文件及运行记录，审阅能源管理文件（标准、规范、规定、规程、组织机构等）等。核实文件数据的来源与真实性。对文件进行审查，可发现建筑设计和运行管理方面的问题，以及对建筑的运行管理水平做到心中有数。

（5）对建筑进行一次巡视，实地了解建筑运营情况。最好编制现场巡视观察表有条理地实施现场巡视和调研。

大楼巡视：第一步，对大楼进行整体巡视，结合准备阶段的工作，确定建筑能耗和管理的总体情况，如围护结构是否按照节能标准设计，保温层是否有破裂或脱落的现象，窗户是否有遮阳措施，是否采用了节能灯具，是否有长明灯，长流水现象，是否有过冷过热的房间等。

第二步，对大楼内的制冷机房、锅炉房等设备机房进行巡视，以便确定空调系统、通风系统、采暖系统、生活热水系统和电梯等用能系统是否存在管理不善、运行不当、能源浪费、无法调节等问题。

第三步，根据建筑内各房间的不同用途进行随机抽检，对各种用途的房间，从每种用途中抽取 10%❶的面积的房间，对所抽检的房间，巡视室内基本状况，对室内环境参数

---

❶ 对每种用途的房间进行抽检，主要是各种用途的房间对温湿度、照度等要求不同，审计时应查看是否满足其相应的要求。抽取 10%的面积主要是兼顾统计显著性和成本费用，样本数量太多会增加审计费用，太少了又不能反映整体情况。

（温度、湿度、照度）的设定情况及控制和调节方式进行现场调查，以确定是否存在设定不合理、能源浪费、无法控制或调节等现象。

巡视过程中，应对机械设备、照明，内部工作区，公共区和大厅情况进行拍照。这些照片有利于审计人员了解建筑的现状，而且可以用来判断是否存在问题，如果发现问题则可重点检查并作相应的测试。这些照片还有利于说服业主采取节能措施。

（6）结合准备工作的成果和大楼巡视情况对建筑中的主要耗能过程进行深入调查，必要时进行现场测试以验证运行参数。这些设备主要包括冷水机组、锅炉及输配设备等。

（7）对抽取的房间进行室内环境测试，目的是了解室内环境质量，因为节能不是以牺牲室内环境质量为代价的。至少检测两天，上午下午各一次。有条件的情况下可采用自记式温湿度计，在整个审计阶段跟踪连续检测并记录。将测试结果及采集的数据记录在标准电子表格内。

（8）分析你的节能建议是否可行，有没有影响执行的因素。此外，很重要的一点是巡视过程应随时补充新发现的节能措施。

3. 数据分析阶段

数据处理和分析是审计工作一个非常重要的步骤。这个阶段中，审计人员需要对现场巡视和测试得到的数据进行分析和整理，研究大楼所有可能的节能潜力，并综合分析节能效果及经济性对节能措施进行优先排序。

（1）现场调研后，立即核查便签本的记录，对现场来不及记录的信息进行补充并进行分类整理，最好标注在布局草图上。这些记录应进行归档以备长久之用。

（2）对现场调研中拍的照片进行处理，最好进行编号并注明照片的拍摄地点，必要时在每张照片下增加注释，最后将重要的照片粘到文档中。

（3）总结前两个阶段提出的主要系统和设备的改造方案或对运行管理提出的改进计划，并对各项措施进行核查，排除那些潜力不大的节能措施并给出原因，确定可行的节能改造方案。

（4）对上述节能方案进行深入研究和经济分析，计算实施成本、节能措施的节能量以及每个节能改造项目的简单投资回收期，从节能潜力和经济两个方面对各项节能措施进行优先排序，给出推荐的节能改造方案，并注明是否需要其他专家进一步评价。

（5）将所有的图表、数据、注释、照片及分析结果整理归档，便于日后调阅或随时补充或更新，这对建筑日后的运行管理有着非常重要的作用。

4. 撰写审计报告

完成上述三个阶段的工作后，审计人员应将分析结果整理成报告。能源审计报告应对建筑进行总体概况和评价，列出审计的目的和范围、被审计设备/系统的特性和运行状况、审计结果、确定的节能措施及相应的节能量和费用，并给出推荐措施。

以上是实施能源审计的一般步骤，审计的工作内容还受其他一些条件的限制，可根据实际需要进行相应的调整。

为了确保长期节能运行，应对建筑开展持续的能耗统计和能源审计工作，能耗统计工作应每年开展一次，能源审计工作可 3～5 年开展一次。

18.3 系统调试

18.3.1 建筑调试的概念

Commissioning 这个词原来是指竣工后的建筑设备系统的调试、验收和交工。随着技术的发展，尤其是楼宇自控系统日趋普及，调试过程从竣工阶段开始一直延续到建筑使用之后，因此建筑调试是一个系统调试过程，贯穿于整个建筑的寿命周期内。

建筑调试是一个使建筑性能最优的过程，它涉及建筑内部的能源、室内环境品质、舒适性、安全性和可靠性。建筑调试涉及功能测试和系统诊断，功能测试和诊断有助于判断系统之间是否配合正常。此外，建筑调试还有助于确定设备是否符合运行目标或是否需要进行调整，从而优化建筑的效率和效益。

针对调试的不同对象，建筑调试主要分为以下几种：

1. 新建建筑调试（building commissioning）：对新建建筑来说，调试的主要目的是确保建筑按照设计意图进行设计、施工和运行，因此，新建建筑调试主要关注点在于建筑与设计目标一致，且符合业主预期。它主要分为五个阶段：方案阶段、设计阶段、施工阶段、验收阶段及竣工后阶段，各个阶段的详细工作可参照相关的调试手册。

2. 既有建筑的调试（retrocommissioning）：对既有建筑来说，调试的主要目的是对建筑进行系统化的测试分析，以优化建筑设备系统的运行状况，确保建筑整体运行良好。既有建筑的系统调试可以分为四个主要阶段：方案阶段、调查阶段、实施阶段和项目移交阶段。

3. 持续调试（continue commissioning）：持续调试跟既有建筑的调试比较类似，其目的也是找出既有建筑设备系统的问题，并进行系统运行优化。二者主要区别在于持续调试强调持续性，涉及长期收集数据进行优化分析。

4. 再调试（recommissioning）：之前项目进行过调试，后续进行的调试即称为再调试。最理想的情况是项目每 3～5 年进行一次，成为建筑运行管理的一部分。

既有建筑调试、连续调试及再调试与既有办公建筑的改造关系比较密切，尤其是持续调试非常符合国家标准《既有建筑绿色化改造评价标准》界定的跟踪评估的内容，18.3.2 重点介绍持续调试的过程。

18.3.2 持续调试过程

持续调试的目的是找出既有建筑设备系统的问题，并进行系统运行优化。持续调试主要分为两个阶段，第一个阶段是项目方案阶段，确定项目的范围；第二个阶段是执行持续调试，并验证项目性能。

1. 项目方案阶段

第一步：确定调试对象

目的：筛选实施持续调试的对象，持续调试对象可以是一幢建筑、某个系统或系统的一部分。

方法：持续调试可以重点考虑以下对象：

（1）热舒适性差的建筑

（2）能耗高的建筑

（3）机电系统没有充分发挥作用的建筑

如果是以上三种情况的任一情况，则无论建筑是否进行过改造，持续调试均适用。持续调试对象可由楼宇业主或持续调试承包商来选择。由于业主更了解系统运行情况及成本预算，故推荐由业主来确定调试对象。承担持续调试的单位在开展工作之应对项目进行初步评估，确定是否可行。初步评估需要以下信息：

（1）建筑信息汇总：建筑规模、机电系统情况、人员入住情况等

（2）至少连续 12 个月的能源账单（如电费、燃气费等）

（3）运行维修记录

（4）建筑运行问题的描述，例如热舒适、室内空气品质、湿度、霉菌等。

第二步：进行持续调试审计、确定工程范围

目的：明确业主需求，确定持续调试方法。

方法：业主、调试项目经理及调试工程师开会讨论，确定关于舒适度改善、设备费用减少及维修成本降低方面的目标。然后进行一次试运转，以确定业主所期望的舒适性和能源效率目标是否可以达到。在试运转过程中，由项目经理和调试工程师确定调试方法，所有的运行人员都参与。项目经理会组织进行审计并对业主的预期目标进行详细论证。接下来要完成一份持续调试审计报告，明确持续调试方法、估算执行后节省的能源量以及持续调试的成本。

2. 实施阶段

第一步：制定持续调试计划并组织项目团队

目的：策划一份详细的工作计划；确定持续调试团队；明确每个成员的职责。

方法：项目经理要制定一份详细的工作计划，包括整个项目的主要目标、时间计划及技术需求，然后向业主汇报。与业主沟通时要确定参与项目的业主方和运行管理方的人员。

第二步：建立性能基准

目的：记录现在的舒适性状况、系统状况及能源性能。

方法：详细记录各个房间内由过度加热、制冷、噪声、湿度、臭气或新风量太少引起的舒适性问题。同时，记录各个机电系统存在的问题，如系统运行正常与否、是否存在运行不合理的地方等。

记录了项目存在的问题后，还应进行深入调研，一方面可以对用户和运行管理人员进行访谈，了解项目可能存在的问题，另一方对室内环境质量进行专业检测。对调研情况和试运转进行详细记录。将检测数据、账单数据等作为确定项目基准性能的依据。

第三步：进行系统测量并建立持续调试方法

目的：确定当前的问题，提出解决当前问题的办法。

方法：调试工程师应制定一份详细的系统测量清单，明确各个系统及子项系统应进行的测试内容。

调试工程师对项目进行分析,提出现有问题的解决方案;提出改善空气处理机组、排风系统、换热器、制冷机、锅炉及其他部件的优化方案。

第四步:实施系统调试方案

目标:与业主确认每项持续调试措施,实施系统调试方案。

方法:实施调试方案之前,要开一次详细的讨论会,持续调试项目经理和工程师应向业主介绍目前项目存在的问题及提出的改进方案,并征询室内运行管理人员的意见,回答他们的疑问。会议要决定以下问题:每项持续调试措施是否需要实施;如果实施,制定时间计划表。

第五步:记录舒适度改善情况及节能情况

目标:记录舒适度改善状况;系统提升情况;节能效果。

方法:按第二步的方法测量同样的参数,应在尽可能相同的条件下在同样的位置进行相同参数的测试。将此次测量结果与第二步的测量结果进行比较。

第六步:保持持续调试

目标:确保舒适效果及节能效果的持续性,计算每年的节能。

方法:持续调试工程师应定期检查系统运行情况,以诊断可能的问题并及时进行运行优化。

通常运行管理人员流动性比较高,因此应加强持续调试过程中新员工的培训,确保他们能够理解并实施持续调试措施。

18.4 问卷调查

一个高品质的办公环境,应该是健康、适用、高效的使用空间,并满足使用者舒适性需求。健康、适用、高效以及舒适度等方面的性能指标是反映在使用一段时间内对使用空间的感知和判断,对室内空气质量、通风性能、热舒适度、光以及噪声等可采用测量仪器进行短时测评,但无法评测一段时间内的舒适满意情况。目前常用的舒适度满意情况分析是采用问卷调查的方式。

上海金茂大厦基于 LEED-EB 的要求制作了一套问卷调研系统作为评估工具(见表18.1),对项目的物业管理水平、设施设备服务水平、整体环境水平三大版块进行调研,其中物业管理包括接待引导、信报收发、工程维修、保洁服务、保安巡逻、车位使用 6 个子项,设施设备包括空调、电梯、供电、供水、照明、热舒适度、隔声效果、室内空气质量、建筑整洁度 9 个子项,整体环境包括清洁、绿化、节日装饰、大厦活动 4 个子项,各子项得分为 7 分制,得分值范围为 -3,-2,-1,0,1,2,3,-3 分表示非常不满意,3 分表示非常满意,0 分表示一般。

研究人员共发放问卷 3800 份,收回有效问卷 3568 份,对调研问卷进行统计,统计结果见表 18.1。从表中可以看出,该项目使用者整体满意度较高,达到 92%。具体看各个子项的统计结果,相对而言,使用者对空调、电梯、供电的满意度较低,主要是舒适性空调的精度无法满足众多人员个性化的需求,电梯等候时间过长、部分空间的照明和插座的布局不合理等造成的。

舒适度调查问卷统计结果　　　　　　　　　　　　　　　　　表 18.1

调查人次 Respondents number								3568	
打分（Point） 人次（Number）	3	2	1	0	−1	−2	−3	调查人次 Respondent number	不满意人数比例 Dissatisfaction Percent
1. Property Management Office	（物业管理）								
Receptionist（接待引导）	1388	1518	424	156	13	57	13	3568	2%
Mail Delivery（信报收发）	1411	1250	658	158	21	58	12	3568	3%
Engineering/Maintenance（工程维修）	1264	1680	292	257	56	11	10	3568	2%
Cleaning（保洁服务）	1171	1352	747	226	36	26	10	3568	2%
Security（保安巡逻）	1290	1493	521	231	16	10	7	3568	1%
Car Parking（车位使用）	1098	1300	822	248	22	62	16	3568	3%
2. Facilities　　　（设施设备）									
Air Conditioner（空调）	885	1203	445	491	241	171	133	3568	15%
Elevator（电梯）	1103	1085	463	501	73	220	123	3568	12%
Power Supply（供电）	1354	1253	260	367	164	107	64	3568	9%
Water Supply（供水）	1427	1212	470	223	67	105	64	3568	7%
Illumination（照明）	1367	1279	499	351	62	7	3	3568	2%
Thermal comfort（热舒适度）	1203	1335	561	315	49	72	34	3568	4%
Sound insulation effect（隔声效果）	1217	1380	456	342	61	47	65	3568	5%
Indoor air quality（室内空气质量）	1087	1316	427	555	90	48	45	3568	5%
Neatness of the building（建筑整洁度）	1262	1332	569	265	80	56	4	3568	4%
3. Environment　　　（整体环境）									
Cleanliness（清洁）	1274	1324	439	276	153	38	64	3568	7%
Landscaping（绿化）	1338	1271	458	381	57	3	60	3568	3%
Festive Decoration（节日装饰）	1404	1251	473	339	33	36	32	3568	3%
Overall Satisfaction and Suggestion（总体满意度和建议）	1192	1325	444	321	207	46	32	3568	8%

南海意库 3 号楼❶采用英国的建筑使用研究（Building Use Studies，BUS）问卷调研系统作为评估工具，评估了项目的室内环境舒适性的使用者满意度，并基于调研提出项目可再优化或改进的办公环境性能的措施。

BUS 系统设计涵盖了建筑设计、整体设施需求、给来访者印象、冬夏季热舒适度、声环境、光环境、工作效率、健康状况、环境控制等性能指标，在问卷调研过程中，对这些性能指标均采用 1～7 表示 7 个不同等级的投票标尺形式，被调查者根据自己的实际感觉，选择相应的等级。研究人员对问卷中考察项目指标的调研数据进行统计分析，并将其统计平均值与 BUS 数据库基准进行比较，根据所考察指标的基准分析比较标尺刻度了下（分 A、B、C 三类），明确项目所处案例库的百分位数及性能水平，并分别以"绿色方形"、"橙色圆形"和"红色棱形"表示该性能指标的"好"、"一般"、"差"水平。

南海意库项目发放了 300 份问卷，回收了 245 份有效问卷，研究人员通过分析得到了该项目的总体评价结果，见图 18.5 和图 18.6。

从评价结果看，建筑整体设计、整体设施需求、给来访者印象、夏季空气整体状况、夏季温度整体舒适性、冬季温度整体舒适性、工作效率提升指标评价结果为"绿色方形"，与数据库同类建筑相比，性能较佳。冬季空气整体状况、办公环境整体舒适性、办公人员健康状况、整体声环境、整体光环境指标评价结果为"橙色圆形"，性能与数据库其他案例相当。

---

❶　朱红涛，林武生. 南海意库 3 号楼项目室内环境舒适性满意度评价研究. 第十届国际绿色建筑与建筑节能大会论文集，2014.

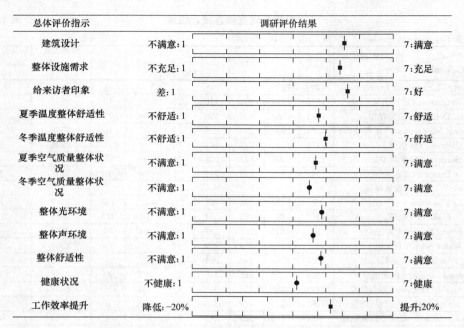

总体评价指示		调研评价结果	
建筑设计	不满意:1		7:满意
整体设施需求	不充足:1		7:充足
给来访者印象	差:1		7:好
夏季温度整体舒适性	不舒适:1		7:舒适
冬季温度整体舒适性	不舒适:1		7:舒适
夏季空气质量整体状况	不满意:1		7:满意
冬季空气质量整体状况	不满意:1		7:满意
整体光环境	不满意:1		7:满意
整体声环境	不满意:1		7:满意
整体舒适性	不满意:1		7:满意
健康状况	不健康:1		7:健康
工作效率提升	降低:−20%		提升:20%

图 18.5　南海意库 3 号楼办公环境舒适性调研总体评价

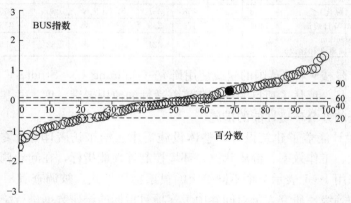

图 18.6　南海意库 3 号楼办公环境舒适性总体评价

18.5　运行评估

18.5.1　运行评估指标

1. 能耗指标

办公建筑的运行评估最常用的一个指标就是能耗指标，如单位面积用电量、单位面积一次能源消耗量、人均一次能源消耗等指标。

同济大学[1]对上海 55 栋办公建筑进行了调研，分析得到了各个样本建筑的单位面积

---

[1]　马素贞. 上海既有办公建筑节能改造效果评估研究. 同济大学博士学位论文

用电量及总能耗分布情况，见表 18.2，图 18.7 和图 18.8。

办公建筑能耗分布情况　　　　　　　　　　　　表 18.2

统计指标		办公建筑		纯办公建筑	
		AECI	APECI	AECI	APECI
有效样本数		55	55	21	21
平均值		129.84	150.88	121.01	139.68
中位值		125.61	142.77	125.61	142.77
最小值		60.16	66.33	75.44	75.44
最大值		231.70	320.38	169.16	211.41
百分位	25	99.58	117.53	94.31	117.31
	50	125.61	142.77	125.61	142.77
	75	153.09	176.310	143.28	161.24

注：AECI-单位面积年电耗，kWh/m²；APECI-单位面积年总能源消耗，kWh/m²

从表中可以看出，55 幢办公建筑的单位面积年用电量在 60.2～231.7kWh/m² 之间，平均值为 129.8kWh/m²，有一半建筑在 99.6～153.1kWh/m² 之间；建筑总能耗差别较大，在 66.3～320.4kWh/m² 之间，平均值为 150.9kWh/m²。纯办公建筑的能耗差别相对小一些，电耗在 75.4～169.2kWh/m² 之间，平均值为 125.6kWh/m²，总能耗在 75.4～211.4kWh/m² 之间，平均值为 139.7kWh/m²，有一半落在 117.3～161.2kWh/m² 之间。

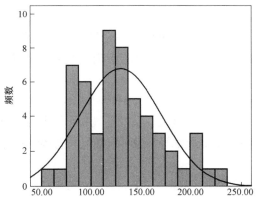

平均数=129.8
方差=40.4
样本数=55

图 18.7　办公建筑电耗分布情况

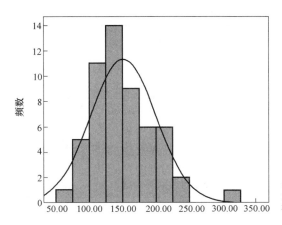

平均数=150.9
方差=48.4
样本数=55

图 18.8　办公建筑总能耗分布

2010 年以来，很多省市纷纷制定了各种建筑的合理用能指南，如《北京市政府机关办公建筑合理用能指南》规定：政府机关单位建筑面积年用电量指标范围为 70～120kWh/（m² · a），《上海市级机关办公建筑合理用能指南》规定了机关办公建筑的用能指标，并根据建筑类型不同制定了修正系数，见表 18.3。

市级机关单位综合能耗、电耗指标及修正系数　　　　　　　　　表 18.3

类型	单位建筑面积年综合能耗（千克标准煤/平方米·年）	人均年综合能耗（千克标准煤/人·年）	单位建筑面积年综合电耗 kWh/（m²·a）	人均年综合电耗 kWh/人·a	综合能耗修正内容	修正系数
独立办公形式	≤44	≤2014	≤86	≤4800	建筑面积大于等于20000m²	1.10
					空气调节系统为分体空调形式	0.95
集中办公形式	≤16	≤425	≤40	≤1052	拥有大型用能设备及设施或机房面积超过 30m²	1.60
					空气调节系统为分体空调形式	0.90
					含公共部分能耗分摊	1.90

2. 水耗指标

水耗指标也是办公建筑的运行评估比较重要的一个指标，包括单位面积用水量、人均用水量等指标。《北京市政府机关办公建筑合理用能指南》规定：年人均用水量指标应控制在 30～70 m³/（p · a）。

3. 室内环境指标

室内环境涉及热舒适环境、光环境、声环境、室内空气品质等内容，单个指标可以通过检测得到具体数值，进而判断室内环境的品质水平，也可以通过问卷调研系统进行综合评估。

（1）热舒适环境指标

《民用建筑供热通风与空气调节设计规范》GB50376-2012 中规定了人员长期逗留区有的舒适性空调室内设计参数，见表 18.4。同时规定，人员短期停留区域空调供冷工况室内设计参数宜比长期逗留区域提高 1～2℃，供热工况宜降低 1～2℃。

人员长期逗留区域空调室内设计参数　　　　　　　　　表 18.4

类别	热舒适等级	温度（℃）	相对湿度（%）	风速（m/s）
供热工况	Ⅰ级	22～24	≥30	≤0.2
	Ⅱ级	18～22	—	≤0.2
供冷工况	Ⅰ级	24～26	40～60	≤0.25
	Ⅱ级	26～28	≤70	≤0.3

（2）光环境指标

《建筑照明设计标准》GB 50034—2013 中规定了办公建筑的照明环境标准，见表 18.5。

办公建筑照明标准值　　　　　　　　　表 18.5

房间或场所	参考平面及其高度	照度标准值(lx)	UGR	U0	Ra
普通办公室	0.75m 水平面	300	19	0.60	80
高档办公室	0.75m 水平面	500	19	0.60	80

房间或场所	参考平面及其高度	照度标准值(lx)	UGR	U0	Ra
会议室	0.75m 水平面	300	19	0.60	80
视频会议室	0.75m 水平面	750	19	0.60	80
接待室、前台	0.75m 水平面	200	—	0.40	80
服务大厅、营业厅	0.75m 水平面	300	22	0.40	80
设计室	实际工作面	500	19	0.60	80
文件整理、复印、发行室	0.75m 水平面	300	—	0.40	80
资料、档案存放室	0.75m 水平面	200	—	0.40	80

（3）声环境指标

《民用建筑隔声设计规范》GB 50118—2010 中规定了办公室、会议室的噪声级，见表 18.6。

办公室、会议室允许噪声级 表 18.6

房间名称	允许噪声级(A 声级,dB)	
	高要求标准	低限标准
单人办公室	≤35	≤40
多人办公室	≤40	≤45
电视电话会议是	≤35	≤40
普通会议室	≤40	≤45

（4）室内空气品质指标

《室内空气质量标准》GB/T 18883—2002 中规定了氨、甲醛、苯、总挥发性有机物、氡等污染物浓度的限值要求，见表 18.7。

室内空气质量标准 表 18.7

参数	单位	标准值	备注
氨 NH_3	mg/m^3	0.20	1h 均值
甲醛 HCHO	mg/m^3	0.10	1h 均值
苯 C_6H_6	mg/m^3	0.11	1h 均值
总挥发性有机物 TVOC	mg/m^3	0.60	8h 均值
氡 R_n	Bq/m^3	400	年平均值

18.5.2 运行评估案例

某办公改造项目位于上海浦东新区，由 A、B、C、D、E、F、中庭、多功能厅通过连廊组成一个办公中心，地上 3 层，总建筑面积 23710m^2，属于自用的办公建筑。项目于 2008 年 1 月投入使用，正常使用人数为 450 人左右，运行时间为周一～周五，9：00～17：00。

1. 建筑运行能耗

图 18.9 是该项目几幢楼的能耗强度，该项目平均能耗强度为 87.8kWh/m^2（相对上海办公楼用能水平来说，不是太高），其中 EF 楼的能耗强度最高，比平均值高 11.4%，CD 楼能耗较低，比平均值低 22.2%，这主要是因为 CD 楼主要功能是会议和餐饮（中午用餐），EF 楼主要是员工的办公室，使用时间的不同应该是造成能耗差异的主要原因。

图 18.10 是该项目总的分项能耗情况，可以看出，空调冷热源比例高达 58%，再加上水泵能耗，整个项目空调能耗比例高达 65%。除了空调能耗外，比较高的就是照明插

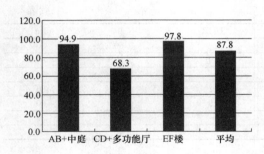

图 18.9 各楼能耗强度，单位 kWh/m²

座等的能耗，两类能耗之和比例达到 27.6%，通过该项目的能耗分析，可以看出空调、照明、插座是建筑的主要能耗，如果考虑节能也应重点从这几方面入手。

图 18.11 是地源热泵（AB＋中庭）和 VRV 系统（C 楼）的逐月能耗及逐月分项能耗，从图可以看出，AB 楼＋中庭中，除了空调冷热源，其他部分能耗相对比较稳定，这主要是空调系统受季节影响比较大，属于季节能耗，而其他部分基本不受季节影响，属于建筑中的基本能耗。

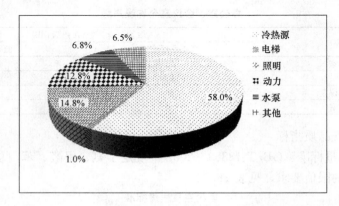

图 18.10 A～F 楼分项能耗比例

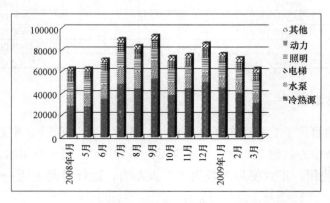

图 18.11 AB 楼＋中庭逐月能耗及逐月分项能耗（kWh）

对于建筑中的季节能耗，从图中可以看出，7 月～9 月能耗最高，4 月能耗最低，这跟空调的使用密切相关。

2. 可再生能源发电量

该项目太阳能光伏年发电量为 42263kWh，占项目总的年用电量的 2%。另外，该项目光伏总装机容量为 41.88kW，可以算出 1W 的光伏板年发电量约 1kWh（图 18.12、图 18.13）。

从图 18.14 可以看出，上海地区太阳能光伏发电 4～5 月发电效率最高，11～12 月发电效率相对较低占。

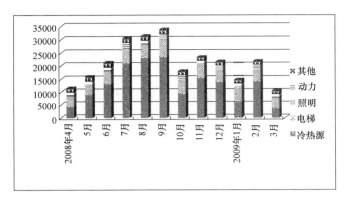

图 18.12　C 楼逐月能耗及逐月分项能耗（kWh）

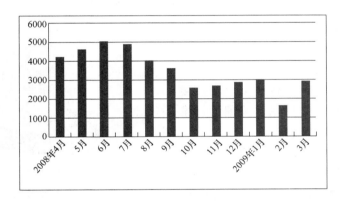

图 18.13　太阳能光伏逐月发电量（kWh）

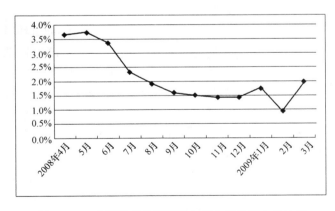

图 18.14　太阳能光伏逐月发电量占当月用电量比例

3. 建筑运行水耗

项目年用水总量为 21407m³，单位面积水耗为 0.903m³/m²，年非传统水源用量为 9261m³，非传统水源利用率达到 43.2％。从图 18.15 中可以看出，中水和雨水使用全年相对较稳定，主要原因是雨水是用作浇灌和景观，中水用作冲厕，市政用水则有厨房用途。

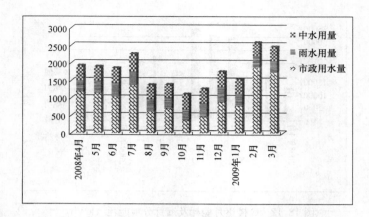

图 18.15 逐月市政用水量及非传统水源用水量

图 18.16 是用水的分项情况，可以看出，冲厕用水量最大，所占比例为 36.7%，其次是厨房用水，占 27.7%，而且厨房用水在市政用水中所占比例高达 48.8%，接近一半，说明该项目厨房用水量偏大，建议进行审计，发现节水潜力。

图 18.17 是逐月的各分项水耗，可以看出，绿化浇灌、景观用水量相对较稳定，这说明物业定期进行浇灌，而没有考虑夏季雨量丰富，需要的浇灌量小，这表明如果加强物业管理，绿化浇灌还是有节水潜力的。

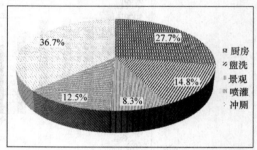

图 18.16 用水分项比例分布

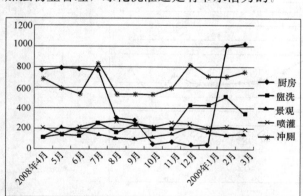

图 18.17 逐月分项用水量

4. 热舒适环境

由于该项目没有室内环境参数监控，故没有相关的温湿度运行记录。该项目之前的检测是 3 月份进行的，不是夏季工况，也不是冬季工况，故不具参考价值。根据对项目内办公日人员的问卷调研，室内 80% 以上的人员对室内热舒适环境比较满意。课题组调研时发现会议室夏季时出现偏冷的情况，但办公区热舒适性较好，故该项目虽然个别房间夏季温度偏低，但整体热环境质量较好。

5. 光环境质量

3 月 31 日抽检几个房间对室内照度进行了检测，检测结果见表 18.8。

室内照度测试值　　　　　　　　　　　　　　表 18.8

功能区	设计值/lx	测试值/lx
会议室 1	300	499
会议室 2	300	353
办公室 1	300	395
办公室 2	300	278
档案室	200	192

从表可以看出，该项目室内照度水平较好，个别房间偏高些。问卷调研发现绝大多数人对光环境比较满意。